普通高等教育“十一五”国家级规划教材

# 印刷原理与工艺

魏先福　主　编
邓普君　黄蓓青　副主编
陈蕴智　何晓辉　主　审

中国轻工业出版社

图书在版编目（CIP）数据

印刷原理与工艺/魏先福主编．—北京：中国轻工业出版社，2024.1

普通高等教育“十一五”国家级规划教材

ISBN 978-7-5019-8164-9

Ⅰ.①印…　Ⅱ.①魏…　Ⅲ.①印刷-理论-高等学校-教材②印刷-生产工艺-高等学校-教材　Ⅳ.①TS8

中国版本图书馆 CIP 数据核字（2011）第 077973 号

责任编辑：杜宇芳
策划编辑：林　媛　　责任终审：滕炎福　　封面设计：锋尚设计
版式设计：宋振全　　责任校对：吴大鹏　　责任监印：张　可

出版发行：中国轻工业出版社（北京鲁谷东街 5 号，邮编：100040）
印　　刷：河北鑫兆源印刷有限公司
经　　销：各地新华书店
版　　次：2024 年 1 月第 1 版第 10 次印刷
开　　本：787×1092　1/16　印张：16
字　　数：380 千字
书　　号：ISBN 978-7-5019-8164-9　　定价：49.80 元
邮购电话：010-85119873
发行电话：010-85119832　010-85119912
网　　址：http://www.chlip.com.cn
Email：club@chlip.com.cn
如发现图书残缺请与我社邮购联系调换
232101J1C110ZBW

# 前　言

本书是根据全国高等院校印刷类教材评审委员会审定的《印刷原理与工艺》编写大纲，为印刷工程及相关专业编写的教材，适用于印刷工程、包装工程等本科专业，也可作为从事研究印刷基础理论的科技人员、印刷生产操作人员的参考读物。

本书名为《印刷原理与工艺》，考虑到实际教学的需要，以及印刷工艺技术的宽泛性、复杂性，将重点放在印刷过程涉及的基础理论上，工艺技术方面只阐述了各种印刷方式的共通问题，如油墨叠印、印刷色序、套准控制、静电消除等常规而又不可回避的问题。

全书共分为六章，第一章和第六章由魏先福编写，第二章和第四章由黄蓓青编写，第三章和第五章由邓普君编写。第一章主要论述印刷过程中的润湿理论，介绍表面张力、表面自由能、接触角的基本概念、物理意义及其测量方法，润湿的形式、润湿方程，印版、橡皮布等器材的润湿性；第二章主要论述油墨的传递过程，介绍长墨路及短墨路油墨传输的特点与方法，油墨转移方程及其影响因素，油墨的渗透、雾散、剥纸等内容；第三章主要论述印刷压力理论，介绍印刷压力的基本概念、表示方法、计算，包衬变形特征，以及如何确定印刷压力；第四章主要论述平版印刷的水墨平衡理论，介绍水墨平衡机理，润湿液性能及其应用，水墨平衡的控制；第五章主要论述各种印刷方式都面临的共通问题，介绍油墨叠印、印刷色序、套准控制、静电消除等；第六章主要论述数字印刷原理，介绍数字印刷的基本理论，不同方式数字印刷的成像机理及数字印刷工作原理。

本书是在长期教学实践积累的基础上编写完成的，是北京印刷学院印刷技术教学团队全体老师辛勤劳动的结晶。书中融入了许多近几年教学团队成员科研、教改成果。在编写过程中，考虑了教学内容的系统性、知识结构的逻辑关系，力求基础理论与实际应用的有机结合。

本书插图由北京印刷学院材料物理与化学 2010 级研究生罗开元、闫继芳、高少红、于茂杰、孙菁梅协助完成，编写过程中得到了很多专家、学者、同行的关心和帮助，书中引用了诸多作者的相关资料，在此一并深表感谢。

印刷是一门以机械、通信信息工程、材料科学与技术等学科理论为基础的交叉性学科，其应用性强、涉及知识领域广、知识面宽，由于编者水平所限，书中错误之处在所难免，敬请读者批评指正。

编者

2010 年 12 月

# 目　　录

# 第一章　印刷过程中的润湿

根据图文信息的传递形式可以将印刷分为模拟印刷和数字印刷两大方式，模拟印刷是传统的平版印刷、凸版印刷、凹版印刷和孔版印刷四种印刷方式的总称。从油墨经过一系列的传递路径转移到承印物的方式看，平版印刷是将油墨从平版印版（包括 PS 版、CTP 版等）图文着墨区域转移到承印物上的工艺过程；凸版印刷是将油墨从凸版（包括树脂版、柔性版等）凸起的图文着墨区域转移到承印物上的工艺过程；凹版印刷是将凹版着墨孔中的油墨转移到承印物上的工艺过程；丝网印刷是孔版印刷最具代表性的印刷方式，是使油墨通过网孔漏印到承印物上的工艺过程。数字印刷也存在着色剂（色粉或电子油墨）向载体及承印物转移的过程。

润湿是物质表面上的一种流体被另一种流体取代的过程，通常是指固体表面上的气体被液体取代或固体表面上的液体被另一种液体所取代的过程。固体的表面被液体润湿后，便形成了“固-液”、“液-气”、“固-气”三个界面，一般把与气相组成的界面叫做表面，即把“液-气”界面叫做液体表面，“固-气”界面叫做固体表面。

润湿作用是油墨传输与转移的基础。印刷过程中存在许多润湿环节，例如，油墨从印刷机的储墨装置传出，经过墨辊、印版、橡皮布等载体转移到承印材料表面，这一过程存在油墨与墨辊（包括墨斗辊、传墨辊、匀墨辊等）、油墨与印版、油墨与橡皮布等油墨载体间的润湿问题。在平版印刷中，润湿液经传水辊或其他方式传递到印版，并只在印版非图文区域形成固-液界面，以阻止油墨在非图文区域的附着，也存在润湿液对水辊、印版等润湿液载体的润湿问题。油墨在传输、转移过程中应具备什么条件、油墨自身应具备什么性能，才可以顺利取代各载体表面的空气，将固体表面转变为稳定的固-液界面，保障油墨能够在各载体表面很好地润湿并均匀传递？润湿液应具备什么性能才能更好地在平版的非图文部分形成保护膜，防止版面起脏？这些都和润湿有关。掌握印刷过程中的润湿问题，对充分利用、发挥相关器材的特性，获得高品质印刷品，以及研究开发新型印刷材料、印刷新工艺具有重要作用。

## 第一节　润湿基本理论

### 一、表面张力与表面自由能

#### （一）表面张力与表面自由能

1. 表面张力

液体表面一般表现出收缩其表面积的倾向，如滴管端口处的液滴、清晨树叶上的露珠、下雨时呈椭球体的雨滴、玻璃板表面的汞珠等，液体物质之所以表现出类球体，是因为等质量的液体在体积不变时所呈现的各种形状中，以球体的表面积最小。

从微观分子受力情况来看，液体或固体表面的分子与其内部分子的受力情形不尽相同，因而所具有的能量也不同。图 1-1 为液体表面及内部分子受力情况示意图，位于液相内部的分子，四周与同类分子之间具有分子间作用力，而与之相作用的液体分子也同样与其相邻的其他液体分子产生相互作用，因此液体内部分子受周围分子的作用是对称的，产生的相互作用最终相互抵消，其合力为零；而位于液体表面的分子，由于与液体表面相接触的气体密度远远低于液体密度，因此，液体分子受其周围液体分子的作用力远远大于受表面气体分子的作用，导致合力不等于零，而是具有一定的量值且指向液相的内侧。液体表面的分子由于该力的存在，相对于液体内部分子则处于较高能量状态，具有向液体内部迁移的趋势，处于一种不稳定的状态。液体表面分子受到指向液相重心的引力作用形成了液体的表面张力。在没有外力作用时，液体具有自动收缩其表面成为球形的趋势，正是液体表面张力作用的结果。

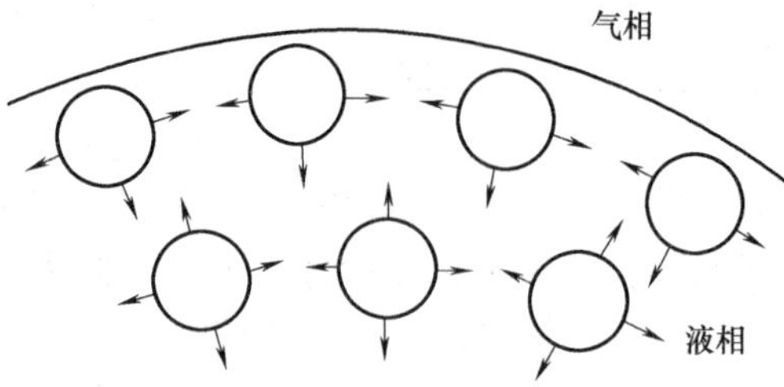

图 1-1　液体表面及内部分子受力情况

观测表面张力最典型的实验是皂膜实验，如图 1-2 所示，*ABCD* 为一金属框架，*CD* 为可动边，边长为 *L*，当刚从皂液中水平提起金属框时，可观察到 *CD* 边会自动收缩（向内侧移动）。要维持 *CD* 边保持不动，需要施加一适当外力 *F*，即，*CD* 边受到一个与力 *F* 大小相等、方向相反的力的作用，*L* 越长，需要的力 *F* 越大，力 *F* 与 *CD* 边长度成正比。

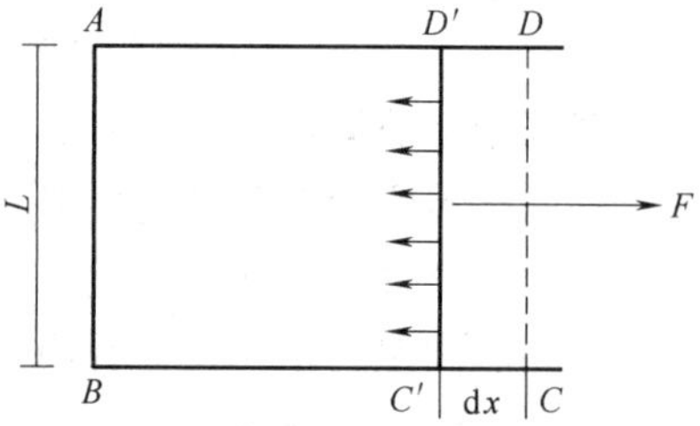

图 1-2　皂膜实验示意图

$$F=\gamma\times 2L \tag{1-1}$$

式中，系数“2”是因为液膜有两个面；γ 为比例常数，称为表面张力系数，通常简称为表面张力。

表面张力是指在液面上（对弯曲液面是在液面的切面上）垂直作用于单位长度上的使表面积收缩的力。表面张力的量纲是力/长度，常用的单位是 N/m（牛顿/米）。力有作用点、方向、大小三要素，对表面张力，作用点是在表面（弯曲面在切面上），使表面积收缩体现了方向，大小为单位长度上的力。值得注意的是，表面张力的作用点应是作用线，是作用在单位长度上的力。因此，表面张力实质上是二维空间力的概念。

液体表面存在平液面与弯曲液面两种情形，如烧杯中水的表面是平的，而毛细管中的液面、雨滴、气泡等则是弯曲液面。弯曲液面所受的表面张力作用与平液面不同，如图 1-3 所示，弯曲液面的两面存在压力差（通常称为附加压力）。对于凸液面，附加压力向下，导致液面呈凸起状态

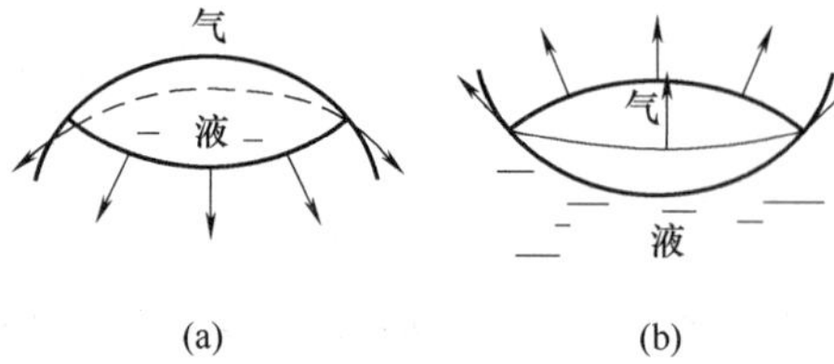

(a)　(b)

图 1-3　弯曲液面
(a) 凸液面　(b) 凹液面

的合力亦向下。而凹液面则相反，液面所受的合力向上。因此，在表面张力作用下，附加压力的方向总是指向曲率中心。

2. 表面自由能

对于皂膜实验（图 1-2），从热力学角度来看，液膜在外力 $F$ 的作用下移动了 $\mathrm{d}x$ 距离，所做的功为 $\delta W=F\mathrm{d}x$，其结果使表面积增加了 $\mathrm{d}A=2L\mathrm{d}x$。根据热力学基本关系式，对纯物质有：

$$\mathrm{d}G=-S\mathrm{d}T+V\mathrm{d}p+\delta W_{\mathrm{R}} \tag{1-2}$$

若是在可逆情况下做功，则 $\mathrm{d}G_{\mathrm{T,P}}=\delta W_{\mathrm{R}}=F\mathrm{d}x$。$\delta W_{\mathrm{R}}$中的下标 R 表示可逆。将式（1-1）代入，可得 $\mathrm{d}G_{\mathrm{T,P}}=\delta W=\gamma\times 2L\mathrm{d}x=\gamma\mathrm{d}A$。因此，

$$\gamma=\left(\frac{\mathrm{d}G}{\mathrm{d}A}\right)_{T,P} \tag{1-3}$$

从式（1-3）可以看出，$\gamma$ 的物理意义是指在恒温恒压条件下，增加单位表面积所引起的体系自由能的增量，也就是单位表面积上的分子比相同数量的内部分子具有过剩的自由能。因此，$\gamma$ 被称为表面过剩自由能，也称为比表面自由能、表面吉布斯函增量，常简称为表面自由能，其单位是 $\mathrm{J/m^2}$（焦/米$^2$）。

表面自由能和表面张力是分别用力学方法和热力学方法研究的物理量，各具特点。因为 1J＝1N·m，所以，一种物质的表面自由能与表面张力数值上是完全一样的，但量纲不同，其物理意义亦不同。表面张力的方法对流体界面具有易测、直观、方便的优点，由于固体具有不可动性和表面不均匀性，若将这种“力”的概念用于固体表面则有困难。因此，用热力学原理和方法进行处理，对各种界面具有普遍意义。

3. 水和油的表面张力

水和油对固体的润湿程度，与各自的表面张力有关，水和油的表面张力又都与各自的化学结构有关。

（1）水的化学结构与表面张力　水分子由氢元素和氧元素组成，分子的偶极矩等于 $6.17\times10^{-30}$C·m（库仑·米），分子具有不对称结构，两个氢原子与氧原子之间形成 $104°45'$的角度，是极性很强的分子。根据“结构相似互溶原理”，极性分子之间的亲和力较强，非极性分子之间的亲和力较强，当水分子和具有极性结构的物质相接触时，由于分子间亲和力的作用，水会附着在不溶于水的极性物质表面，或者把能溶于水的极性物质溶解。因此，极性物质被称为亲水物质。

物质分子间的作用力主要是范德华力，包括取向力、诱导力和色散力。极性分子与极性分子之间，存在取向力、诱导力和色散力；非极性分子与非极性分子之间，只存在色散力。分子中与电负性较强的 F、O、N 等原子共价结合的氢原子，当与具有强负电性原子的分子接近时，易形成氢键。水分子是由氢原子和电负性较大的氧原子化合而成的极性很强的分子，因此，水分子之间的相互作用，既有取向力、诱导力和色散力，也有氢键，故水的表面张力值较大，20℃时，纯水的表面张力约为 $7.2\times10^{-2}$N/m。

（2）油的化学结构与表面张力　油是有机液体的统称，具有对称结构的有机液体，如烷烃（$C_nH_{2n+2}$）、苯（$C_6H_6$）等，由于分子的偶极矩等于零，均为非极性分子。四氯化碳（$CCl_4$）是比较典型的、分子结构简单的有机液体，它是具有对称结构的甲烷

($CH_4$）中的四个氢原子被氯取代后的甲烷衍生物。在四氯化碳分子中，4 个 C—Cl 键都是极性共价键，其分子的结构呈正四方体，碳原子位于正四方体中心，4 个氯原子分别位于四面体的 4 个顶端，结构对称，分子的偶极矩等于零，故为非极性分子。非极性物质与水或极性物质相接触（混合）时，因化学结构不相似，不易产生亲和力，故非极性物质被称为疏水物质。

当非极性分子中引入羟基（—OH)、羧基（—COOH)、磺酸基（$—SO_2H$)、氨基（$—NH_2$)、硝基（$—NO_2$）等有极性的基团时，非极性分子便会带有一定的极性，疏水物质也就有了一定的亲水性。极性和亲水性的大小，取决于分子中非极性部分碳链的长短以及极性基团的极性和数量。碳链愈长，分子的非极性越大，疏水性越强；分子中导入的极性基团极性越大、其数量越多，分子的极性越大，亲水性越强。

印刷油墨的连结料使用各种高分子物质，如亚麻油、桐油等植物油，煤油、机械油等矿物油，动物蜡、植物蜡、聚乙烯蜡等蜡类物质。

亚麻油属于干性植物油，是甘油和亚麻油酸、亚油酸、油酸发生酯化反应生成的甘油三酸酯，如图 1-4 所示。亚麻油酸、亚油酸、油酸分子中，虽然有极性基团羧基(—COOH)，但因含有 18 个碳原子碳链，亲水的极性基团几乎不起作用，属于非极性的疏水物质，因此油墨中干性植物油连结料的疏水性很强。

$$HOOC—(CH_2)_7CH{=}CHCH{=}CHCH{=}CH(CH_2)_3CH_3 +$$

（亚麻油酸）

$$\begin{array}{l} OH_2—OH \\ | \\ CH—OH + HOOC—(CH_2)_7CH{=}CHCH_2CH{=}CH(CH_2)_4CH_3 + \\ | \\ CH_2—OH \end{array}$$

（亚油酸）

（甘油）

$$HOOC—(CH_2)_7CH{=}CH(CH_2)_7CH_3 \longrightarrow$$

（油酸）

$$\begin{array}{l} CH_2—OOC—(CH_2)_7CH{=}CHCH{=}CHCH{=}CH(CH_2)_3CH_3 \\ | \\ CH—OOC—(CH_2)_7CH{=}CHCH_2CH{=}CH(CH_2)_4CH_3 \qquad + 3H_2O \\ | \\ CH_2—OOC—(CH_2)_7CH{=}CH(CH_2)_7CH_3 \end{array}$$

（甘油三酸酯）

图 1-4 亚麻油反应及结构式

油和油分子之间只有色散力，其表面张力较小，水及几种典型有机液体的表面张力如表 1-1 所示。

**表 1-1 水及几种典型有机液体的表面张力**

| 液体名称 | 水 | 正己烷 | 辛烷 | 苯 | 甲苯 | 醋酸 | 甘油 | 油酸 | 液体石蜡 |
|---|---|---|---|---|---|---|---|---|---|
| 表面张力/($10^{-2}$N/m) | 7.27 | 1.84 | 2.18 | 2.89 | 2.85 | 2.76 | 6.34 | 2.25 | 2.31 |

### （二）表面张力的测定方法

液体表面张力的测定方法有很多，使用于纯液体的测定方法有毛细上升法、吊环法、吊片法、滴体积法（滴重法）、最大压力气泡法、旋滴法、悬滴法、座滴法等。

1. 毛细上升法

毛细上升法是现有测定液体表面张力的方法中研究得最早，在理论上和实验上都比较成熟的方法，测量结果亦最为精确。

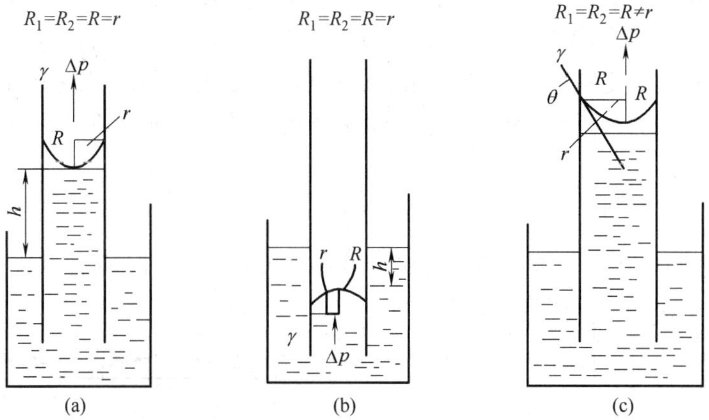


图 1-5　毛细上升现象

（a）毛细上升　（b）毛细下降　（c）产生接触角的毛细上升

在容器中盛入适量的待测液体，将玻璃毛细管垂直插入液体，若液体能够润湿毛细管，则在表面张力的作用下，液体在毛细管中上升（或下降）高度 $h$ 时，达到平衡，液体不再上升（或下降），如图 1-5 所示。此时在表面张力作用下导致液体上升的力（$2\pi r\gamma\cos\theta$）与由液体重力作用导致液体下降的力 $\pi r^2\Delta\rho gh$ 相等，即 $2\pi r\gamma\cos\theta=\pi r^2\Delta\rho gh$，因此，表面张力 $\gamma$ 为：

$$\gamma=\frac{\Delta\rho ghr}{2\cos\theta} \tag{1-4}$$

此式为毛细公式，式中，$\gamma$ 为液体的表面张力，$r$ 为毛细管半径，$\Delta\rho$ 为液体与气体两相的密度差，$g$ 为重力加速度，$\theta$ 为接触角。

2. 吊环法

吊环法也称圆环法，应用比较广泛。从表面张力的基本概念可知，欲使浸在液面上的金属环脱离液面，其所需的最大拉力等于吊环自身重量加上表面张力与被脱离液面周长的乘积。如图 1-6 所示，将用金属铂制成的吊环水平置于液面上并向上提拉［图 1-6（a）］，若液面脱离吊环瞬间［图 1-6（b）］时所需的拉力为 $F$（最大拉力-吊环重量），则表面张力与拉力 $F$、环的平均半径 $R$ 之间存在下列关系：

$$\gamma=\frac{F}{4\pi R}\times f \tag{1-5}$$

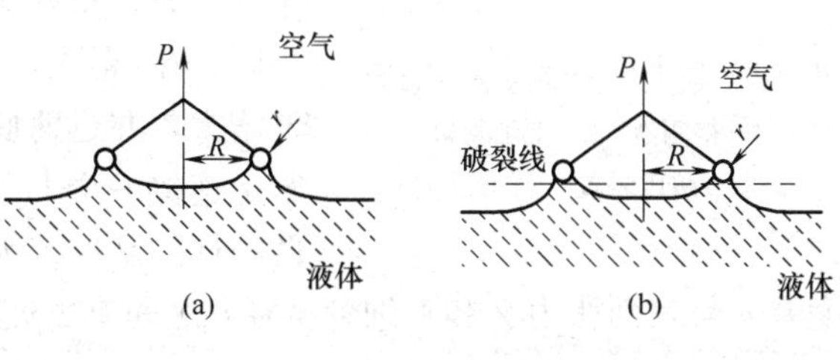


图 1-6　吊环法示意图

式中，$f$ 为校正因子，是考虑到环在拉脱液面时所受到的非垂直方向上的表面张力以及环接触处液体复杂形状的影响而导入的。大量实验表明，校正因子 $f$ 是 $R^3/V$ 和 $R/r$ 的函数（$V$ 为吊环拉起的液体体积，$r$ 为铂环丝的半径）。$f$ 值可由图 1-7（吊环法校正因子曲线）查得。

3. 吊片法

吊片法又称吊板法，测量方法比较简单，其原理与吊环法类似，分为拉脱法和静态法两种，如图 1-8 所示。图 1-8（a）为拉脱法，将铂薄片（或云母、毛玻璃薄片）悬挂在天平的一个臂上，使吊片恰好与被测液面接触，测定吊片与液面脱离所需的力 $F$。设吊片宽为 $b$，厚度为 $d$，重量为 $W$，若液体完全润湿吊片，则有 $F=2(b+d)\gamma+W$，表面张力 $\gamma$ 为：

$$\gamma=\frac{F-W}{2(b+d)} \tag{1-6}$$

静态法［图 1-8（b）］测量的是为保持吊片浸入液面深度时所需要的力。

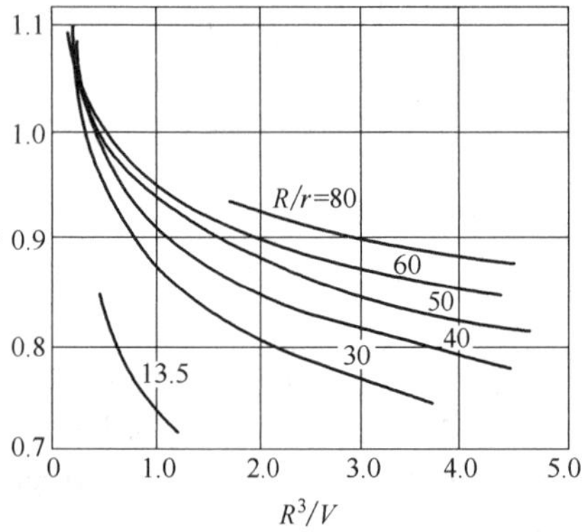


图 1-7　吊环法校正因子曲线

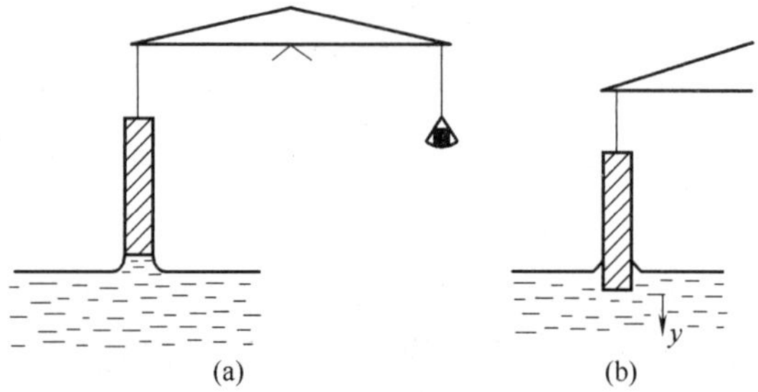


图 1-8　吊片法示意图
（a）拉脱法　（b）静态法

4. 最大压力气泡法

最大压力气泡法又称最大泡压法，也是一种常用的测量液体表面张力的方法。如图 1-9 所示，将一根毛细管插入被测液体中，从管内缓慢通入惰性气体对管中的液面施加压力，使液体在管端形成气泡逸出。

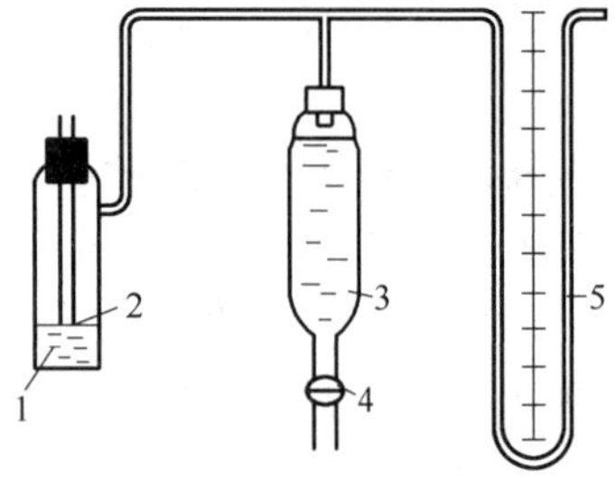


图 1-9　最大压力气泡法示意图
1—待测液　2—毛细管口
3、4—减压装置　5—压力计

当管径较小时，假设所产生的气泡都是液体曲面的一部分，气泡在生成和发展过程中，气泡的曲率半径随惰性气体的压力变化而改变。当气泡的形状恰为半球形时，正好等于毛细管半径。当气泡半径达到最小时，$\Delta p$ 最大，此时继续通入惰性气体时，气泡会猛然增大，并迅速脱离管端逸出或突然破裂。若在毛细管上连接一个 U 形压力计（压力计中的液体密度为 $\rho$，两液柱的高度差为 $\Delta l$），可测得 $\Delta p_{\max}$。压力计的液柱高度差 $h$ 与表面张力 $\gamma$ 和毛细管半径 $r$ 之间有 $\Delta p_{\max}=\rho gh=2\gamma/r$，则：

$$\gamma=\frac{r}{2}\rho gh \tag{1-7}$$

最大压力气泡法的基本原理简单，测量速度快，但只适用于使用很细毛细管的情况，精度可达千分之一。若使用较粗毛细管，则管端逸出的气泡将偏离球状，导致测量精度下降。

5. 滴体积法

滴体积法又称滴重法，是一种具有统计平均性质较为精确的测量方法，即可测量液体在气体环境中的表面张力，也能测量液-液界面张力。滴体积法的基本原理是：当液体在一只细管的管口滴落时，落滴的重量与管口半径、液体表面张力有关。如图 1-10 所示，使待测液体在恒温条件下通过管口，缓慢滴入接收容器，根据总滴数计算出每滴的平均重量，用泰特公式计算表面张力。

$$mg=2\pi R\gamma \tag{1-8}$$

$$\gamma=\frac{mg}{2\pi R} \tag{1-9}$$

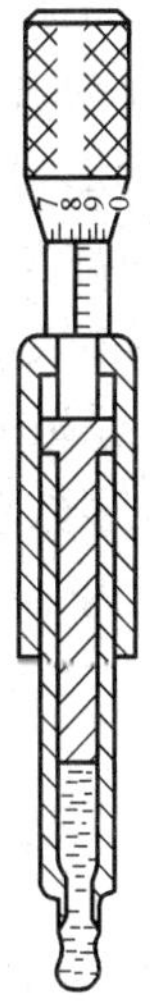

图 1-10　滴体积法示意图

油墨的黏度一般较高，尤其是胶印油墨，所以，用实验的方法直接测定油墨的表面张力存在一定的困难。要想测得可靠而又可重复的实验数据，必须将油墨稀释后测定其表面张力，然后推断到 100%纯油墨时的表面张力值。为保证推断数据的可靠性，油墨稀释剂的选择至关重要。

目前，在测定油墨的表面张力时，一般选择两种稀释剂分别稀释油墨，一种稀释剂的表面张力高于纯油墨，另一种则低于纯油墨，分别测定油墨在两种稀释剂不同浓度下的表面张力，这样测定的数据可靠性最大。图 1-11 表示两种热固性胶印油墨，分别用 Magil470 油和 1-溴化萘稀释后的实验结果。从实验曲线上推断的表面张力 $\gamma$ 值分别为 $3.4\times10^{-2}$N/m 和 $3.1\times10^{-2}$N/m。

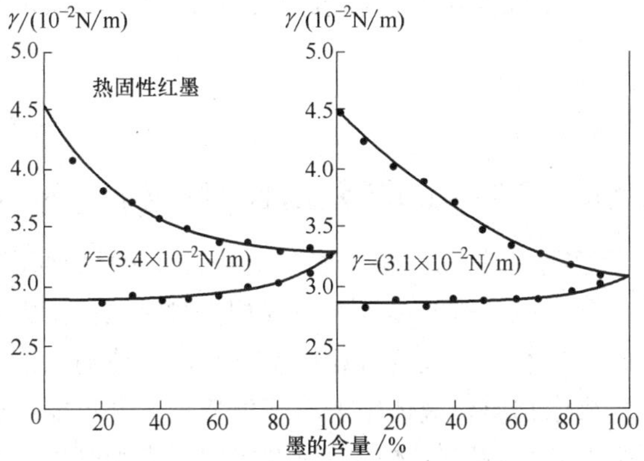


图 1-11　稀释后的油墨表面张力

大多数油墨的表面张力，由于受到颜料和添加剂分子中极性基的影响，比纯油的表面张力大，一般在 $3.0\times10^{-2}\sim3.6\times10^{-2}$N/m。

### （三）影响表面张力的因素

影响表面张力的因素有物质的本性、温度和压力，除此之外，一种物质中加入另一种物质，或由多种物质所形成的溶液对液体的表面张力也有影响。

1. 物质的本性

不同的物质具有不同的表面张力，主要是不同物质分子间的作用力不同。对非极性有机液体（如前述的用于油墨连结料的植物油等），分子间的相互作用主要是色散力，表面张力一般较小，如正己烷在 20℃下，$\gamma=1.84\times10^{-2}$N/m；对有氢键作用力存在的液体，表面张力较大，如水在 20℃下，$\gamma=7.27\times10^{-2}$N/m；对有金属键存在的液体，表面张力值更大，如汞在 20℃下，$\gamma=48.65\times10^{-2}$N/m；现已知的表面张力最低的液态 He，在 1K 下，$\gamma=3.65\times10^{-4}$N/m；表面张力最大的是液态 Fe，在其熔点 1550℃下，$\gamma=1.88$N/m。

2. 温度的影响

液体表面张力受温度影响较大，一般温度升高，液体的表面张力下降，即表面张力的温度系数 $d\gamma/dT$ 为负值，也有温度系数为正值的，如液态 Cu、液态 Zn 等。

大多数液体的表面张力随温度升高呈直线下降，但在临界温度以前（距临界温度 30K 以内）有明显偏差。一般线性关系最简单的形式为：

$$\gamma=\gamma_0(1+bT) \tag{1-10}$$

式中，$T$ 为热力学温度，$b$ 为温度系数。此外，还有经验关系式

$$\gamma=\gamma_0\left(1-\frac{T}{T_c}\right)^n \tag{1-11}$$

式中，$T_c$为液体物质的临界温度，$n$ 为经验常数，有机液体 $n$ 的平均值为 1.21。当温度为 $T_c$时，表面张力趋于零。表 1-2 为水在不同温度下的表面张力。

表 1-2　　水在不同温度下的表面张力

| 温度/℃ | 10 | 20 | 30 | 50 | 80 | 100 |
|---|---|---|---|---|---|---|
| 表面张力/($10^{-2}$N/m) | 7.42 | 7.27 | 7.12 | 6.79 | 6.26 | 5.89 |

3. 压力的影响

由热力学基本关系式 $dG=-SdT+Vdp+\gamma dA$ 可知，在温度 $T$ 一定时，根据全微分的性质，有

$$\left(\frac{\partial\gamma}{\partial p}\right)_{A,T}=\left(\frac{\partial V}{\partial A}\right)_{p,T} \tag{1-12}$$

由于表面层物质的密度低于液体相密度，所以一般 $dV$ 为正值，则$\left(\frac{\partial\gamma}{\partial p}\right)_{A,T}$亦为正值，即表面张力随压力的增加而增加。但实际情况则相反，表现为随压力的增加而减小。通常，液体的表面张力是指该液体与含有该液体的蒸气的空气相接触时的值，因为在一定温度下液体的蒸气压是定值，因此，只能通过改变气相中空气的压力或通入惰性气体改变气相的压力。气相压力增加，气相中物质在液体中的溶解度增加，并可能产生吸附，导致表面张力下降。压力对表面张力的影响与气体的溶解及吸附对表面张力的影响相比，后者要大得多。因此，液体表面张力一般随气相压力的增加而降低。如水在 20℃、0.098MPa 压力下表面张力为 $7.27\times10^{-2}$N/m，但压力上升到 9.8MPa 时，表面张力下降到 $6.64\times10^{-2}$N/m。

## 二、液体在固体表面的润湿

从宏观上看，润湿是一种流体取代固体表面另一种流体的过程。润湿涉及三个相，其中至少两个相是流体。从微观角度看，润湿固体的流体，在取代原来的流体后，其自身与固体表面是在分子水平上的接触，液体与固体表面不存在分子的置换。最常见的润湿现象是一种液体置换固体表面的空气。根据热力学条件，固体与液体接触后，体系的

表面自由能（也称吉布斯函）下降就叫润湿。1930 年 Osterhof 和 Bartell 把润湿现象分成沾湿、浸湿和铺展三种形式。

（一）沾湿

沾湿也称为附着润湿，是指液体与固体接触后，“液-气”界面与“固-气”界面转变为“固-液”界面的过程，如图 1-12 所示。

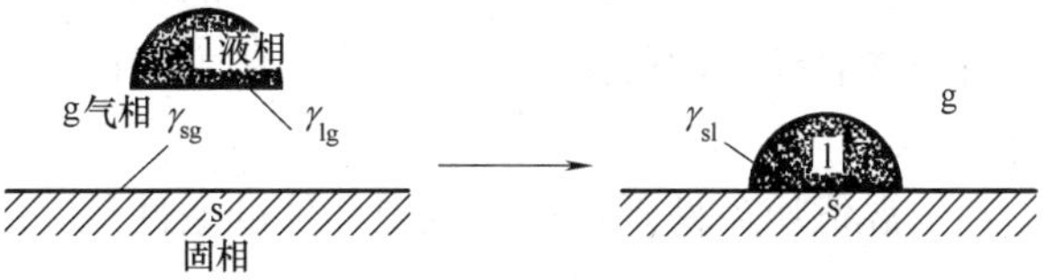


图 1-12　沾湿过程

假设固-液接触面积为单位面积，则在沾湿过程中，新形成的“固-液”界面增加了自由能 $\gamma_{sl}$，而被取代的液体表面（“液-气”界面）和固体表面（“固-气”界面）分别减少了自由能 $\gamma_{lg}$和 $\gamma_{sg}$，因此，沾湿过程中体系自由能的变化为：

$$\Delta G=\gamma_{sl}-\gamma_{lg}-\gamma_{sg} \tag{1-13a}$$

体系对外界所做的功为：

$$W=W_a=-\Delta G=\gamma_{lg}+\gamma_{sg}-\gamma_{sl} \tag{1-13b}$$

$W_a$叫黏附功或附着功，是液体和固体黏附时，体系对外界所作的最大功，也是将固-液界面分开外界所需做的功。根据热力学第二定律，在恒温恒压条件下，当体系的能量变化 $\Delta G_{T,P}\leqslant 0$ 时，这样的过程才能自发地进行。因此，沾湿过程自发进行的条件是：

$$\Delta G=\gamma_{sl}-\gamma_{lg}-\gamma_{sg}\leqslant 0 \tag{1-14a}$$

或

$$W_a=\gamma_{lg}+\gamma_{sg}-\gamma_{sl}\geqslant 0 \tag{1-14b}$$

显然，体系自由能减少的越多，沾湿过程越容易进行；黏附功 $W_a$越大，“固-液”界面结合得越牢。

若将图 1-12 所示过程的固体换成具有相同面积的液柱，则因“固-液”界面消失，$\gamma_{sl}=0$，同时，固体表面被液体表面所取代，因此，式（1-13b）变为：

$$W_a=W_c=2\gamma_{lg} \tag{1-15}$$

$W_c$称为内聚功，其大小反映液体分子间的相互作用力，显然，$W_c$越大，液体自身的结合也越牢固。

在平版印刷中，润湿液能不能附着在印版的亲油表面而阻碍油墨的传递，油墨会不会附着在印版的亲水层表面而造成印刷品空白部分粘脏，都和黏附功 $W_a$及内聚功 $W_c$有关。

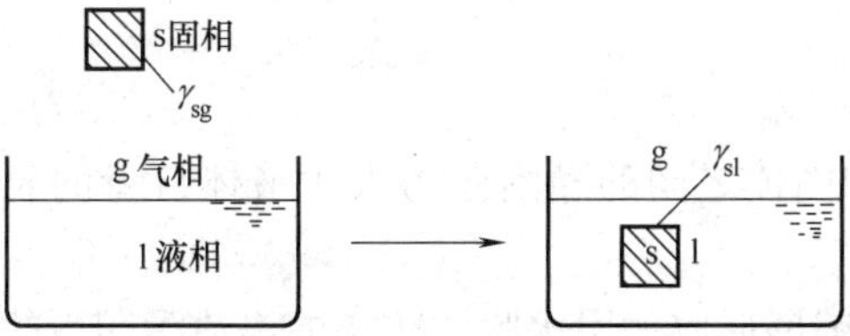


图 1-13　浸湿过程

（二）浸湿

浸湿又称浸渍润湿，是指固体浸没在液体中，“固-气”界面转变为“固-液”界面的过程，如图 1-13 所示。

在浸湿过程中，液体表面没有变化，所以，在恒温恒压条件下，单位浸湿面积上体系自由能的变化为：

$$\Delta G=\gamma_{sl}-\gamma_{sg} \tag{1-16a}$$

体系对外界所做的功

$$W=W_i=\gamma_{sg}-\gamma_{sl} \tag{1-16b}$$

$W_i$叫做浸湿功，$W_i$的大小表征了液体在固体表面取代气体的能力，在铺展作用中，它是对抗液体收缩表面的能力（液体表面张力）而产生铺展的力，故又叫做黏附张力，常用 $F_A$ 表示。

在恒温恒压条件下，液体浸湿固体的条件是：

$$\Delta G=\gamma_{sl}-\gamma_{sg}\leqslant 0 \tag{1-17}$$

或

$$W_i=\gamma_{sg}-\gamma_{sl}\geqslant 0 \tag{1-18}$$

或

$$F_A=\gamma_{sg}-\gamma_{sl}\geqslant 0 \tag{1-19}$$

在凹版印刷中，印版滚筒的一部分浸渍在油墨槽中，在柔性版印刷中，网纹辊的一部分浸渍在墨槽中，油墨是否能浸满凹版和网纹辊的着墨孔，和浸湿功 $W_i$或黏附张力 $F_A$ 有关。

**（三）铺展**

铺展是指液体在固体表面上扩展时，“固-液”界面取代“固-气”界面的同时，液体表面也扩展成薄液膜的过程，如图 1-14 所示。

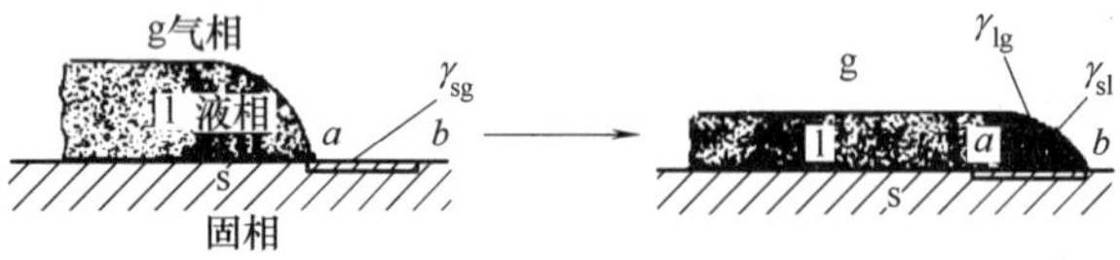


图 1-14　铺展过程

在铺展过程发生前，$ab$ 是“固-气”界面，在铺展过程结束时，$ab$ 成为“固-液”界面，与此同时，体系还增加了同样面积的“液-气”界面。因此在恒温恒压下，单位铺展面积上体系自由能的变化为：

$$\Delta G=\gamma_{sl}+\gamma_{lg}-\gamma_{sg} \tag{1-20a}$$

体系对外所做的功是

$$W=S=\gamma_{sg}-\gamma_{sl}-\gamma_{lg} \tag{1-20b}$$

$S$ 称为铺展系数，$S$ 的大小表征了液体在固体表面上铺展的能力。

在恒温恒压条件下，液体在固体表面上自动铺展的条件是

$$\Delta G=\gamma_{sl}+\gamma_{lg}-\gamma_{sg}\leqslant 0 \tag{1-21a}$$

或

$$S=\gamma_{sg}-\gamma_{sl}-\gamma_{lg}\geqslant 0 \tag{1-21b}$$

将式（1-19）代入，可得：

$$S=F_A-\gamma_{lg} \tag{1-22}$$

当 $S\geqslant 0$ 时，则 $F_A\geqslant\gamma_{lg}$，说明当液体和固体之间的黏附张力大于液体自身的表面张力时，液体能够在固体表面自动铺展。

在平版印刷中，润湿液要在非图文部分铺展形成一层水膜，防止油墨沾污印版的空白部分，在此润湿过程中，润湿液的铺展系数 $S$ 越大，润湿效果越好。

综上所述，在恒温恒压下，沾湿、浸湿、铺展三类润湿过程发生的热力学条件分别是：

沾湿　　$W_a=\gamma_{lg}+\gamma_{sg}-\gamma_{sl}=F_A+\gamma_{lg}\geqslant 0$

浸湿　　$W_i=\gamma_{sg}-\gamma_{sl}=F_A\geqslant 0$

铺展　　$S=\gamma_{sg}-\gamma_{sl}-\gamma_{lg}\geqslant 0$

比较这三类润湿的条件可以看出，对同一个体系来说，$W_a>W_i>S$。因此，当 $S\geqslant 0$ 时，$W_a$ 和 $W_i$ 也一定大于零。这表明，如果液体能在固体表面铺展，就一定能沾湿和浸湿固体，所以，常用铺展系数 $S$ 作为体系润湿的指标。

从三类润湿过程自发进行的条件还可看出，“固-气”和“固-液”界面能对体系的三大类润湿的贡献一致，$\gamma_{sg}$ 值越大，$\gamma_{lg}$ 值越小，越有利于润湿。液体表面张力对三种润湿过程的贡献各不相同：$\gamma_{lg}$ 值大有利于沾湿，$\gamma_{lg}$ 值小有利于铺展；而浸湿过程与 $\gamma_{lg}$ 值大小无关。原则上说，润湿类型确定以后，根据相关界面能的数据，即可判断润湿能否进行；通过调整相应的界面能，可以实现所需要的润湿效果。例如，平版的非图文表面能否被油墨沾湿，根据油墨和非图文表面的黏附功即可判断。若改变油墨在非图文表面的界面能，使油墨的内聚功大于油墨和非图文表面的黏附功，油墨就不会脏污非图文表面。但实际情况并非如此简单，在三种界面能当中，液体的表面能 $\gamma_{lg}$ 可以通过实验测量其表面张力获得，而固体表面能 $\gamma_{sg}$ 和“固-液”界面能 $\gamma_{sl}$ 的测量非常困难，因此，这些能量判据的应用远非那么容易。尽管如此，这些判据仍为解决润湿问题提供了理论依据和正确的思路。

## 三、接触角与润湿方程

润湿的热力学条件可以从理论上判断润湿能否发生，但由于没有有效手段测量 $\gamma_{sg}$ 和 $\gamma_{lg}$ 值，因此，还不能利用热力学条件定量描述润湿状态。运用接触角的概念可以很好地解决这一问题。

### （一）接触角与润湿方程

将少量液体滴加在平滑的固体表面上，液体可能形成液滴。在达到平衡时，处在固体表面的液体会保持一定的形状，如图 1-15 所示。

在液滴处于平衡状态时，在固、液、气三相的交界处，自“液-固”界面，经液体内部，到达“气-液”界面的夹角被称为接触角，也叫做润湿角，用 $\theta$ 表示。接触角实质上是由固-液界面张力 $\gamma_{sl}$ 和液体表面张力 $\gamma_{lg}$ 构成的夹角。

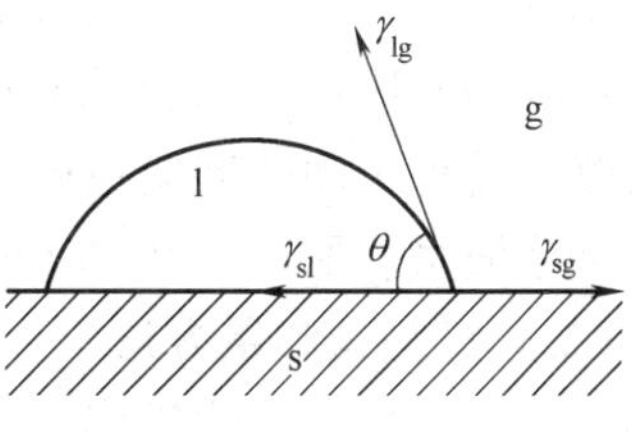

图 1-15　液体在固体表面的接触角

液滴在固体表面上保持一定的形状，是三个界面张力在三相交界线任意点上合力为零的结果，即：

$$\gamma_{sg}=\gamma_{sl}+\gamma_{lg}\cos\theta \tag{1-23}$$

式（1-23）是润湿的基本公式，称为润湿方程。该公式由 T. Young 于 1805 年提出，故又称为杨氏方程。

考虑平版印刷润湿液对平版印版非图文部分（空白部分）的润湿情形，若 $\theta$ 角是润湿液在平版空白部分的平衡接触角，$\gamma_{sg}$是平版空白部分的表面自由能，$\gamma_{lg}$是润湿液的表面张力，$\gamma_{sl}$是润湿液和空白部分的界面张力，利用润湿方程，可以定性地分析润湿液对平版空白部分的润湿情况。

当$\theta>90°$、$\cos\theta<0$时，则$\gamma_{sg}-\gamma_{sl}<0$、$\gamma_{sg}<\gamma_{sl}$。若用s-l界面取代s-g表面，将引起界面能的增加，这个过程是非自发过程，不能自动进行，平版的空白部分不能被润湿液润湿。

当$\theta<90°$、$\cos\theta>0$时，则$\gamma_{sg}-\gamma_{sl}>0$、$\gamma_{sg}>\gamma_{sl}$。若用s-l界面取代s-g表面，将引起界面能的减少，这个过程是自发过程，能自动进行，则润湿液能润湿印版的空白部分。

当$\gamma_{sg}$继续增大，接触角$\theta$会越来越小，当$\gamma_{sg}$大到足以使$\theta<0$时（$\theta$值是按式1-23计算出来的值），三个张力就失去了平衡，润湿方程就不适用了，这时，润湿液在平版空白部分的表面上完全铺展。

综合式（1-13b）、（1-16b）、（1-20b）和式（1-23）可得：

$$W_a=\gamma_{lg}(\cos\theta+1) \tag{1-24a}$$

$$F_A=W_i=\gamma_{lg}\cos\theta \tag{1-24b}$$

$$S=\gamma_{lg}(\cos\theta-1) \tag{1-24c}$$

式（1-24）说明，原则上只要测定了液体的表面张力$\gamma_{lg}$和液体在固体表面的接触角，就可以计算出黏附功$W_a$、黏附张力$F_A$和铺展系数$S$，从而可以判断在给定温度、压力条件下的润湿情况。同时，接触角的数据也可以作为判断润湿情况的依据，接触角越小，润湿性能越好。

在判断各种类型的润湿能否进行时，以能量变化为基础，推导出接触角的判据条件如下：

| | 能量判据 | 接触角判据 |
|---|---|---|
| 沾湿 | $W_a=\gamma_{lg}(\cos\theta+1)\geqslant0$ | $\theta\leqslant180°$ |
| 浸湿 | $F_A=W_i=\gamma_{lg}\cos\theta\geqslant0$ | $\theta\leqslant90°$ |
| 铺展 | $S=\gamma_{lg}(\cos\theta-1)\geqslant0$ | $\theta\leqslant0°$（或不存在） |

通常把$\theta=90°$作为润湿与否的界限，当$\theta>90°$时，叫做不润湿，当$\theta<90°$时，叫做润湿，$\theta$角越小，润湿性能越好；当$\theta$角等于零时，液体在固体表面上铺展，固体被完全润湿。若把干净的玻璃板浸入水中，取出时将看到玻璃表面全沾上了水，而石蜡浸入水中却不沾水。所以称$\theta<90°$的固体为亲液固体，$\theta>90°$的固体为憎液固体。

**（二）接触角测量方法**

测定接触角的方法很多，一般可归纳为角度测量法、长度测量法和质量测量法三大类。

1. 角度测量法

角度测量法是应用最为广泛的一类方法。这类方法是通过观测与固体表面相接触的液滴、液面或液体中的气泡外形，如图1-16所示，然后通过各种仪器直接测量出三相交界处流动界面与固体界面的夹角。角度测量法又可分为观察法和光反射法。

（1）观察法　观察法有摄影法、投影法、显微量角法、斜板法等。

① 投影法和摄影法。把三相交界处液面形状投影放大到屏幕上，或摄影后放大出照片，然后在所得到的影像的三相交界处做液面的切线，用量角器直接测量其与固体表面的夹角。

② 显微量角法。用低倍显微镜（一般为几十倍）观察液面，并在目镜上装有量角器直接测量。

这类方法又被称为切线法，其优点是样品用量少，测量仪器简单，操作方便，缺点是精确确定切线的位置有一定的难度，易造成较大的测量误差。

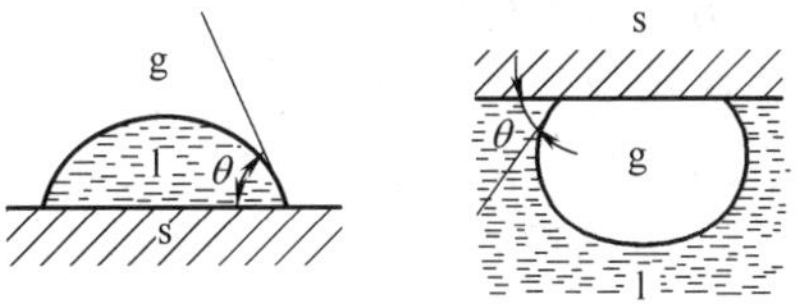


(a)　(b)

图 1-16　角度测量法

(a) 固体表面液滴　(b) 液体内部气泡

③ 斜板法。用斜板法测量接触角是 1925 年 Adam 和 Jessop 提出的一种方法。如图 1-17 所示，将一个宽几厘米的固体平板插入液体中，然后通过可调装置调节板的倾斜角度，使得固-液-气三相交界处的液面处于平坦状态，此时板与液体水平面之间的夹角即为接触角。如果板的倾斜角不与接触角相等，则会出现弯曲液面，图 1-17 (a) 表示倾斜角比实际的接触角大，图 1-17 (c) 表示倾斜角比实际的接触角小。斜板法适合测量润湿液和金属板之间的接触角，但用液量较大。

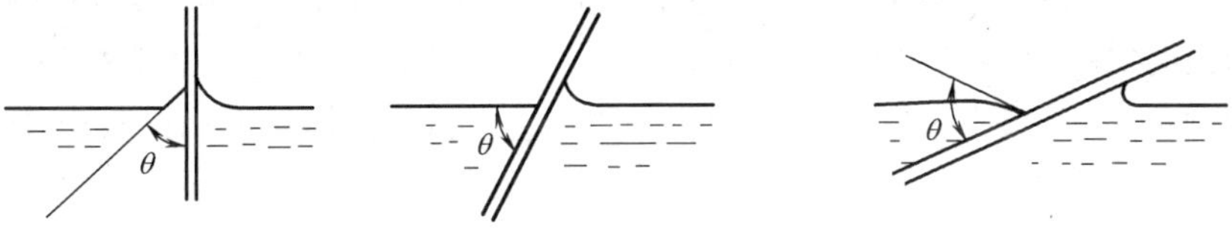


(a)　(b)　(c)

图 1-17　斜板法示意图

(2) 光反射法　光反射法也是测量接触角比较好的一种方法。其测量原理是用强的细缝光源照射三相交界处，并转动其入射方向，但反射光线刚好沿着固体表面进行时，观察者可见到反射光，如图 1-18 所示。此时接触角 $\theta=90°-\varphi$。此方法不用做切线，可用于测量平固体表面的接触角，也可测量纤维的接触角。缺点是只能测量小于 90°的接触角。

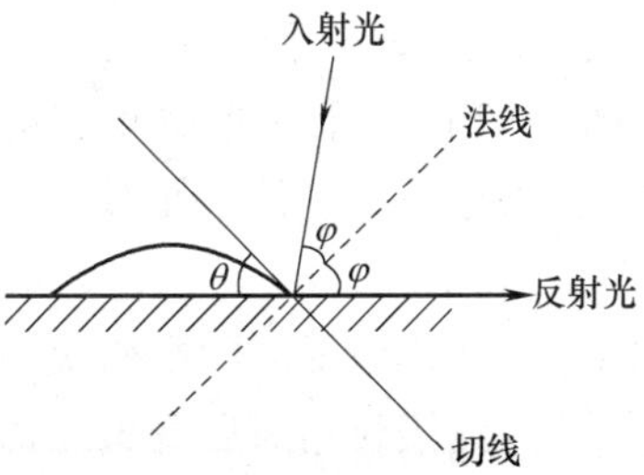


图 1-18　光反射法

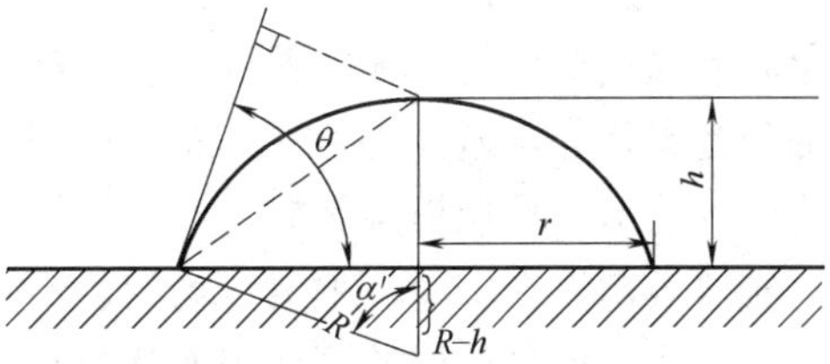


图 1-19　长度测量法

2. 长度测量法

长度测量法有液滴法和液饼法两种方法。

① 液滴法。在一光滑的水平固体平面上滴一小滴液滴（一般体积为 $10^{-4}$mL），重

力作用忽略不计，用读数显微镜测出液滴的高度 $h$ 与底宽 $2r$，如图 1-19 所示，按下式计算接触角：

$$\sin\theta=\frac{2h\gamma}{h^2+r^2} \qquad (1\text{-}25a)$$

或

$$\mathrm{tg}\,\frac{\theta}{2}=\frac{h}{r} \qquad (1\text{-}25b)$$

② 液饼法。将液体置于平固体表面上形成液滴，不断增加液量，液滴的高度和底面的直径同时增加。当液滴的高度增大到某一最大值时，即使再给液滴增加液量，液滴的高度也不会继续增加，而只增加其底面的直径。测量出此时的液滴高度 $h_m$，查出液体的表面张力 $\gamma_{lg}$和液体的密度 $\rho$，可按下式计算接触角：

$$\cos\theta=1-\frac{\rho g h_m^2}{2\gamma_{lg}} \qquad (1\text{-}26)$$

### （三）接触角滞后

接触角的数值与液体是在“干”的固体表面上前进时测量，还是在“湿”的固体表面上后退时测量有关。前者的测量值称为前进接触角，用 $\theta_A$表示，后者称为后退接触角，用 $\theta_R$表示。如图 1-17 用斜板法测量接触角时，将板插入液体时的前进接触角 $\theta_A$大于将板抽出时的后退接触角 $\theta_A$。又如图 1-20 所示，将液体注射到液滴中使液滴增大，此时的接触角为 $\theta_A$［图 1-20（a）］，它将大于用注射器将液体从液滴中吸出使液滴变小时的 $\theta_R$［图 1-20（b）］。

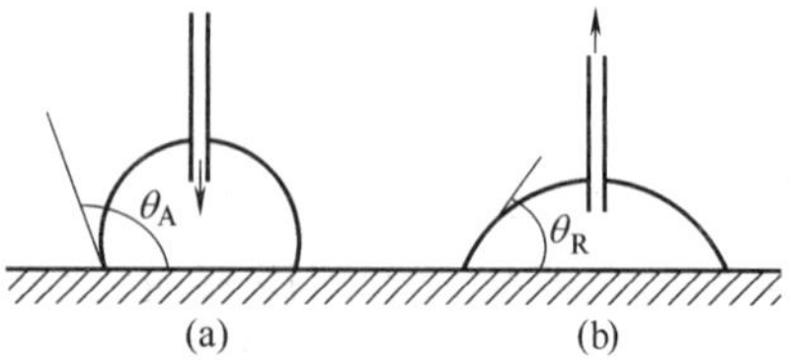

图 1-20　前进接触角与后退接触角（1）

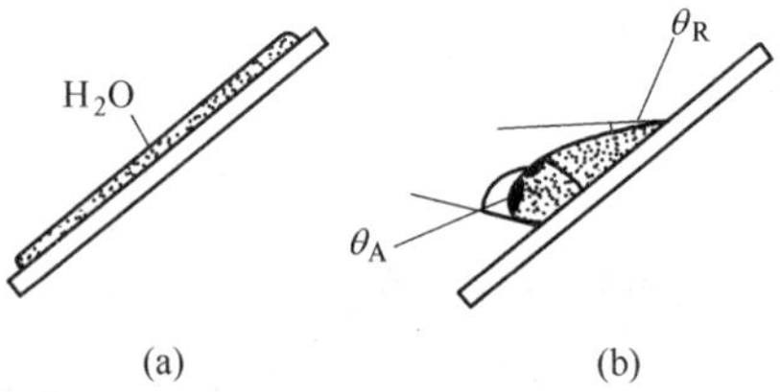

图 1-21　前进接触角与后退接触角（2）

前进接触角与后退接触角不等的现象称为接触角滞后，用两者的差值（$\theta_A-\theta_R$）表示。通常前进接触角总是大于后退接触角。图 1-21 表示水滴在玻璃表面上产生前进接触角和后退接触角的情况，图（a）为玻璃表面洁净的情形，此时的前进接触角和后退接触角基本相等，$\theta_A-\theta_R\approx0$；图（b）为玻璃表面附有污物或灰尘，变得既不平滑又不均匀的情形，玻璃板倾斜时，产生接触角滞后，$\theta_A-\theta_R>0$。

实验表明，在干净、平滑、均匀、不变形的固体表面上，液体所形成的平衡接触角只有一定值。但是这样的固体表面状况，在实际中很少见，因此接触角滞后现象经常出现。造成接触角滞后的主要因素有不平衡状态、固体表面粗糙性和不均匀性。

（1）不平衡状态　接触角的测定应该在平衡状态下进行，即滴在固体表面上的液滴、固体、气体所组成的体系处于热力学平衡状态。但受到诸多因素的影响，往往达不到平衡状态。例如，将一小玻璃珠放在热的铁板上，使玻璃珠慢慢熔化并铺展在固体局部表面上，当停止铺展时的接触角为 $\theta_A$。另外将同种玻璃粉放在热的铁板上使其熔化，此时熔化玻璃在铁板上收缩，当停止收缩时接触角为 $\theta_R$。实验结果是，当温度在 1030～1225℃时，玻璃的黏度为 100.0Pa·s，$\theta_A=\theta_R=0°\sim54°$；而温度降低，黏度增加，当黏度高达 200～1100Pa·s 时，$\theta_R=0$，即玻璃熔化后不能收缩，$\theta_A-\theta_R=29°\sim132°$。这是因为熔化玻璃收缩时黏度太大，导致 $\theta_A$、$\theta_R$不等。

（2）固体表面粗糙性　由于固体表面的原子或分子的不可动性，固体表面总是高低不平，其粗糙性常用粗糙因子（又称粗糙系数）$R$ 来度量。$R$ 的定义是，固体的真实表面积与相同体积固体假想的平滑表面积之比。显然，$R\geqslant1$。$R$ 值越大表面越粗糙。将杨氏润湿方程用于粗糙表面体系，设，某种液体在粗糙表面上的表观接触角为 $\theta'$，则有：

$$R(\gamma_{sg}-\gamma_{sl})=\gamma_{lg}\cos\theta' \tag{1-27}$$

式（1-27）称为 Wenzel 方程。

Wenzel 方程的重要性是它说明了表面粗化对接触角的影响。由 Wenzel 方程可知，由于 $R>1$，粗糙表面的接触角的余弦的绝对值总是大于平滑表面的接触角的余弦绝对值，即

$$R=\frac{\cos\theta'}{\cos\theta}>1 \tag{1-28}$$

式（1-28）表明：

① $\theta<90°$时，$\theta'<0$，即表面粗化使接触角变小，润湿性更好；

② $\theta>90°$时，$\theta'>0$，即表面粗化使接触角增大，体系更不润湿；

③ 由于粗糙表面更易产生接触角滞后现象，给准确测量真实接触角带来困难；

④ 可以估计实验误差。例如，当 $\theta=10°$时，若 $R=1.02$，则 $\theta-\theta'=5°$，当 $\theta=45°$ 时，欲使 $\theta-\theta'=5°$，需要 $R=1.1$，而当 $\theta=80°$ 时，欲使 $\theta-\theta'=5°$，需要 $R=2.0$。由此可见，接触角越小时，表面粗糙度的影响越大。

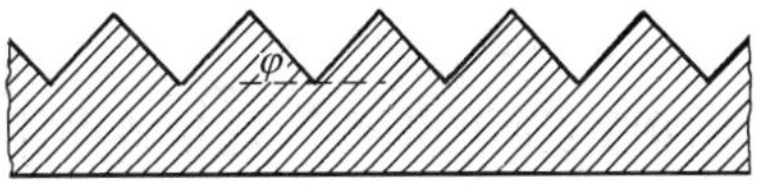

图 1-22　不均匀固体表面的起伏角 $\varphi$

表 1-3 给出了几种液体在表面平滑度不同的石蜡表面上的接触角。实验数据说明，表面越不平，起伏角 $\varphi$ 越大（$\varphi$ 如图 1-22 所示），则接触角的滞后越严重。

**表 1-3　几种液体在表面平滑度不同的石蜡表面上的接触角**

| 液　体 | 接触角滞后 $\theta_A-\theta_R$ | | | |
|---|---|---|---|---|
| | 平滑表面 | $\varphi=30°$ | $\varphi=45°$ | $\varphi=60°$ |
| 甲基溶纤剂 | 20 | 64 | 82 | 93 |
| 甘油 | 7 | 23 | 44 | 77 |
| 水 | 11 | 30 | 48 | 64 |
| 3mol $CaCl_2$ | 10 | 24 | 34 | 49 |

（3）固体表面不均匀性　固体表面不同程度的污染或多晶性等会形成不均匀表面。设固体表面分别是有由物质 A 和物质 B 组成的复合表面，两者各占分数为 $x_A$和 $x_B$。复合表面的接触角 $\theta$ 与纯 A 表面和纯 B 表面的接触角 $\theta_A$和 $\theta_B$之间的关系为：

$$\gamma_{lg}\cos\theta=x_A(\gamma_{sg}-\gamma_{sl})_A+x_B(\gamma_{sg}-\gamma_{sl})_B \tag{1-29a}$$

或 $$\cos\theta = x_A\cos\theta_A + x_B\cos\theta_B \tag{1-29b}$$

式（1-29）称为 Cassie 方程。所以，污染是造成接触角滞后的重要原因。水能在洁净玻璃表面铺展，而不能在被污染的玻璃表面铺展，是污染造成接触角滞后的一个实例，这种污染有时是由于气相中极少量物质在固体表面上吸附造成的。表 1-4 是因气相中组成的变化而引起水对金的接触角改变的数据。

**表 1-4　　不同气相组成时水在金表面上的接触角（25℃）**

| 气相组成 | $\theta_A$/° | $\theta_R$/° | 气相组成 | $\theta_A$/° | $\theta_R$/° |
|---|---|---|---|---|---|
| 水蒸气 | 7 | 0 | 水蒸气＋净化空气＋苯蒸气 | 86 | 83 |
| 水蒸气＋净化空气 | 6 | 0 | 水蒸气＋实验室空气 | 65 | 30 |
| 水蒸气＋苯蒸气 | 84 | 82 | 水蒸气＋室外空气 | 13 | 0 |

表 1-5 是水在几种洁净、平滑金属表面上的前进接触角和后退接触角的实验数据。表中所列金属表面均为强亲水性表面，但前进接触角和后退接触角也不相同。实际应用中，接触角常用前进接触角的数值表示。

**表 1-5　　几种金属表面受水后的接触角**

| 金属表面 | 黄铜 | 铜 | 锌 | 铝 |
|---|---|---|---|---|
| $\theta_A$/° | 10.5 | 9.6 | 8.5 | 4.6 |
| $\theta_R$/° | 0 | 3.9 | 1.2 | 0 |

## 第二节　印版的润湿

印版表面的润湿，是指各类印版表面的图文部分上的空气被油墨取代的过程，以及平版印版表面的空白部分上的空气被润湿液取代的过程。

油墨的主要成分是颜料和连结料。连结料构成了油墨的连续相部分，油墨连结料的种类很多，不同的印刷方式使用的油墨中含有不同的连结料成分，如干性油（桐油、亚麻油）、半干性油（豆油、棉籽油）、天然树脂（天然沥青、松香）、合成树脂（聚合松香、醇酸树脂、松香改性酚醛树脂、聚酰胺树脂、聚氨酯树脂）、各种 UV 预聚物、UV 单体、矿物油（机油、煤油）、挥发性溶剂（甲苯、二甲苯、乙醇、异丙醇、乙酸乙酯）以及水等。除天然树脂、合成树脂及水以外，油墨连结料中的成分均为有机液体。在有机化学中，有机液体统称为“油”。因此，可以把油墨对印版图文部分的润湿看成是油对印版图文部分的润湿。

润湿液的主要成分是水，它对平版空白部分的润湿，可以看成是水对印版空白部分的润湿。

### 一、平版印版表面的润湿

#### （一）平版的表面结构和润湿性

平版印刷（又称为胶印）目前使用的印版主要为 PS 版和 CTP 版，除此之外，还有平凹版、蛋白版、多层金属版以及无水胶印版等。平版印版表面结构的特点是：印版上的图文部分和非图文部分（空白部分）几乎处于同一个平面上。印刷时，要先用润湿液润湿印版的非图文部分，使其形成有一定厚度的均匀的液膜，然后再用油墨润湿印版的图文部分，形成有一定厚度的均匀的墨膜，利用油、水不相溶原理，非图文部分和图文部分分别依赖于水膜和墨膜来抗拒彼此的浸润，如图 1-23 所示。在印刷过程中，平版印版的表面必须形成亲水疏油和亲油疏水两类表面区域。这可以用两种方法来实现，一是采用同一种金属构成印版，但通过物理、化学处理，改变印版对水和油墨的润湿性，形成性能不同的两类表面区域，例如 PS 版、平凹版、蛋白版等是以铝板或锌板为版基；二是采用两种对水和油墨润湿性不同的金属构成这两类表面区域，例如多层金属版。

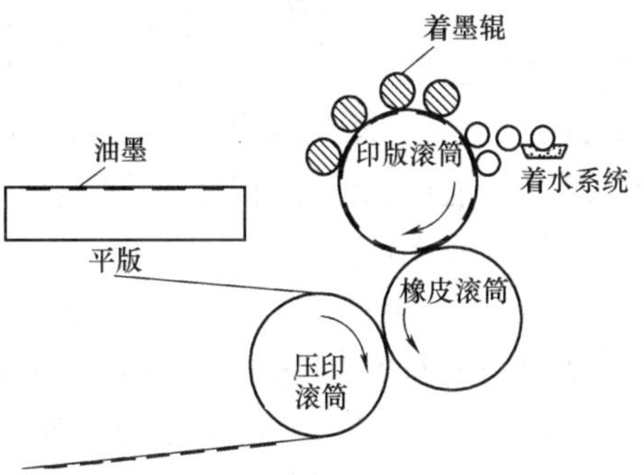

图 1-23　平版与平版印刷示意图

在各类金属中，铜的亲油性最好、亲水性最差；铬的亲水性最好、亲油性最差；锌和铝的亲水性和亲油性都居中。

金属氧化物、无机盐大多是亲水疏油离子型晶体结构的物质，和水能产生很强的亲和力。在既有一定的亲水性又有一定的亲油性的铝板或锌板上，形成不溶于水的金属氧化物或无机盐层，便大大提高了这部分的亲水性。

脂肪酸、脂肪酸盐、重氮感光树脂等，都是带有微弱极性的非离子型结构的物质，把这类物质涂布在铝板或锌板上，分子极性基团附着在版基上，具有亲油性的非极性部分则伸向空间，如图 1-24 所示，这样就使得印版的这一部分的亲油性大大提高了。

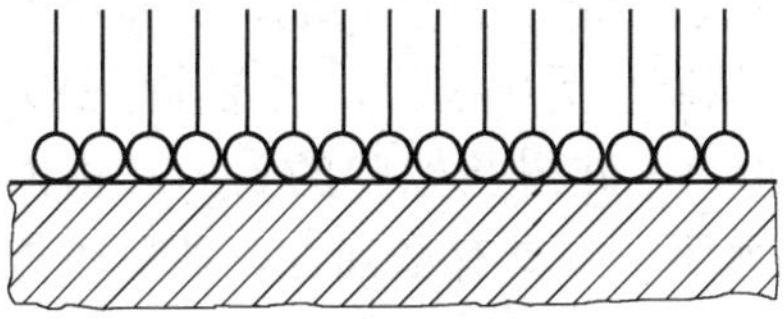
图 1-24　印版的表面吸附

PS 版和 CTP 版是平版印刷最常用的印版，以铝板为版基，经过阳极氧化电解砂目处理后，在铝板基表面形成一层致密的砂目，亲水的非图文部分是氧化铝（$Al_2O_3$），亲油的图文部分是硬化的高分子聚合物。

平凹版和蛋白版都以锌板做版材，亲水的非图文部分是无机盐磷酸锌 [$Zn_3(PO_4)_2$]，亲油的图文部分分别是非极性很强的腊克和硬化的蛋白感光膜。

多层金属版以两种金属做版材，非图文部分用亲水性好的金属铬，图文部分用亲油性好的金属铜。这样便在同一块印版上形成了亲水、亲油的两个区域，各自选择性地吸附润湿液和油墨。

综上所述，平版印版的非图文部分和图文部分要选择性地吸附润湿液和油墨，这种选择性吸附，首先取决于印版的非图文部分和图文部分版面的化学结构。

平版的非图文部分，是由比表面能较高的金属、金属氧化物、无机盐等构成的，属于高能表面。例如，氧化铝的固体比表面能为 $7.0\times10^{-1}J/m^2$，磷酸锌的固体比表面能为 $9.0\times10^{-1}J/m^2$，都为润湿液表面张力的 10 倍以上。因此，从润湿液和非图文部分的化学结构相似性和表面能数据看，润湿液能够润湿印版的非图文部分。这是因为，润湿液的润湿，会导致非图文空白部分的体系自由能的下降，而使 $\gamma_W-\gamma_I\leqslant 0$（$\gamma_W$是润湿液的表面张力，$\gamma_I$是非图文部分的表面过剩自由能），润湿液在印版非图文区域的润湿可自发进行。另一方面，油墨的表面张力很低，仅仅约为非图文部分表面过剩自由能的 1/20，所以，尽管在化学结构上，油墨和非图文部分的物质并不相似，但油墨还是能够在非图文部分铺展。这是因为，油墨的铺展同样导致体系自由能的下降，而使 $\gamma_0-\gamma_I\leqslant 0$（$\gamma_0$ 是油墨的表面张力），因而同样可以自发进行。因此，平版印版的非图文部分，既能被润湿液所润湿，也能被油墨所润湿，印版的非图文部分对于润湿液和油墨在润湿上并无选择性。

平版的图文部分，是表面能较低的非极性有机物质，属于低能表面，其比表面能一般与油墨的表面张力值相近，例如，腊克和硬化的重氮感光树脂，比表面能都在 $3.0\times 10^{-2}\sim 4.0\times 10^{-2}\,J/m^2$ 之间，而普通的润湿液因加入某些电解质，表面张力略高于 $7.2\times 10^{-2}\,N/m$。因此，油墨便能够在印版的图文部分铺展，而润湿液则不能铺展。这是因为油墨的铺展会导致体系自由能的下降，使 $\gamma_0-\gamma_I'\leqslant 0$（$\gamma_I'$是图文部分的表面自由能），这是个自发的过程；而润湿液若铺展则要导致体系自由能的上升，使 $\gamma_W-\gamma_I'\geqslant 0$，这是个非自发的过程。所以，印版的图文部分，只能被油墨所润湿，却不能被润湿液所润湿，印版的图文部分对于润湿液和油墨在润湿上是有选择性的。

为了使平版表面的非图文部分只被润湿液所润湿，印刷中要先给印版供给润湿液，使润湿液在非图文部分区域铺展并形成一层液膜后再给印版供墨，由于油水不相溶，油墨因非图文部分润湿液的存在而不能附着，便只润湿了印版的图文部分。这样，平版印版的非图文部分和图文部分，对润湿液和油墨的润湿就都有选择性了。

无水胶印版的基本结构由支持层（底层）、中间层、斥墨层三层构成。支持层一般为铝基、聚酯片基等。在支持层上涂布亲油性高分子树脂作为中间层，主要作用是吸附油墨。最上面的斥墨层是硅树脂橡胶（厚度约为 $2\mu m$）。硅树脂橡胶的表面自由能很小，一般在 $2.0\times 10^{-2}\,J/m^2$ 左右，比油墨的表面张力要小，具有憎油性，油墨不能润湿硅树脂橡胶层。印刷过程中给印版供墨时，油墨附着在中间层的亲油性高分子树脂上，而表层的硅树脂橡胶因其憎墨性而不吸附油墨，从而实现无水胶印印版表面图文部分和非图文部分对油墨的选择性润湿。为了增强硅树脂橡胶层对油墨的排斥作用，通常需要增加无水印刷油墨的黏度。因此，无水胶印油墨用连结料与普通胶印油墨的连结料有所区别。

**（二）影响平版印版润湿性的因素**

如前所述，印刷过程中，平版印版表面的非图文部分和图文部分对润湿液和油墨必须做到有选择性的润湿。润湿液对非图文部分和油墨对图文部分的润湿应为铺展润湿（至少在着水辊、着墨辊压力作用下实现铺展），尤其是非图文区域，必须保证足够的亲水性，否则易造成各种印刷故障，影响印刷品质量。影响平版印版表面润湿性的因素主要有表面粗化、电化学作用、表面吸附、温度等。

1. 印版的表面粗化

由式（1-28）可知，对平滑表面进行粗化处理后，比表面积增加，粗糙系数 $R>1$。

由于版基表面与润湿液的接触角小于 90°，故粗糙的表面更有利于润湿液的润湿。因此，制作 PS 版、CTP 版时，通常先对铝版基进行阳极氧化电解砂目处理，在版基表面形成类似微孔状的砂目，以提高润湿液对非图文区域的润湿性，也能够增加高分子聚合物与印版的附着能力。

铝板基表面本身具有较高的表面自由能，属于高能表面，表面粗化处理后，具有更高的表面自由能。由于版基暴露在空气中时，极易发生氧化反应，因此实际使用时的表面为氧化铝（$Al_2O_3$），具有极强的亲水性。

印刷过程中，印版由于受到各种墨辊、水辊的摩擦，砂目受损而降低其润湿性。为了保持印版良好的润湿性，印刷中应尽量减少各种因素所造成的对印版的磨损。

2. 平版印版表面的电化学现象

铝和锌这两种金属，机械强度都比较低，为了提高其机械强度，往往掺入少量的其他金属。例如锌版的纯度在 90%左右，其余 10%为铅、镉、铁、铜等金属。铝版的纯度在 99%左右，其余 1%为铜、镁、锰等金属。由于多种金属在锌版和铝版中存在，当锌版和铝版的表面覆盖有电解质溶液和水膜时，就会形成原电池。以铝版为例，铝的标准电极电位 $E^\circ$是－1.56V，铜的标准电极电位 $E^\circ$是＋34V，两种金属的标准电极电位差很大。如果经过阳极氧化电解砂目后的铝版，长时间地暴露在潮湿的空气中，水膜覆盖在有砂目的铝版表面，就形成了原电池。原电池的阳极（负极）是铝，原电池的阴极（正极）是铜，如图 1-25 所示。在由铝、铜、水组成的原电池中，铝以铝离子的形态进入水中，多余的电子移向铜，氢离子和铜上的电子相结合生成氢气逸出，水膜中的铝离子和氢氧根离子结合生成氢氧化铝。全部的电化学反应为：

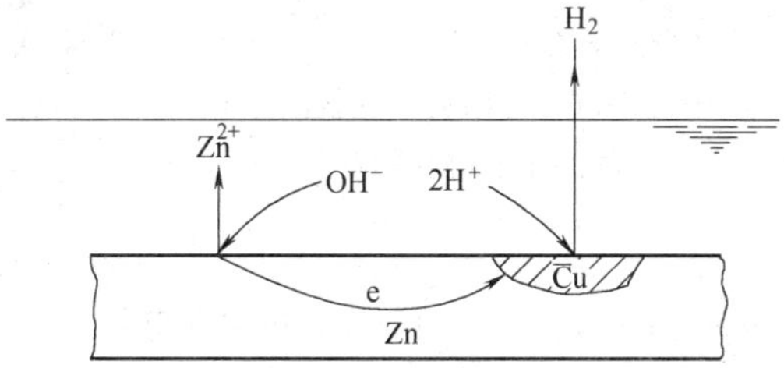


图 1-25　铝版基的电化学反应示意图

阳极（锌）：$Al-3e = Al^{3+}$

$Al^{3+}+3OH^- = Al(OH)_3$

阴极（铜）：$2H^++2e = H_2\uparrow$

总的反应方程式为：

$$2Al+6H_2O = 2Al(OH)_3+3H_2\uparrow$$

生成的氢氧化铝脱水后变成三氧化二铝附着在铝版上。

电化学腐蚀的结果，使印版上的砂目遭到破坏，印版的润湿性随之下降。因此，形成砂目的铝版或锌版，应立即进行感光膜的涂布作业。因条件所限，不能及时涂布感光膜时，应将形成有砂目的铝版、锌版放置在干燥、通风的场所，以免发生电化学腐蚀。

3. 表面吸附

金属长期地放置在空气中，空气中的气体分子（$N_2$、$O_2$、$CO_2$ 等）、油污、灰尘等吸附于金属表面，从而改变了金属表面的性质，这样的金属叫做旧金属表面。若用物理或化学的方法，去除金属表面所吸附的各种杂质，恢复原来金属表面的性质，这样的金属表面叫做新金属表面。

比表面能高的金属表面，很容易被表面张力低的液体润湿，因为润湿的过程使体系的自由能下降。新金属表面的比表面能都较高，例如铜的比表面能约为 1.0J/m$^2$，铝和锌的表面能约在 7.0～9.0×10$^{-1}$J/m$^2$，以铜、锌金属为版材的凸版、凹版都很容易被油墨润湿，传墨性较好。但是将铜、锌、铝金属表面，尤其是新金属表面，暴露在空气中，会吸附许多气体分子而形成单分子吸附层，如果用 $\gamma_{sg}$ 表示没有气体吸附层的金属表面的比表面能，用 $\gamma_{s'g}$ 表示有气体吸附层的金属表面的比表面能，$\gamma_{sg}$ 与 $\gamma_{s'g}$ 的差值为 $p^0$，即

$$\gamma_{sg}-\gamma_{s'g}=p^0 \tag{1-30}$$

$p^0$ 被称为表面压，是个正值。在表面压存在的条件下，润湿方程式（1-23）应改为：

$$(\gamma_{sg}-p^0)-\gamma_{ls}=\gamma_{ls}\cos\theta \tag{1-31}$$

式（1-30）说明，表面压的存在，好像有一个“推回液体”的趋势，使接触角增大，如图 1-26 所示，金属表面的润湿性明显下降，甚至变得不能润湿，变成了“旧金属表面”。

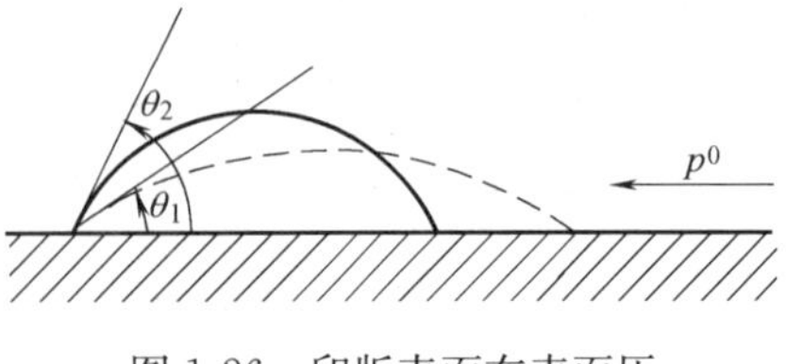

图 1-26　印版表面在表面压作用下润湿性的变化

非极性的气体分子 $N_2$，$O_2$，$CO_2$，很容易被金属表面吸附，使金属的比表面能下降，润湿性变差。下列实验数据充分证明了这一点，把 0.01ml 的蒸馏水分别滴在新旧锌板和铝板上，测得的接触角分别是：旧锌板 67.4°，新锌板 33.2°，增加了 34.2°；旧铝板 19.3°，新铝板 17.6°，增加了 1.7°。接触角的增加标志着润湿性的降低。此外，金属表面还可能吸附空气中的尘埃、有机油污，而使其疏水性增强。因此，晒制铜锌版、照相凹版、平凹版、蛋白版等时，首先要清除版材表面的杂质、油污。其目的是将旧金属表面变为新金属表面，恢复原来金属的润湿性。

平版的空白部分，吸附过多的非极性分子、油污，亲水性能随之下降，亲油性能随之上升，印版的空白部分在印刷过程中便黏附油墨而起脏，故需要保护印版空白部分的润湿性。保护的方法是在新晒制的平版表面，涂布一层阿拉伯胶液。阿拉伯胶是一种高分子化合物，是阿拉伯酸和阿拉伯酸的钾、钙等盐类的混合物。阿拉伯酸的分子结构如图 1-27 所示。

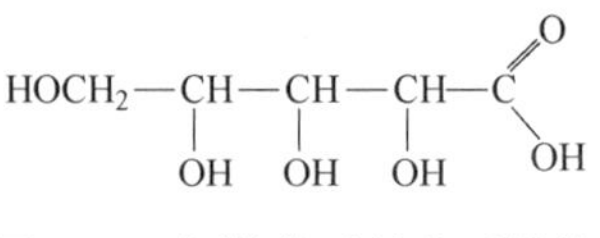

图 1-27　阿拉伯酸的分子结构

从结构上看阿拉伯胶具有强亲水基团，遇水溶解，在溶胶状态下具有很强的疏油性。将阿拉伯胶液擦涂在新晒制的平版表面时，亲水的非图文部分吸附胶液并铺展成薄膜，待水分蒸发后，胶体就固着在非图文部分的表面，变金属氧化物或无机盐层的高能表面为高分子树脂的低能表面，这样便阻止了气体分子、有机油污等在平版非图文部分表面的吸附，起到了保护其润湿性的作用。开始印刷时，用水溶解并除掉附着在版面上的胶层，就又恢复了非图文部分表面的润湿性。

印刷中途停印的时间较长时，由于 PS 印版的非图文部分砂目细密，含藏水分的能力较强，可采取擦胶或擦水的方法保护印版，即用低表面能物质来保护印版非图文部分

的润湿性。此外，在平版表面擦涂阿拉伯胶液，还可以防止铝版或锌版的氧化。

## 二、凸版和凹版的表面结构与润湿性

1. 凸版的表面结构与润湿性

凸版印刷是最古老的印刷方式，可以追溯到雕版印刷和泥活字印刷，距今已有一千多年的历史。随着印刷技术的不断发展，凸版印版经过雕刻印刷、泥活字印刷、金属活字印刷，发展到当今的感光树脂凸版印刷和柔性版印刷。因此，凸版印刷用的凸版版材亦包括铅活字版、铅复制版、铜锌版、橡胶凸版、感光树脂版、高弹性柔性版等，目前凸版以感光树脂版和柔性版为主。凸版印版表面结构的特点是：图文部分凸起，非图义部分（空白部分）凹下，且和图文部分有一定的高度差。为了满足凸版印刷工艺的要求，使油墨能够均匀地涂布在印版表面，对平面形的印版（圆压平或平压平方式），凸起的图文部分表面应处于同一水平面上；对弧面形的印版（圆压圆方式），凸起的图文部分表面应处于同一半径的柱面上，如图 1-28 所示。

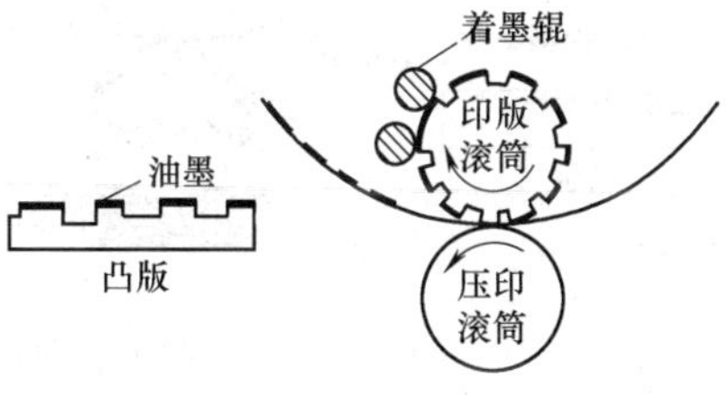

图 1-28　凸版及凸版印刷示意图

凸版所用的版材有铜、铅、铁、锌等金属，还有高分子聚合材料，如氯醋共聚塑料、聚酚氧塑料、合成橡胶、硬化的感光树脂等。

根据杨氏润湿方程，只有固体表面能足够大才可能被液体润湿，要使接触角为零（铺展润湿），$\gamma_{sg}$必须等于或大于 $\gamma_{sl}$ 和 $\gamma_{lg}$之和。$\gamma_{sg}$虽不易得到，但可以肯定的是 $\gamma_{sg}$必须大于 $\gamma_{lg}$才有被该液体润湿的可能。一般常用液体的表面张力都在 0.1N/m 以下，可以依此将固体分为高能表面固体（表面张力高于 0.1N/m）和低能表面固体（表面张力低于 0.1N/m）。

铜、铅、铁、锌等金属均为无机固体，其表面能在 0.2～5N/m，属于高能表面，表面张力较低的油墨与之相接触时，导致整个体系的自由能下降，油墨能够很好地润湿印版图文部分表面并附着在其上。感光树脂版、柔性版（本质上也是一种感光树脂）类的高分子聚合物，其表面能与一般的液体大致相当，甚至更低，属于低能表面。但因其化学结构和油墨连结料的化学结构有相似性，均为非极性或弱极性物质，油墨在其表面润湿时，能与之产生较强的亲和力，有利于油墨的铺展润湿。因此，印刷时，只要油墨和印版图文部分表面之间的黏附张力 $F_A$ 大于和油墨的表面张力 $\gamma_{lg}$，满足 $F_A>\gamma_{lg}$的条件，油墨在着墨辊的辊压作用下，很容易润湿印版表面图文部分。

2. 凹版的表面结构与润湿性

凹版有雕刻凹版（包括手工雕刻、机械雕刻等）和照相凹版（包括电子雕刻凹版、激光雕刻凹版、照相腐蚀凹版等）。雕刻凹版凹下的图文部分深浅不同，由凹下的细线条和点构成。照相凹版表面的结构特点是：印版上的图文部分凹下，形成深浅和开口大小不同的网穴，非图文部分凸起，并在同一平面或同一半径的柱面上，如图 1-29 所示，印刷时，印版滚筒的一部分浸渍在墨槽里，油墨润湿印版表面，并填充在网穴内，再用刮墨刀除去印版表面的油墨，网穴内的油墨在印刷压力的作用下，转移到承印物表面。

要使油墨浸湿并充满网穴，必须满足 $W_i=\gamma_{sg}-\gamma_{sl}\geq 0$ 的条件，即固体的表面张力大于固-液界面的界面张力，因此制作凹版都使用具有高表面自由能的金属版材，以增大浸湿功。

照相凹版的表面，一般均匀地分布着承托刮墨刀的支撑架，叫做网墙，如图 1-30 所示。网墙的作用，是防止刮墨刀在刮除印版空白部分油墨时，挖去网穴内的部分油墨，以避免破坏印刷品的阶调再现。油墨对凹版的润湿性主要是指对凹下的网穴表面的润湿。由于网穴壁面存在一定的倾斜，如图 1-31 所示，呈锯齿形，壁面倾斜程度对润湿性能有较大影响。设网穴壁面倾斜角为 $\varphi'$，当接触角 $\theta>180°-\varphi'$时，易形成"固-气"和"固-液"同时存在的复合面，油墨难于浸入凹版的网穴内。因此，凹版的润湿受网穴壁面倾斜角 $\varphi'$的影响较大。

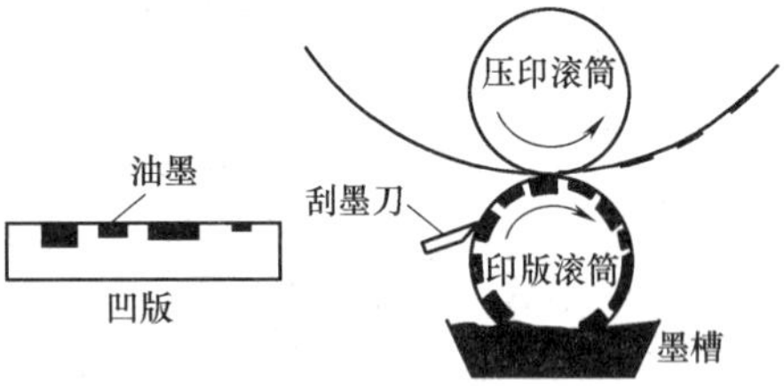


图 1-29　凹版及凹版印刷示意图

图 1-30　凹版网墙

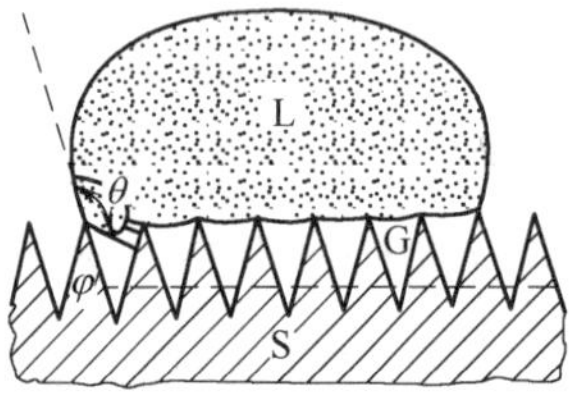


图 1-31　凹版网墙截面

非极性气体、有机油污在凸版、凹版表面形成的吸附膜对油墨的润湿性影响不大。这是因为凸版、凹版的图文部分和非图文部分有一定的高度差，也不存在选择性吸附的问题。印刷时，只要将版面吸附的杂质清除干净，油墨便会很好地附着。

## 三、孔版的表面结构和润湿性

孔版（主要是丝网印版）是以丝网为支撑体，先在网上涂布一层感光胶，再将阳图底片密合在感光胶层上，经过曝光、显影制成的。印版空白部分的感光胶层受光发生光化学反应，形成固化的版膜将网孔封住；印版图文部分的感光胶层显影时被除去，网孔通透。印刷时，油墨透过网孔漏印到承印物上形成印刷品，如图 1-32 所示。

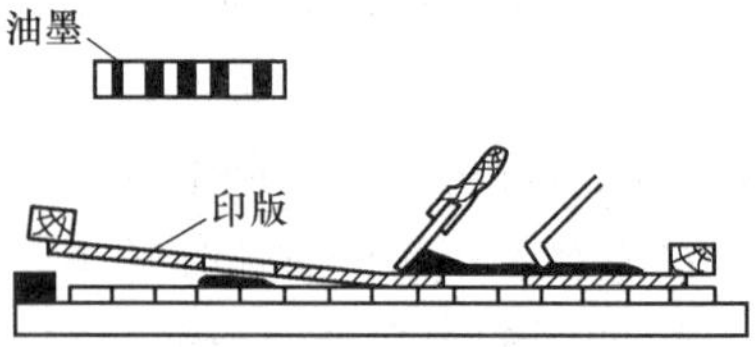


图 1-32　孔版及孔版印刷示意图

常用的丝网有不锈钢丝网、尼龙丝网、聚酯丝网等。不锈钢的比表面能最高，聚酯的比表面能最低（临界表面张力约为 $4.3\times10^{-6}$ N/m），尼龙的比表面能（临界表面张力约为 $4.6\times10^{-2}$ N/m），介于不锈钢和聚酯之间。因此和感光胶的结合性以及透墨性最好的是不锈钢丝网，其次是尼龙丝网，最差的是聚酯丝网。用不锈钢丝网制成的孔版，常用来印刷质量要求高的精细产品。为了提高丝网的印刷性能及降低成本，常常使用复合材料制成的丝网印刷。例如，镀镍聚酯丝网，是在聚酯丝网上镀一层厚度为2～5μm的镍金属，这种网的编织结点经镀镍而固定，避免了金属网因金属疲劳而造成的松弛和聚酯网与感光胶版膜结合力低、透墨性差的弊病，成为具有高张力、低伸长率的适印性较广的丝网。用镀镍聚酯丝网制成的孔版，印刷时网孔变形小，墨流通畅，承印物上获得的墨层厚薄均匀。

# 第三节 墨辊、水辊、橡皮布的润湿

## 、墨辊的润湿

印刷机上墨辊主要用于传输油墨，为了使油墨在墨辊间迅速地展布均匀，印刷机一般采用软质和硬质墨辊交替的方式配置，使相邻的墨辊产生良好的接触。

### （一）油墨润湿墨辊的条件

具有良好亲油性的每一根墨辊，都是从前一根墨辊接受油墨，然后再传递给下一根墨辊。在这个过程中，油墨润湿墨辊表面并附着在墨辊上。若墨辊表面的比表面能为$\gamma_{sg}$，油墨的表面张力为$\gamma_{lg}$，墨辊和油墨之间的界面张力为$\gamma_{sl}$，则墨辊对油墨的黏附功$W_a$为：

$$W_a=\gamma_{sg}+\gamma_{lg}-\gamma_{sl} \tag{1-32}$$

油墨本身的内聚功$W_c$为

$$W_c=2\gamma_{lg} \tag{1-33}$$

当油墨的内聚功$W_c$小于墨辊对油墨的黏附功$W_a$，即$W_c<W_a$时，油墨润湿墨辊表面并附着在墨辊上；当油墨的内聚功大于墨辊对油墨的黏附功，即$W_c>W_a$时，油墨不能润湿墨辊表面而从墨辊上脱落下来。考虑到式（1-32）和式（1-33），得到油墨在墨辊表面附着和脱落的条件分别为

油墨附着：$\gamma_{sg}>\gamma_{lg}+\gamma_{sl}$

油墨脱落：$\gamma_{sg}<\gamma_{lg}+\gamma_{sl}$

印刷机上使用的软质墨辊，一般是用经过硫化处理的天然橡胶、合成橡胶、聚氨酯等高聚物材料制作的，软质墨辊的表面虽然是低能表面，但墨辊材料均具有良好的亲油性，所以油墨能很好地润湿辊面并附着在上面。

印刷机上使用的硬质墨辊，一般用铁、铜等金属材料制作。金属墨辊的表面为高能表面，$\gamma_{sg}\gg\gamma_{lg}+\gamma_{sl}$，因此油墨对其也具有良好的润湿性，能够附着在金属墨辊表面。

柔性版印刷使用网纹辊进行传墨，要求油墨对网纹辊的网穴具有良好的润湿性。油墨对网纹辊网穴的润湿与油墨对照相凹版网穴润湿类似，浸湿功$W_i$必须满足$W_i=\gamma_{sg}-\gamma_{sl}\geqslant0$的条件，同时，油墨对网纹辊的接触角$\theta$要满足$\theta<180°-\varphi'$，$\varphi'$为网纹辊网穴壁面的倾斜角。

### （二）影响墨辊润湿性的因素

1. 墨辊橡胶层的老化

软质墨辊大多是由橡胶材料制作而成，润湿性以及其他的性能基本上和橡皮布相同。由于墨辊的直径比印版滚筒的直径小几到十几倍，要保持墨辊与印版接触点的线速

度相等，墨辊的角速度要比印版滚筒的角速度大几倍到十几倍，所以在频度很高的滚压摩擦状况下，墨辊极易发热升温，从而加速软质墨辊橡胶的热老化，造成表面硬化、龟裂，甚至成块脱落，导致亲油性下降，影响油墨的润湿。为了减缓橡胶的热老化速度，印刷机输墨装置中的串墨辊，通常配有冷却降温的装置。已经形成热老化层的墨辊，必须经过处理后才能恢复墨辊原有的亲油传墨性能。

另外，润湿液含有的金属离子被传到墨辊表面后，易使墨辊表面产生“晶化”而影响墨辊的亲油性及传墨性。

2. 墨辊表面污染

墨辊表面吸附其他杂质后，将降低墨辊的表面自由能，影响油墨对墨辊的润湿性及墨辊传墨性能。造成墨辊表面污染的原因主要有：①油墨在墨辊表面干结成膜和油墨在墨辊上的早期干燥，形成墨皮；②从纸张表面脱落的纸粉纸毛被传到墨辊并被吸附在墨辊表面；③墨辊表面吸附空气中的尘埃及其他杂物。因此，印刷过程中要及时清除墨辊上残留的墨皮、杂物，印刷结束时，必须把墨辊清洗干净。

用金属铁制作的胶印机串墨辊，由于铁自身的亲油性较弱，当印刷中润湿液的供给量较大，油墨乳化严重时，润湿液中的电解质或亲水性胶体，随同润湿液以细小的微珠分散在油墨中被铁吸附，串墨辊上生成亲水薄膜，使亲油能力下降，油墨难以附着在墨辊表面，严重时会出现“脱墨”现象，只有采用物理或化学方法去除亲水膜层，墨辊才能恢复原来吸附油墨、传递油墨的性能。

改善铁质墨辊亲油性能的方法，可以在铁质墨辊表面镀上一层金属铜，制作成金属铜辊。金属铜辊的传墨性能优于铁质串墨辊，但由于铜是容易被氧化的金属，特别是在被乳化的油墨中，润湿液的微滴中含有氧化剂，铜辊表面会被氧化生成 $CuO$（氧化铜）。另一方面，印刷机输墨系统中的软质橡胶在传墨中会慢慢地脱硫，铜质墨辊与其长期接触，会在接触的部分生成黑色条痕，这是铜与硫发生化学反应生成了 $Cu_2S$（硫化亚铜）和 $CuS$（硫化铜）的缘故。被 $CuO$、$Cu_2S$、$CuS$ 覆盖的铜表面，亲油吸墨性下降，易导致“脱墨”现象，通常用10%的稀硝酸进行清除。

为了利用合成树脂、塑料等高分子聚合物的非极性特性及具有良好的亲油性能，将坚固、耐磨的高分子聚合物，浇注到金属墨辊的辊芯上，制成硬质胶辊。高分子聚合物硬质胶辊，辊面上不会沉积亲水的无机盐层或吸附亲水胶体，可以避免金属传墨辊的弊端，增强传墨性能，很少发生脱墨现象。但是，这类墨辊的机械强度不比金属，使用中应避免敲击碰撞、墨刀铲刮。另外，高聚物硬质墨辊和橡胶软质墨辊的耐溶剂性都较弱，清洗墨辊时，应选择合适的溶剂配制成清洗剂，否则墨辊表面将溶胀或溶解，胶层受损而损坏墨辊。

3. 温度的影响

温度的变化一是会引起墨辊表面自由能的变化，也会引起油墨表面张力的变化，通常，温度升高会导致表面张力和表面自由能下降，油墨对墨辊的润湿性取决于油墨表面张力和墨辊表面自由能的温度依存性。二是温度升高会加速胶质墨辊的老化，导致润湿性下降。

## 二、水辊的润湿

平版印刷时，印版的非图文部分（空白部分）需要先用润湿液润湿，形成一层润湿液薄液膜，以阻止油墨对空白部分的润湿。润湿液通过水辊供给印版的空白部分，因此，水辊必须具有良好的亲水性能。

**（一）水辊的润湿性**

水辊有硬质水辊和软质水辊两类。硬质水辊一般使用表面镀铬的金属辊，水斗辊和串水辊为硬质金属水辊。铬金属表面属于高能表面，具有良好的亲水性，且水辊表面在空气中能被氧化形成一层致密的氧化膜使其钝化，增强了金属水辊的抗腐蚀性。通常在表面镀铬之前，先将进行表面粗化处理，增加比表面积，然后再镀铬，增强对润湿液的吸附能力，提高输水性能。

软质水辊有表面包有水绒布和不包水绒布的水辊，绒布自身具有极强的亲水性，且有丰富的毛细管结构，可以积聚大量润湿液，以保证供给印版足够的润湿液量。表面不包覆绒布的水辊能够传递的润湿液量相对较少，对于酒精润湿液和非离子型表面活性剂润湿液来说，其传递的润版液量能够满足正常印刷的供液量。

**（二）影响水辊润湿性的因素**

印刷中水辊始终和润版液接触，表面吸附润湿液中的杂质会引起润湿性下降；水辊长时间暴露在空气中，尘埃、油污等杂质会在水辊表面积聚成膜，也会引起水辊亲水性降低；着水辊给印版供润湿液时，不可避免地要与印版图文部分接触，使油墨乳化，并将部分油墨逆向传递到各个水辊表面，造成亲水性能下降，输水性能降低。因此，印刷过程中需及时清除水辊表面的污染物，硬质水辊需擦洗干净，软质水辊必要时更换。

## 三、橡皮布的润湿

橡皮布是胶印机油墨转移的中间体，其作用是接受从印版表面图文部分附着的油墨并将油墨转移到承印物上。印刷时，橡皮布与印版图文部分的油墨接触的同时，也与印版空白部分的水相接触。因此，平版印刷对橡皮布润湿性的要求是：最大限度地吸附油墨并转移油墨，最小限度地吸附水分。除此之外，橡皮布应具有良好的耐水、耐酸碱、耐溶剂、耐氧化和抗老化等性能。为使橡皮布具有良好的印刷性能，除选择适宜的橡胶材料制作橡皮布以外，印刷过程中，工艺操作上还必须尽量维护橡皮布的润湿性。

1. 橡胶的结构特点

橡皮布由胶层和底布组成。胶层包括粘结底布的内胶层和用于转移油墨的表面胶层。胶层的主要组分是天然橡胶和合成橡胶。天然橡胶可以看做是顺式异戊二烯单体的聚合物，其结构如下：

$$nCH_2{=}\overset{\displaystyle CH_3}{\overset{|}{C}}{-}CH{=}CH_2 \xrightarrow{\text{聚合}} \left[CH_2{-}\overset{\displaystyle CH_2}{\overset{|}{C}}{=}CH{-}CH_2\right]_n$$

（顺式异戊二烯）

经测定，天然橡胶的相对分子质量为 20 万～50 万，聚合度 $n$ 为 3000～7500。在平常状态下，天然橡胶是由数千个顺式异戊二烯聚合而成的长链状分子，柔顺的分子链卷曲在一起，使其富有很高的弹性。具有这种结构的天然橡胶，其耐磨、耐冲击等机械性能较低，且温度效应较差，受热容易发黏、变脆，并且容易发生塑性变形和老化。为了克服天然橡胶在物理性能方面的不足，在天然橡胶中加入硫化剂（一般是硫黄），对橡胶进行硫化处理，使链状结构的橡胶分子中的一些双键打开，以硫作“桥梁”，形成硫桥，发生交联反应，成为立体网状结构。

硫化以后的橡胶结构模型如图 1-33 所示。从图中可以看到，硫原子将链状结构的橡胶分子连结起来，形成三维网状结构，从而提高了橡胶的机械和物理性能。经过硫化的橡胶，机械物理性能得到了提高，但其弹性下降，硬度增大。这是因为加入的硫化剂越多，分子间交联点就越多，由硫原子联结起来的三维网状结构的密度越大而造成的。一般将含硫量低于 10%的称为软橡胶，含硫量超过 10%以上的称为硬橡胶。用于橡皮布的橡胶含硫量较少，弹性好，硬度低。印刷用的橡胶墨辊，其硬度的不同，是利用加硫量的多少来实现的。

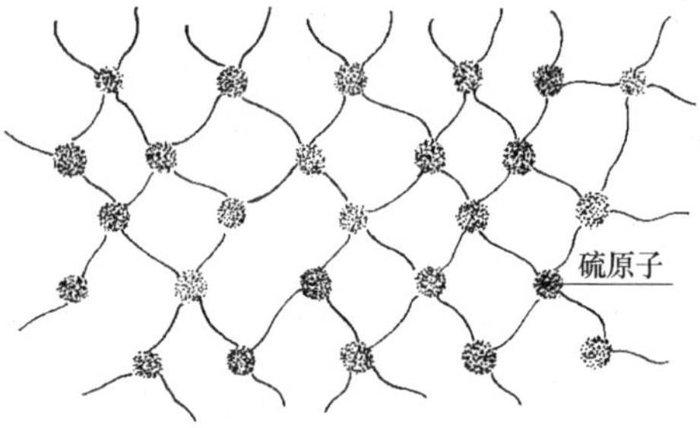

图 1-33　硫化橡胶结构模型

硫化的天然橡胶，耐油性仍然较差，尤其是和煤油等有机溶剂长期接触，就会逐渐溶胀变形。因此，天然橡胶用于橡皮布的表面胶层并不合适。由于天然橡胶具有较大的粘结力，能把橡皮布的底布牢固地粘合在一起，一般作为橡皮布的内胶层使用。但在印刷过程中或清洗橡皮布时，要严防煤油等有机溶剂的渗入，以避免天然橡胶溶胀而使橡皮布“起泡”或“脱壳”。

目前，平版印刷普遍使用树脂型油墨，其树脂型连结料中含有一定量的高沸点煤油，这就要求橡皮布的表面胶层耐油性好，故橡皮布的表面胶层一般采用耐油性能好的合成橡胶做原料。

制作橡皮布表面层的合成橡胶有氯丁橡胶、丁腈橡胶等。

氯丁橡胶是由氯丁二烯聚合而成的，其分子结构如下所示：

$$nCH_2=\overset{\displaystyle Cl}{\overset{|}{C}}-CH=CH_2 \xrightarrow[36\sim38℃]{\text{引发剂}} \left[CH_2-\overset{\displaystyle Cl}{\overset{|}{C}}=CH-CH_2\right]_n$$

氯丁橡胶中由于氯原子的存在，除弹性和耐寒性比天然橡胶稍差外，在耐磨性、耐油性、耐热性、耐有机溶剂性、耐臭氧性、气密性等方面均比天然橡胶优良，尤其是耐老化性特别好，长时间受到光、热以及空气中氧的作用，化学结构不易破坏，仍能保持较好的物理机械性能。

丁腈橡胶是丁二烯和丙烯腈在引发剂作用下共聚而成的聚合物，分子结构如下：

$$nCH_2=CH-CH=CH_2+nCH_2=\overset{\displaystyle CN}{\overset{|}{CH}} \xrightarrow[35℃]{\text{引发剂}} \left[CH_2-CH=CH-CH_2-CH_2-\overset{\displaystyle CN}{\overset{|}{CH}}\right]_n$$

丁腈橡胶中由于有氰基（—C≡N 或—CN）的存在，耐油和耐溶剂性能特别好，是天然橡胶无法相比的。

2. 橡皮布表面润湿性

氯丁橡胶和丁腈橡胶分子中，由于存在着氰基和氯原子等极性基团，有呈极性的倾向，但并未从根本上改变橡胶的非极性，仍属于低能表面。Zisman 等研究了各种液体在光滑低能表面上形成的接触角 $\theta$ 随液体表面张力 $\gamma_{lg}$ 变化的规律，并得出经验公式：

$$\cos\theta = b - c\gamma_{lg} \tag{1-34}$$

式中，$b$、$c$ 为同系列液体在指定聚合物表面上的常数。由式（1-34）可知，当 $\gamma_{lg}$ 减小时，$\cos\theta$ 增大，$\theta$ 减小（因为 $\theta<90°$）。当 $\theta$ 减小到 $\cos\theta=1$，即 $\theta=0°$ 时，液体在聚合物表面的润湿为铺展润湿，这是 $\gamma_{lg}$ 最小。此时，式（1-34）可写成：

$$\gamma_{lg} = \frac{b-1}{c} = \gamma_c \tag{1-35}$$

式中，$\gamma_c$ 称为临界表面张力，当 $\gamma_c > \frac{b-1}{c}$ 时，液体不能在聚合物表面自动铺展。Zisman 等还发现，同系列液体在同种聚合物表面的临界表面张力不变，临界表面张力 $\gamma_c$ 是描述固体的表面特征量。当 $\gamma_{lg}<\gamma_c$ 时，铺展系数 $S>0$，促进铺展；当 $\gamma_{lg}>\gamma_c$ 时，铺展系数 $S<0$，不能自动铺展；固体的 $\gamma_c$ 值越低，能在此固体表面上自动铺展的液体越少。

油墨在橡皮布表面铺展的条件应满足油墨的表面张力小于橡皮布的临界表面张力。由于橡皮布表层的氯丁橡胶和丁腈橡胶分子中存在的氰基和氯原子等极性基团，既没有改变橡胶低能表面的本质，又提高了橡胶表面的临界张力，因此有利于油墨在其表面的铺展；而润湿液的表面张力一般比较高，在橡胶表面铺展比较困难。为了进一步增强橡皮布表面胶层亲油疏水的性能，有的橡皮布表面胶层原料中加入一定量的醋酸乙烯-氯乙烯共聚物，以提高临界表面张力。

3. 影响橡皮布润湿性的因素

橡皮布包覆在胶印机的橡皮滚筒上，在滚筒相互滚压的过程中，橡皮布每一微小单元体要周期性地和印版、承印物相接触。印版上的油墨、润湿液，承印物（主要是纸张上脱落下来的纸粉）和橡皮布将发生物理、化学作用，其结果会改变橡皮布的润湿性。影响橡皮布润湿性的因素主要有以下几个方面。

（1）橡皮布老化　①天然橡胶分子链上的双键很多，这些不饱和的双键很容易和氧发生反应，使橡胶的分子结构改变，从而发生“老化”现象；②天然橡胶硫化处理以后，部分的双键因为形成“硫桥”而被破坏，但仍有剩余的双键，氯丁橡胶、丁腈橡胶等合成橡胶的分子结构主链上也含有双键，因而由硫化橡胶和合成橡胶为原料制造的橡皮布内胶层、表面胶层也很容易被氧化而发生老化现象；③橡皮布是在有光线照射的情况下工作的，日久天长橡胶发生老化，表面生成玻璃状的光老化膜。由于这层膜非常光滑，不仅掩盖了橡皮布原来的表面性质，而且使表面的毛细管作用完全消失，亲油传墨性能降低；④橡皮布受热以后，产生热老化，使表面胶层变硬、发黏，甚至出现裂纹，不能再使用；⑤橡皮布在转移油墨的过程中，受到印版滚筒和压印滚筒周期性的应力作用，这种交变应力的频度很高（尤其是高速胶印机），因而橡胶的内耗较大，放出的热量使橡皮布胶层的温度上升，又加剧了橡皮布胶层的热老化。

橡皮布老化后，将降低其润湿性能。为了减缓橡皮布热老化的程度，印刷车间应严格地控制温湿度的变化，实现恒温恒湿的作业环境。印刷中提倡采用适宜的印刷压力转移油墨，在超高速的胶印机上，采用水、墨辊冷却散热的方法，维持橡皮布表面的润湿性。

（2）表面吸附　印刷过程中，由于物理吸附，在橡皮布的表面胶层上会形成掩盖层，这层掩盖层主要是纸粉涂料粒子、植物纤维、油墨中的颜料颗粒等物质堆积而形成的。掩盖层中的物质大部分是极性的，故使橡皮布的非极性减弱、极性增加，亲油性下降、亲水性上升。这样，印版图文部分上的油墨，尤其是微小网点上的油墨，在高速压印时，不能正常地通过橡皮布转移到承印物上，造成印刷品的印迹发虚、网点丢失。另一方面，因为橡皮布的亲水性增加，它将从印版表面吸附较多的润湿液传递给纸张，使纸张的含水量增加，尺寸伸长，套印不准，与此同时，纸张的表面强度下降，纸粉、纸毛堆积橡皮布的程度加剧，致使生产无法正常进行。为了保持橡皮布的亲油疏水性能，印刷作业中需要保持橡皮布表面的清洁，当橡皮布表面被污染后，需及时清除表面吸附的杂质，恢复橡皮布原有的润湿性。

## 思　考　题

1. 导出表面张力与表面自由能的各单位间的换算关系。

2. 将一上端弯曲的、可为水润湿的毛细管插入水中，若它露出水面的高度小于其毛细上升高度，问水能否从上口流出？为什么？

3. 二平板玻璃间夹一层水时为何不易被拉开？若夹的是汞又如何？

4. 结合印刷实际，举例说明液体在固体表面沾湿、浸湿、铺展的热力学条件。

5. 固体表面粗化后，其润湿性如何变化？

6. 什么是黏附功？什么是内聚功？油墨转移与黏附功和内聚功有什么关系？

7. 平版印刷为什么要先给印版供水、再给印版供墨才能正常印刷？

8. 试说明如何提高印版的润湿性。

9. 试说明如何保护橡皮布、墨辊的润湿性。

10. 推导公式 $\gamma=Rh\rho g/2$。把半径为 0.5mm 的玻璃毛细管垂直插入密度为 1.02g/$cm^2$ 的润湿液中，润湿液的毛细上升高度为 2.9cm，试计算润湿液的表面张力，并分析该润湿液的润湿效果。

11. 试推导公式 $\sin\theta=2hr/(h^2+r^2)$。将 6 号调墨油滴在光滑洁净的金属平板表面，测得液滴高为 0.03mm，底宽为 0.08mm，计算 6 号调墨油在该金属平板表面的接触角，并分析该金属的亲和性。

12. 分析比较各表面张力测量方法的优缺点。说明如何测量高黏度油墨（如胶印油墨）的表面张力。

# 第二章 油 墨 传 递

## 第一节 油墨传递概述

油墨传递行程是指油墨在印刷过程中，从装墨单元传出，被输送至承印材料表面的全部过程。

油墨传递行程主要包括油墨的传输和转移两部分。油墨的传输是始终稳定地向印版提供定量、均匀的油墨，如图 2-1、2-2、2-3、2-4 中的Ⅰ部分。油墨转移是将印版上的油墨传递至承印材料表面，即将印版的图文信息转移至承印材料上，它完成了印刷的任务，如图 2-1、2-2、2-3、2-4 中的Ⅱ部分。因此，油墨的传输和转移的性能，直接影响印刷品的质量。

油墨传输和转移的性能，既与印刷机的性能和精度有关，又与纸张、油墨印刷适性有关，还与印刷工艺的设计和实施有关。

根据油墨传递所用的墨辊数目的多少，即油墨的传递路线长短，可分为长墨路和短墨路两种油墨传递方式。不同印刷方式的印刷机油墨传递方式不同，如普通凸版印刷机和平版印刷机属于长墨路油墨传递，如图 2-1、图 2-2 所示；而柔性版印刷机和照相凹版印刷机属于短墨路油墨传递，如图 2-3、图 2-4 所示。

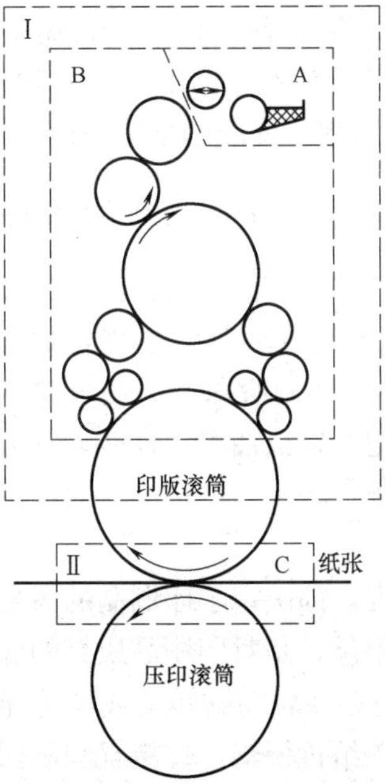


图 2-1 普通凸版印刷机的油墨传递

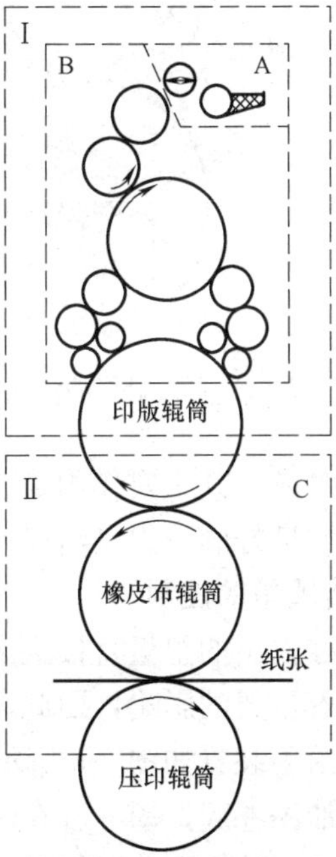


图 2-2 平版印刷机的油墨传递

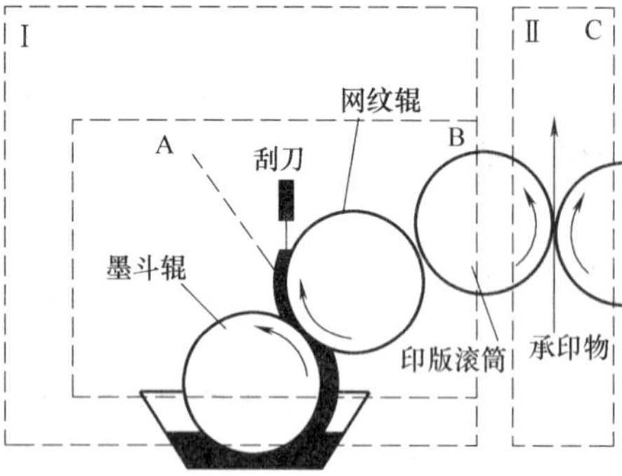


图 2-3 柔性版印刷机的油墨传递

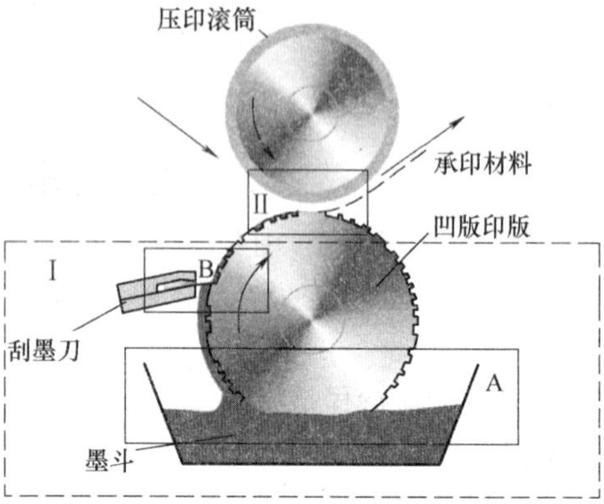


图 2-4 照相凹版印刷机的油墨传递

## 第二节 长墨路油墨传输

对于长墨路的油墨传输，油墨从墨斗经匀墨辊、串墨辊、重辊、着墨辊（靠版辊）等墨辊到达印版，经历给墨、分配两个行程。这类输墨方式主要用于平版印刷机和普通凸版印刷机，由于这两种印刷方式所使用的油墨黏度较大，要输送给印版均匀的油墨，必须经过较长时间的匀墨，因此采用长墨路输送油墨，其输墨方式如图 2-5 所示，图中 A、B 部分分别对应给墨、分配两个单元行程。

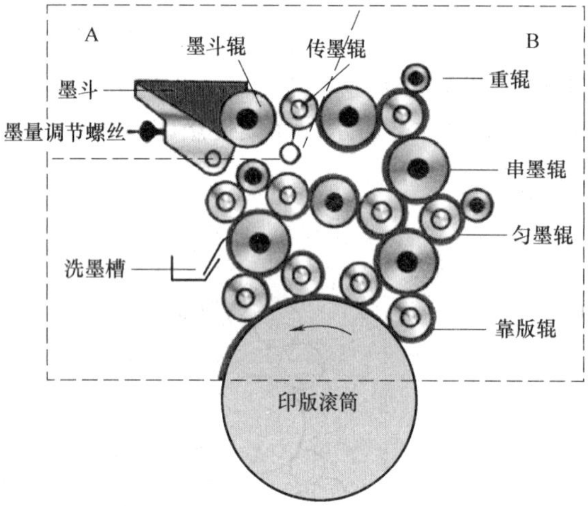


图 2-5 长墨路的油墨传输

### 一、给墨行程的油墨传输

给墨行程指的是油墨从墨斗传输到匀墨部分的过程，如图 2-5 中的 A 部分所示，主要由墨斗、墨斗辊和传墨辊组成。其主要作用是贮存油墨以及定时、定量输出油墨。性能良好的给墨装置和流变特性良好的油墨是给墨行程顺利进行的重要条件。

**（一）给墨量的控制**

给墨行程输出的墨量直接决定了印刷品的墨层厚度，即决定了印刷品的墨色，对印刷品质量有着重要的影响，因此，控制给墨行程的给墨量，是对印刷品质量的保证。

常见的给墨装置如图 2-6 所示，油墨置于墨斗内，墨斗辊间歇转动或低速连续转动从墨斗中将油墨卷起，墨斗辊在转动中将条状的油墨传给传墨辊，传墨辊间歇摆动或连续转动，将油墨传输到快速转动的匀墨辊上，完成给墨行程。

给墨量主要是由墨斗辊转速和墨斗辊与给墨调节板（即墨斗刀片，下同）的间隙来控制。如图 2-7，如果保持墨斗中的墨量不变，墨斗辊转速愈快，则每一次给墨时的墨斗辊转角愈大，即 $\theta$ 角愈大，墨斗辊从墨斗中带走的墨量愈多。此外，在墨斗辊与墨斗刀片之间有个间隙 $\Delta l$，亦可称开合量。在使用高黏度油墨的条件下，$\Delta l$ 愈大，墨斗辊带走的墨量愈多。如果印刷品的墨层厚度为 $\delta$，每次印刷的给墨量就应与 $\delta$ 适应，即 $\delta$ 要受到 $\theta$ 和 $\Delta l$ 的控制。一般近似地认为，$\delta$ 与 $\theta$、$\Delta l$ 成正比，因而有

$$\delta = c \cdot \theta \cdot \Delta l \tag{2-1}$$

$c$ 是个常数，主要与给墨装置的结构形式、尺寸等有关。

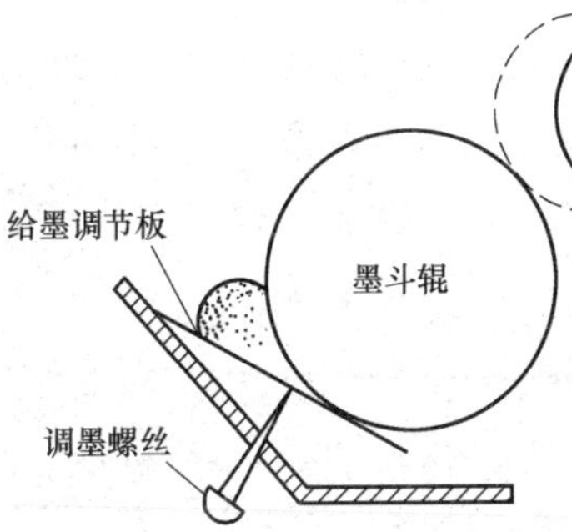


图 2-6　给墨装置

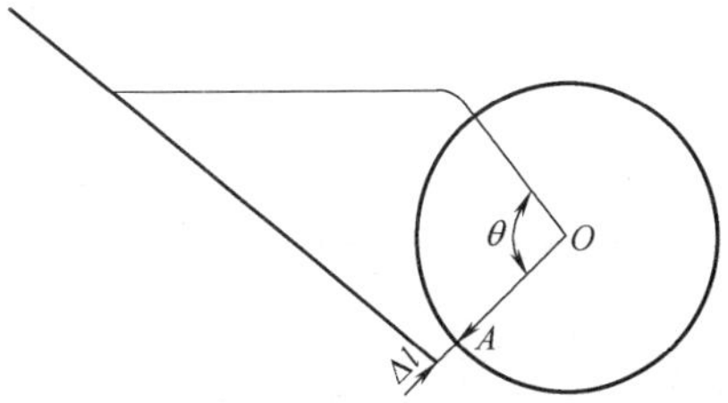


图 2-7　给墨量的控制

印版或承印材料图文部分墨层厚度的一致性是影响印刷品质量的另一个重要因素，它是平印、凸印的基本条件，从而保证了印刷品墨色的均一性。由于印版的图文分布并不均匀，为保证印版或承印材料图文部分墨膜厚度的均匀性，故印刷横向的油墨量是变化的，供墨量通常是按墨区予以控制，如图 2-8 所示，各个墨区的墨量是通过调节墨斗刀片与墨斗辊间隙来控制的。

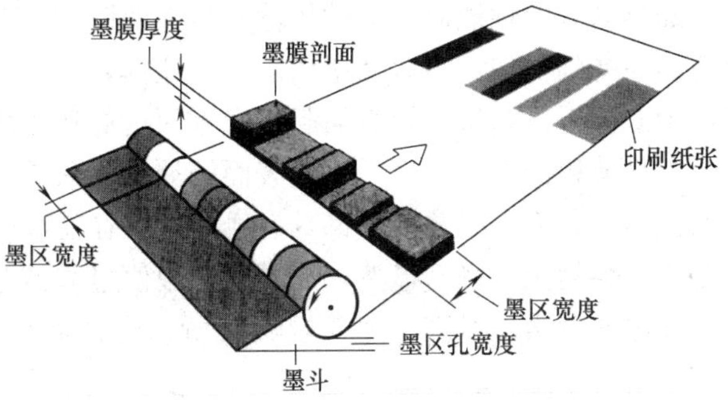


图 2-8　分墨区供墨示意图

给墨量的大小，除了与墨斗辊转角和开合量有关外，墨斗容墨量高度的改变也会对给墨量有一定的影响。图 2-9 是这方面的实验结果，在机器温度、印刷速度、润湿液供给量均不变的情况下，印刷一批 7000 张的印件，若在印刷过程中不给墨斗补充油墨，墨斗容墨量从 2000 张起逐渐减少。当墨斗中的油墨水平面从 $V_0$ 减少到 $V_1$（约减少 500g 墨）时，传输的墨量并没有什么变化，印刷品的墨层厚度基本保持不变。当油墨水平面从 $V_1$ 降到 $V_2$ 时，墨层厚度有微量减少。当油墨水平面从 $V_2$ 继续降低到 $V_3$ 时，墨层厚度则随墨斗中油墨水平面的高度减小而减小。印刷品的实地密度与印刷品的墨层厚度有着密切联系，墨层厚度减小会使实地密度减小，从而使墨色减淡。故在印刷过程中，为了保证向印版传输墨量的稳定性，随着印刷数量的增加，要不断地补充油墨，使墨斗中的油墨水平面保持一定高度，才不会影响印刷品的墨色均匀一致性，这一点对高

速印刷机尤为重要。

高速印刷机由于印刷速度快，印刷用墨量大，消耗油墨多。因此，为了保持印刷时墨斗中墨量的相对稳定，从而保证印刷质量，通常墨斗中要安装自动添加油墨的装置，图 2-10 是海德堡公司开发的 Inkline 自动加墨装置。

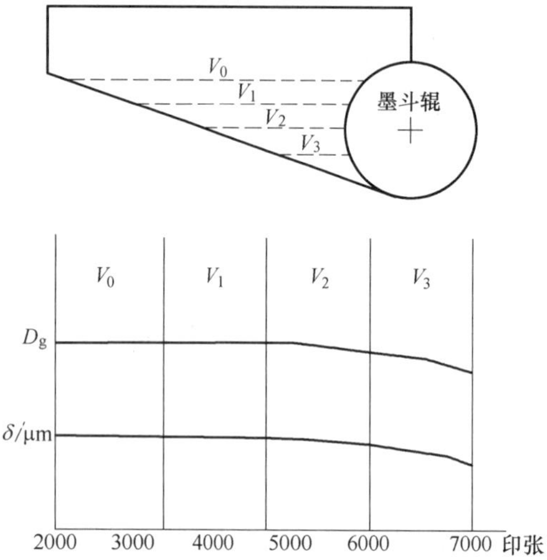


图 2-9　墨斗容墨量对印品质量的影响

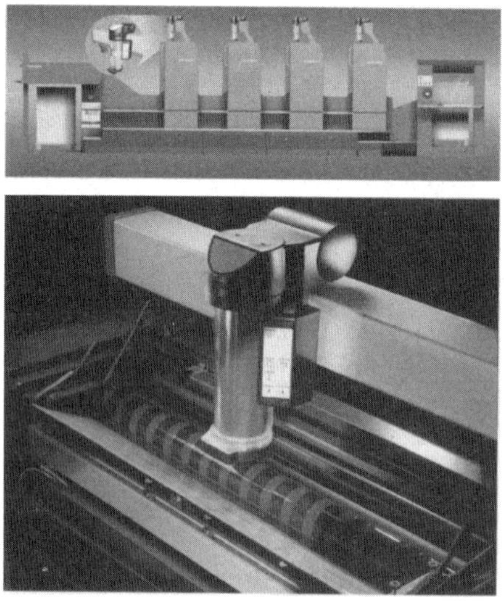

图 2-10　自动加墨装置

油墨的流变性能对油墨的传输有很大的影响。在给墨行程中，墨斗辊的旋转使墨斗中的油墨受到剪切，多数油墨属于塑性流体，当剪切应力达到屈服值时方才开始流动。墨斗中的油墨，自墨斗辊表面起，由近而远剪切作用逐渐减小。因此，靠近墨斗辊表面的油墨作剪切流动，远离墨斗辊表面的油墨则只是靠重力作用流向墨辊，如图 2-11（a）所示。另一方面，多数油墨都具有触变性，在持续的剪切作用下，黏度会有所下降，油墨的流动会趋于流畅。显然，油墨的屈服值过高或过低都不利于给墨行程的油墨传输。如果油墨的屈服值过高，墨斗辊旋转所引起的剪切作用可能不足以引发油墨的剪切流动，油墨无法传出，造成不下墨，即“堵墨”现象，如图 2-11（b）所示；如果油墨的屈服值过低，甚至完全失去塑性，则可能形成油墨的流泻。油墨的触变性也并非愈大愈好，流体的触变性愈大，黏度降低所需要的持续的机械作用愈强。如果油墨的触变性过大，墨斗辊旋转形成的持续的剪切作用，不能使油墨的黏度有足够的下降，则可能由于油墨的内聚力大于油墨与墨斗辊的黏附力，同样也形成了如图 2-11（b）所示的不下墨现象。经验表明，用拉雷黏度计测得的油墨屈服值在 $4.0\times10^2$Pa 左右，给墨行程顺畅，触变指数大于 3.2，便会发生不下墨现象。为了引发油墨的触变，降低油墨的表观黏度，提高油墨的流动性，在高速印刷机的墨斗中，常常配备自动搅拌装置，来帮助油墨流动，使油墨

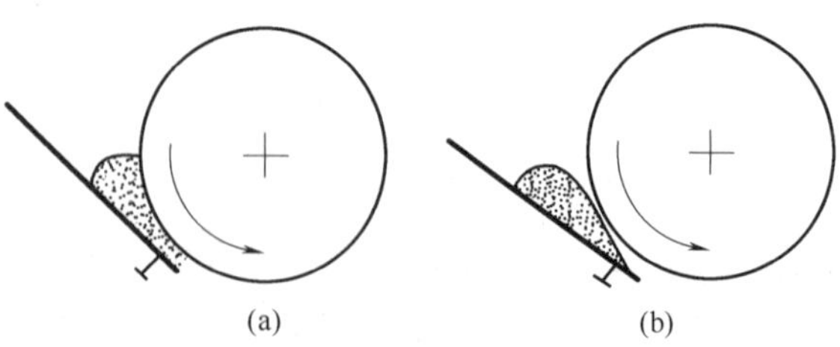


图 2-11　给墨行程的油墨传输

能顺利传出。

（二）卷筒纸印刷机的供墨方式

单张纸印刷机的给墨方式的特点是间歇供墨，即摆动传墨，输墨不连续，这难以满足高速轮转印刷机的供墨要求。同时传墨辊摆向墨斗辊时，墨斗辊转动较慢，而摆向匀墨辊时转速较快，会引起传墨辊打滑现象，当印刷机速度高或油墨黏度发生变化时，也将会影响给墨量的变化。因此，对于高速运转的卷筒纸印刷机，由于给墨量比较大，其给墨方式目前大部分为连续供墨，即让往复摆动的传墨辊不再摆动，而是作连续运转供给匀墨部分油墨，主要有以下几种供墨方式。

1. 油膜供墨

油膜供墨方式如图 2-12 所示，传墨辊采用只转不摆动的钢辊，该辊与墨斗辊和匀墨辊都有间隙。墨斗辊与传墨辊的间隙要比墨斗辊上的墨膜厚度小，这样油墨即可从墨斗辊上传给传墨辊。传墨辊与匀墨辊的间隙小于传墨辊上的墨膜厚度，因而传墨辊上的油墨可以传给匀墨辊。

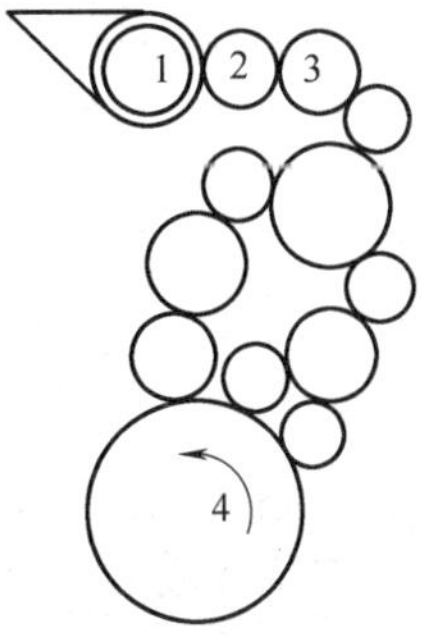


图 2-12 油膜供墨
1—墨斗辊 2—传墨辊 3—匀墨辊

这种供墨方式使传墨辊传给匀墨辊的油墨为一个连续的油墨层，因而非常易于打匀，使匀墨性能大大提高。缺点是传墨辊制造精度、安装精度要求高、且准确调整传墨辊与墨斗辊和匀墨辊的间隙较困难，而且由于机器振动等原因，间隙调好后有可能变化，有时传墨量不稳定。

2. 螺旋槽辊连续供墨

这种供墨方式是将传墨辊表面做成螺旋沟槽状，将油墨螺旋式地传给匀墨辊。同时在墨斗辊出墨侧加有刮墨刀，以供调节螺旋槽辊的墨层厚度，如图 2-13 所示。

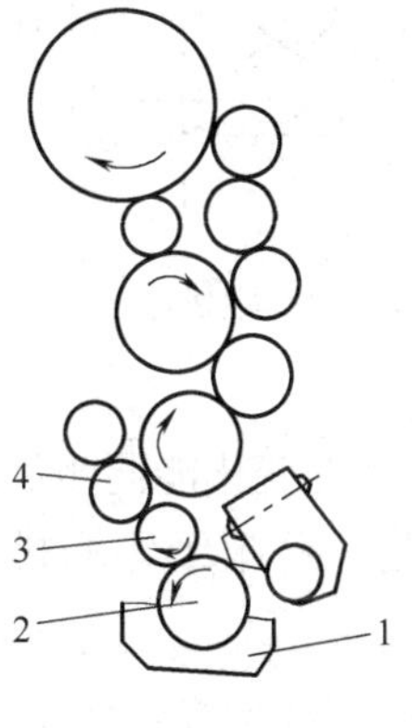


图 2-13 螺旋槽辊供墨
1—墨斗 2—墨斗辊 3—螺旋槽传墨传墨辊 4—刮刀

3. 波形辊连续供墨

这种供墨方式又称偏心轮传墨，采用波形传墨辊进行传墨，如图 2-14 所示。波形传墨辊 1 是由若干个偏心小胶轮 2 组成的，一般每 6 个小胶轮为一组，在这一组中，每个小胶轮的偏心套中心相差 60°。整个传墨辊上要用几组，根据印刷纸带的宽度来定，一般单幅机用三组，共 18 个小胶轮，双幅机用五组或六组，30 或 36 个小胶轮。波形辊在转动过程中，每组胶轮胶轮中的 6 个胶轮依次与墨斗辊和匀墨辊接触，在匀墨辊的表面上就形成以一定间距排列的波浪形的小矩形墨迹块 3，墨迹块的宽度等于小偏心轮宽，长度与接触弧长相应，图中 4 为匀墨辊表面展开图。这样在匀墨辊表面得到的是分布均匀的散开的墨膜，每一块墨膜经周向和轴向的辗转与串动，油墨向各自空旷的四周均匀地铺展，便能迅速打匀油墨，适应高速印刷的要求。

波形辊连续供墨的优点是没有传墨辊的摆动引起的问题。缺点是结构比较复杂，加工工艺性差，使用时调节传墨胶轮与墨斗辊和匀墨辊的压力不方便，并且清洗胶轮比较

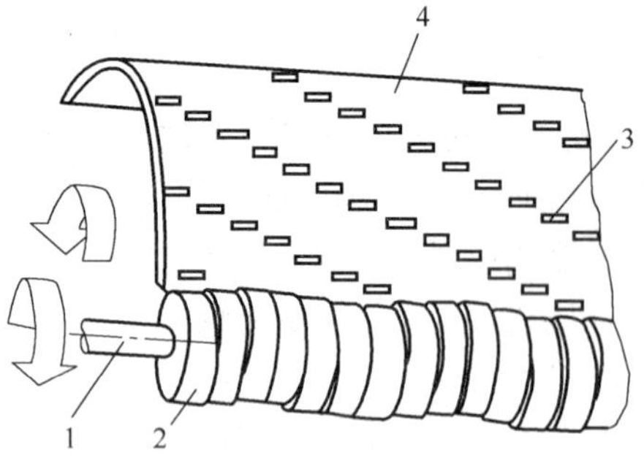


图 2-14　波形辊供墨
1—传墨辊　2—偏心小胶轮　3—墨迹块　4—匀墨辊表面展开图

费事，特别是当油墨进入两胶轮之间的缝隙内更难清洗。实践证明，这种供墨方式并不适于高速印刷，当印刷速度高于对开纸 25000 张/h 时，墨色不易控制。

4. 网纹辊连续供墨

这种供墨方式是采用网纹辊作为传墨辊，如图 2-15 所示，网纹辊浸在墨斗中，利用刮刀调节给墨量，以满足印刷所需要的墨量。由于网纹辊网穴分布均匀，因而只需通过一个与印版滚筒直径相同的着墨辊就能保证向印版传递均匀的油墨，从而省去了大量的墨辊，成为无墨区短墨路油墨传输方式，同时也无须调节和设置复杂的控制系统，但对着墨辊要求较高。

这种供墨方式的优点是输墨装置设计简单，储墨量低，稍稍运转就能达到输墨装置的稳定平衡。缺点是要求油墨的黏度较低，从而导致网点扩大较严重。这种供墨方式比较适合印刷质量要求较低的印刷品，如报纸印刷。

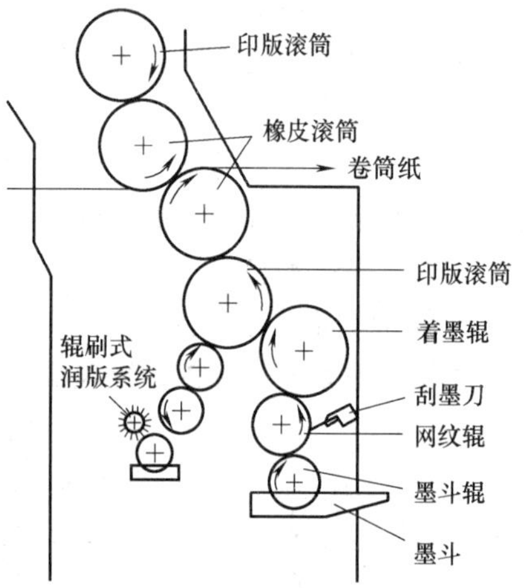


图 2-15　网纹辊供墨

5. 喷墨供墨

这种供墨方式如图 2-16 所示。供墨时，墨泵 2 将油墨从墨斗 1 中抽出，经喷嘴 3 喷到匀墨辊 6 上，喷射的墨量大小通过调节墨泵的容积来控制。调节方法可用遥控，也可以人工调节。喷射的油墨由挡板 5 控制与匀墨辊之间的间隙来防止油墨的飞溅，间隙大小通过调节螺钉 4 控制。根据印版幅面可以分成多个独立的喷射单元，每个单元一般有 8～9 个喷嘴，用一台墨泵驱动，每个喷嘴可单独调节。墨泵由主机传动带动，实现了机器速度变化能同步供墨。

随着卷筒纸印刷机印刷速度的提高，油墨消耗量大，特别是一些报纸印刷机速度高，幅宽大，越来越多的应用喷墨供墨方式。

## 二、分配行程的油墨传输

分配行程指的是，油墨从给墨行程传递出来以后，经过若干组三辊一组的匀墨装置和多辊组成的着墨装置，到达印版的行程，如图 2-5 中 B 部分所示。在整个分配行程中，油墨都处在高剪切应力的作用下，计算表明，当印刷速度达到 24000r/h 时，油墨受到的剪切应力达到 $1\times10^{6}$Pa，而且剪切应力的作用周期非常短。这样大的应力易使油墨的结构破坏，而且很短的周期内油墨结构又来不及恢复，结果形成油墨的触变现象，使其表观黏度下降，流动性能改善，使得油墨在分配行程中得以顺畅传输。因此，油墨在分配行程中，一方面被许多墨辊频繁的剪切而改善了流动性；另一方面也被许多墨辊辗布而变得均匀，到达印版的油墨便有了良好的流动性而且均匀稳定。在保证分配行程油墨传输质量方面，印刷机传输系统的性能和油墨流变性能的作用非常重要。

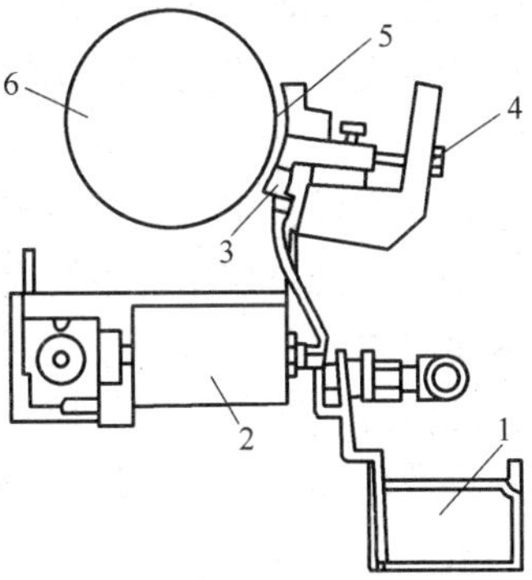


图 2-16 喷墨供墨
1—墨斗 2—墨泵 3—喷嘴 4—调节螺钉 5—挡板 6—匀墨辊

分配行程的输墨装置主要由匀墨装置和着墨装置两部分组成，如图 2-5 中 B 部分所示。匀墨装置由串墨辊、匀墨辊和重辊三种墨辊组成。串墨辊是由刚性极好的金属或硬质塑料制成的，可看成是刚性辊。匀墨辊是在金属芯轴上包覆一层弹性很好的橡胶或其他高聚合物材料制成的，可看成是弹性辊。这两种墨辊间隔排列，相互对滚，串墨辊还能够沿墨辊的轴向作小距离（2～3cm）的往复运动，使油墨在墨辊的周向和轴向同时受到辗布作用。重辊由金属制成，重量较大，同时与匀墨辊相互滚压，靠重力保证各辊间靠有足够的摩擦，进行正常的运动。匀墨装置的主要作用是油墨向印版涂布之前，将墨斗传出的油墨变成薄而匀的墨层。着墨装置一般由一组着墨辊组成，着墨辊的结构与匀墨辊相似，也是弹性辊。着墨辊是从匀墨装置接受均匀适量的油墨，并传给印版，起到向印版涂布油墨的作用。

**（一）分配行程的油墨传输性能参数**

分配行程的油墨传输性能主要是用传输至印版油墨层均匀程度来衡量，可以用下面几个参数来反映。

1. 匀墨系数

匀墨系数用来衡量匀墨装置的匀墨性能，用 $K_c$ 来表示。$K_c$ 等于匀墨装置中所有墨辊的面积总和与印版面积之比，即

$$K_c = \frac{A_{匀}}{A_{版}} = \frac{\sum_{i=1}^{n} A_i}{A_{版}} = \frac{n \cdot L(\sum_{i=1}^{n} D_i)}{A_{版}} \tag{2-2}$$

式中 $A_{匀}$——匀墨装置中所有墨辊的面积总和

$A_{版}$——印版面积

$L$——墨辊长度

$D_i$——第 $i$ 根墨辊的直径

$A_i$——第 $i$ 根墨辊的匀墨面积

$n$——匀墨装置中所有墨辊的数目

匀墨系数 $K_c$ 反映了匀墨部分把从墨斗传来的较集中的油墨迅速打匀的能力。$K_c$ 值愈高，匀墨性能愈好。但匀墨系数过大，说明墨辊直径大或数目多，造成匀墨装置结构庞大、复杂，且墨量的调节灵敏度降低。

为了得到良好的匀墨性能，一般单张纸印刷机的 $K_c$ 值保持在 3～6 为宜。对于卷筒纸印刷机，考虑到印版滚筒常用的快速上版槽只有 1.3mm，其他上版机构也只有

10mm 左右，缺口所占印版滚筒周长的比例很小，运转平稳，可以近似看成连续给墨，且运转速度高，提高了匀墨性能，所以匀墨系数比单张纸印刷机小，$K_c$值保持在 2～4 为宜。

在匀墨过程中，实际参与辗布油墨的墨辊表面积，仅仅是两根墨辊相接触的狭长条带，甚至窄到可以用一条线近似表示。因此，墨辊数愈多，接触线数愈多，油墨被辗布得愈是频繁，两次被辗布的间隔时间愈短，致使破坏了的油墨结构来不及恢复，匀墨效果自然更好。所以，为了提高匀墨性能，在匀墨系数不变的条件下，对匀墨装置采用增加墨辊数的办法。一般地，单张纸印刷机匀墨装置的墨辊总数为 15～25 根，而卷筒纸印刷机则相对较少，为 7～15 根。

2. 着墨系数

着墨系数用来衡量着墨装置的着墨性能，用 $K_d$来表征。$K_d$等于着墨装置中所有着墨辊的面积总和与印版面积之比，即

$$K_d = \frac{A_{着}}{A_{版}} = \frac{\sum_{j=1}^{m} A_j}{A_{版}} = \frac{\pi \cdot L(\sum_{j=1}^{m} D_j)}{A_{版}} \tag{2-3}$$

式中 $A_{着}$——着墨辊面积总和

$D_j$——第 $j$ 根着墨辊的直径

$A_j$——第 $j$ 根着墨着辊的面积

$m$——着墨辊的数目

着墨系数 $K_d$反映了着墨辊传递给印版油墨的均匀程度。$K_d$值愈高，着墨均匀程度愈好。由于着墨辊的数目一般是固定的，所以提高 $K_d$值，只能依赖于增大墨辊的直径。

对于单张纸印刷机，印版滚筒缺口较大，缺口处着墨辊不给墨，使墨层加厚，增加了着墨不匀的因素，为了更均匀地给印版着墨，一般 $K_d$为 1～1.5，着墨辊数目为 4。对于卷筒纸印刷机，由于印版滚筒的缺口很小，近似为连续给墨，使得着墨辊供给印版的油墨较均匀，因此着墨系数要比单张纸印刷机小，一般为 0.65～1.2，且着墨辊数目也较少，只有 2～3 根。卷筒纸印刷机的着墨系数可根据工作对象的印刷质量而定。一般报纸和书刊印刷质量要求较低，则 $K_d$值较小，且着墨辊数目也较少，多为 2 根。对于商业印刷，则 $K_d$值较大，且着墨辊数目也较多，一般为 3 根。

3. 贮墨系数

贮墨系数是匀墨装置和着墨装置所有墨辊面积的总和与印版面积之比，也是匀墨系数 $K_c$与着墨系数 $K_d$之和，用 $K_g$来表示。即

$$K_g = \frac{A_{墨}}{A_{版}} = \frac{\sum_{g=1}^{z} A_g}{A_{版}} = \frac{\pi \cdot L(\sum_{g=1}^{z} D_g)}{A_{版}} = K_c + K_d \tag{2-4}$$

式中 $A_{墨}$——匀墨装置和着墨装置所有墨辊面积总和

$D_g$——第 $g$ 根墨辊的直径

$A_g$——第 $g$ 根墨着辊的面积

$z$——匀墨装置和着墨装置所有墨辊的数目

贮墨系数 $K_g$反映了输墨装置中墨辊表面贮墨量以及自动调节墨层均匀性程度的性

能。贮墨系数 $K_g$ 的值愈高，表示全部墨辊表面贮存的墨量愈多，每印一次，印版转移到纸张上的墨量与墨辊贮存的墨量之比愈小，故自动调节墨量的性能也愈好，即供墨量一旦变化，不会立即反映到印品上，愈容易保证一批印刷品前后墨色的均一性。但 $K_g$ 不能过大，否则下墨太慢，在需要改变印品墨色时，即使改变供墨量，由于贮墨量大，墨量也不能马上改变，达到新的稳定状态过程比较长。

4. 打墨线数

打墨线数是在匀墨部分进行油墨传输时墨辊接触的次数，用 N 来表示。打墨线数也称为打墨点数，即表示了油墨分割次数，从而反映了匀墨性能。打墨线数越大，油墨分割次数越多，油墨越均匀。由此进一步说明了在匀墨系数不变的情况下，增加墨辊数量比增大墨辊直径匀墨效果更好。

5. 着墨率

着墨率是每根着墨辊向印版传输的墨量占全部着墨辊向印版传输的墨量的百分比，又称为着墨辊的油墨传输率。它表示了每根着墨辊向印版传输墨量的多少，对印版上得到墨层的均匀性，即印刷墨色的均匀性有较大影响。一般认为前面着墨辊（按印版滚筒转动方向先接触印版的着墨辊）的着墨率大，而后面着墨辊的着墨率小，即“前多后少”的形式，印版上才能获得均匀的墨层。因为这样使得前面着墨辊主要起供墨作用，而后面着墨辊还有匀墨作用，尤其是对于在同一墨区，若线条与实地交替印刷，这种输墨方式能够起到填平补齐的作用，否则容易出现图文要素沿印刷方向叠印到紧随其后的图文区域，即“鬼影”现象，如图 2-17 所示。这是由于着墨辊直径一般都小于印版滚筒，着墨辊在向前面印版传墨后墨辊上的墨量会减少，若印刷机的贮墨系数不够大，未能完全补充所减少的墨量，则着墨辊再向后面的印版传输的墨量将减少，因而造成“鬼影”现象。但是如果后面的着墨辊着墨率很小，只向前面印版传输很少量油墨，且能被及时完全补充，这时则可以向后面的印版传输充足的墨量，即可避免“鬼影”现象的产生。

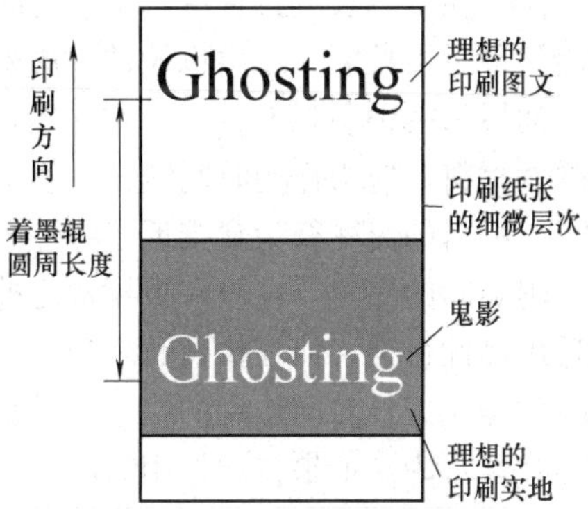


图 2-17　“鬼影”

## （二）油墨在墨辊间的流动

在分配行程中，油墨由一根墨辊传至另一根墨辊，并在两个相互滚压的墨辊间进行流动。图 2-18 表示一个弹性辊和一个刚性辊对滚的情形，两辊的外缘形成一个有双向喇叭口的间隙。两辊接触前各自附有一层油墨，汇合后进入间隙，通过间隙的最窄处之后逐渐分裂。分裂过程中，油墨先被拉成丝，然后墨丝在一处或几处断裂，大部分油墨分别

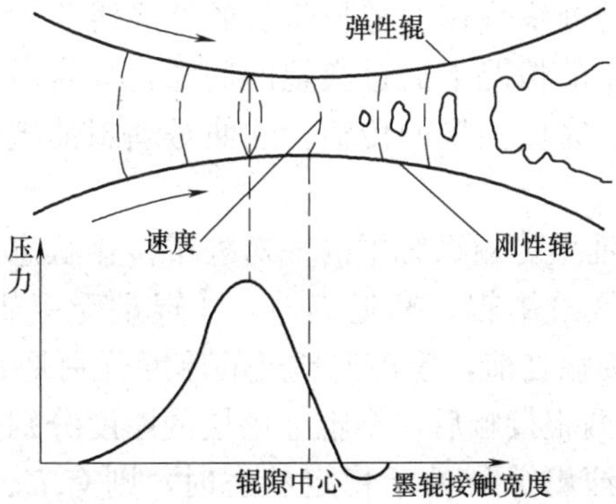


图 2-18　油墨在墨辊间的流动

黏附在两根墨辊上，很少一部分油墨可能游离出来，形成墨雾。这就是油墨在墨辊间流动过程的一个概略描述。

墨流沿辊隙方向流动，所受到的大气压力是变化的。当墨流汇合后进入辊隙，大气压力便开始上升，在辊隙中央前方不远处达到最大，然后下降，一直下降到比出口（或入口）大气压更小的程度。

墨辊表面上墨流的速度，理想情况下就等于墨辊外缘的线速度，但实际上墨流内部各点的速度并不相同，也不等于墨辊外缘的线速度。在墨流内部，每个断面的速度分布是上下对称的，在中点达到最大值或最小值。在达到最大压力以前，墨流内部各点的速度比墨辊外缘的速度小；在超过最大压力以后，墨流内部各点的速度比墨辊外缘的速度大。就平均速度而言，沿着墨流的方向，在达到最大压力以前，是逐渐下降的；在超过最大压力以后，是逐渐上升的，直到最低压力处。每个断面上的速度梯度是油墨黏性剪切流动的结果。

在墨流压力最低处，墨层内部开始出现微小的空隙，即所谓“核”；核逐渐长大成为空洞；在空洞长大过程中，空洞之间的油墨被逐渐拉成丝，即所谓“墨丝”；墨丝渐细渐长最后被拉断，墨层也就被分成两部分了。

油墨是一种黏弹性材料，它在墨辊间的流动形式是其黏弹性行为的表现。对于一般黏弹性材料，应力作用时间愈长，材料的流变行为愈接近于黏性流体；应力的作用时间愈短，材料的流变行为愈接近于弹性固体。

辊隙间的墨流，在没有被拉丝之前，应力的作用时间长，弹性行为并不明显，主要表现出黏性行为；而在拉丝和断裂过程中，弹性行为和黏性行为就都不能忽视了。油墨被拉丝是应力长时间作用的结果，是黏性行为；油墨的断裂是瞬间应力的作用结果，故而是弹性行为。如果拉力作用时间较长，墨丝会被拉得很长，断裂后回弹也较慢，这时黏性行为表现较强；如果拉力作用时间很短，墨丝便在拉得很短时断裂，回弹较快，这时弹性行为表现较强。

### （三）油墨在墨辊间的分配

油墨在分配行程中经许多墨辊传递，最终获得了均匀的油墨，这是由于油墨在这些墨辊间以一定数量关系被多次分配。

假定油墨传输系统中所有的墨辊都能被油墨很好的润湿，并且对油墨没有吸收性；输墨过程中，除墨斗辊、传墨辊外，所有墨辊的外缘线速度都与印版的外缘线速度相等；油墨在强制受压的情况下通过墨辊的间隙，分裂后分别附在两个墨辊上，完成油墨的传输。这便是理想油墨传输的模型。

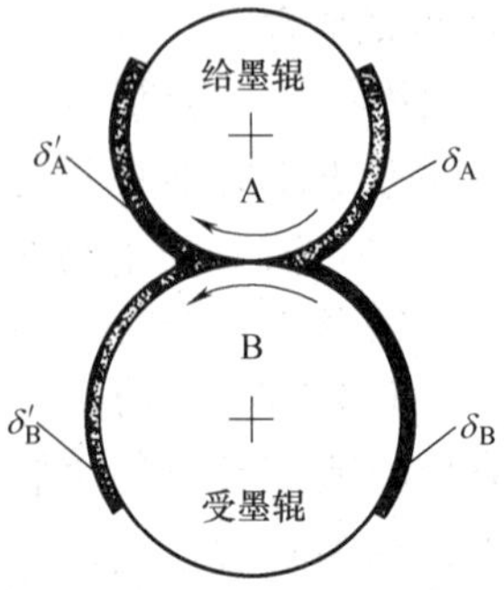


图 2-19　墨辊间墨量分配

图 2-19 是理想油墨传输系统中的一对处于传输状态的墨辊，其中，A 辊是给墨辊，靠近墨斗，B 辊是受墨辊，靠近印版。若两辊接触之前，墨辊上墨层的厚度分别是 $\delta_A$ 和 $\delta_B$，且 $\delta_A > \delta_B$，两辊接触后，墨辊上墨层的厚度分别是 $\delta'_A$、$\delta'_B$，当墨辊间油墨分裂处于稳定状态时，则有 $\delta'_A \approx \delta'_B$，即

$$\delta'_A=\delta'_B=1/2(\delta_A+\delta_B) \tag{2-5}$$

按照上述的油墨在墨辊间分配模型，分析图 2-20 所示油墨传输系统中各墨辊的墨量分配。设每次印刷转移到纸面上的墨层厚度 $100a$（$a$ 的大小根据印刷品所需墨层厚度而定），印版上剩余墨层厚度为 $\delta_0$，各墨辊上的墨层厚度分别为 $\delta_1$、$\delta_2$、$\delta_3$、$\delta_4$、$\delta_5$、$\delta_6$、$\delta_7$，则按（2-5）式有

$$\delta_7-\delta_6=100a \quad 1/2(\delta_7+\delta_5)=\delta_6$$

$$1/2(\delta_6+\delta_4)=\delta_5 \quad 1/2(\delta_5+\delta_2)=\delta_4$$

$$1/2(\delta_4+\delta_0+100a)=\delta_3 \quad 1/2(\delta_3+\delta_1)=\delta_2$$

$$1/2(\delta_2+\delta_0)=\delta_1 \quad 1/2(\delta_1+\delta_3)=\delta_0+100a$$

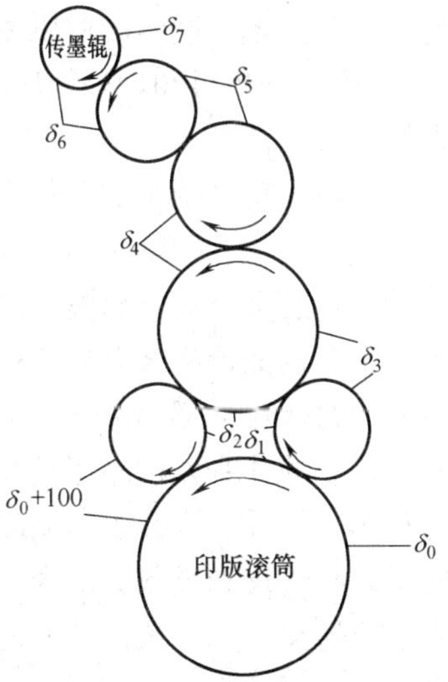

图 2-20　油墨传输系统的墨量分配

从中解得

$$\delta_1=\delta_0+50a \quad \delta_2=\delta_0+100a \quad \delta_3=\delta_0+150a$$

$$\delta_4=\delta_0+200a$$

$$\delta_5=\delta_0+300a \quad \delta_6=\delta_0+400a \quad \delta_7=\delta_0+500a$$

计算结果表明，在稳定的印刷状态下，理想输墨系统，分配到各墨辊上的墨量，按照墨辊排列的顺序，从墨斗到印版沿着油墨的传递路线，以不同的比例递减。这就是油墨传输系统中的墨辊墨量分配规律。

图 2-21 中的（a）和（b）所示为两种形式的传输系统，墨辊的数目相同，但（a）是从匀墨辊Ⅱ传入油墨，（b）从匀墨辊Ⅱ′传入油墨，若每次印刷转移到纸面的墨层约为 $100a$，印版剩余的墨层约为 $\delta_0$，则按上述计算方法，得到如下结果

$$\left.\begin{aligned}\delta_{A_1}&=\delta_0+\frac{125}{3}a\\ \delta_{A_2}&=\delta_0+\frac{250}{3}a\\ \delta_{B_1}&=\delta_0+\frac{275}{3}a\\ \delta_{B_2}&=\delta_0+100a\end{aligned}\right\}\text{(a)传输系统} \qquad \left.\begin{aligned}\delta'_{A_1}&=\delta_0+25a\\ \delta'_{A_2}&=\delta_0+50a\\ \delta'_{B_1}&=\delta_0+75a\\ \delta'_{B_2}&=\delta_0+100a\end{aligned}\right\}\text{(b)传输系统}$$

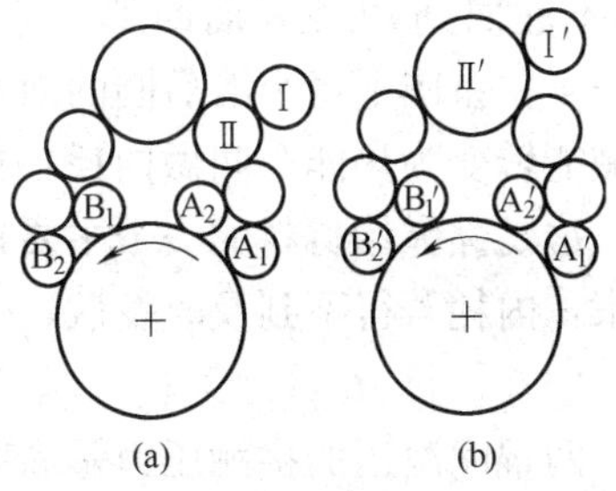

图 2-21　墨辊排列形式对墨量分配影响

从中可以看到，对（a）传输系统，四根着墨辊中，$A_1$、$A_2$ 输给印版的墨量均为 $41.67a$，则着墨率均为 41.67%；$B_1$、$B_2$ 输给印版的墨量均为 $8.33a$，则着墨率均为 8.33%。在（b）所示传输系统中，4 根着墨辊输给印版的墨量均为 $25a$，则着墨率均为 25%。比较（a）、（b）所示的两个传输系统，可以看到各墨辊上的墨量分配和各着墨辊的着墨率还取决于墨辊排列的形式。在（a）所示的传输系统中，$A_1$、$A_2$ 墨辊的油墨传输率高，主要起给印版供墨的作用，$B_1$、$B_2$

墨辊的油墨传输率低，主要起把印版上的墨层打匀的作用。在（b）所示的传输系统中的 4 根着墨辊，既给印版供墨，也将印版上的墨层打匀，两种作用同等重要。根据前面（一）中的分析可知，（a）所示的传输系统具有良好的输墨性能，能保证供给印版的油墨均匀一致性。

油墨传输系统中的墨辊墨量分配规律，是对于理想输墨系统，且在稳定的印刷状态下才成立的。若印刷中断（即滚筒离压）时，印版停止向承印物表面转移油墨，则印刷的稳定状态被破坏，离隔了的输墨系统将进入新的墨辊墨量分配状态。这时，附着在所有墨辊上的油墨将被重新分配，并逐渐达到相同的厚度。当再重新合压印刷时，着墨辊向承印物传输的墨量变多，需经过 N 次印刷以后，逐渐达到正常的传输墨量。因此，开始印刷的几张印刷品墨色很深，往往是废品，一般需印刷 100 张以上，才能达到稳定的状态。另外，刚开始印刷时，印刷处于过渡状态中，此阶段刚开始输墨装置供给印版的墨量和转移到纸张上的墨量都很少，需要经过一段时间，才能达到稳定的印刷状态。由于长墨路传输系统由印刷的非稳定状态过渡到稳定状态需要一段时间，所以，不得不借助于过版纸来减少废品率。同时，为了克服这个缺点，印刷中途应尽量减少停印次数。此外，采用短墨路输墨装置，可以缩短由印刷的非稳定状态过渡到稳定状态所需时间，使印刷快速进入稳定状态，从而减少废品率。

**（四）油墨分配系统中胶辊的黏弹性**

黏弹性材料在周期性应力的作用下，譬如是正弦形的应力 $\sigma=\sigma_0 \cdot \sin(\omega t)$，如图 2-22（a）所示。在每一个周期内，应力都经一个从 0 到 $2\sigma_0$、再从 $2\sigma_0$ 回到 0 的过程，这相当于一次加载—卸载过程。由于材料黏性的存在，应变 $\varepsilon$ 滞后于应力 $\sigma$，前一个应力引起的应变尚在发展中，随后的应力便接着作用了。因此，同一个 $\sigma$ 值，在加载过程中所对应的 $\varepsilon$ 值，要比卸载过程中所对应的 $\varepsilon$ 值小，加载过程的 $\sigma$-$\varepsilon$ 关系曲线与卸载过程中的 $\sigma$-$\varepsilon$ 关系曲线不可能重合，从而形成一个滞后圈，如图 2-22（b）所示。

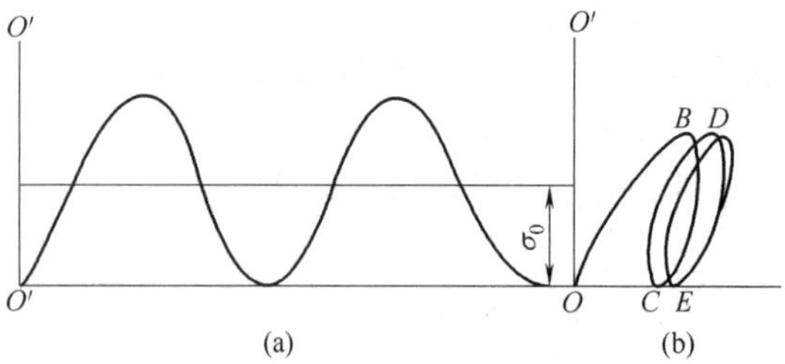


图 2-22　周期应力作用下的 $\sigma$-$\varepsilon$ 关系曲线

（a）正弦形周期性应力　（b）周期性应力 $\sigma$-$\varepsilon$ 关系曲线

如果材料的应力是周期性的应力，产生的应变也是周期性的。第一个滞后圈从 O 点起，如果周期很小，则由于应变滞后于应力，滞后圈不能回到 O 点，而回到 $C$ 点；第 2 个滞后圈从 $C$ 点出发，经 $D$ 点到 $E$ 点，依此类推。$\sigma$-$\varepsilon$ 关系图上每个滞后圈的面积都等于材料因黏性（即结构阻尼）所耗散的能量，由机械能转变为热能，叫做内耗。在动态应力的作用下，由材料的结构阻尼引起材料的内耗，这是黏弹性材料的一个主要特征。应力的每一循环都有材料的内耗转变成热能释放出来，内耗若得不到及时发散，会使材料及周围环境温度升高。

在匀墨装置和着墨装置中，金属辊与胶辊交错排列，两辊间滚压的接触压力是周期性变化的，胶辊是黏弹性材料，不仅要考虑其弹性，而且要考虑黏性。在高速印刷机，特别是超高速卷筒纸印刷机上，周期性的接触压力频率很高，内耗很大，转化的热量使墨辊和周围的油墨温度升高。这可能导致胶辊表面的高聚物胶层加速老化，并失去弹性，破坏墨辊传输油墨的性能，甚至可能改变墨辊的尺寸，影响墨辊的速度传递。同时可能使墨辊周围油墨的黏度因温度升高而下降，使油墨在墨辊间的流动更加难以控制。这些因素都对印刷有不利影响，因此要尽可能选择内耗小的高聚物材料制造胶辊，保证油墨的正常传输。

胶辊在油墨传输过程中温度的上升，是由墨辊间的接触压力引起的，接触压力与接触面积有关，在胶辊长度一定时，即与接触宽度有关。图 2-23 是橡胶墨辊的温度升高 $\Delta t$（℃）和墨辊间接触宽度 $b'$ 的关系曲线。实验表明，胶辊的温度升高 $\Delta t$（℃）与接触宽度 $b'$（mm）成线性关系，大约接触宽度每增加 1mm，胶辊温度约升高 3℃。墨辊间接触宽度与墨辊直径有关，墨辊直径越大，接触宽度越大。因此，在匀墨装置中，不采用增大墨辊的直径，而是采用增加墨辊的数目来提高匀墨系数 $K_c$，这样可保证墨辊间接触宽度小，胶辊的温度上升不会很高。

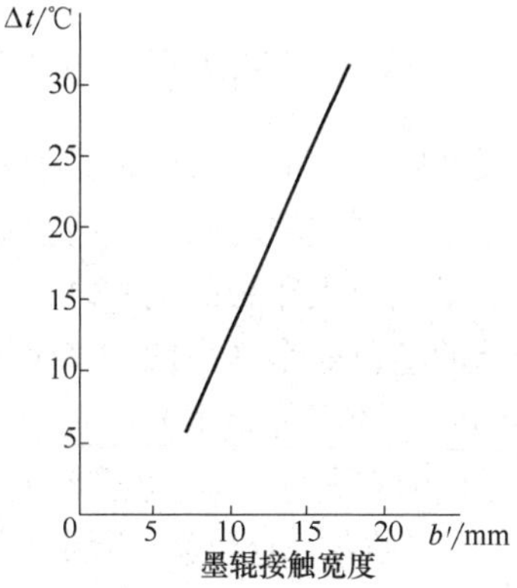


图 2-23 墨辊间接触宽度对胶辊的温度升高的影响

胶辊温度的升高会引起墨辊直径的增大，图 2-24是墨辊直径膨胀量与胶辊的温度 $t$（℃）的关系曲线，两者也成线性关系，且橡胶层愈厚，墨辊直径的膨胀量愈大。因此，为了保持胶辊尺寸的稳定性，所包覆的胶层自然薄比厚好。

在油墨传输的过程中，胶辊的辗压和摩擦，造成印刷机输墨装置温度的慢慢上升。图 2-25 是在小型双色胶印机上，连续印刷过程中，所测定的温度变化情况。当机器运转 2h 时，墨斗、串墨辊、着墨辊的温度都有所升高，4h 后，温度继续升高，而温度最高的地方是串墨辊。当印刷机运转 7h 后，墨斗、串墨辊、着墨辊的温度近似于相等。因此，为使输墨系统的温度不要升得过高，降低串墨辊的温度可以收到良好的效果。

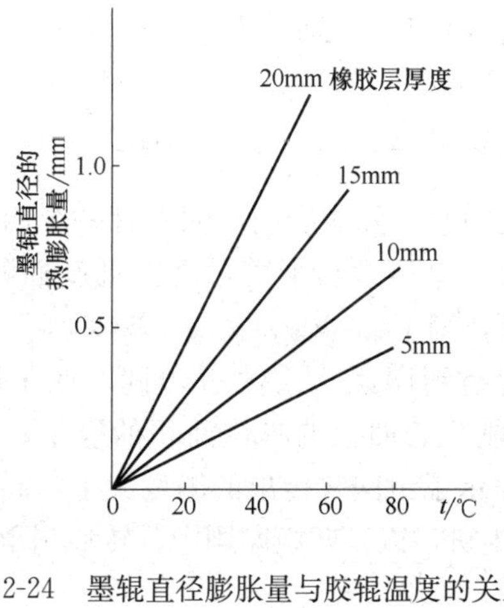


图 2-24 墨辊直径膨胀量与胶辊温度的关系

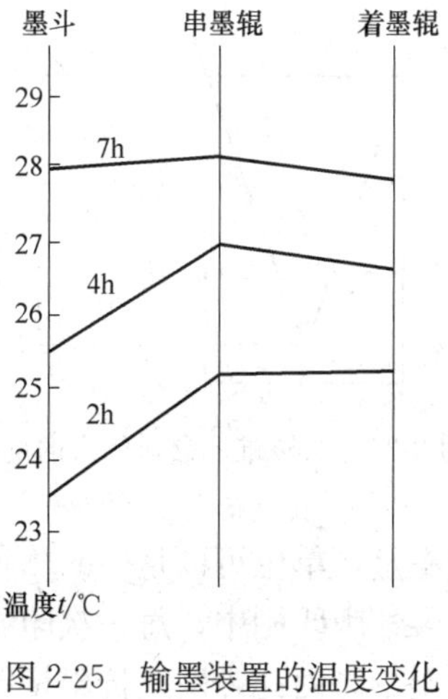


图 2-25 输墨装置的温度变化

# 第三节　短墨路油墨传递

短墨路的油墨传递比长墨路简单，它不需要通过很多墨辊来参与油墨的传输。对于柔性版、照相凹版印刷，油墨的计量都是通过网穴来控制，同时网穴也控制了柔性版印刷向印版传输油墨的均匀性。因此，网穴在这两种印刷的油墨传递中，起着至关重要的作用。丝网印刷的油墨传递也属于短墨路，转移至承印材料上的墨量及均匀性主要是由丝网的技术参数决定，同时也与印刷条件相关。

## 一、网穴对油墨传递的影响

柔性版印刷的油墨传输是通过网纹辊来始终稳定地向印版提供定量、均匀的油墨，这主要是由网纹辊的网穴进行控制的。照相凹版是图文部分低于空白部分的印版，印刷时，油墨先填入印版的网穴之中，网穴中的油墨在压力的作用下，转移到承印物表面，印刷品的墨色完全是由网穴来决定的。由此我们可以认识到，无论是柔性版印刷，还是凹版印刷，油墨传递主要取决于网穴的结构及其分布密度。

采用网穴进行供墨，供墨量的大小取决于单位面积网穴容积量。若将单位长度的网穴数表示为网穴线数，这也就是网纹辊线数或凹版网点线数，那么，理论上网穴的供墨量为：

$$网穴供墨量=网穴的容积\times网穴线数 \tag{2-6}$$

当然，对于凹版印刷，必须在单位面积中所有网穴的容积都一致的前提条件下，才能利用此公式来计算印版的供墨量。

网穴线数越高，相应地单位面积网穴数目越多，则每一个网穴容积越小，造成单位面积网穴容积量越小，因而网穴供墨量越少。

网穴供墨量不仅与网穴线数有关，还与每一个网穴的体积有关。网穴线数相同，若网穴形状不同，则网穴的体积不同。如四棱锥形网穴的体积 $V_{锥}$，可按（2-7）式计算（参看图 2-26）：

$$V_{锥}=\frac{1}{3}H^3\tan^2\frac{\alpha}{2} \tag{2-7}$$

而四棱台形网穴容积 $V_{台}$ 可用（2-8）式计算（参看图 2-26）：

$$V_{台}=\frac{4}{3}\tan^2\frac{\alpha}{2}(3H^2h-3Hh^2+h^3) \tag{2-8}$$

上述的两个公式表明，如果有一个四棱锥形着墨孔和一个四棱台形着墨孔，且底面积相等，高也相等，则 $V_{台}>V_{锥}$。

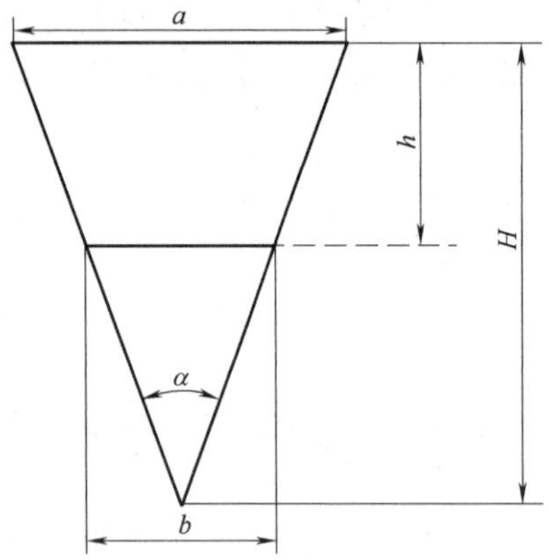

图 2-26　四棱锥、台形网穴的剖面图

将传递到印版（柔性版印刷）或承印材料（凹版印刷）表面上的单位面积的墨量，叫做网穴传墨量，单位可以是 $cm^3/m^2$。网穴传墨量表示了由网穴传出的墨量大小，同时也表示了柔性版印刷中，每一次印刷时印版得到的墨量，以及凹版印刷中，转移到承印材料上的墨量。因此，网穴传墨量影响了印刷质量。

网穴传墨量不仅与网穴供墨量有关，而且还与网穴的传墨性能有关。将网穴将网穴传墨量与网穴供墨量之比，叫做网穴传墨率，用百分率来表示，记作 $f_{传}$，即

$$f_{传}=\frac{y}{x}\times 100\% \tag{2-9}$$

式中 $x$——网穴供墨量

$y$——网穴传墨量

网穴传墨率表示了网穴的传墨性能，它与网穴形状、网穴线数、网穴开口率等有着密切的关系。

网穴形状主要有锥形与台形两类，如图 2-27 所示。很明显，锥形网穴的传墨率要大于台形网穴。但是，由于锥形网穴的容积要比台形网穴小很多，一般地，锥形网穴的传墨量要小于台形网穴。另外，网穴的边角对传墨有阻碍作用，称之为“边角效应”。相同形状的网穴边角大小有可能不同，边角越小，对传墨有阻碍作用越大，传墨率越差。

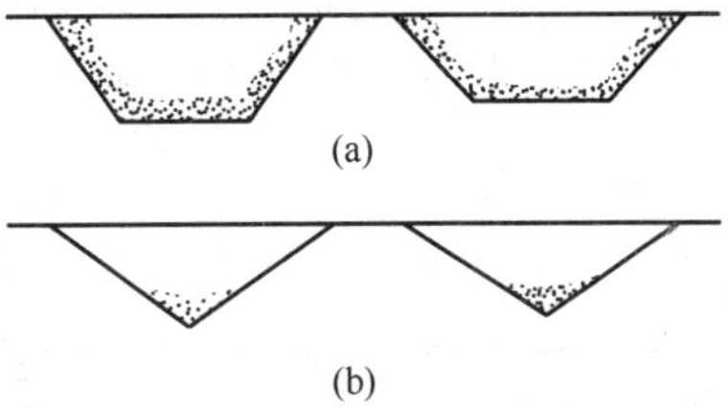


图 2-27 网穴形状
(a) 台形形状 (b) 锥形形状

网穴线数越高，每一个网穴越小，释放油墨性能相对较差，传墨率差。

网穴开口率是网穴深度与开口尺寸之比，即网穴开口率=(网穴深度/网穴开口)×100%，如图 2-26 中四棱锥网穴的开口率是$H/a$，四棱台网穴的开口率是 $h/a$。网穴开口率高，网穴开口窄而深，那么网穴底部的油墨就无法转移，不仅降低了传墨率，而且也不利于网穴的清洗，由此造成网穴的永久堵塞。网穴开口率低，网穴开口大，网穴深度浅，更容易释放油墨。但网穴的开口率过低，网墙壁越小，网穴容易被破坏。实践证明：网穴开口率约等于 0.28 时，油墨转移较流畅。因此，一般网穴的开口率在 22%～33%之间。

网纹辊、凹版在长期使用过程中，由于刮墨刀的作用将被磨损，致使网穴的开口变小，深度变浅，造成网穴容积减小，网穴传墨量也相应减少。从式（2-7）和式（2-8）看出，深度的减小对网穴容积的影响很大。这个角度愈大，刮墨刀刮除印版空白部分油墨的效果愈好，但刮墨刀刀刃损坏的愈快。图 2-28 中的 $A$、$B$、$C$ 三条曲线分别是四棱锥形，四棱台形（锥角 $\alpha$ 为 110°）和四棱台形（锥角 $\alpha$ 为 90°）三种网穴容积随深度变化而减少的关系曲线。$\Delta H$ 是深度变化量，$H$ 是原始深度。$\Delta V$ 是容积变化量，$V$ 是原始容积。

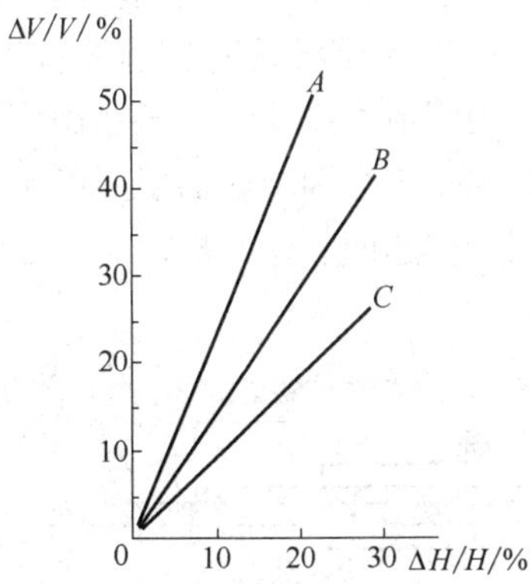


图 2-28 网穴深度减小对网穴容积的影响

比较曲线 $A$、$B$ 可以看出，四棱台形网穴深度变化对容积的影响比四棱锥形着墨孔小；比较曲线 $B$、$C$ 可以看出，对于四棱台形网穴，锥角 $\alpha$ 较大时，深度 $h$ 减小引起的容积减小较为明显。例如，当 $\Delta V/V=20\%$时，锥角 $\alpha=110$，$\Delta H/H=30.61\%$；锥角 $\alpha=90°$时，$\Delta H/H=24.55\%$，由此可知，四棱台形网穴传墨的稳定性优于四棱锥形网穴。

## 二、照相凹版印刷油墨传递

照相凹版印刷机采用短墨路输墨系统，印刷时，将低黏度的油墨输送到印版的网穴之中，并利用刮刀将印版表面的油墨除去，网穴中的油墨在压力的作用下，转移到承印物表面。

**（一）照相凹版印刷油墨传输系统**

照相凹版印刷机的输墨系统由输墨装置和刮墨装置两部分组成。

1. 照相凹版印刷油墨传输方式

照相凹版印刷油墨传输方式有直接供墨、间接供墨和循环供墨三种。

直接供墨方式是印版滚筒的 1/3 至 1/4 部分浸入墨槽中的油墨里，印版滚筒在旋转中表面被涂布上油墨，然后由刮墨刀刮去非图像空白部分的油墨，如图 2-29（a）所示。这种输墨方式装置简单，是凹版印刷机普遍采用的输墨方式，但由于印版滚筒浸入墨槽中，油墨容易浸入印版包衬和印版的紧固件中，同时高速印刷时，印版上的油墨给刮墨刀很大压力，严重时会使其脱离印版表面，影响刮墨效果。

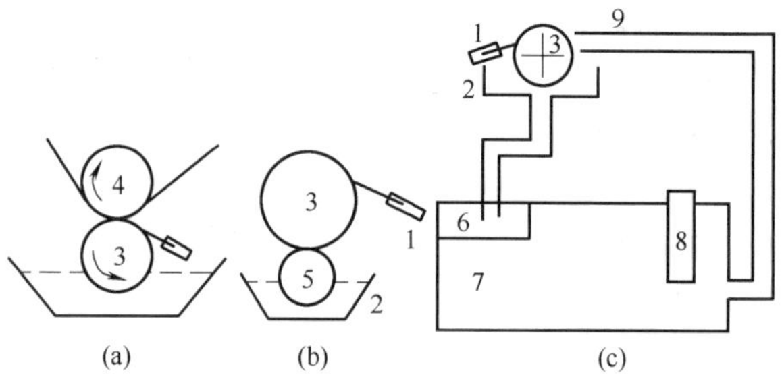


图 2-29　照相凹版印刷油墨传输方式

（a）直接供墨式　（b）间接供墨式　（c）循环供墨式

1—刮墨刀　2—墨槽　3—印版滚筒　4—压印滚筒　5—橡胶墨辊　6—过滤装置　7—封闭墨槽　8—墨泵　9—喷射口

间接供墨方式是将墨斗辊浸在油墨中旋转，表面涂满油墨后，再将油墨传递给印版滚筒，同样也是由刮墨刀刮去非图像空白部分的油墨，如图 2-29（b）所示。这种供墨方式供墨效果不太好，容易使印刷品色调受到影响。

上述两种供墨方式对油墨搅拌不均匀，影响印刷质量。

循环供墨方式是用油墨循环装置中的墨泵将储墨箱中油墨吸出，通过喷射口喷到墨槽中，从而使印版滚筒着墨，当墨槽中油墨超过一定量后，通过排墨口回到储墨箱，这个过程是循环进行的，如图 2-29（c）所示。储墨箱中可以装有油墨黏度自动控制器，来保证在印刷过程中油墨黏度的稳定。这种供墨方式又称为喷射式供墨。由于是循环供墨系统，油墨被连续不断地搅动，油墨箱可以注入大量油墨，不会因中途加墨而影响印刷品色调变化，但输墨装置复杂。这种输墨方式特别适用于高速凹版印刷机。

2. 刮墨装置

凹版印刷机的刮墨装置，除特殊用途的凹印机外，一般均采用刮墨刀装置，该装置由刀架、刮墨刀和压板（垫片）组成，如图 2-30 所示。

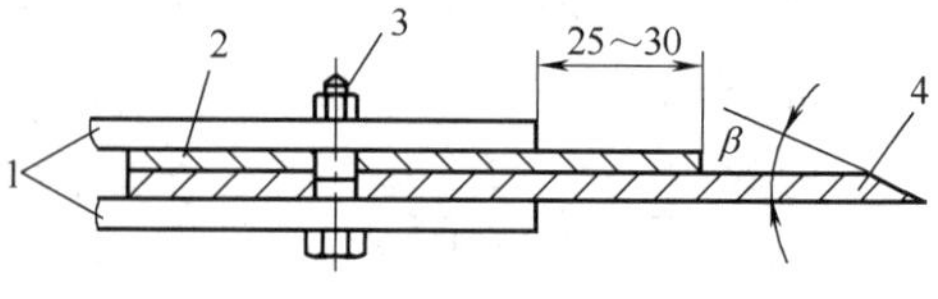


图 2-30　刮墨装置

1—刀架　2—压板　3—螺钉　4—刮墨刀

刮墨刀一般是用优质的钢片制成，厚度为 0.1～0.5mm，宽为 50～80mm，长度比印版稍长一些。刮墨刀的压板（垫片）通常是比刮墨刀稍微窄一些的钢片。刮墨刀和压板安装在刮墨刀架上。

目前，刮墨刀的刃口主要有两种，如图 2-31 所示。常见的是图 2-31（b）所示的薄型刮刀口，这种刮墨刀刃口形状的截面是一致的，保证了与印版滚筒的接触部分面积始终一致。图 2-31（a）所示的斜刀口刮墨刀，随着使用时间增加，接触面积不断改变，导致刮墨效果不良。

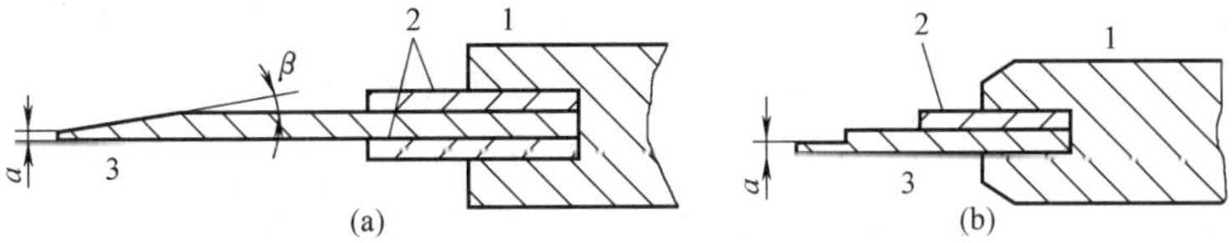


图 2-31　刮墨刀的刃口形状

（a）斜刀口刮墨刀　（b）薄型刮刀口

1—刀座　2—垫片　3—刮墨刀　$a$—刃口角

采用图 2-31（a）所示的斜刀口刮墨刀，其刃角 $\beta$ 的大小，影响刮墨效果。$\beta$ 越小，刮墨越易，刀刃能够很好地把油墨从印版表面上刮除，但刀刃越易受损伤，即容易被从油墨或纸张上落到刮墨刀上的“硬质颗粒”损坏，有时也会被印版滚筒磨损，使刀刃上出现小月牙状的伤痕。这种带月牙的刮墨刀，会在印刷品上留下很细的道子。$\beta$ 过大，虽然刀口坚固，但弹性差，刀刃刮除印版滚筒表面油墨的效果不良，使印刷品的亮调部分出现深浅不匀的现象。因此，刮墨刀刃视印刷产品、油墨、承印材料和印刷机转速等因素而定，刃角 $\beta$ 一般取 18°～30°为宜。

安装刮墨刀时，利用刮墨刀装置上附设的能对刮墨刀刃进行调节的装置，以保持刀刃与印版滚筒的母线相平行，使刮墨刀均等的压紧在整个印版滚筒的母线上，达到刮除印版空白表面上油墨的目的。

不同类型的凹版印刷机，刮墨刀的安装点有所不同。生产实践表明：刮墨刀与印版的接触点（刮墨点）与压印点的距离愈大，由于凹版印刷使用的油墨多为挥发型油墨，则油墨黏度变化愈大，对油墨转移愈不利，尤其是浅色调的再现性差。通常刮墨点与压印点的距离为印版直径的 1/4 左右。同时，还可根据印刷条件对刮墨点的位置进行调节。例如，精细网线产品，要求离压印点距离近一些；印刷速度越高，油墨的挥发速度越快，同样要求离压印线近一些。

安装刮墨刀时，还要注意刮墨刀安装的角度，即刮墨刀与印版滚筒在接触点上的切线所构成的角度，用 $\alpha$ 表示。当 $\alpha<90°$时，如图 2-32（a）所示，这时称为正向安装；当 $\alpha>90°$时，如图 2-32（b）所示，这时称为反向安装。这个角度愈大，刮墨刀刮除印版空白部分油墨的效果愈好，但刮墨刀刀刃损坏的愈快。正向安装时，在刮墨刀和印版滚筒表面形成楔形积墨区，由于油墨这一流体压力的作用，刮墨刀有被抬离滚筒表面的趋势，并在积墨区内容易积累一些杂质颗粒，对刮墨刀和印版滚筒造成不均匀的磨损。相比而言，反向安装刮墨效果好，但是需要较大的位置，且刮墨点与压印点的距离较大，对挥发型油墨的转移较不利，会造成油墨在向承印材料转移前过快的干燥，影响浅色部位的油墨转移。凹版印刷中主要采用正向安装，刮墨刀安装的角度一般在 45°～

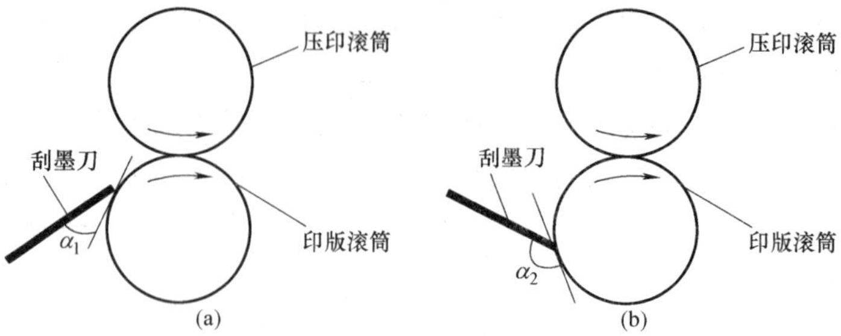


图 2-32　刮墨刀的安装角度

(a) 正向安装　(b) 反向安装

90°，通常为 70°。

为保证刮墨刀有良好的刮墨效果，刮墨刀还应做轴向往复移动，并在加压装置作用下，使刮墨刀紧压在印版滚筒上。刮墨刀往复移动的行程一般为 30～60mm，行程次数为印版滚筒转数的 1/10～1/6。常见加压装置有四种：蜗轮蜗杆加压、重锤加压、弹簧加压、空气加压。蜗轮蜗杆加压，是通过螺杆调紧、调松来完成刮墨刀与印版滚筒之间压力的调节。重锤加压，是通过改变重锤在杠杆上的位置产生压力的不同来调节。弹簧加压是通过弹簧的压力来调节。这三种加压方法压力不易控制，而空气加压适用于高速凹印机，它是借助气压对活塞的移动达到调节压力的目的。压力值可根据阀门设定，在气压表上能观察到所设的压力值，停机时压力随之消失，对印版和刮墨刀起保护作用。

### （二）凹版印刷的油墨转移

凹版印刷油墨转移的机理，至今尚不清楚，主要原因是凹版印刷油墨挥发速度很快，油墨转移量的测定十分困难，不容易寻找凹版上的油墨量 $x$ 和油墨转移量 $y$ 之间的解析关系。因而对凹版印刷油墨转移机理的研究，目前仍然停留在定性分析的阶段。有一种理论认为，凹版油墨的转移首先来自毛细管作用，当纸张（或其他承印材料）和凹版滚筒分离时，借毛细管吸力，网穴中的油墨被取出而附着在上面。印版与承印物的间隙愈小，毛细管吸力愈大，油墨转移量也愈大。

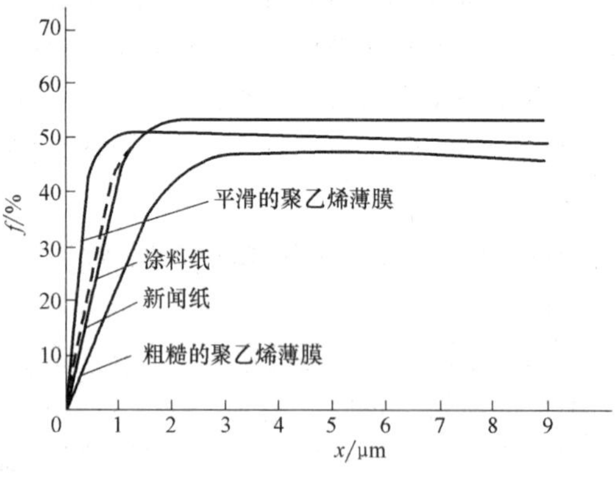


图 2-33　不同承印材料的凹版油墨转移率曲线

图 2-33 是在同样的印刷压力和油墨黏度的条件下，用影写版印刷得到的凹印油墨转移率曲线。曲线表明，平滑度高、质地柔软的承印物，在较大印刷压力的作用下，可增大承印物与印版之间毛细管的作用力，从而提高凹印油墨的转移率。

除了印刷条件对凹版油墨转移有影响外，凹版网穴的传墨性也有着至关重要的影响。凹版网穴的形状，因制版方法不同而有所差别。目前，常见的制版方法有电子雕刻法，还有少数采用照相腐蚀法制作的影写版。电子雕刻凹版的网穴形状为倒锥形，影写版的网穴形状为盆形，同样深度，锥形网穴的容积低于盆形网穴，如图 2-27 所示。因此，印版网点线数相同，锥形网穴的供墨量小于盆形网穴。但是，锥形网穴传墨率高，据测算电子雕刻网穴传墨率达 80%，而照相腐蚀的网穴仅有 50%。如果凹版印刷产品没有特殊要求时，雕刻网穴转移到纸张上的墨层厚度，可以满足印刷品的密度要求。

从倒锥形的网穴转移到承印物上的油墨层，边缘光洁，因而形成的图像清晰度高，故雕刻凹版适合复制风景照片之类的原稿。与此相反，从盆状网穴转移到承印物上的油墨层，边缘呈现圆弧状，形成的图像阶调柔和，故影写版适合复制阶调柔和的油画类原稿。

凹版网穴中的油墨，必须在较大的印刷压力下，才能转移到承印材料上。因此，凹版印刷机的负荷要比凸版和平版印刷机的负荷大。尽管如此，当纸张表面比较粗糙时，网穴中的油墨也难以和纸张全面接触，油墨不能很好地向承印物上转移，致使印刷的图文出现白点，俗称“出霜”。对于电子雕刻凹版来说，其网穴形状为倒锥形，网穴传墨较差，这一点在亮调部分尤为突出，所以凹版印刷品亮调部分的细微层次一般再现性不好。虽然增大压力可以改善油墨的转移性，但压力的增大有一定限度，否则容易使压印滚筒的胶层爆裂，或使承印材料伸长。

为了提高凹版印刷的油墨转移率，在凹版印刷机上安装静电吸墨装置，利用正负电荷互相吸引的原理，把印版上的油墨吸到承印物上。图 2-34 是静电吸墨装置的示意图，印刷机的压印滚筒有导电性，印刷时，利用静电高压发生器，在印版或压印滚筒之间产生电场，借助静电引力，将印版网穴中的油墨吸到承印物上。

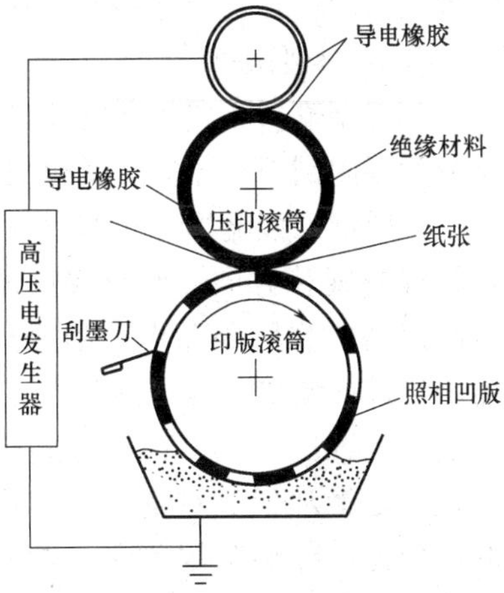

图 2-34　静电吸墨装置的示意图

在设计制造静电吸墨装置时，要充分考虑生产安全问题。一般情况下，印刷普通纸张施加 200～1000V 的电压，印刷厚纸施加 500～5000V 的电压。

静电吸墨装置的应用，使凹版印刷的油墨转移率比一般压力下的油墨转移率提高了 15%～20%，不仅使印刷品的细微层次得到丰富的再现，而且可以降低印刷压力，延长印刷机的工作寿命。但在印刷过程中，必须保持环境清洁，防止压印滚筒表面导电橡胶附着灰尘以及压印滚筒各部位的电压不均匀，以避免出现吸墨效果下降的问题。

## 三、柔性版印刷油墨传递

柔性版印刷采用网纹辊供墨，省去了串墨辊、匀墨辊、着墨辊等墨辊，使得墨路变短，形成了短墨路输墨系统。柔性版印刷的输墨系统是印刷机的核心，对印刷质量有着重要的影响。

### （一）柔性版印刷油墨传输方式

柔性版印刷的输墨方式有双辊型输墨、刮刀型输墨、组合型输墨、多辊型输墨和封闭式双刮墨刀型输墨等。

1. 双辊型输墨

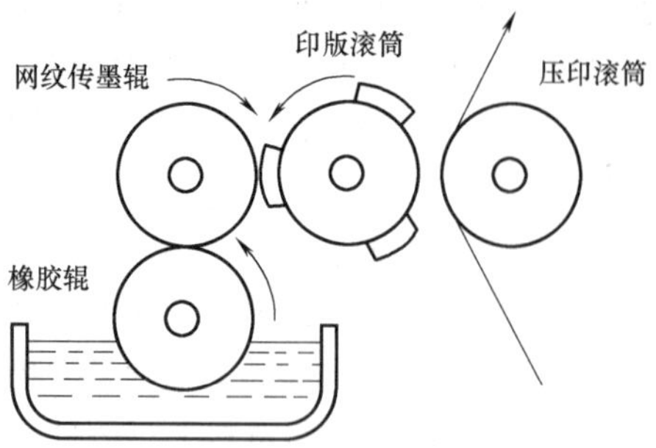

图 2-35　双辊型输墨

双辊型输墨的输墨方式如图 2-35 所示，是由一根墨斗辊和一根传墨辊（网纹辊）组成的输墨系统。墨斗辊是软质胶辊，表面包一层橡胶，浸在墨斗中，将油墨黏附在表面，与网纹辊接触时将油墨传递给网纹辊；网纹辊在与印版滚筒接触过程中，将油墨涂布在印版滚筒表面的图文部分。

在这种输墨方式中，为了得到良好的刮墨效果，墨斗胶辊与网纹辊在接触处的表面线速度方向一致，并具有一定的速差，网纹辊的速度大于墨斗胶辊速度，使两辊在接触范围内产生滑动摩擦，以将网纹辊网墙上的油墨刮掉。一般情况下，网纹辊与墨斗辊的速度比为 3∶1，其目的是为防止墨斗辊高速运转中，将油墨飞溅出来。随着印刷速度的提高，两辊的速差应相应增大。这种输墨装置结构简单，匀墨性能比较好，对墨辊磨损小，但传墨量受印刷速度的影响很大。

2. 刮刀型输墨

刮刀型输墨方式是在网纹辊上安装刮墨刀机构的输墨装置，根据刮墨刀安装方向，又分为正向刮刀型输墨和逆向刮刀型输墨，另外还有一种喷墨式刮墨刀型输墨。

正向刮刀型输墨方式如图 2-36 所示，在网纹辊的上方设置刮刀，刮刀的顶部朝向网纹辊的旋转方向。网纹辊网墙上的油墨被刮刀刮下流回墨斗中。刮刀角度 $\alpha$ 根据需要可进行调整。由于油墨具有一定黏度，在输墨过程中，刮刀与网纹辊表面之间会堆积一定量油墨，对刮刀刀片产生一向外的作用力，影响刮墨效果。此外，油墨中的异物也会沉积、堵塞在刮刀内侧，引起刮刀振动。在印刷速度不是很高时，输墨性能较好，但印刷速度过高，则对传墨性能有不利影响。因此，这种输墨方式适用于印刷一般质量要求的印品，其印刷速度也受到限制。

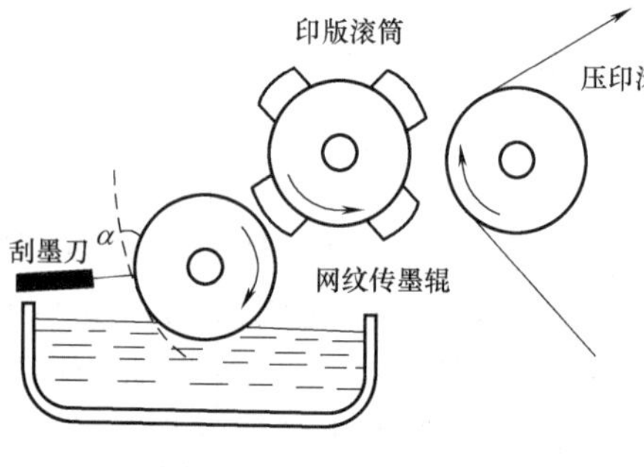

图 2-36　正向刮刀型输墨

逆向刮刀型输墨的输墨方式如图 2-37 所示，刮刀的顶部背向网纹辊旋转方向。这种输墨方式油墨对刮墨刀没有压力，被刮刀刮下的油墨沿网纹辊表面流回墨斗内，不会堆积在刮刀内侧与网纹辊表面之间，因此，刮刀的工作条件得到改善，具有良好的刮墨效果。同样，刮刀角度 $\beta$ 也应能进行调整，刮刀角度 $\beta$ 一般为 30°～35°。但这种输墨方式刮墨点距网纹辊与印版滚筒油墨转移点较远，油墨层易干燥。

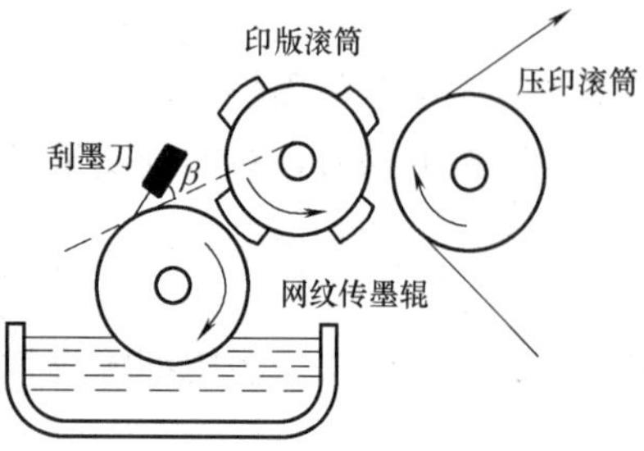

图 2-37　逆向刮刀型输墨

3. 组合型输墨

组合型输墨的输墨方式如图 2-38 所示，墨斗辊浸在墨斗中，将油墨传给网纹辊，网纹辊上安装刮墨刀。与以上两种输墨形式相比，组合型输墨具有结构合理、墨层厚度不受印刷速度影响、刮墨刀对网纹辊磨损小、传墨均匀、工作可靠等优点。

目前，大型和高速柔性版印刷机广泛采用组合型输墨方式。

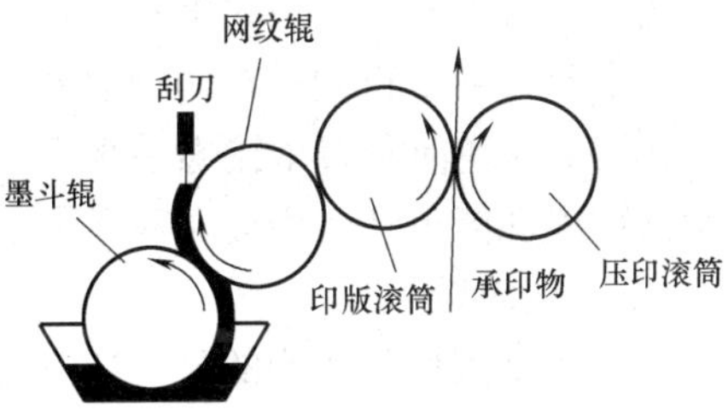


图 2-38　组合型输墨

4. 多辊型输墨

多辊型输墨是为了使传墨更加均匀，或者由于结构的需要，在双辊型输墨或混合型输墨的基础上，再增加 1～2 根传墨辊，安装在墨斗辊与网纹辊之间。墨斗辊将油墨传给传墨辊，再传给网纹辊，最后传给印版转移到承印物上去。

还有一种输墨装置是在网纹辊和印版滚筒之间并列安装 2 根着墨辊，网纹辊经过刮墨后把网穴中的油墨传给着墨辊，着墨辊再把油墨传给印版进行印刷。

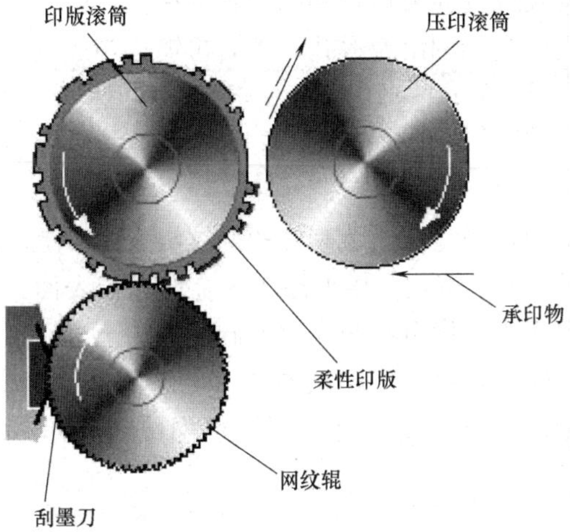


图 2-39　封闭式双刮墨刀型输墨

5. 封闭式双刮墨刀型输墨

封闭式双刮墨刀型输墨的输墨方式如图 2-39 所示，有两个刮墨刀，一个正向安装，另一个反向安装，墨斗采用全封闭形式。反向刮墨刀起刮墨作用，正向刮墨刀起密封作用。工作中，油墨和洗涤剂处于流动状态，可以自行循环。

这是一种新型输墨装置，网纹辊传墨量恒定，清洗墨辊方便，即使高速运行也没有飞墨现象，适用于现代高速柔性版印刷。

**（二）柔性版印刷输墨系统的输墨性能**

对上述无刮刀的双辊型输墨系统与有刮刀的输墨系统的印刷机，改变印刷速度分别进行印刷试验，测量各输墨系统在不同印刷速度下的传墨量，则可得到传墨量与印刷速度的关系曲线，如图 2-40 所示。

曲线 $a$ 为双辊型输墨系统，当印刷速度 $<200$m/min时，印刷速度对传墨量的影响较小，当印刷速度由 200m/min 增加到 400m/min 时，印刷速度增加 1 倍，传墨量则增大到 3 倍左右，这说明印刷速度对传墨量将产生很大影响，其输墨性能较差。

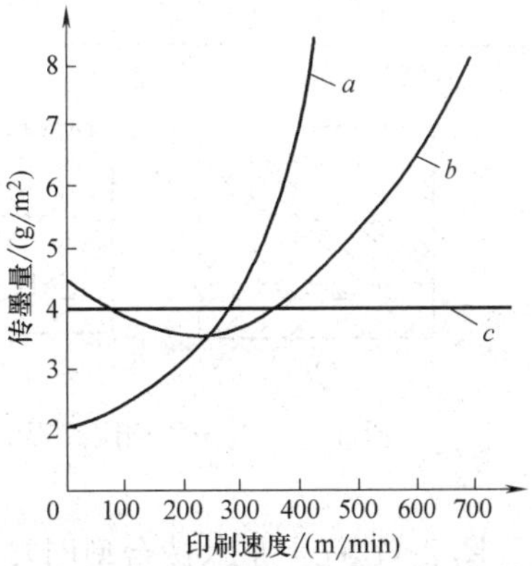


图 2-40　传墨量与印刷速度关系曲线

曲线 $b$ 为正向刮刀型输墨系统，印刷速度的提高，对传墨量产生一定影响，但其影响并不十分显著，特别是在印刷速度小于 500m/min 的范围内，其输墨稳定性能较好。

曲线 $c$ 为逆向刮刀型输墨系统，无论印刷速度如何变化，其传墨量基本保持稳定，说明其输墨性能最佳。因此，对于网点印刷应采用逆向刮刀型输墨系统。

**（三）网纹辊**

墨路短是柔性版印刷的显著特点之一，而网纹辊是保证短墨路传墨、匀墨质量的关键部件。网纹辊的作用是定量均匀地向印版的图文部分传递其所需要的油墨。高速印刷时，可防止油墨的飞溅现象。

网纹辊一般以无缝钢管为基层材料，在其表面雕刻出形状相同、分布均匀的微细凹孔，这些凹孔称为着墨孔。

1. 网纹辊的种类

按照网纹辊表面镀覆或喷涂的材料，网纹辊分为镀铬辊和陶瓷辊两种。

镀铬网纹辊是在金属辊表面用电子雕刻机先雕刻出着墨孔，然后再镀铬制成的，铬层的厚度为 1.2μm 左右，硬度为洛氏（HRC）60～70，网纹辊线数可达 80L/cm（200L/in）以上，耐印力为 1000 万～3000 万次，造价比较低，在一般水平的柔性版印刷机上使用较为广泛。

陶瓷网纹辊有两种。一种是采用等离子的方法，在已雕刻好的网纹辊表面涂上陶瓷粉末。另一种是将金属氧化物（$Al_2O_3$ 或 $Cr_2O_3$）熔化、熔射涂布在金属光辊表面，形成高硬度、与金属辊结合牢固、致密的陶瓷薄膜，然后用激光雕刻制成的。

陶瓷网纹辊耐磨性高出镀铬辊 20～30 倍，可达 4 亿印次左右。由于耐磨性极好，对于减少更换网纹辊的次数，提高印刷效率十分有利。陶瓷网纹辊网纹线数可高达 470L/min以上，适合印刷精细印刷品。

2. 网纹辊网穴的形状

采用电子雕刻方法加工的金属网纹辊，其网穴的形状如图 2-41 所示。

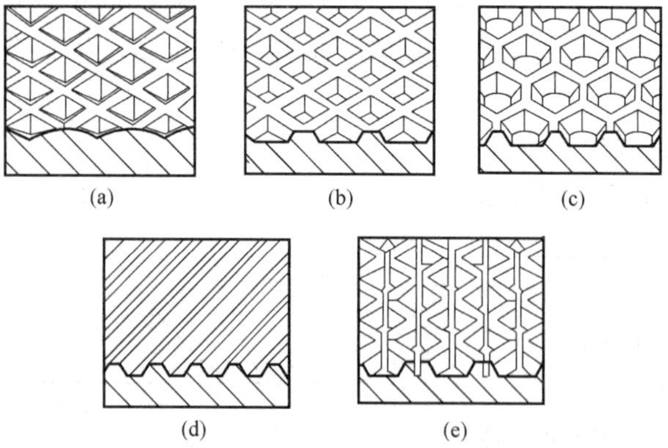


图 2-41　电子雕刻网纹辊的网穴形状

图 2-41（a）是四棱锥型网穴，其网纹辊线数一般为 13～118L/cm，多配合橡胶墨斗辊使用。

图 2-41（b）是四棱台型网穴，与四棱锥型着墨孔差别在于，其底部是平面。另外，棱台型网穴侧面较棱锥型的更趋垂直；网穴之间的隔墙即网墙的宽度较四棱锥型宽。四棱台型网穴传墨性能较好，具有通用性，可配合橡胶墨斗辊也可配合刮墨刀使用。四棱台型网穴网纹辊线数一般为 4～217L/cm。

图 2-41（c）是六棱台型网穴，它的开口角度较大，因而传墨性能较四棱锥型、四棱台型网穴要好，其网墙具有更高的强度，可减缓刮墨刀造成的磨损。

图 2-41（d）是斜线型网穴，其着墨孔法向截面为等腰梯形，是与网纹辊轴线成 45°螺旋雕刻形成的。这种网穴可保证油墨（或涂布液体）的流动性，具有良好的传墨性。斜线形网穴的网纹辊通常用于涂布，上胶及特殊要求的柔性版印刷中。斜线型网穴网纹辊线数一般可为 4～80L/cm。

图 2-41（e）是附加通道网穴，它是对棱台型的改进。沿垂直网纹辊轴线方向，在相邻的网穴之间雕刻出通道。通道的作用是增加油墨在网穴内的流动性，提高网纹辊的传墨性能。附加通道网穴特别适合于半色调和彩色印刷的高线数网纹辊。

网穴的排列方向与网纹辊轴之间的夹角为网穴角度，金属网纹辊的网穴角度一般为 45°。

采用激光雕刻的陶瓷网纹辊的网穴有很平滑的网墙，有利于油墨传递，其线宽与着墨孔容积有较宽的选择范围，能满足各种用途的需要。激光雕刻的网穴形状有三角形、六角形和菱形三种，网穴角度有 30°、45°和 60°三种，如图 2-42 所示。

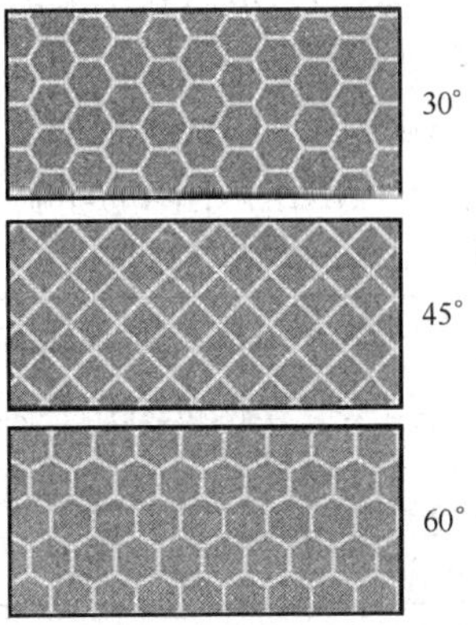

图 2-42　激光雕刻网纹辊的网穴形状

30°的六角形网穴具有较好的传墨性，工作性能较好。但水平网墙会造成刮墨刀和网纹辊本身的过多磨损，且网纹辊随机器高速转动时，水平墙会破坏油墨的流动性，很难产生均匀的墨膜。这种网穴广泛应用于工业涂布。

45°菱形网穴的传墨性较差，同时也增加了清洗难度。这种网穴的网墙一般为 15～20μm，网孔间隙较大，单位面积利用率相对较低。这种网穴一般用于报纸印刷。

最好的网穴是 60°的六角形，因为六角形为几何形状，单位面积利用率高，且网穴间有最窄的网墙和最小的余留面积，传墨量最大，可产生均匀的墨膜。这种网穴有较浅的深度和较宽的开口，开口率低，有利于油墨的传递，且便于清洗。因此，这种网穴最适合柔性版印刷。

3. 网纹辊性能参数

网纹辊控制了柔性版印刷的油墨传输，其传墨性可以用下面几个参数来反映。

（1）网纹辊的线数　网纹辊线数是在网穴角度方向上单位长度的网穴数量，也叫网线密度，单位为 L/in 或 L/cm。它决定了网纹辊传墨的均匀性和传墨量。网纹辊的线数越高，网纹辊上的墨层就越接近“连续”状态，传墨越均匀，但传墨量越少。

（2）网纹辊容积　网纹辊容积也可称为网穴载墨量，是单位面积内所有网穴的总容积，决定了网纹辊的供墨量。一般单位为 BCM，它是 Billion Cubic Microns per sq. inch 缩写，所以，$1BCM=10^9\mu m^3/in^2$，也有采用 $cm^3/cm^2$ 的。

（3）网穴开口率　网穴开口率在本节已有叙述，它决定了网穴传墨率。

（4）壁厚　壁厚是网穴网墙的宽度，它决定了网穴的耐磨性。壁厚越厚，网穴越耐磨，但同时网穴的容积小，从而传墨量小。

4. 网纹辊的选择

网纹辊的选择很复杂，需要综合考虑所印刷的承印材料的性能、印刷的图文形式等印刷条件，主要是选择网纹辊线数和网纹辊容积。

承印物表面粗糙、吸收性好，需要的印刷油墨量大，应采用较低线数、较高容积的网纹辊印刷；相反，承印物表面光滑、吸收性差，应采用较高线数、较低容积的网纹辊印刷。

不同的图文形式，采用的网纹辊的线数以及网纹辊容积应不同。大面积的色块及粗体字印刷，需要大量的油墨，应采用较低线数、较高容积的网纹辊印刷；而网点及细小文字印刷，由于印刷的精细程度较高，应采用较高线数、较低容积的网纹辊印刷。

表 2-1 给出了不同的印刷条件下，选用网纹辊的参考。

**表 2-1　　网纹辊选择的参考值**

| 承印材料类型 | 吸收性承印材料(纸张) | | 非吸收性承印材料(薄膜) | |
|---|---|---|---|---|
| 图文形式 | 网纹辊线数/(L/cm) | 网纹辊容积/(BCM) | 网纹辊线数/(L/cm) | 网纹辊容积/(BCM) |
| 实地色块 | 100～180 | 7.8～19 | 200～240 | 4.8～8.5 |
| 文字线条 | 160～250 | 4.5～8.3 | 230～270 | 3.5～7.0 |
| 网点 | 220～400 | 1.8～7.0 | 340～400 | 0.71～5.5 |

在印刷网目调彩色图像印刷品时，印版的亮调或亮光区，网点的尺寸很小。如果采用低线数的网纹辊传墨，网穴的开口尺寸大于某些小网点的尺寸，当这些小面积的网点正好与网纹辊的网穴相对时，由于没有隔墙支撑，网点浸入网穴中，不仅网点表面被着墨，网点的侧壁也着了墨，因而印在承印物上的网点，周边增大严重，甚至相邻网点连接在一起，阶调和颜色均被改变。因此，在进行网目调彩色图像印刷时，网纹辊的线数一般较高，以保证着墨孔的开口尺寸小于印版上最小网点的尺寸。

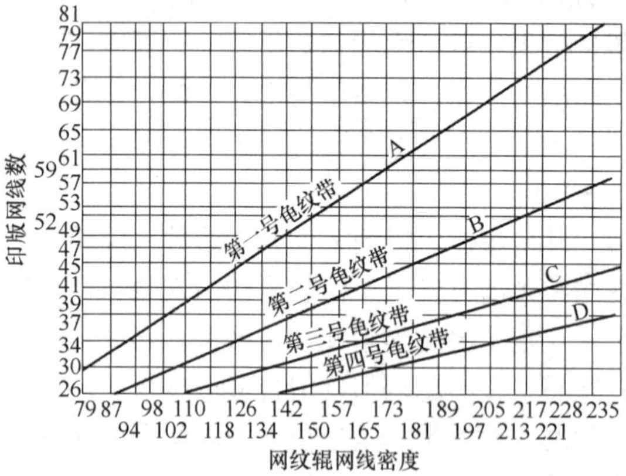


图 2-43　纳森图

在柔性版印刷中，除了各色印版网线角度不当引起龟纹外，网纹辊的线数和印版的网点线数关系匹配不当，也是引起龟纹的主要原因。多年来，为了寻找恰当的匹配线数，在美国人纳森最早提出的网线干涉图的基础上，归纳出一张网纹辊线数-印版加网线数匹配图，也叫纳森图，如图 2-43 所示。图中的横坐标表示网纹辊线数，纵坐标表示印版的加网线数，图中的 4 根斜线表示网纹辊线数与印版加网线数的最佳匹配带，只要线数匹配对应在斜线上，则产生的龟纹实际上人眼察觉不到，离斜线愈远，形成的干涉条纹愈明显。利用纳森图可以由给定的印版加网线数求出匹配的网纹辊线数，也可以由给定的网纹辊线数求出印版的加网线数。例如，印刷要用 39L/cm 的印版，为避免龟纹的发生，网纹辊的线数 110L/cm 最为理想。又如，某柔性版印刷机配备的网纹辊线数为

118L/cm，它与A、B、C斜线相交点的纵坐标印版加网线数分别为41L/cm、32L/cm、28L/cm，若印刷的产品质量要求较高，选用41L/cm的加网线数的印版最合适；若印刷纸张平滑度小、很粗糙，则可选用28L/cm加网的印版。

习惯上，对一般的印刷产品，印版加网线数和网纹辊的线数常按1∶4或1∶5进行匹配，但对质量要求高的精细印刷品，若要求1%或2%的网点不丢失，应考虑使用更高线数的网纹辊，需要高达印版加网线数的5～6倍。

5. 网纹辊的养护

网纹辊因其特殊的表面结构和对油墨传输的重要作用，必须进行认真的养护。

网纹辊应贮放在特制的包装箱内，使其处于垂直位置，以免表面被异物硌伤，或因重力作用发生弯曲变形，在搬运及在印刷机上使用时，要严防异物与网纹辊碰撞。

在柔性版印刷机上，刮墨刀处于工作位置时，与网纹辊被压触点的切线夹角一般为28°～35°。在保证有效地控制输墨量的前提下，刮墨刀与网纹辊的接触压力尽量小，经测量，在工作状态时，刮墨刀在网纹辊上的线压力一般在28～56mN/cm。在正常的压力下，刮墨刀和网纹辊表面之间会存在一层极薄的油墨，这层油墨有润滑剂的作用，可减轻刮墨刀对网纹辊的磨损。为保持油墨润滑作用对网纹辊耐磨性的保护，绝对不允许网纹辊与刮墨刀在干燥状态下摩擦。网纹辊与刮墨刀之间的压力应尽可能低，如果压力过大，也会加剧网纹辊的磨损。

每次印刷结束后，必须对网纹辊进行认真的清洗，否则油墨中的颜料会干结在网纹辊着墨孔的底部，影响网纹辊的输墨质量。

对网纹辊进行清洗，可以采用擦洗和刷洗的方法，一般刷洗的效果较好，但要选择和油墨相匹配的清洗剂和合适的刷子。如刷洗镀铬辊，可选用鬃毛直径与墨孔大小适合的鬃刷；刷洗陶瓷网纹辊应选用坚硬的尼龙毛刷，如果用铜刷刷洗，硬度高的陶瓷表面会从铜刷上磨削下细小铜粒，将着墨孔堵塞。

## 四、丝网印刷油墨传递

丝网印刷是在刮墨刀的挤压作用下，使油墨从图文部分的网孔漏印到承印物上，完成了油墨的传递。因此，丝网的性能、刮墨刀的作用对丝网油墨传递起着决定性的作用。

### （一）丝网

丝网是一种网状物，在丝网印刷中，油墨的传递是通过丝网来完成的，因此，丝网的性能对油墨传递性有着重要的影响。同时，丝网还是印版的骨架，它作为支撑版膜和油墨的基体，决定了印版的表面性能、漏墨性能、位置精度以及耐印率等，对印刷性能及印品质量有着直接的影响。因此，应根据印刷的要求正确选择和使用丝网。

1. 丝网的性能要求

为保证丝网印刷质量，对丝网的性能主要有以下要求：

（1）抗张强度大　抗张强度是指拉伸至断裂所需的力。在丝网印刷中，主要表现为当丝网受到拉力时，抵抗破坏或断裂的能力。抗张强度高，制作的网版张力较高，这就能很好的保证印刷精度，且印版耐用。另外，丝网吸湿后的强度变化应较小，即干、湿强度比越接近 100%越好。

(2) 延伸率小　延伸率亦称断裂伸长率，即拉断后的伸长值与原长之比，借以度量材料的塑性大小。延伸率大，制成印版的平面稳定性差。另外，干、湿伸长比也要小。

(3) 适当的回弹力　回弹力亦称伸长回复度。即伸长一定长度（如 3%或 4%）释去外力时，其长度的回复能力，以百分比表示。回弹力好，印迹边缘清晰。

(4) 对温、湿度变化的稳定性好　吸湿率小，变形；有些丝印，需要采用热印料进行印刷，要求丝网软化点高。

(5) 油墨通过性好　这样可保证油墨能顺利地从网孔漏印至承印面上。油墨通过性与丝网表面光洁程度有关，丝网表面越光洁，油墨通过性越好。

(6) 耐摩擦　丝网印刷是采用刮刀将版面上油墨刮压至承印面上的印刷方式。因此，要求丝网耐摩擦，从而提高印版的耐印率。

(7) 对化学药品耐抗性好　丝印版在作业过程中，经常会遇到酸、碱以及与油墨有关的有机溶剂，丝网应有足够的耐抗性。

2. 丝网的种类

丝网的种类主要有：绢（真丝，蚕丝）网、尼龙（锦纶）丝网、涤纶（聚酯）丝网、不锈钢丝网、镀镍涤纶丝网、砑光丝网（UV 丝网）以及防静电丝网等。下面分别介绍这几种丝网的特点。

(1) 绢网　绢网是应用最早的一种丝网，已有近百年的历史。它所用的材料是蚕丝，故又称蚕丝丝网或真丝网。

绢网的耐水性强，具有一定的吸湿性，与感光胶膜结合牢固，制版容易。但绢网的耐磨性、耐化学药品性较差，易老化发脆，绷网张力值较小。故随着合成纤维（尼龙、涤纶）的出现，绢网逐渐被淘汰，目前已很少被使用。

(2) 尼龙丝网　尼龙丝网是由人工合成的聚酰胺纤维编织而成的，又称锦纶丝网。具有很高的强度和耐磨性；耐碱性很好，耐酸性稍差于涤纶网；尼龙丝表面光滑，油墨通过性能很好；纱支比涤纶网细，易印细迹；回弹力是这几种丝网中最大，故印品色彩鲜艳，也适印于不规则表面。

尼龙丝网的缺点是延伸率大，不适合印刷尺寸精度要求高的产品。

(3) 涤纶丝网　涤纶丝网是由聚酯纤维编织而成的，故又称聚酯丝网。它的突出优点是延伸率小，耐候性优于尼龙网，吸湿性小，具有很好的耐化学力，特别是耐酸性和耐有机溶剂性，但不耐强碱侵蚀。由于平面稳定性好，可用于高精度印刷。聚酯由于具有疏水性，因此与版膜的结合较困难，其过墨性较尼龙网差，并且印刷时容易产生静电。

(4) 金属丝网　金属丝网主要有不锈钢丝网和铜丝网，其中不锈钢丝网较常用。金属丝网在现行丝网中，强度最高，延伸率很小，平面稳定性非常好，适用于高精度印刷，如线路板及集成电路等高精度图像的印刷。丝径细，油墨通过性好，能作精细印刷。软化温度高，具有导电性，使它能作热印料及静电丝印。

不锈钢丝网的缺点是对化学药品的耐抗性差，回弹力为零，作业中一经伸长或折痕，就无法复原而报废。另外，其价格昂贵，成本高。

(5) 镀镍涤纶丝网　镀镍涤纶丝网是在涤纶网上镀一层厚 2～5μm 的镍料而制成的，它综合了金属网和涤纶网两者之长，具有良好的版膜粘结性、耐磨性、套合性、导电性、回弹性等，其适用性更广。因织物的结点经镀镍而固定，所以印刷时网孔不变形，印得的墨层均匀。其价格介于涤纶网和金属网之间。

镀镍涤纶丝网的缺点是对脱膜用的氧化液耐抗性较差。

(6) 研光丝网　研光丝网是一种一面或两面经过辊轧过的丝网（如图 2-44），故也称压光丝网。这种丝网厚度较薄，印刷时，印品墨层薄，油墨转移量较小，节省油墨，常用于紫外光固化油墨，即 UV 油墨，所以有 UV 丝网之称。另一个优点是，在大多数情况下丝网都比较稳定，印刷时刮墨板运行比较平稳，印版抗冲击性较强。在彩色阶调丝网印刷中，可使叠印的墨层不至于过厚，从而减小了网点的扩大，提高了印品的色调再现性。

(7) 防静电丝网　使用尼龙、涤纶等合成纤维织成的丝网在非导电的承印材料上印刷时，会产生静电，使图像边缘出现多余的墨毙，从而影响印刷品的质量。为此在合成纤维织成的丝网的纬线中，织入一些导电性的碳素尼龙丝（如图 2-45），起到消除静电的作用。

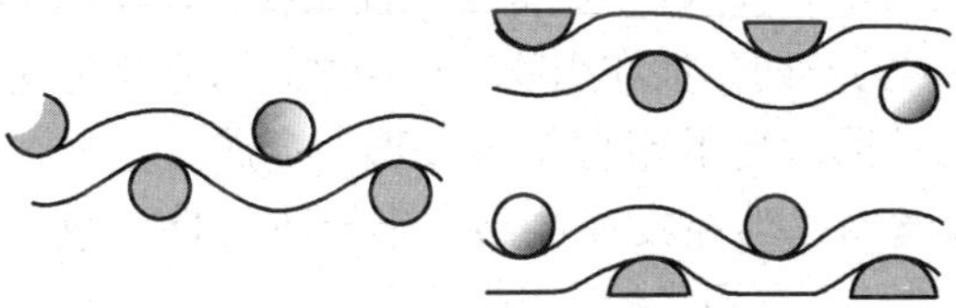

(a)　(b)

图 2-44　普通丝网与研光丝网的断面形状比较

(a) 普通丝网　(b) 研光丝网

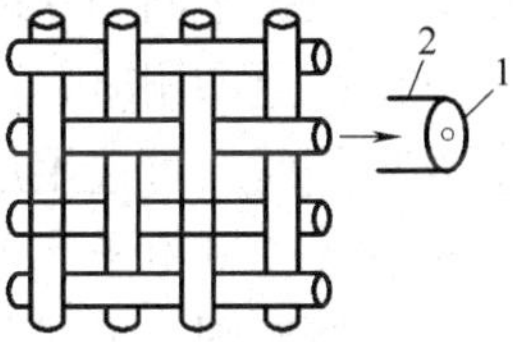


图 2-45　防静电丝网

1—炭精　2—丝网

3. 丝网的技术参数

丝网的技术参数主要用来表示丝网的性能，主要的技术参数有：目数、孔径、丝径、网厚及网孔面积率等，这些参数对油墨传递有着重要的影响。

(1) 目数　目数是指单位长度上的网孔数或网丝数目。单位为目/in 或目/cm。它表示了丝网的疏密程度，目数越高，丝网越密，传递的墨量越少，但印刷的精细程度高，可复制出细线条和小网点，使得印品图像层次丰富。

(2) 丝径　丝径是指网丝的直径。它随目数而改变，目数大，丝径小，反之则大。同目数的丝网又可分细（S)、中等（M)、粗（T）或特细（SS）与特粗（HD）三至五级。丝径大小影响印刷时的传墨量，相同目数的丝网，丝径越细，传墨量越大。另外，丝径还与丝网的寿命和图像的分辨率关系密切，丝径越细，丝网的寿命越短，印版的耐印率较低，但图像的分辨率越高。

(3) 孔径　孔径是指网孔的开度，它是网孔面积的平方根，也是对网孔大小的线性度量。当丝网的网孔为正方形时，孔径即为孔宽。孔径与油墨的颗粒度和通透性有关，油墨的颗粒度越大，丝网孔径也应越大，一般要求丝网孔径应至少 3 倍于油墨颗粒的尺寸，这样才能保证在印刷时，丝印版有很好的通墨性。

(4) 网厚　网厚是指丝网在无张力状态时的平均厚度。应注意，网厚并不等于 2 倍的丝径，它与编织状况有关，一般为1.5～2倍的丝径。网厚与印品的墨层厚度关系密切，网厚越厚，印品的墨层厚度也越厚，即传墨量大。

（5）网孔面积率　网孔面积率是指单位面积内网孔面积所占的百分比，它和网厚及版膜厚一起决定了理论上网版供墨量，也就是单位面积内网版所能填充的最大墨量，即：

$$网版供墨量=(网厚+版膜厚+墨厚)\times网孔面积率 \tag{2-10}$$

一般以 $cm^3/m^2$ 为单位。式中的墨厚是指在印刷时，涂布在网版上的墨膜厚度。根据式（2-10）计算的是理论网版供墨量，而实际网版供墨量由于材料性能的影响，会有所偏差。对于丝网印刷，理想的情况是网版供墨量等于转移到承印物上的墨量，因此，利用式（2-10）可以从理论上估算印刷时的耗墨量，但是，实际的耗墨量应根据图文形式、油墨、承印材料的性能等印刷条件而确定，一般都小于理论估算的耗墨量。

4. 丝网的选择

丝网的选择主要是两个方面，一是丝网的种类；二是丝网的技术参数，主要是丝网的目数以及丝径粗度等级等。在选用时，应综合考虑承印材料的性能、印刷工艺的基本要求，以及成本等各方面的因素。

（1）承印材料的种类　在丝网印刷中，承印材料的种类繁多，性能各异，在选用丝网时，应根据不同的承印材料选择不同种类的丝网。如在织物表面印刷，可选用尼龙丝网；在纸张上印刷时，可选用尼龙、涤纶丝网；当承印材料为玻璃、金属、木材、陶瓷、塑料等时，可选用尼龙、涤纶、金属丝网；当在集成电路、半导体元件、绝缘材料、电视元件等电子元器件表面进行印刷时，应选用涤纶、金属丝网。

（2）原稿图文形式及印刷精细程度　印刷的精细程度越高，需要的丝网目数越高。原稿图文形式的不同，印刷精细程度也不同。原稿图文有实地、线条、网点三种形式，其中，以网点印刷的精细程度最高，线条印刷的其次。因此，网点印刷时，需要的丝网目数很高，并且加网线数越高，需要的丝网目数也越高。同样，在线条印刷时，线条越细，丝网目数也越高。印刷线条、网点时，选用丝网目数可参考公式：

$$D\geqslant 2d+b \tag{2-11}$$

$$M=1/(d+b) \tag{2-12}$$

式中　$D$——能印出的最细线条的宽度或最小网点的直径

$d$——丝径

$b$——孔宽

$M$——丝网的目数

从上面两个公式可看出，为保证印刷精度，选用丝网时不仅要考虑丝网目数的选择，而且要考虑丝径的选择。

另外，印刷精度对丝网的种类也有很高的要求。若对产品的精度要求误差小于千分之三，其图像又很小（≤50cm×50cm）时，则应选用金属丝网；误差大于千分之三的较高精度印刷，可考虑选用聚酯丝网。印刷精细度要求较高时，还应选择有色丝网。

（3）印刷品的墨层厚度　不同的印刷品，需要的墨层厚度是不同的。如织物印刷、立体感要求较强的标牌印刷、印制电子线路板抗蚀图形、在粗糙承印物表面印刷等，它们都需要较厚的墨层厚度，因此，应选择目数较低、丝径较粗的T型或HD型丝网。

又如网点印刷等高精细度的印刷品，为保证在印刷时网点扩大小或印刷精细，应防止油墨严重铺展，故印刷的墨层厚度较薄，这时应选择目数较高、丝径较细的SS型、S型或M型丝网。

（4）油墨的性能　油墨的性能对丝网的选择也有很大的影响。最主要的是油墨的细度，为保证油墨能顺利通畅地通过网孔而不堵塞网孔，要求丝网网孔的面积应至少大于油墨最大颗粒的3倍左右。如油墨或印料在印刷时需要加温，或采用导电油墨进行静电丝印，这时应采用金属丝网。另外，如采用UV油墨进行印刷，由于紫外光对大部分有色UV油墨的深层固化比较困难，为提高油墨的干燥速度，印刷的墨层厚度应较薄，所以，应选用研光丝网。若使用普通丝网，应选择目数较高、丝径较细的丝网，一般地，对于有色UV油墨，选择的丝网目数最好在130线/cm（350目/in）以上。

（5）丝印版的形状　大部分丝印版是平面型的，但也有圆筒型的，圆筒型的丝印版多使用在全自动的丝网印刷机上。对于圆筒型的丝印版，一般采用金属丝网，所制得的丝网圆版强度高，印刷时可使刮墨刀的运动平稳。

（6）印刷成本　印刷成本在选用丝网时也是一个不可忽略的考虑因素。应在保证印刷质量的前提条件下，尽量选用价格较低的丝网。为了延长丝网的使用寿命，在其他条件允许的情况下，应选用丝径较粗的丝网。这一点，对于印数大、承印材料边缘锐利、使用磨损性较大的油墨或要求用腐蚀性化学试剂清洗油墨的印刷作业尤为重要。当感光胶呈较强的酸性，网版需要通过酸性脱膜液脱膜后重复使用时，应选用聚酯丝网或不锈钢丝网。

**（二）刮墨刀**

丝网印刷的刮墨刀亦称刮（墨）板或刮刀，起着使油墨通过网孔转移到承印物上的重要作用。刮墨刀在丝网印刷油墨传递中，不论是手工印刷还是机械印刷都是极其重要的工具。

1. 刮板的种类

在丝网印刷中，刮墨刀有刮墨板、回墨板两种，统称刮板。在没有指明的大多数情况下，将刮墨板简称为刮板，俗称刮刀。

刮墨板是用来刮挤网版上的油墨，使之漏印在承印物上的一种工具。依照用途不同，丝印刮墨板可分为手用刮墨板和机用刮墨板两种（图2-46、2-47）。刮墨板由橡胶条和夹具（手柄）两部分组成。

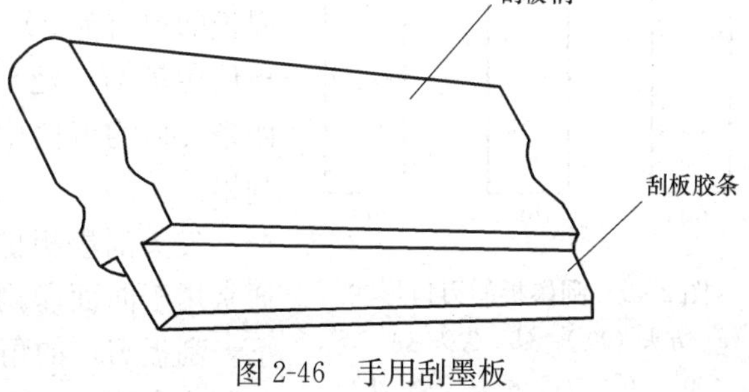

图2-46　手用刮墨板

回墨板亦称复墨板，能均匀地在网版上覆盖一定厚度的油墨，即向网版提供印刷所需的油墨。回墨板多为铝制品或其他金属制品。

在手工丝印中，印刷和回墨行程都由一个刮墨板完成。在机器印刷中，印刷和回墨分别用两种墨板完成，如图2-48所示。其中回墨板为一块厚约2mm的金属板，刃部呈

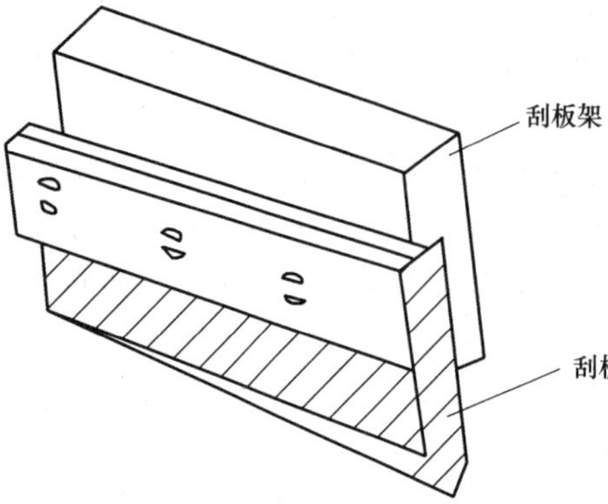


图 2-47　机用刮墨板

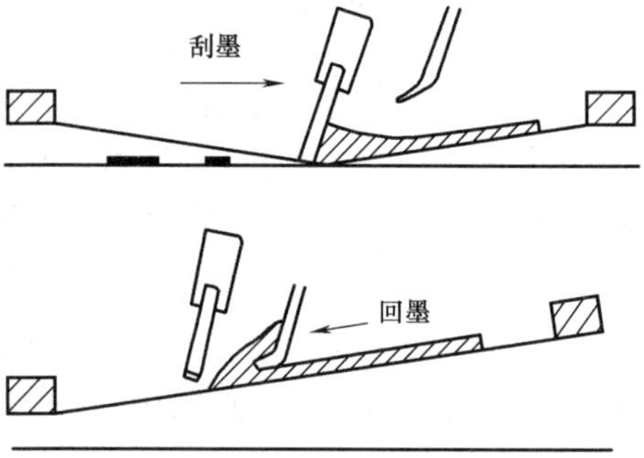


图 2-48　机印的两种刮板

圆边。印刷过程中，两种墨板交错起落。

2. 刮墨刀的作用

刮墨刀主要有以下四个作用：

（1）填墨　刮墨板刮印时，能将油墨充分地填入网版过墨部分的网孔内，从而保证传递到承印物上的墨量充足。

（2）匀墨　每一次印刷结束后，为了使再次刮印时有足够的油墨，回程时由回墨板匀墨，手工印刷时用刮墨板，把油墨均匀地刮回印刷起点，控制网版上油墨的均匀性，同时让油墨堵住图文部分的网孔，起到防止网孔内油墨干燥而糊死网孔。

（3）除墨　刮墨刀运行时能将网版面上的油墨刮得尽可能的干净。

（4）压印　刮板运行中，在刮墨的同时，给刮板一定的力，使网版与承印物呈线接触，完成印刷。

3. 刮墨板的形状

刮墨板的刃口即头部的形状，基本有三种：方头、尖头、圆头，如图 2-49 所示。

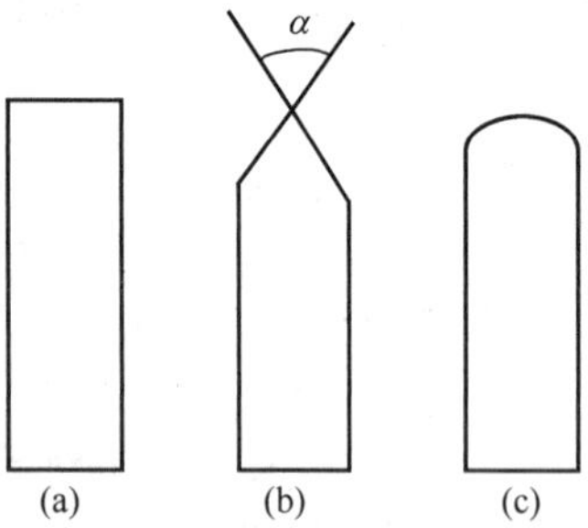


图 2-49　刮墨板的刃口形状
（a）方头（90°）（b）尖头（$\alpha$=45°、60°、70°）（c）圆头（大、小）

刮墨板刃口的形状，对丝网印刷质量有一定影响。不同的承印物，在印刷时应选用不同刃口形状的刮墨板。印刷平面承印物最常用的是方头刮墨板，方头刮墨板的刃口为 90°，其横断面的形状为矩形。方头刮墨板使用最为广泛，手、机两用，磨修方便，其胶条的四条刃口均可使用，通常选择最平直、无缺陷的刃口刮墨。

尖头刮墨板的刃口有 45°、60°、70°等几种形状，通常用于曲面印刷。在不考虑油墨黏性、黏度的条件下，刮板刃口的角度愈小，则透过印版的油墨就愈少，其印迹愈清晰。但角度愈小，则磨修愈困难，刮板的使用寿命也愈短，所以在使用锐角刃口的刮墨板时，应选用硬度较高且耐磨的刮板胶条。

圆头刮墨板的刃口形状为圆弧状，有大圆头及小圆头之分，小圆头刮墨板一般用于油墨黏度较低、印刷精度要求不高的印刷品的刮印；大圆头刮墨板适用于纺织物的大面积满地印花。

选择刮墨板的刃口形状，要从油墨黏度、印刷方式、刮板材料、承印物形状、承印物材料、印刷精度要求等诸方面综合考虑。

**（三）丝网印刷条件**

印刷条件是影响丝网印刷油墨传递性的重要因素，同时也决定了印刷质量。影响丝网印刷油墨传递性的印刷条件主要有以下几个方面。

1. 网距

对于丝网印刷，为了获得清晰的印迹，多数情况下，印刷时网版与承印物间保持一定的距离，这就是网距，可用 $h$ 表示。在刮墨刀压力的作用处，网版与承印物呈线接触（称压印线），如图 2-50 所示。当压印线位移时，由于丝网回弹力的作用，使原线接触处能及时弹起，与承印物脱离接触，从而避免印迹蹭毛。油墨在压印线移动过程中，受到压挤而迅速转移，一部分漏印到承印物上，且与回弹的丝网迅速分裂，另一部分随刮墨刀向前移动。刮印过的网版上面，印墨大部分被除去，如图 2-51 所示。刮印行程终了时，刮墨刀与网版同时抬起，并进行回刮复墨，完成一个印刷行程。

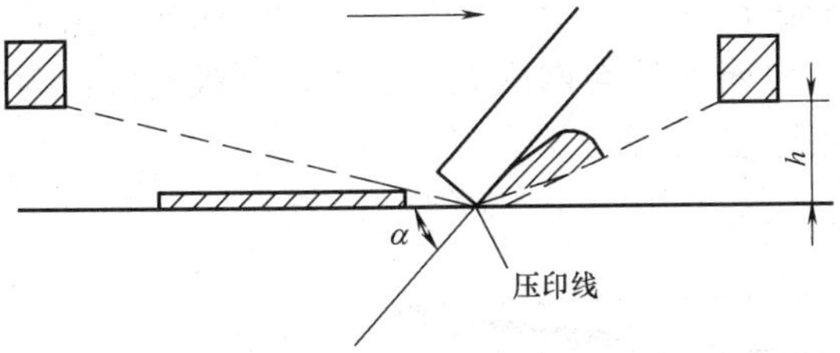


图 2-50　刮墨刀、网版及承印面的印刷状态图

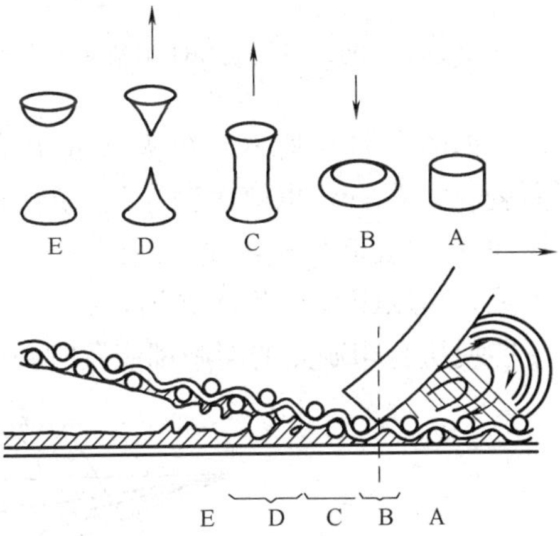


图 2-51　油墨分裂现象

网距的大小关系到网版的回弹性、印迹的清晰性及位置精度。

将刮墨刀端至框边的距离称为墨池，用 $L_r$ 表示。图 2-52 是印刷时网距与墨池和印刷精度关系图，图中 $e$ 为印刷精度，由此可以得到网距与墨池和印刷精度之间有着下式关系：

$$h^2=2eL_r+e^2 \tag{2-13}$$

式中　$h$——网距

$e$——印刷精度

$L_r$——墨池

这也就是德国 Messerschmitt 博士研究结果。必须注意，$e$ 是印刷的最大允许误差，而刮刀两端的相应误差应为 $e/2$。由此我们可以看到，当墨池一定时，网距越大，印刷精度越差。

网距与网版的剥离关系如图 2-53 所示，当刮墨刀压印至 $P$ 点时，该处的网版与承印面形成油墨层，具有一定的凝聚力 $F_0$。当刮墨刀继续前移时，$P$ 点的压力消失。由于 $AP$ 方向丝网的张力 $F_a$ 作用，使网版向上抬起。$F_a$ 与 $AB$ 的夹角 $\theta$ 可称为剥离角，将抬起丝网的向上的垂直力称为剥离力，则剥离力为 $F_a\sin\theta$。

当 $F_a\sin\theta > F_0$ 时，网版能及时剥离承印面；

$F_a\sin\theta < F_0$ 时，网版不能自行剥离；

$F_a\sin\theta = F_0$ 时，网版剥离，不剥离或缓剥离都有可能。

这里，$F_0$ 的大小与油墨黏度、油墨对丝网的润湿性及凝聚力、印刷压力等因素有关，而 $F_a\sin\theta$ 及 $\sin\theta$ 值除 $F_a$ 与绷网张力有关外，均与 $h$ 成正比，因此从网版剥离角度出发，网距越大越好。

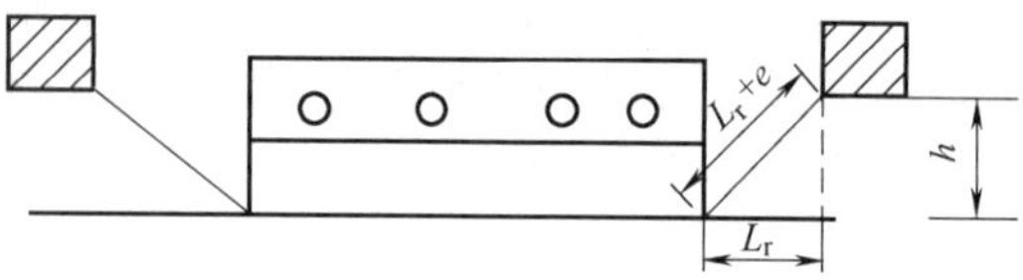


图 2-52　网距与墨池和印刷精度关系图

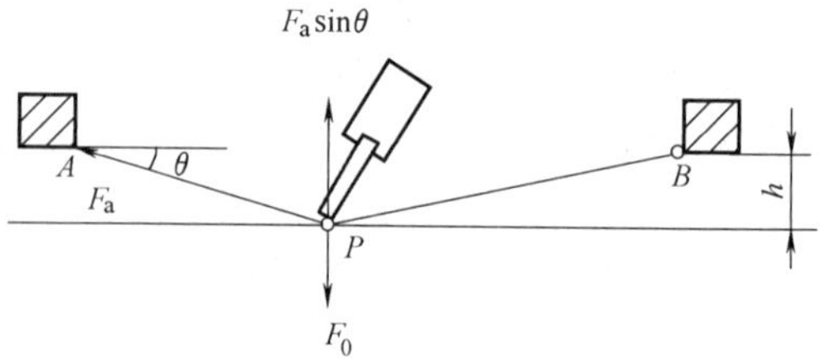


图 2-53　网版的剥离受力状况

如图 2-54，刮墨刀在从 $A$ 至 $B$ 的刮印行程中，$P$ 点依次移动至 $P_1$、$P_2$……$P_n$，而剥离力 $F_a\sin\theta$ 也依次变为 $F_{a_1}\sin\theta_1$、$F_{a_2}\sin\theta_2$……$F_{a_n}\sin\theta_n$，其中，张力 $F_{a_1}$、$F_{a_2}$……$F_{a_n}$ 可认为近似相等，而 $\theta_1 > \theta_2 >$……$\theta_n$，所以 $F_{a_1}\sin\theta_1 > F_{a_2}\sin\theta_2 >$……$F_{a_n}\sin\theta_n$。由此可见，离压印起始点 $A$ 愈远，剥离力愈小，说明 $h$ 还与网版大小有关，网版越大，为了能使所有印刷点的网版都能及时剥离，网距也应越大。

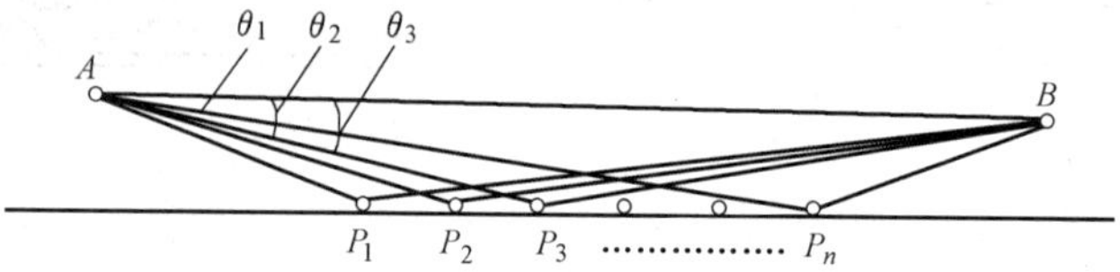


图 2-54　刮印时剥离角的变化

由于刮印中剥离力的变化是因剥离角 $\theta$ 变化所致，若要使 $\theta$ 不变，则应使 $A$ 作相应的移动，使得 $A_1P_1 /\!/ A_2P_2 /\!/$……$A_nP_n$，如图 2-55 所示。这样对于大网版，即使 $h$ 较小，也因各处的剥离力相等而得到充分的剥离。对此，某些丝印机装备了同步升版装置，即在刮墨刀向前移动的同时，压印起始点处的网框会同步向上抬起。

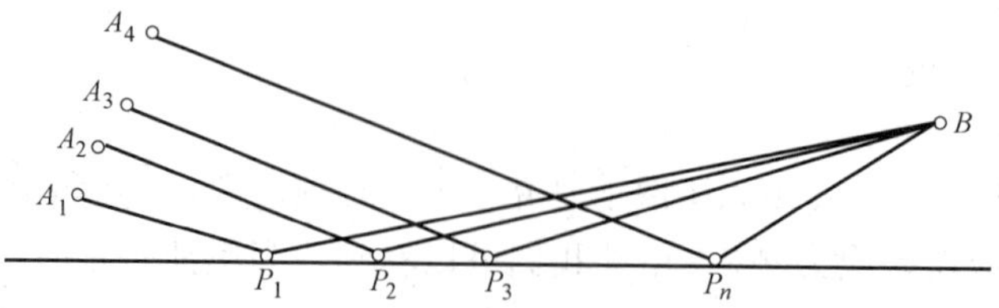


图 2-55　刮印时剥离角不变

综上所述，网距越大，网版的回弹性越好，但位置精度越差。网距过小，易在刮墨刀作用力的方向印迹边出现印墨渗散或网版的回弹性较差，与承印物不能自动剥离，造成印迹不匀及蹭糊。但网距过大压印时丝网受力过度，出现弹性疲劳而松弛，印刷精度差，甚至导致丝网撕裂。

所以，网距大小的确定要考虑印刷精度，印迹的清晰性。另外，网距大小的确定还与网版的大小、绷网的张力及油墨凝聚力有关。网版越大，为使网版在印刷中能及时回弹，网距应越大；同样，当绷网的张力小或油墨凝聚力大时，为使网版在印刷中能及时回弹，网距也应越大。一般地，八开幅面网版的网距为 2～3mm；全开幅面网版的网距为 4～5mm；手工丝印的网距略小于机器丝印的网距；精密丝印的网距略小于一般丝印的网距；织物（包括其他吸墨性强的柔软物体）的网距可以为零。

2. 复墨

丝网印刷时，每次印刷前，需要在网版上覆盖一层油墨，即需要复墨。复墨相当于给印版供墨，网版上覆盖油墨的厚度，即复墨量决定了网版的供墨量。因此，为了保证印刷品的墨色再现以及墨色的均匀性，复墨量应适当，且复墨必须均匀。

3. 压印角

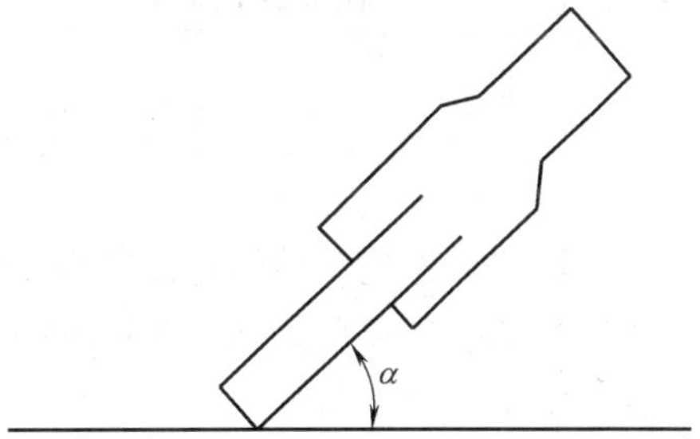


图 2-56 压印角

压印角是指在刮印运动时刮墨板和印刷面所夹的角度 $\alpha$，如图 2-56 所示。刮墨板在运动中压印角对油墨转移量有一定的影响。从刮墨板刮印图 2-57 可以看出，刮墨板行进中作用于油墨上的力 $F_0$，产生两个分力，一是向下力 $F_2$，其作用是挤压油墨通过网孔；另一个是向前力 $F_1$，其作用是带动油墨向前。$F_2$ 越大，转移墨量越多，由于 $F_2 = F_0\cos\alpha$，因此 $F_2$ 与压印角 $\alpha$ 成反比。即刮印角越大，油墨转移量越少，刮印角越小，油墨转移量就越大。

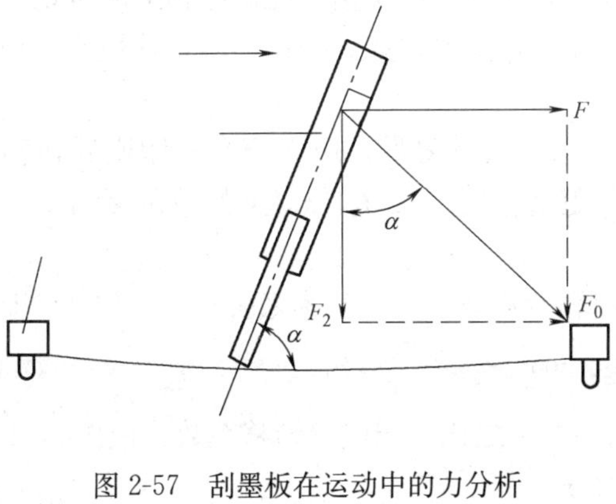


图 2-57 刮墨板在运动中的力分析

压印角的确定是丝网印刷中复杂的实际问题。它与刮板压力及刮板硬度都有密切关系，而且由于承印物表面形状也是多种多样的，所以在实际印刷时，要根据承印物的形状、特性来选择确定刮印角。一般来说平面印刷时刮印角取 20°～70°为宜，曲面印刷时刮印角在 30°～65°为宜。

4. 印刷压力

印刷压力大小与油墨的转移量也有着直接的关系，一般情况下印刷压力越大，油墨的转移量就越大；反之印刷压力越小，油墨转移量就越小。另外，印刷压力的大小还影响印刷时网版与承印物表面的接触，丝网印版只有在刮墨板的一定压力下才能与承印物表面接触，而且呈线接触。印刷压力小时，印版就接触不到承印物表面而无法实施印刷。印刷压力过大则会使刮板弯曲变形，使得丝网印版和承印物呈面接触，印迹的清晰性差，影响印刷质量。印刷压力过大还会加快刮墨板和丝网印版的磨损，减少刮墨板和丝网印版的使用寿命，而且还会导致丝网印版松弛使印刷品图像变形。因此，在一定印刷条件之下，正确掌握印刷压力，对保证印刷质量是非常重要的。

5. 印刷速度

对于丝网印刷，印刷速度就是刮墨板的刮印速度，它与丝网印刷效果有着密不可分的关系。刮墨板在刮印时使油墨均匀位移并保证整个图文部分均匀地通过油墨。所以，刮印速度对油墨的转移量以及对油墨转移的均匀程度都有一定的影响，即对印刷质量会产生较大的影响。

由于承印物不同，所以刮印速度也是有区别的。但是，无论承印物的质地如何，刮墨板刮印时都要保持匀速移动，如果刮墨板移动速度不均匀，忽快忽慢，承印物上就会产生墨杠。如果在刮印时，虽然做匀速移动，但移动速度过慢，图文边缘则会出现油墨渗透，致使图文扩大；反之速度过快，会出现图文部分墨量不足，所以在印刷时，特别是手工印刷中要控制好印刷速度。

## 第四节　油墨转移方程

油墨转移方程是对油墨转移过程进行定量分析的解析表达式，它建立了转移墨量与印版供墨量之间的数量关系，并且通过方程中的参数，将墨量转移与纸张、油墨的印刷适性及印刷条件联系起来。

依据不同的油墨转移的数学模型，建立的油墨转移方程，在形式上有很大的区别。本节介绍 W·F 油墨转移方程的建立、求解、修正和应用。

### 一、油墨转移性能参数及其测定

油墨的转移在印刷中是一个关键的过程，它完成了图文信息在承印物上的再现，决定了印刷质量。因此，油墨转移性能是一个非常重要的性能。描述油墨转移性能的物理量常见的有油墨转移率、油墨转移系数。

印刷前由油墨传输系统供给印版的墨量叫印版供墨量，用 $x$ 表示；印刷后转移到纸张或其他承印材料表面上的墨量，叫转移墨量，用 $y$ 表示。$x$、$y$ 的单位可为 $g/m^2$、$mL/m^2$，也可为 $\mu m$。

转移墨量 $y$ 与印版供墨量 $x$ 之比，叫油墨转移率，用百分率来表示，记作 $f$，即

$$f=\frac{y}{x}\times 100\% \tag{2-14}$$

转移墨量 $y$ 与印刷后印版上的剩余墨量 $x-y$ 之比，叫油墨转移系数，记作 $e$，即

$$e=\frac{y}{x-y} \tag{2-15}$$

转移墨量 $y$ 与印版供墨量 $x$ 有关，即 $y$ 为 $x$ 的函数。因此，油墨转移率 $f$、油墨转移系数 $e$，也都是印版供墨量 $x$ 的函数。以 $x$ 为横坐标，分别以 $y$、$f$、$e$ 为纵坐标，便

可以做出（或拟合出）$y$-$x$、$f$-$x$、$e$-$x$ 曲线；它们分别叫油墨转移量曲线、油墨转移率曲线和油墨转移系数曲线，典型的曲线形状如图 2-58 所示。这些油墨转移曲线也能很好的表示印刷中油墨转移性能。

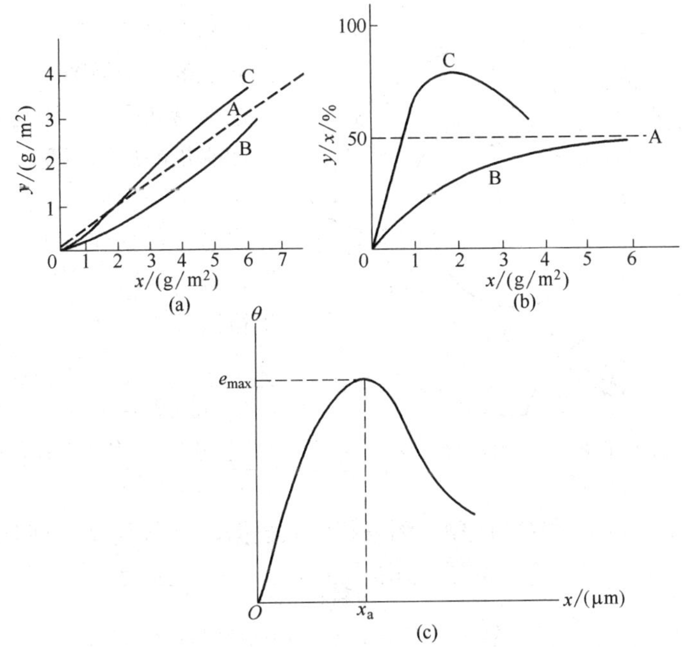


图 2-58　油墨转移量曲线、油墨转移率曲线、油墨转移系数曲线

理想的油墨转移，应是在印刷过程中，不管印版供墨量 $x$ 是多少，始终有一半的墨量从印版转移到承印物表面，即 $y$ 恒等于 $1/2\ x$，$f$ 恒等于 1/2，图 2-58（a）、（b）中的曲线 $A$ 即表示了这种理想情况。但是实际的油墨转移曲线总是偏离理想的油墨转移曲线的，且承印材料性能不同，油墨转移曲线亦不同，图 2-58（a）、（b）中曲线 $B$ 表示的是金属箔、塑料膜等表面相对平滑、对油墨吸收性差的承印材料，曲线 $C$ 表示的是纸张等表面不很平滑、对油墨吸收性好的承印材料，可以看到无论是油墨转移量曲线，还是油墨转移率曲线，曲线 $B$ 和曲线 $C$ 都有较大的差别。图 2-58（c）是实际的油墨转移系数曲线，理想的油墨转移系数应该是无论印版供墨量 $x$ 为多少，恒等于 1。

可以看到，要得到油墨转移性能的参数，必须要测量印刷过程中的 $x$ 和 $y$。$x$ 和 $y$ 的测量可通过称量印刷前后印版、承印材料的质量变化得到。分别称量涂墨印版的质量和印版本身的质量，两者之差除以印版涂墨的面积得 $x$；分别称量涂墨印版的质量和印刷后仍沾有油墨的印版的质量，两者之差除以印刷面积得 $y$，也可以分别称量印刷前后纸张（或其他承印材料）的质量，其差除以印刷面积得 $y$。实验过程中，一般将印版上全表面满涂油墨，印刷面积即是印版上的涂墨面积。用称版重的方法测定 $y$，结果比较精确，但只适用于质地较轻、幅面较小的印版；用称纸重的方法测定 $y$，结果受测定环境的温、湿度影响，不够稳定和精确。

实验室测定 $x$ 和 $y$，要在印刷适性试验机上进行。印刷适性试验机（也叫印刷适性仪）是模拟印刷过程的小型试验机，目前国内使用较多的是荷兰的 IGT 印刷适性试验机。印刷适性试验机，可做纸张、油墨印刷适性的实验，还可模拟各种印刷方式，实验项目很多。

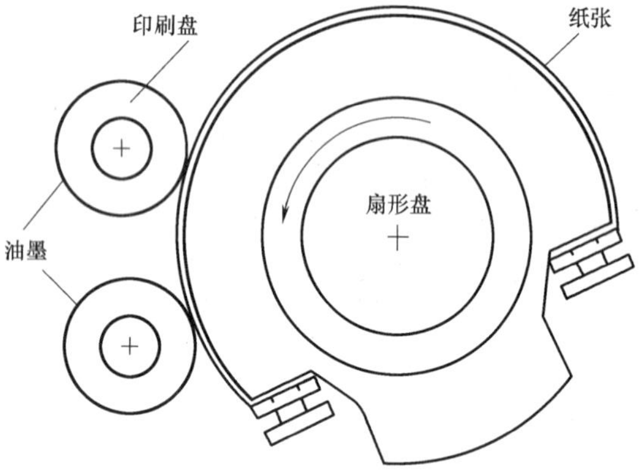

图 2-59　AIC 2-5 型印刷适性试验机的结构简图

图 2-59 是 AIC 2-5 型印刷适性试验机的结构简图。其主要部件是一个扇形盘和两个印刷盘，扇形盘相当于印刷机的压印滚筒，印刷盘相当于印版。纸张包在扇形盘上，油墨涂在印刷盘上，墨量可以用注射器来控制，合压后印刷盘与扇形盘接触，油墨得以转移。该机匀速印刷的速度范围是 0.2～5 m/s；加速印刷的最高速度可达 7.0 m/s。两个印刷盘印刷时间间隔可以调节，调节范围在 0.014～6s。

在印刷适性试验机上做模拟印刷，测得相应的数据，$x$、$y$ 可按下列公式计算：

$$x(\mathrm{g/m^2})=\frac{\text{涂墨后印刷盘质量(g)}-\text{印刷盘质量(g)}}{\text{印刷面积}(\mathrm{m^2})} \tag{2-16}$$

$$y(\mathrm{g/m^2})=\frac{\text{涂墨后印刷盘质量(g)}-\text{印刷后印刷盘质量(g)}}{\text{印刷面积}(\mathrm{m^2})} \tag{2-17}$$

$$x(\mu\mathrm{m})=\frac{\text{涂墨后印刷盘质量(g)}-\text{印刷盘质量(g)}}{\text{印刷面积}(\mathrm{cm^2})\times\text{油墨密度}(\mathrm{g/cm^3})}\times10^{-4} \tag{2-18}$$

$$y(\mu\mathrm{m})=\frac{\text{涂墨后印刷盘质量(g)}-\text{印刷后印刷盘质量(g)}}{\text{印刷面积}(\mathrm{cm^2})\times\text{油墨密度}(\mathrm{g/cm^3})}\times10^{-4} \tag{2-19}$$

## 二、W・F 油墨转移方程

油墨转移过程中，转移墨量与印版供墨量及其他相关因素之间关系的解析表达式，叫油墨转移方程。

20 世纪 50 年代以来，有许多学者致力于油墨转移方程的研究，依据不同的油墨转移数学模型，建立不同形式的油墨转移方程；采用不同的方程求解各自建立的方程；应用油墨转移方程去解释和分析油墨转移过程中的许多现象，取得了许多突破和进展。所建立的油墨转移方程有十几种形式，其中应用较广、受到普遍认可的，当推美国人沃尔克（W・C・Walke）和费茨科（J・W・Fetsko）于 1955 年提出的油墨转移方程，叫 W・F 油墨转移方程。

以纸张作为承印材料，若要进行实地色块的印刷，由于纸张表面的凸凹不平，以及印刷条件等因素，致使油墨转移过程中，纸张表面并不一定与油墨完全接触。因此，从印版转移到纸张上的墨量，即转移墨量 $y$，首先与纸张接触油墨的面积有关；其次，在接触油墨的纸张表面上，究竟有多少墨量从印版转移到纸张上，仍然与纸张、油墨的性能、状态，以至印刷条件有关。图 2-60 所示印刷纸面的高倍放大照片印证了上述推断。

照片上露白的部位是纸面上不曾接触油墨的部位，但在印版上与之对应的部位却是有油墨的；照片上显黑的部位是纸面上接触到油墨的部位，这里墨色上的浓淡差异，显示出转移到接触油墨的纸面上的墨量，也有数量上的不同。

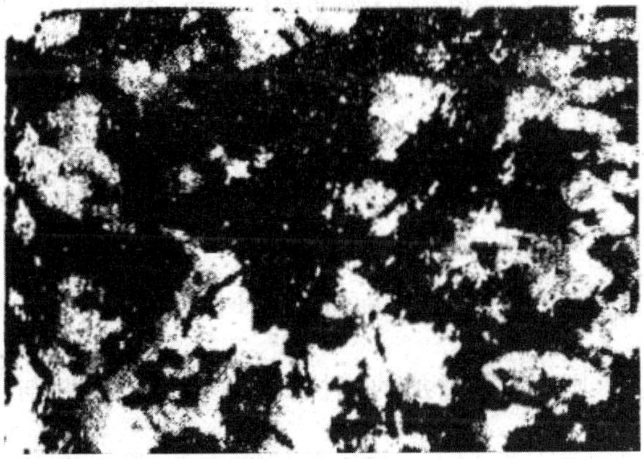

图 2-60　印刷纸面的高倍放大照片

设单位印刷面积纸面上与油墨接触的面积为 $F(x)$，$F(x)$ 是个比值，称为接触面积比，与印版供墨量 $x$ 的大小有关，一般地说，$F(x)$ 随 $x$ 的增大而增大。如果印刷纸面与油墨全部接触，$F(x)=1$；如果印刷纸面与油墨完全不接触，$F(x)=0$。实际上，$F(x)$是在$0<F(x)<1$的范围内变化的 $x$ 的函数。如果在与油墨接触的纸面的单位面积内，获得的转移墨量为 $Y(x)$，$Y(x)$ 也与印版供墨量 $x$ 的大小有关，即是 $x$ 的函数，则单位接触面积纸面上得到的转移墨量 $y(x)$ 等于 $F(x)$ 与 $Y(x)$ 之积，即

$$y(x)=F(x)\cdot Y(x) \tag{2-20}$$

方程（2-20）中的 $Y(x)$ 由两部分组成。第一部分是由于所谓“机械投锚现象”而填入纸张凹陷处的墨量；第二部分则是由于纸张与油墨分子间二次结合力的作用，转移到纸张上的墨量，如图 2-61。

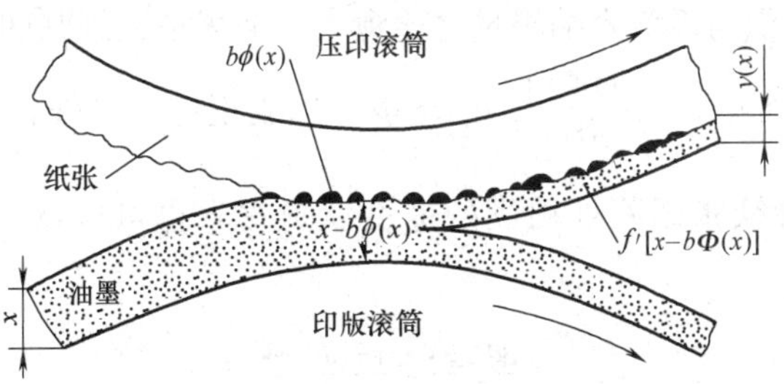


图 2-61　油墨的转移过程

在印刷的瞬间，纸张凹陷处可能填入的墨量有个极大值，记作 $b$，可称为极值容纳墨量，$b$ 与纸张、油墨的印刷适性以及印刷条件有关。印刷中填入纸张凹陷处的实际墨量不会大于 $b$，设实际填入墨量与极值容纳墨量之比为 $\Phi(x)$，则实际填入墨量为 $b\cdot\Phi(x)$，这便是第一部分转移的墨量。$\Phi(x)$ 的范围是$0\leqslant\Phi(x)\leqslant1$，$\Phi(x)$ 与 $x$ 有关，即是 $x$ 的函数。在完成第一部分墨量转移后，印版上剩余的墨量为 $x-b\cdot\Phi(x)$，为自

由墨量，由于分子间二次结合力的作用，仍有机会向纸张表面转移。设转移的墨量为 $f'[x-b\cdot\Phi(x)]$，$f'$是一个小于1的比例系数，它也与纸张、油墨的印刷适性以及印刷条件有关。综上分析可以得到：

$$y(x)=F(x)\{b\cdot\Phi(x)+f'[x-b\cdot\Phi(x)]\} \tag{2-21}$$

方程（2-21）中，除墨量 $x$、$y$ 之外，还有4个参数，即 $b$、$f'$、$F(x)$ 及 $\Phi(x)$。$b$、$f'$的意义上面已提到，而 $F(x)$、$\Phi(x)$ 均为 $x$ 的函数，函数的形式还有待确定。

$F(x)$ 是 $x$ 的函数，$x$ 增加会使 $F(x)$ 也增加，但二者之间并不是正比关系。由于单位印刷面积纸面上与油墨接触的面积为 $F(x)$，那么，单位印刷面积纸面上未与油墨接触的空白部分面积便是 $1-F(x)$，相应地称为非接触面积比。据经验可知：$F(x)$ 对 $x$ 的变化率$\frac{dF(x)}{dx}$依赖于非接触面积比，非接触面积（空白面积）愈大，油墨与纸张的接触机会愈多，则$\frac{dF(x)}{dx}$增加的越快，可以认为$\frac{dF(x)}{dx}$与$[1-F(x)]$成正比，则有

$$\frac{dF(x)}{dx}=k[1-F(x)] \tag{2-22}$$

式中 $k$ 为比例系数。分离变量，积分上式，得

$$\ln[1-F(x)]=-kx+C \tag{2-23}$$

式中 $C$ 为积分常数，当 $x=0$ 时，$F(x)=0$，故 $C=0$，(2-23) 式变为

$$F(x)=1-e^{-kx} \tag{2-24}$$

由此可以看出，$F(x)$ 是在 $0\leqslant X\leqslant\infty$ 区间上的连续单调增加函数，且 $0\leqslant F(x)\leqslant1$。实际上，当 $x$ 相当大时，$F(x)$ 便很快接近于1了。

由于实际填入纸张凹陷处的墨量与极值容纳墨量之比为 $\Phi(x)$，那么，填入油墨后纸张凹陷处空出的容积与极值容纳墨量之比便是 $1-\Phi(x)$。$\Phi(x)$ 是 $x$ 的函数，$x$ 增加会使 $\Phi(x)$ 也增加，但二者之间也不是正比关系。如据经验假定：$\Phi(x)$ 对 $x$ 的变化率$\frac{d\Phi(x)}{dx}$依赖于填入油墨后纸张凹陷处空出的容积与极值容纳墨量之比，填入油墨后纸张凹陷处空出的容积与极值容纳墨量之比愈大，油墨填入纸张凹陷处的机会愈多，则$\frac{d\Phi(x)}{dx}$增加得越快，可以认为$\frac{d\Phi(x)}{dx}$与$[1-\Phi(x)]$成正比。另外，如果凹陷处的极值容纳墨量 $b$ 愈大，则将纸张凹陷处填满的速度就愈慢，也可以认为$\frac{d\Phi(x)}{dx}$与 $b$ 成反比，则有：

$$\frac{d\Phi(x)}{dx}=\frac{1-\Phi(x)}{b} \tag{2-25}$$

式中比例系数假定为1。分离变量，积分上式，得

$$\ln[1-\Phi(x)]=-\frac{x}{b}+C \tag{2-26}$$

式中 $C$ 为积分常数，当 $x=0$ 时，$\Phi(x)=0$，故 $C=0$，式（2-26）变为

$$\Phi(x)=1-e^{-\frac{x}{b}} \tag{2-27}$$

由此可以看出，$\Phi(x)$ 是在 $0\leqslant X\leqslant\infty$ 区间上的连续单调增加函数，且 $0\leqslant$

$\Phi(x)\leqslant 1$，实际上，当 $x$ 相当大时，$\Phi(x)$ 便很快接近于 1 了。

将式（2-24）和式（2-27）代入式（2-21），得

$$y(x)=(1-e^{-kx})\{b(1-e^{-\frac{x}{b}})+f'[x-b(1-e^{-\frac{x}{b}})]\} \tag{2-28}$$

式（2-28）即是 W·F 油墨转移方程。

油墨转移方程的建立，定量地描述了印刷中的油墨转移过程，建立了一个比较实用的数学模型，因此，此方程对印刷有一定的指导意义。

## 三、W·F 油墨转移方程的参数及其赋值方法

从 W·F 油墨转移方程可以看出，$b$、$f'$、$k$ 三个参数决定了方程。因此，方程的求解，实质上就是设法对参数 $b$、$f'$、$k$ 进行赋值。

### （一）W·F 油墨转移方程参数的物理意义

参数 $b$ 是纸张（或其他承印材料）表面凹陷处在印刷瞬间可能填入的极值容纳墨量。影响 $b$ 值大小的因素，在纸张方面，主要是纸张表面的凹孔几率，凹孔的几率愈高，$b$ 值愈大；在油墨方面，主要是油墨连结料的黏度，连结料黏度愈大，$b$ 值愈小；在印刷条件方面，印刷压力愈大、印刷速度愈低，则 $b$ 值愈大。在纸张、油墨和印刷条件一定的情况下，$b$ 值也唯一确定。按式（2-27），印刷过程中实际填入纸面凹陷处的墨量可写作：

$$h=b\cdot\Phi(x)=b(1-e^{-\frac{x}{b}}) \tag{2-29}$$

可见，当 $b$ 一定时，$x\to\infty$，则 $h=b$，即在极值容纳墨量一定的条件下，若印版墨量足够大，则可认为实际填入墨量就等于极值容纳墨量。

参数 $f'$ 是自由墨量分裂率。自由墨量等于从印版供墨量 $x$ 中减去由“机械投锚效应”而填入纸张凹陷处的实际墨量 $b\cdot\Phi(x)$，即 $x-b\cdot\Phi(x)$。当印版供墨量 $x$ 很充足时，由于 $x$ 相当大，式（2-28）可近似地用下式替代：

$$y=f'x+b(1-f') \tag{2-30}$$

用 $x$ 遍除式（2-30）各项，注意到 $\frac{b(1-f')}{x}$ 远小于 $f'$，则得

$$f=\frac{y}{x}=\frac{f'x}{x}+\frac{b(1-f')}{x}\approx f' \tag{2-31}$$

即在印版墨量很充足时，自由墨量分裂率近似等于油墨转移率。影响 $f'$ 值大小的主要因素是油墨流变特性。图 2-62 的曲线由实验得到，分别表示 $f'$ 与油墨连结料黏度 $\eta_0$、油墨塑性黏度 $\eta_p$、油墨屈服值 $\tau_0$ 和油墨拉丝短度 $\tau_0/\eta_p$ 的关系。此外，$f'$ 还与油墨连结料的分裂率 $f_v$ 和油墨中颜料与连结料的体积分数 $\varphi_0$ 有关，有计算 $f'$ 的经验公式：

$$f'=f_v-\frac{\tau_0}{\eta_0}\cdot t\cdot 10\left[\frac{c_1(\lg\eta_p-\lg\eta_0)}{\varphi_0\lg\eta_p}+c_2\right] \tag{2-32}$$

式中，$t=1s$，$c_1=0.624$，$c_2=1.240$。$f$ 还与纸张的表面性能和印刷速度有关，纸张表面粗糙、吸收性强，纸张表面与自由墨量接触的面积小，$f'$ 值有变小的趋势；印刷速度愈低，自由墨膜的分裂部位愈是接近墨膜的中间，$f'$ 值愈是接近于 0.5。

在印版墨量 $x$ 一定的条件下，参数 $k$ 决定了单位印刷面积纸面上接触油墨的面积，因而间接地表示了印刷中墨膜与纸面接触的平服程度。这从式（2-24）中可以看出，在

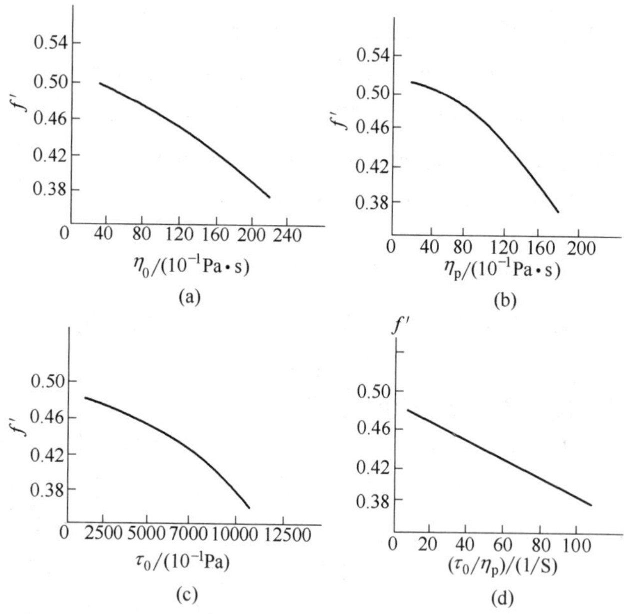


图 2-62 $f'$与油墨流变特性的关系曲线

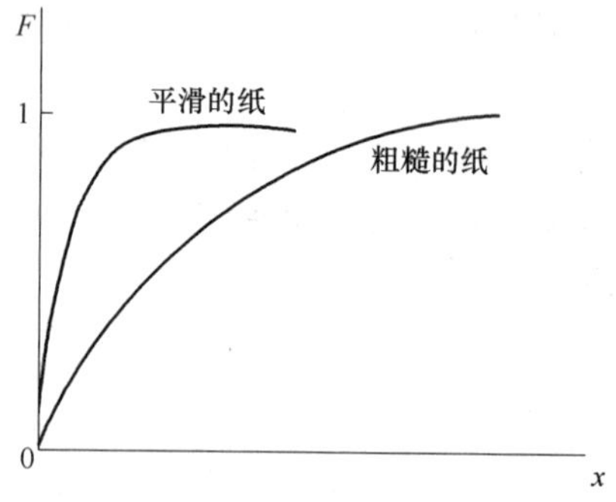


图 2-63 纸张平滑度对接触面积比的影响

$F(x)=1-e^{kx}$ 中，当 $x$ 一定时，$k$ 值愈大，$F(x)$愈接近 1。影响 $F(x)$ 值大小的因素很多，在纸张方面，图 2-63 所示为对于不同平滑度的纸张，其接触面积比 $F(x)$ 随印版上油墨量 $x$ 变化的曲线，说明纸张平滑度愈高，印刷时纸张表面与印版上油墨的接触程度就愈好，$k$ 值愈大，另外，纸张的质地愈是柔软，在印刷压力的作用下，纸张表面与印版上油墨的接触程度也愈好，$k$ 值也愈大；在印刷条件方面，印刷压力愈大，纸张在印刷压力下产生变形，使得纸张表面与印版上油墨接触面积愈大，$k$ 值愈大；印刷速度愈低，纸张表面与印版上油墨接触时间愈长，接触面积愈大，$k$ 值愈大；油墨对 $k$ 值的影响比纸张小，油墨稀薄，纸张表面与印版上油墨接触面积会增加，$k$ 值有增大的趋势。总之，一切使纸张与油墨接触机会增加、接触面积增大的因素，都会使 $k$ 值有增大的趋势。由于 $k$ 值反映了多种因素对印刷过程中纸张与油墨接触状况的影响，用 $k$ 值评价印刷中纸张的平滑度更全面、更符合实际，所以 $k$ 值也可称为纸张的印刷平滑度。

**（二）W·F 油墨转移方程参数赋值方法**

求解 W·F 油墨转移方程，实质就是对参数 $b$、$f'$、$k$ 进行赋值。$b$、$f'$、$k$ 赋值精确性与 W·F 油墨转移方程描写油墨转移数量关系的准确性同等重要。$b$、$f'$、$k$ 赋值方法有很多种，主要有近似法、三角形形心法、经验公式法、数值逼近法等。无论用哪种方法，$b$、$f'$、$k$ 的赋值都要用到 $x$、$y$ 的实验数据，因此，参数赋值的精度，从根本上讲，要由实验的设计、实施与建立 W・F 油墨转移方程所依据的数学模型的符合程度，以及实验精度来决定。下面介绍几种简单且精度较高的赋值方法。

1. 近似法

W・F 油墨转移方程 $y(x)=(1-e^{-kx})\{b(1-e^{-\frac{x}{b}})+f'[x-b(1-e^{-\frac{x}{b}})]\}$ 是个代数方程。在印版墨量十分充足的情况下，即在式（2-28）$x$ 中足够大的条件下，若 $b$ 和 $k$ 都是有限值，则 $e^{-kx}$ 和 $e^{-\frac{x}{b}}$ 两项都非常小。如果忽略式（2-28）中 $e^{-kx}$ 和 $e^{-\frac{x}{b}}$，使很容易地得到了线性化的油墨转移方程

$$y(x)=f'(x)+b(1-f') \tag{2-33}$$

式（2-33）表明，在印版墨量相当大的部分，油墨转移曲线近似地可看成直线状态。这与实验结果是比较符合的。如果能设法找到这条直线，得到斜率 $\tan\theta$ 和截距 $I$（参看图 2-64），对照式（2-33），可得 $b$ 与 $f'$：

$$b=\frac{I}{1-\tan\theta} \tag{2-34}$$

$$f'=\tan\theta \tag{2-35}$$

若给定多组 $x$、$y$ 数据，求得 $b$、$f'$ 之后，便可由（2-28）式解得 $k$：

$$k=-\frac{2.303}{x}\lg\left\{1-\frac{y}{b(1-e^{-\frac{x}{b}})+f'[x-b(1-e^{-\frac{x}{b}})]}\right\} \tag{2-36}$$

为了提高赋值精度，可以选择若干组 $x$、$y$ 值的实验数据，代入式（2-36）求得若干个 $k$ 值后，再求平均值。

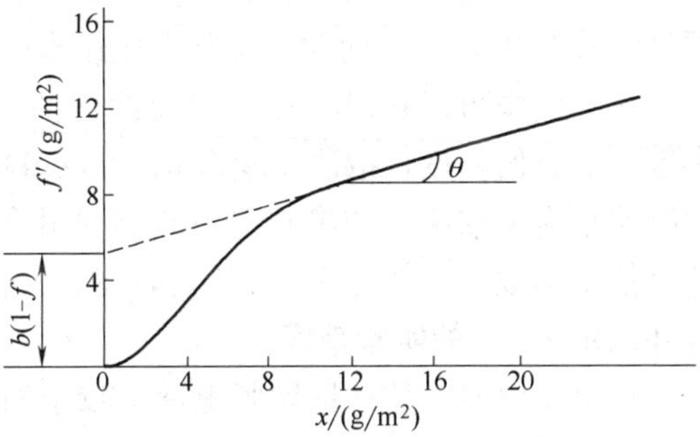

图 2-64　油墨转移量曲线

**表 2-2　油墨转移量的实验数据**

| 纸张种类 | 铜版纸 | | | | | | 新闻纸 | | | | | |
|---|---|---|---|---|---|---|---|---|---|---|---|---|
| $x/\mu m$ | 1 | 2 | 3 | 5 | 10 | 15 | 1 | 2 | 3 | 5 | 15 | 20 |
| $y/\mu m$ | 0.54 | 1.06 | 1.49 | 2.30 | 4.30 | 6.30 | 0.25 | 0.83 | 1.58 | 3.20 | 8.90 | 10.55 |

表 2-2 所示的是实测的油墨转移量数据。对于铜版纸，选择二组印版供墨量较大的实验数据（10，4.30）和（15，6.30）列直线方程，则有

$$\frac{y-4.30}{4.30-6.30}=\frac{x-10}{10-15}$$

即

$$y=0.4x+0.3$$

直线的斜率为 $\tan\theta=0.4$，截距 $I=0.3$。代入式（2-34）及式（2-35）得

$$b=\frac{I}{1-\tan\theta}=\frac{0.3}{1-0.4}=0.5\ (\mu m)$$

$$f'=0.4$$

如果以所得的 $b$、$f'$ 数据和表 2-2 中的前 3 组 $x$、$y$ 数据代入式（2-36），可算得 $k_1$、$k_2$、$k_3$ 三个数据，取 $k_1$、$k_2$、$k_3$ 的平均值表示参数 $k$

$$k=\frac{k_1+k_2+k_3}{3}=\frac{1.7089+1.7285+1.6958}{3}=1.7111(1/\mu m)$$

同样方法，可求得新闻纸的油墨转移方程的参数为：

$$f'=0.33, b=5.90\ (\mu m), k=0.3475\ (1/\mu m)$$

应用近似法对于平滑度较高的涂料纸（如铜版纸）的油墨转移方程的参数赋值是比较精确的。例如，上述求得的铜版纸的油墨转移方程的参数为 $k=1.7111$ 和 $b=0.5$，当 $x=5\mu m$ 时，可得：

$$e^{-kx}=0.0002, e^{-\frac{x}{b}}=0.0001$$

所以，在供墨量较大时，即 $x>5\mu m$，油墨转移方程可以省略上述两项，而成为直线方程。

近似法对于平滑度较低的非涂料纸（如新闻纸）的油墨转移方程的参数赋值具有较大误差。例如，上述求得的新闻纸的油墨转移方程的参数为 $k=0.3475$ 和 $b=5.90\ \mu m$，当 $x=15\mu m$ 时，可得：

$$e^{-kx}=0.005, e^{-\frac{x}{b}}=0.079$$

所以，省略上述两项后确定参数 $b$ 和 $f'$ 值具有较大误差，必须用 $x$ 很大的实验数据来计算 $b$ 和 $f'$ 值，而这在实验中比较难做到。

从上例中可以看出，在应用线性化油墨转移方程给 $b$、$f'$、$k$ 赋值的近似方法中，参数 $k$ 的赋值精度，取决于参数 $b$、$f'$ 赋值精度和 $x$、$y$ 实验数据的选择；而参数 $b$、$f'$ 的赋值精度又取决于油墨转移方程线性化的近似程度。当然，从根本上说，$b$、$f'$、$k$ 的赋值精确取决于测定 $x$、$y$ 的实验在多大程度上与描述油墨转移方程的数学模型相符合和测定 $x$、$y$ 的实验精度。

计算 $k$ 值时，往往取印版墨量 $x$ 较小的 $x$、$y$ 实验数据，这是因为作为表示印刷平滑度的参数 $k$，对于平滑度不同的纸张，只有在印版墨量较小时才有明显的差别。

2. 三角形形心法

近似法赋值时，省略 $e^{-kx}$ 和 $e^{-\frac{x}{b}}$ 这两项，从而使参数的赋值精度有所下降。为了进一步提高油墨转移方程中参数的赋值精度，可采用直接从油墨转移方程赋值的三角形形心法。式（2-28）经变换后得：

$$f=\frac{\frac{y}{1-e^{-kx}}-b(1-e^{-x/b})}{x-b(1-e^{-x/b})} \tag{2-37}$$

在上式中设参数 $k$ 的假定值为 $k_0$，并将任一组油墨转移量的实验数据（$x$，$y$）代入上式，则得到 $f=F$（$b$）的关系式，并由此在横坐标为 $b$、纵坐标为 $f$ 的直角坐标系中绘制出一条曲线。

如果选择印版供墨量较大时的所得到的三组油墨转移量的实验数据（$x_1$，$y_1$），（$x_2$，$y_2$），（$x_3$，$y_3$），代入式（2-37），就得到三条 $f=F$（$b$）的曲线，它们两两相交，三个交点的坐标分别为（$b_{12}$，$f_{12}$），（$b_{23}$，$f_{23}$），（$b_{31}$，$f_{31}$），以这三个交点为顶点形成一个三角形，其形心坐标为：

$$b=\frac{b_{12}+b_{23}+b_{31}}{3}; f=\frac{f_{12}+f_{23}+f_{31}}{3}$$

三角形形心法认为以此求得的三角形形心坐标为参数 $b$ 和 $f$ 的最佳值。

求得 $b$ 和 $f$ 值后，选择当印版供墨量较小时的几组油墨转移量的实验数据，求得 $k$

的平均值。将此 $k$ 值与假定的 $k_0$ 值相比较，如果两者不等，则需重新设定 $k_0$ 值，重复上述计算步骤，直至 $k$ 值与 $k_0$ 值相等，将这时求得的参数 $b$、$f$ 和 $k$ 值即为最佳赋值。当然，如此繁琐的重复计算，必须通过编制计算程序来完成。

3. 数值逼近法

对于 W·F 油墨转移方程这样的非线性代数方程，不管方程中有多少个参数，求解的方法大都是运用非线性规划理论，通过迭代计算，得到参数值。这种给方程参数赋值的方法相当准确。对 W·F 油墨转移方程来说，只要测定 $x$、$y$ 的实验数据，在设计与实施上符合建立方程的数学模型，又有足够的实验精度，$b$、$f'$、$k$ 的赋值精度，对于各种承印材料都有令人满意的结果。但这种方法要用到优化法等专门理论，编制计算程序也比较繁难。下面介绍一种概念清晰、方法简明的 $b$、$f'$、$k$ 赋值的数值逼近方法。

为了叙述方便，将油墨转移方程写成 $y=\Phi(x)$的形式。函数 $y=\Phi(x)$中含有 $b$、$f'$、$k$ 三个待定参数，给定一组参数值，便有一个确定的函数 $y=\Phi(x)$与之对应，因而 $y=\Phi(x)$实际上是一个函数簇。

对于若干组给定的实验数据（$x_i$，$y_i$），（$i=1$，2，……，$m$），要确定 $b$、$f'$、$k$ 的值，即是在函数簇 $y=\Phi(x)$中选定一个与之符合得最好的函数 $\varphi^*$（$x$）。而按最小二乘法，则要求：对应于实验数据 $x_i$的选定函数 $\varphi^*$（$x_i$）与实验数据 $y_i$之差的平方和，应当是函数簇 $y=\Phi$（$x$）中最小的，即

$$\sum_{i=1}^{m}[\varphi^*(x_i)-y_i]^2 \leqslant \sum_{i=1}^{m}[\varphi(x_i)-y_i]^2 = F(b、f、k) \tag{2-38}$$

式中，$\varphi$（$x_i$）为对应于 $x_i$的 $\varphi_{(x)}$值，而 $\varphi_{(x)}$为函数簇 $y=\Phi$（$x$）中的任一个函数；不等式的右边则是一个关于参数 $b$、$f'$、$k$ 的函数，记作 $H$（$b$，$f'$，$k$）。

$H$（$b$，$f'$，$k$）是一个非负的函数，最小的可能值为零；而 $H$（$b$，$f'$，$k$）接近零的程度，则反映了选定函数 $\varphi^*$（$x_i$）与实验数据 $y_i$符合的程度，也就是说，函数 $H$（$b$，$f'$，$k$）愈接近于零，相应的变量 $b$、$f'$、$k$ 愈接近于选定函数 $\varphi^*$（$x$）所对应的参数 $b^*$、$f^*$、$k^*$，或者用数学的语言表达为：如果有一组变量值（$b^*$，$f^*$，$k^*$），使得函数值 $H$（$b^*$，$f^*$，$k^*$）$<\varepsilon$（$\varepsilon$ 为一小正数）成立，则（$b^*$，$f^*$，$k^*$）即是满足精度为 $\varepsilon$，对应于实验数据（$x_i$，$y_i$）（$i=1$，2，……，$m$）的油墨转移方程的参数值。

从某一组给定的初始值（$b^{(0)}$，$f^{(0)}$，$k^{(0)}$）开始，如果能够保证在以后的每一步计算中，对应于计算值［$b^{(j+1)}$，$f^{(j+1)}$，$k^{(j+1)}$］的函数值 $H$［$b^{(j+1)}$，$f^{(j+1)}$，$k^{(j+1)}$］，都小于前一步计算的函数值 $F$［$b^{(j)}$，$f^{(j)}$，$k^{(j)}$］，经过足够次数的迭代运算，便可找到满足 $F[b^*,f^*,k^*]<\varepsilon$ 的解（$b^*$，$f^*$，$k^*$）了。为此，对 $b$、$f$、$k$ 构造如下的函数

$$\left.\begin{aligned} b^{(j+1)} &= b^{(j)}-\lambda_j\left(\frac{\partial H}{\partial b}\right)_j \\ f^{(j+1)} &= f^{(j)}-\lambda_j\left(\frac{\partial H}{\partial f}\right)_j \\ k^{(j+1)} &= k^{(j)}-\lambda_j\left(\frac{\partial H}{\partial k}\right)_j \end{aligned}\right\} \tag{2-39}$$

式中，$\left(\frac{\partial H}{\partial b}\right)_j$、$\left(\frac{\partial H}{\partial f}\right)_j$、$\left(\frac{\partial H}{\partial k}\right)_j$分别表示在［$b^{(j)}$，$f^{(j)}$，$k^{(j)}$］处 $H$ 对（$b$、$f$、$k$）的偏导数值，且因为 $H$（$b$，$f$，$k$）为增函数，$\left(\frac{\partial H}{\partial b}\right)_j$、$\left(\frac{\partial H}{\partial f}\right)_j$、$\left(\frac{\partial H}{\partial k}\right)_j$均大于零；而 $\lambda_j$ 是第 $j$ 次运算的一个步长控制量，用以控制迭代运算的收敛速度，$\lambda_j$ 可取下式

$$\lambda_j=\frac{q\cdot F[b^{(j)},f^{(j)},k^{(j)}]}{\left(\frac{\partial H}{\partial b}\right)_j^2+\left(\frac{\partial H}{\partial f}\right)_j^2+\left(\frac{\partial H}{\partial k}\right)_j^2} \tag{2-40}$$

式中，$q$ 为经验常数，可取 0.1。

这样，只要用差商替代偏微分，就可以编制程序，计算（$b^*$，$f^*$，$k^*$）了。实验、理论分析和计算表明，解（$b^*$，$f^*$，$k^*$）的唯一性问题不致影响这种方法的运用；而精度控制量 $\varepsilon$，在实验数据 $x_i$、$y_i$ 并不理想的情况下，不能取值过小，否则，迭代运算不能收敛一旦 $\varepsilon$ 取值过小，可设法控制迭代次数，以迭代过程中的最小 $f$ 值（记作 $H_{\min}$）所对应的（$b$，$f$，$k$）值（记作 $b^\#$，$f^\#$，$k^\#$）作为（$b^*$，$f^*$，$k^*$）。

综上所述，参数 $b$、$f'$、$k$ 赋值的数值迭代法步骤如下：

① 给（$b$，$f'$，$k$）赋初始值［$b^{(0)}$，$f^{(0)}$，$k^{(0)}$］；给定赋值精度控制量 $\varepsilon$。

② 计算函数 $H$（$b$，$f'$，$k$）在点［$b^{(j)}$，$f^{(j)}$，$k^{(j)}$］处的值 $F$［$b^{(j)}$，$f^{(j)}$，$k^{(j)}$］。

③ 若有 $H$［$b^{(j)}$，$f^{(j)}$，$k^{(j)}$］$<\varepsilon$，则［$b^{(j)}$，$f^{(j)}$，$k^{(j)}$］即为所求，否则，按下式计算 $F$ 在点［$b^{(j)}$，$f^{(j)}$，$k^{(j)}$］处的偏导数：

$$\begin{aligned}
\left(\frac{\partial H}{\partial b}\right)_j&=\{H[b^{(j)}+P_b,f^{(j)},k^{(j)}]-H[b^{(j)},f^{(j)},k^{(j)}]\}\cdot\frac{1}{P_b}\\
\left(\frac{\partial H}{\partial f}\right)_j&=\{H[b_{(j)},f_{(j)}+P_f,k_{(j)}]-H[b_{(j)},f_{(j)},k_{(j)}]\}\cdot\frac{1}{P_f}\\
\left(\frac{\partial H}{\partial k}\right)_j&=\{H[b^{(j)},f^{(j)},k^{(j)}+P_k]-H[b^{(j)},f^{(j)},k^{(j)}]\}\cdot\frac{1}{P_k}
\end{aligned} \tag{2-41}$$

式中，$P_b=Cb^{(j)}$，$P_f=Cf^{(j)}$，$P_k=C\,k^{(j)}$，$C$ 为常数，可取一小量如 $10^{-6}$，因而 $P_b$、$P_f$、$P_k$ 为点［$b^{(j)}$，$f^{(j)}$，$k^{(j)}$］处的微小增量。

④ 按式（2-29）、式（2-40）计算 $b^{(j+1)}$、$f^{(j+1)}$、$k^{(j+1)}$。

⑤ 重复从②开始的计算步骤，直到得到满足赋值精度 $\varepsilon$ 的（$b^*$，$f^*$，$k^*$）值，或具有相当高的赋值精度的（$b^\#$，$f^\#$，$k^\#$）值。

## 四、油墨转移方程的修正

沃尔克和费茨科所建立的油墨转移的数学模型较合理，与实际情况较为贴近，但在方程的推导中，对 $F$（$x$）和 $\Phi$（$x$）变化规律的假设，可能所包含的因素较少，或者所采用的规律略嫌粗疏，这便影响了方程的精确程度。为弥补这些不足，有许多对W·F油墨转移方程进行修正的方法，下面介绍几种修正的方法。

### （一）对 *F*（*x*）的指数修正法

在推导 W·F 油墨转移方程的过程中，曾假定$\frac{\mathrm{d}F(x)}{\mathrm{d}x}$与$[1-F(x)]$成正比。实际

上，$\frac{dF(x)}{dx}$不仅与$[1-F(x)]$有关，而且直接与印版供墨量 $x$ 等其他因素有关。如果进一步把 $x$ 考虑在内，可以认为$\frac{dF(x)}{dx}$与 $x$ 成正比，则可建立微分关系

$$\frac{dF(x)}{dx}=2a^2x[1-F(x)] \tag{2-42}$$

式中，$2a^2$ 为比例常数。分离变量，积分上式，得

$$\ln[1-F(x)]=-a^2x^2+C \tag{2-43}$$

式中 $C$ 为积分常数，当 $x=0$，$F(x)=0$ 时，故 $C=0$，式（2-43）变为

$$F(x)=1-e^{-a^2x^2} \tag{2-44}$$

用式（2-44）代替方程（2-28）中的 $F(x)$，得修正的 W・F 油量转移方程

$$y(x)=(1-e^{-a^2x^2})\cdot\{b(1-e^{-\frac{x}{b}})+f'[x-b(1-e^{-\frac{x}{b}})]\} \tag{2-45}$$

与式（2-28）中的参数 $k$ 相比较，式（2-45）中的参数 $a$，不仅与纸张的印刷平滑度有关，而且与纸张对油墨的吸收性有关，是一个表示单位重量的油墨覆盖纸张面积能力的参数，与 $k$ 有同样的单位 $m^2/g$，叫油墨覆盖力。如果能测得覆盖 $1m^2$ 面积纸面所需最低的油墨质量（g），其倒数可作为 $a$，这就是求 $a$ 的实验方法。还有一种求 $a$ 的简便方法，就是作出油墨转移系数曲线 e-$x$，参看图 2-58（c），找到 e 最大值 $e_{max}$ 和 $e_{max}$ 所对应的印版墨量 $x_a$，代入下面经验公式计算 $a$：

$$a=\frac{e_{max}+1}{e_{max}\cdot x_a} \tag{2-46}$$

实验和计算表明，对于大多数种类的纸张，包括某些塑料薄膜，上述两种方法求得的 $a$ 值相差不大；$a$ 的数值大致在 0.2～1 的范围。至于更加严格、精确的给参数 $a$ 赋值的方法，这里就不做深入介绍了。

修正过的 W・F 油墨转移方程式（2-45）与原方程式（2-28）比较，只是用 $(ax)^2$ 代替了 $kx$。如果以 $(mx)^n$ 代替 $kx$，这里，$m$ 为类似于 $k$ 或 $a$ 的方程参数，$n$ 为可选择的正实数，则有用指数形式表达的 $F(x)$

$$F(x)=1-e^{-(mx)^n} \tag{2-47}$$

用式（2-47）代替方程式（2-28）中的 $F(x)$，得修正的 W・F 油量转移方程

$$y(x)=(1-e^{-(mx)^n})\{b-(1-e^{-\frac{x}{b}})+f'[x-b(1-e^{-\frac{x}{b}})]\} \tag{2-48}$$

显然，当 $m=k$、$n=1$ 时，方程（2-48）即方程（2-28）；而当 $m=a$、$n=2$ 时，方程（2-48）即方程（2-45）。有资料说，当 $n=1.5$ 时所得方程要比 $n=1$ 或 $n=2$ 时所得油墨转移方程有更高的精确度。

**（二）对 $F(x)$ 的概率分布修正法**

以上的讨论中，都认定 $F(x)$ 为 $x$ 的确定函数，然而，由于纸张表面状况，特别是凸凹分布是随机的，致使纸张单位印刷面积接触油墨的规律也是随机的，即 $F(x)$ 与 $x$ 成随机关系。

表 2-3 为印版供墨量与各种纸张的接触面积比的实验数据，将其绘制到对数概率坐标系中，如图 2-65 所示。可以看出，无论是哪种纸，两者之间有很好的线性关系。这就表明，接触面积比与印版供墨量之间满足对数正态分布的规律，即 $F(x)$ 与 $x$ 满足

下列关系式

$$F(\lg x)=\frac{1}{\sqrt{2\pi}\sigma}\int_{-\infty}^{\lg x}e^{-\frac{(\lg x-\mu)^2}{2\sigma^2}}\mathrm{d}(\lg x) \tag{2-49}$$

或者改变式（2-49）中变量，得到等价的正态分布函数

$$F(x)=\frac{\lg e}{\sqrt{2\pi}\sigma}\int_{0}^{x}\frac{1}{x}e^{-\frac{(\lg x-\mu)^2}{2\sigma^2}}\mathrm{d}x \tag{2-50}$$

以上两式中，$\mu$ 是随机变量 $\lg x$ 或 $x$ 的数学期望，$\sigma$ 是随机变量 $\lg x$ 或 $x$ 的均方差。用式（2-50）代替式（2-28）中的 $F$（$x$），便得到将 $F$（$x$）按概率分布规律修正过的 W・F 油墨转移方程

$$y(x)=\left[\frac{\lg e}{\sqrt{2\pi}\sigma}\int_{0}^{x}\frac{1}{x}e^{-\frac{(\lg x-\mu)^2}{2\sigma^2}}\mathrm{d}x\right]\cdot\{b(1-e^{-\frac{x}{b}})+f'[x-b(1-e^{-\frac{x}{b}})]\} \tag{2-51}$$

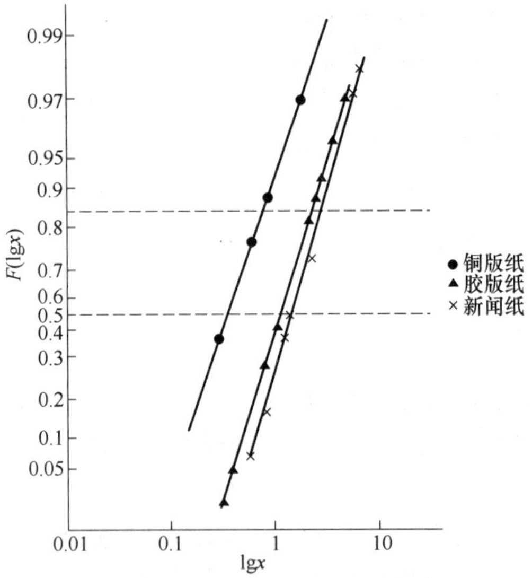


图 2-65　对数坐标系中的接触面积比与印版供墨量的关系

作为方程（2-51）参数的 $\mu$ 和 $\sigma$，可按概率中的方法确定。在对数概率坐标系中，$F(x)=0.5$ 所对应的 $x$ 为 $x_\mu$，$\lg x_\mu$ 即数学期望 $\mu$；而 $F(x)=0.8134$ 所对应的 $x$ 为 $x_\sigma$，$\lg x_\sigma$ 等于数学期望 $\mu$ 加上均方差 $\sigma$，因而有

$$\mu=\lg x_\mu \tag{2-52}$$

$$\sigma=\lg x_\sigma-\mu=\lg x_\sigma-\lg x_\mu=\lg\left(\frac{x_\sigma}{x_\mu}\right) \tag{2-53}$$

根据图 2-65，以及（2-52）、(2-53)式，可求出对应新闻纸的接触面积比的对数正态分布的参数为：

$$\mu=\lg 1.6=0.2041$$

$$\sigma=\lg\left(\frac{3.2}{1.6}\right)=0.3010$$

**表 2-3　　印版供墨量与接触面积比的实验数据**

| 铜版纸 | | 胶版纸 | | 新闻纸 | |
|---|---|---|---|---|---|
| 印版供墨量 $x/\mu$m | 接触面积比 $F$ | 印版供墨量 $x/\mu$m | 接触面积比 $F$ | 印版供墨量 $x/\mu$m | 接触面积比 $F$ |
| 0.16 | 0.148 | 0.36 | 0.020 | 0.55 | 0.081 |
| 0.30 | 0.366 | 0.39 | 0.065 | 0.83 | 0.150 |
| 0.46 | 0.711 | 0.66 | 0.081 | 1.20 | 0.364 |
| 0.62 | 0.745 | 0.78 | 0.199 | 1.56 | 0.492 |
| 0.79 | 0.863 | 1.38 | 0.426 | 2.28 | 0.711 |
| 0.95 | 0.855 | 1.69 | 0.549 | 2.90 | 0.771 |
| 1.08 | 0.925 | 2.34 | 0.811 | 3.75 | 0.906 |
| 1.39 | 0.953 | 2.98 | 0.865 | 4.49 | 0.924 |
| 1.71 | 0.951 | 3.32 | 0.928 | 4.99 | 0.971 |

续表

| 铜版纸 | | 胶版纸 | | 新闻纸 | |
|---|---|---|---|---|---|
| 印版供墨量 $x/\mu m$ | 接触面积比 $F$ | 印版供墨量 $x/\mu m$ | 接触面积比 $F$ | 印版供墨量 $x/\mu m$ | 接触面积比 $F$ |
| 2.04 | 0.966 | 4.45 | 0.958 | 6.28 | 0.983 |
| 2.35 | 0.978 | 5.15 | 0.977 | | |
| 2.66 | 0.987 | 5.77 | 0.972 | | |
| 3.12 | 0.991 | | | | |

将接触面积比 $F$ 关于 $\lg x$ 的函数式变换为关于 $x$ 的函数式，则得到

$$\begin{aligned} F(x) &= \frac{1}{\sqrt{2\pi}\sigma}\int_{-\infty}^{\lg x} e^{-\frac{(\lg x-\mu)^2}{2a^2}} \cdot d(\lg x) \\ &= \frac{1}{\sqrt{2\pi}\sigma}\int_{0}^{x} e^{-\frac{(\lg x-\mu)^2}{2a^2}} \cdot \frac{\lg e}{x} \cdot dx \\ &= \frac{\lg e}{\sqrt{2\pi}\sigma}\int^{x} \frac{1}{x} \cdot e^{-\frac{(\lg x-\mu)^2}{2a^2}} \cdot dx \end{aligned} \tag{2-54}$$

在直角坐标系中 $F$-$x$ 曲线如图 2-66 所示。计算图中 $F$-$x$ 曲线与 $F(x)=1$ 直线所围的面积 $a$

$$\begin{aligned} a &= \int_0^{\infty}[1-F(x)]dx \\ &= \{x\cdot[1-F(x)]\}_0^{\infty} + \int_0^{\infty} x dF(x) \\ &= \int_0^{\infty} xF(x)dx \end{aligned}$$

注意到

$$F(x)=f(x)\cdot dx=[\frac{\lg e}{\sqrt{2\pi}\sigma x}e^{-\frac{(\lg x-\mu)^2}{2\sigma^2}}]dx$$

$f(x)$是 $x$ 的概率密度函数，代入后积分，得

$$\begin{aligned} a &= \int_0^{\infty} x[\frac{\lg e}{\sqrt{2\pi}\sigma x}e^{-\frac{(\lg x-\mu)^2}{2\sigma^2}}]dx \\ &= \int_0^{\infty}[\frac{\lg e}{\sqrt{2\pi}\sigma x}e^{-\frac{(\lg x-\mu)^2}{2\sigma^2}}]dx \\ &= e^{\frac{\mu}{\lg e}+\frac{1}{2}(\frac{\sigma}{\lg e})^2} \end{aligned} \tag{2-55}$$

式（2-55）表明，参数 $a$ 是 $\mu$ 和 $\sigma$ 的函数，在油墨转移过程中，$a$ 综合了 $\mu$ 和 $\sigma$ 所起的作用，但 $a$ 的物理意义很明确。在图 2-66 中，$a$ 代表阴影区的面积，这个面积愈小，则 $F$-$x$ 曲线愈陡，即 $F$-$x$ 曲线愈靠近 $F$（$x$）轴，没有被油墨覆盖的纸张面积愈小；反之，这个面积愈大，则没有被油墨覆盖的纸张面积愈大。因此，$a$ 可用以衡量印刷过程中油墨对纸张覆盖的困难程度，叫油墨覆盖阻值，单位与墨量相同。

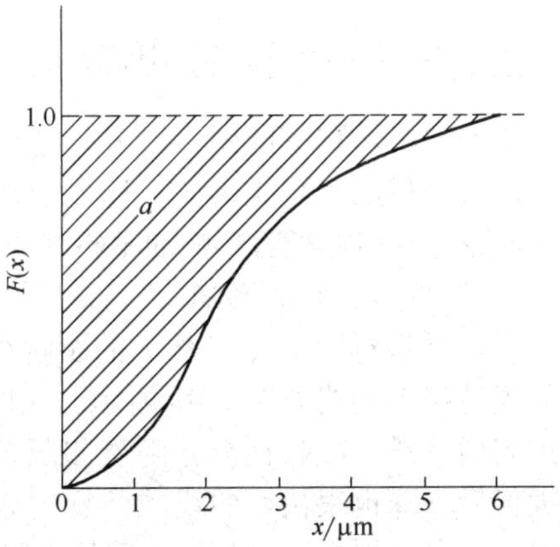


图 2-66　直角坐标系中的接触面积比与印版供墨量的关系

依据表 2-3 提供的 $x$ 和 $F$ 的数据，在图 2-65 对数概率坐标系中，求得参数 $\mu$、$\sigma$ 值，即找出 $F$-lg$x$ 直线上与 $F(x)=0.5$ 对应的 $x_\mu$，与 $F(x)=0.8134$ 对应的 $x_\sigma$，将 $x_\mu$、$x_\sigma$ 代入式（2-58）和式（2-59），算出 $\mu$ 和 $\sigma$，再将 $\mu$、$\sigma$ 值代入式(2-55)，计算 $a$。表 2-3 中的三种纸张的 $a$ 值如表 2-4 所示。

**表 2-4　　纸张的油墨覆盖阻力**

| 纸张种类 | 铜版纸 | 胶版纸 | 新闻纸 |
| --- | --- | --- | --- |
| 油墨覆盖阻力 $a/\mu$m | 0.49 | 1.7 | 2.0 |

纸张的印刷平滑度 $k$，是在假定 $F(x)=1-e^{-kx}$ 的前提下，给油墨转移方程赋值时推导出来的，油墨覆盖阻值 $a$，是在考虑 $F(x)$ 概率分布的条件下，给油墨转移方程赋值中演绎出来的。由于把 $F(x)$ 看作正态分布的随机函数要比把 $F(x)$ 看作指数形式的确定函数更接近于实际情况，所以用 $a$ 衡量纸张的印刷平滑度要比用 $k$ 更加准确和实用。

### （三）对扩大系数的修正法

在油墨转移过程中，纸张表面与油墨接触，使油墨从印版转移到纸张表面。但是油墨转移是在印刷压力下进行的，在接触面积内的油墨必然在印刷压力作用下发生扩展，从而扩展至未与印版上油墨接触的纸张表面。当印版供墨量为 $x$ 时，如果从接触面积内扩展出来的油墨量为 $q$，则得到修正后的油墨转移方程为：

$$y=(1-e^{-kx})\{b(1-e^{-x/b})+q+f'[x-q-b(1-e^{-x/b})]\} \tag{2-56}$$

从印版上的油墨与纸张表面接触面积内扩展出来的油墨量 $q$，不但与印版上的油墨量和纸张的平滑度有关，而且还与温度、印刷油墨的黏度、图文周长、单位面积的图文面积百分比以及印刷压力等印刷条件有关。实验表明，从接触面积内扩展出来的油墨量 $q$ 可由经验公式近似地求得：

$$q=\sqrt{x^2+c^2}-c \tag{2-57}$$

其中 $c$ 为接触面积内油墨扩展程度有关的参数，称为扩大系数，根据印刷条件，在零到无穷大的范围变化。

## 五、影响油墨转移的因素

影响油墨转移率的因素很多，包括承印材料的表面性质和状况、印刷油墨的流变特性、印版的材质和图文形式、印刷机的类型和结构、印刷的压力和速度等。下面应用 W · F 油墨转移方程对影响油墨转移的因素进行分析。

### （一）承印材料的影响

承印材料对油墨转移率 $f$ 的影响很明显，以铜版纸、胶版纸、新闻纸为例，它们的油墨转移率曲线如图 2-67 所示。在同样实验条件下得到的这三条曲线相差很远；铜版纸表面平滑、吸收性差，随着印版墨量 $x$ 的增加，油墨转移率起初增加很快，达到最大值后下降也很快，曲线的凸峰比较明显；新闻纸表面粗糙、吸收性较好，随着 $x$ 的增加，增加缓慢，达到最大值后下降也缓慢，曲线形状平缓，凸峰也不明显；胶版纸介于二者之间。

应用 W · F 油墨转移方程的数学模型和方程参数，对上述各种纸张的 $f$-$x$ 曲线的差异，可作如下的解释。铜版纸的平滑度较高，$k$ 值较大而 $b$ 值较小。随着印版墨量 $x$ 的

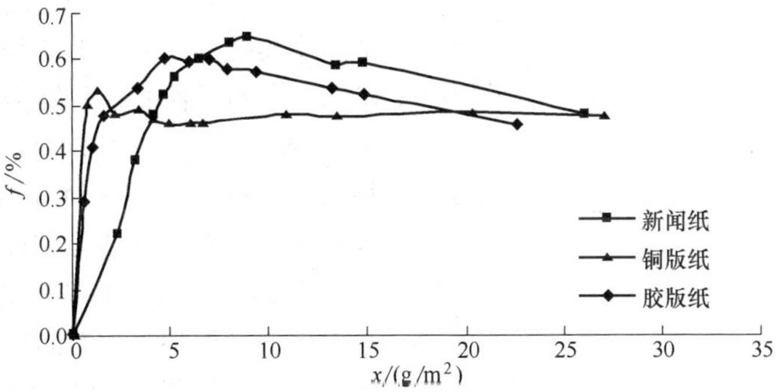


图 2-67　不同纸张的油墨转移率曲线

增加，由于 $k$ 值较大，从 $F(x)=1-e^{-kx}$ 中可以看出，$F(x)$ 将迅速上升而趋近于 1；而 $b$ 值小即表示在印刷瞬间可能填入纸面凹陷处的极值容纳墨量小，实际填入纸面凹陷处的墨量将迅速达到 $b$，根据式（2-28）可知，$y$ 值也将很快上升而迅速达到最大值，则油墨转移率 $f$ 也将很快上升而达到最大值。此后 $x$ 再有增加，在印刷压力的作用下，增加的油墨大部分只能从图文部分被挤到空白部分，增加了油墨与纸张的接触面积，而单位面积转移的墨量并没有发生变化，即 $y$ 不再有明显的增加，所以，$f$-$x$ 曲线呈急剧下降状态。与铜版纸相比，新闻纸的平滑度较低，$k$ 值较小而 $b$ 值较大。当 $x$ 增加时，$F(x)$ 缓慢增加而趋于 1；由于 $b$ 值较大，实际填入纸面凹陷处的墨量 $b\cdot\Phi(x)$ 将随着 $x$ 增加而缓慢增加，则 $f$ 值缓慢上升。当 $f$ 值上升到最大时，实际填入纸面凹陷处的墨量并未达到 $b$，即 $y$ 值并未达到最大值。此后再有 $x$ 增加，仍有部分墨量填入纸面凹陷处，$y$ 值仍有增加，但因增加的速度缓慢，致使 $f(y/x)-x$ 曲线呈平缓下降状态。胶版纸 $k$ 值较小，而 $b$ 值介于铜版纸和新闻纸之间，因此油墨转移率曲线介于它们之间。

从图 2-67 中还可以看出，当 $x$ 等于 1.4g/m$^2$ 时，铜版纸的 $f$ 达到最大值，约为 53%；当 $x$ 等于 6.4g/m$^2$ 时，胶版纸的 $f$ 达到最大值，约为 60%；而当 $x$ 等于 9.0g/m$^2$时，新闻纸的 $f$ 达到最大值，约为 65%。由此可以说明，印刷时，要达到最大的油墨转移率，以获得良好的印刷质量，针对性能不同的纸张，印版的最佳供墨量是不同的，纸张平滑度越高，印版供墨量应越小。实际印刷中，非涂料纸上的墨层厚度为 2～3$\mu$m，涂料纸上的墨层厚度约为 1$\mu$m。

上述对纸张的讨论，在考查具有吸收性的承印材料对油墨转移率的影响中，很具代表性。一般地说，平滑度高、吸收性较小的承印材料，$f$-$x$ 曲线大体与铜版纸的类似；平滑度低÷吸收性好的纸张，$f$-$x$ 曲线大致与新闻纸的相仿。对于表面十分平滑、吸收性差的聚乙烯薄膜、铝箔类承印材料，油墨转移率曲线如图 2-68 所示。这类承印材料 $b$ 值近于 0，$f'$值近于 0.5，$k$ 值很大，方程式（2-28）即为：

$$y=(1-e^{-kx})\cdot f'x \tag{2-58}$$

所以有了图 2-67 所示曲线。由于这类承印材料的 $k$ 值较大，从 $F(x)=1-e^{-kx}$ 中可以看出，$F(x)$ 将迅速上升而趋近于 1，当 $x$ 较大时，$y\approx f'(x)$，那么，$f'\approx f$，即自由墨量分裂率近似为油墨转移率，它们的值近于 0.5。

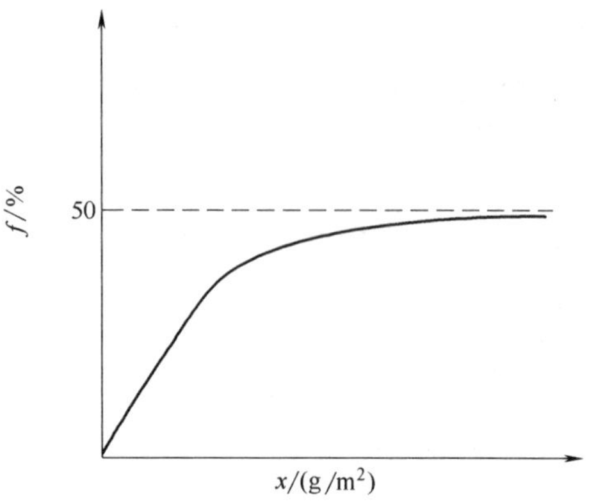


图 2-68 薄膜类承印材料的油墨转移率曲线

纸张本身的平滑度对油墨转移方程中的三个参数 $k$、$b$、$f'$ 都有影响，一般来说，纸张本身愈平滑，$k$ 值愈大，$f'$ 值近于 0.5，而 $b$ 值愈小。这一规律由表 2-5 的数据得到了证实。但 $k$ 并不仅与纸张的平滑度有关，还和纸张的柔韧性相关。如表 2-5 中加拿大新闻纸的平滑度比吉林新闻纸的平滑度低，但加拿大新闻纸的印刷平滑度 $k$ 却是吉林新闻纸 $k$ 值的两倍还多，这表明加拿大新闻纸的柔韧性比吉林新闻纸的柔韧性好。虽然加拿大新闻纸没有吉林纸平滑，但在印刷压力的作用下，却具有较好的印刷平滑性，所以用加拿大新闻纸印刷，仍然能获得墨色浓重的印刷品。

**表 2-5　　纸张的平滑度对 $k$、$b$、$f'$ 的影响**

| 纸张 | 方程参数 | | | | |
|---|---|---|---|---|---|
| | 定量/(g/m²) | 平滑度/s | $k$ | $b$/μm | $f'$ |
| 韩国铜版纸 | 128 | 714.86 | 1.8169 | 0.5696 | 0.4147 |
| 日本铜版纸 | 90 | 619.72 | 1.3799 | 0.7248 | 0.3908 |
| 金城胶版纸 | 70 | 90.86 | 0.2684 | 3.9388 | 0.2437 |
| 德国胶版纸 | 150 | 16.48 | 0.2599 | 7.7768 | 0.2599 |
| 美国新闻纸 | 52 | 59.97 | 0.3721 | 4.0108 | 0.3101 |
| 吉林新闻纸 | 50 | 56.80 | 0.1701 | 4.5288 | 0.3268 |
| 加拿大新闻纸 | 51 | 51.89 | 0.3679 | 4.2089 | 0.2129 |

### （二）印版的影响

印版的材质与版面的图文结构，对印刷过程中的油墨转移率都有影响。

表 2-6 给出了四种版材用两组不同的纸张、油墨印刷时，测得的印版供墨量 $x$ 和油墨转移率 $f$ 的数据。从中可以看出，当印版供墨量 $x$ 较大时（如凸版纸，当 $x=11\ g/m^2$ 时；铜版纸，当 $x=8g/\ m^2$ 时），印版材质的不同，对油墨转移率 $f$ 几乎没有影响，$f$ 都在 51%上下；而当 $x$ 较小时（如凸版纸，$x=9g/\ m^2$ 时；铜版纸，$x=6g/\ m^2$ 时），印版材质的不同却影响到 $f$ 的大小。

对于印版材质对油墨转移率的影响，可作这样的解释：自由墨量分裂率 $f'$ 的大小，与印版、油墨和承印材料三者之间相互作用的分子力有关。非极性的高聚物版材与极性的金属版材相比，印版与油墨之间的分子作用力小，因而留在印版的墨量较少，转移到承印材料表面上的墨量较多，自由墨量分裂率 $f'$ 较大，这便是感光树脂版比金属版油墨转移率高的原因。然而，这种趋势只有当 $x$ 比较小的情况下才能显现出来。这是因为在印版上的墨量较少时，铺展在印版表面上的墨膜很薄，能够受到印版表面分子作用力的墨膜表层分子数量上相对较大；随着 $x$ 的增加，印版表面上的墨膜变厚，墨膜表层能受到印版表面分子作用力的分子数相对地减少；而当 $x$ 足够大时，印版表面上的墨膜很厚，墨膜表层受到印版表面分子作用力的分子很少，自由墨量分裂率与印版的材质几乎无关，即对不同材质的印版，当印版墨量充足时，印版表面分子对墨膜表层分子的作用力，差不多都等于零。

表 2-6　四种印版的油墨转移率

| 纸及油墨 | | 凸版纸 | | 铜版纸 | |
|---|---|---|---|---|---|
| | | 凸版铅印油墨 | | 凸版油墨 | |
| $x$/（g/ $m^2$） | | 9 | 11 | 6 | 8 |
| $f$/% | 铜版 | 43 | 50 | 40 | 51 |
| | 铝版 | 45 | 50 | 43 | 51 |
| | 锌版 | 47 | 50 | 47 | 52 |
| | 感光树脂版 | 50 | 51 | 52 | 52 |

按版面的图文结构，印版可分为实地版、线条版和网线版。实验表明，在印版材质、承印材料、印刷油墨、印刷条件（特别是印刷压力）相同的情况下，实地版的油墨转移率最高，线条版的次之，网线版的最低。这是由于油墨在压力作用下向承印材料表面转移的同时，会有部分墨量被从图文部分的周边挤出来，扩展到了空白部分，叫油墨扩展量，使得图文部分所获得的油墨量减少。显然，图文部分周边长度的总和越长，油墨从图文部分的边缘扩展到空白部分的机会越多，而转移到图文部分的墨量则越少。由于单位面积内图文部分的周边总长，以实地版最短，线条版次之，网线版最长，因此，油墨转移率的大小，便依次是：实地版、线条版、网线版。

**（三）印刷压力与印刷速度的影响**

图 2-69 是不同印刷压力下的油墨转移率曲线，可以看出，当印版墨量 $x$ 较低（如 $x$ 小于 5μm）时，$p$ 愈大，$f$ 愈大，而当 $x$ 较高（如 $x$ 大于 5μm）时，$f$ 几乎与 $p$ 和 $x$ 无关而趋于一个常数。这很容易理解，当 $x$ 较低时，$p$ 愈大，则压入纸面凹陷处的墨量 $b\Phi$（$x$）和单位面积纸面上接触油墨的面积 $F$（$x$）愈大，因而 $f$ 愈大；而当 $x$ 较高，墨量充足时，纸面的凹陷处被油墨填满，$b\Phi$（$x$）达到了极值容纳墨量，纸面几乎全部与油墨接触，$F$（$x$）趋近于 1，即使 $p$ 再有升高，$f$ 也不能增大了。

表 2-7　印刷条件对 $k$、$b$、$f'$ 的影响

| 印刷条件 | 方程参数 | | |
|---|---|---|---|
| | $k$ | $b$ | $f'$ |
| 压力 625 N/cm，速度 0.2 m/s | 0.3271 | 5.8529 | 0.3679 |
| 压力 625 N/cm，速度 0.6 m/s | 0.2225 | 4.5288 | 0.3282 |
| 压力 350 N/cm，速度 0.6 m/s | 0.1701 | 4.1605 | 0.2904 |

从图 2-69 中还可以看到，在 $x$ 较低时，$p$ 较高（如 $p=19\times10^{-2}$ Pa）的 $f$-$x$ 曲线呈下降的趋势，这是由于油墨在大的印刷压力下会发生扩展，在 $x$ 增加时，这种扩展现象更严重，这时 $y$ 值几乎不变，因而造成 $f$ 下降。$p$ 较低（如 $p=4\times10^{-2}$ Pa）的 $f$-$x$

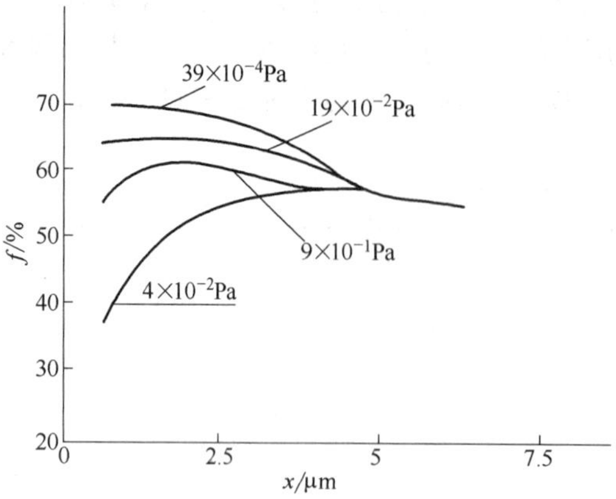


图 2-69　不同印刷压力下的油墨转移率曲线

曲线呈上升的趋势。

图 2-70 是一条油墨转移率 $f$ 与印刷速度 $v$ 的关系曲线，可以看出，随着 $v$ 的提高，$f$ 有下降的趋势。这是因为随着印刷速度的提高，印版的油墨与纸面的接触时间变短，油墨转移的机会减少，$b\Phi$（$x$）和 $F$（$x$）都有所下降，$f$ 自然也随之下降了。

改变印刷压力和印刷速度，进行油墨转移实验，从 W・F 油墨转移方程 $k$、$b$、$f'$的变化，也能分析印刷压力和印刷速度对油墨转移率的影响。表 2-7 中方程参数值，是用吉林新闻纸进行油墨转移实验得到的数据，用近似法处理的结果。

表 2-7 中的数据表明，当印刷速度一定时，随着印刷压力的减小，纸张与油墨的接触程度减少，因而油墨方程参数值 $k$、$b$、$f'$均有所下降；当印刷压力一定时，随着印刷速度的提高，纸张与油墨接触的时间变短，故方程参数值 $k$、$b$、$f'$也随之减小。显然和转移墨量有关的油墨转移率必然降低。

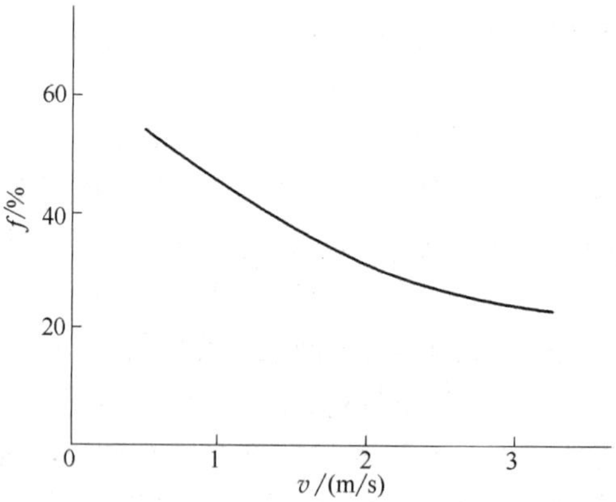


图 2-70　油墨转移率与印刷速度的关系曲线

印刷压力和印刷速度对印刷中油墨转移率的影响，也从印刷机压印机构的形式上反映出来，因为圆压平式印刷机要比圆压圆印刷机压力高，印刷速度低，所以油墨转移率也高一些。

**（四）油墨性能的影响**

油墨性能对油墨转移也有较大影响，尤其是油墨的流变性能。图 2-71 是在同一种油墨中加入不同量调墨油以改变油墨的黏度及黏性，所测得的不同黏度和黏性的油墨转移率曲线。

由图 2-71 可以看出，在一定范围内，油墨黏度和黏性越小，油墨转移率越高。这可以从油墨黏度和黏性对 W・F 油墨转移方程参数 $k$、$b$、$f'$来说明。图 2-72 和图 2-73 分别是油墨黏度和黏性与 W・F 油墨转移方程参数 $k$、$b$、$f'$的关系曲线。从图中可以看出，在一定范围内，随着油墨黏度和黏性增加，$k$ 值变化不大，而 $b$、$f'$值减小。这是由于油墨的黏度和黏性值增大，油墨的流动性变差，在印刷瞬间填入承印材料凹陷处油墨减少，则 $b$ 值减小，同时自由油墨也较难分裂，从而造成 $f'$值也减小。$b$、$f'$值越小，油墨转移量也越小，因此，油墨转移率下降。另外，油墨黏度和黏性对 $k$ 值的影响较印刷条件小，在最佳印刷条件下，一定范围的油墨黏度和黏性对 $k$ 值影响较小。

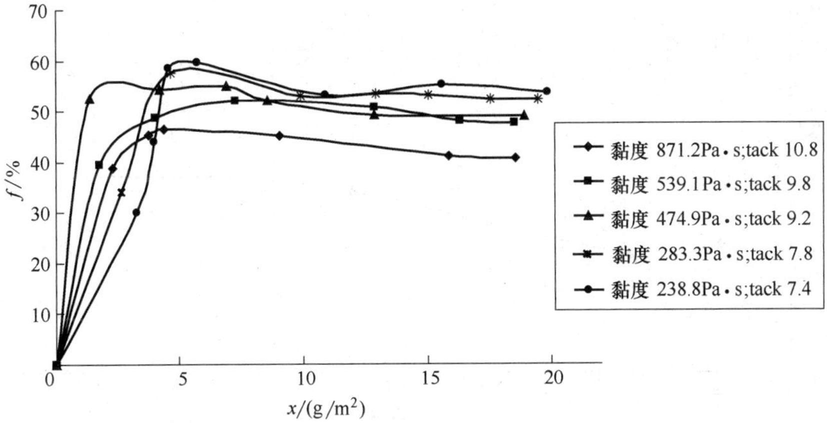


图 2-71 不同黏度和黏性的油墨转移率曲线

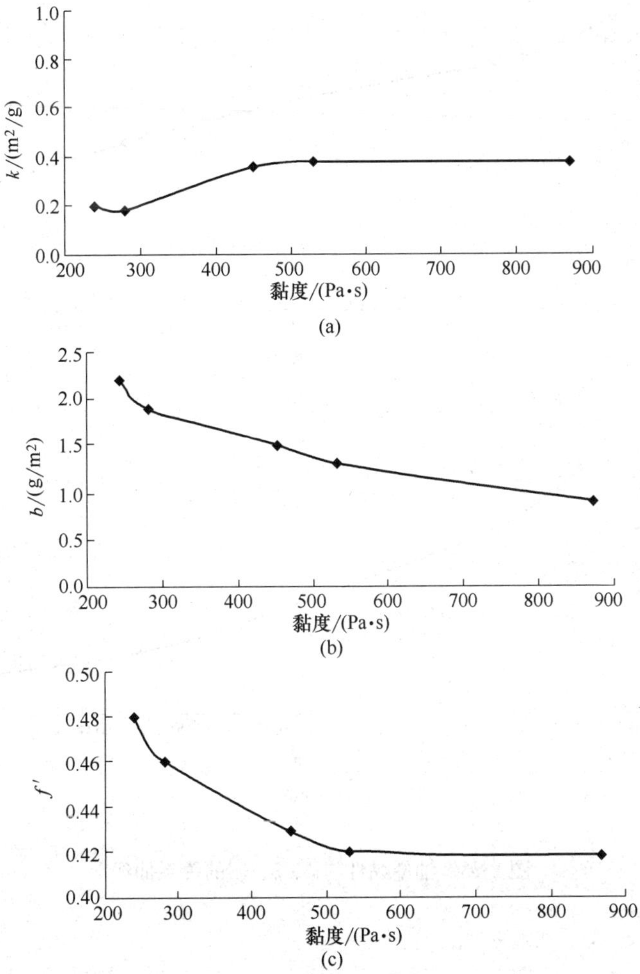


图 2-72 油墨黏度与 $k$、$b$、$f'$的关系曲线

（a）油墨黏度与 $k$ 的关系曲线 （b）油墨黏度与 $b$ 的关系曲线 （c）油墨黏度与 $f'$的关系曲线

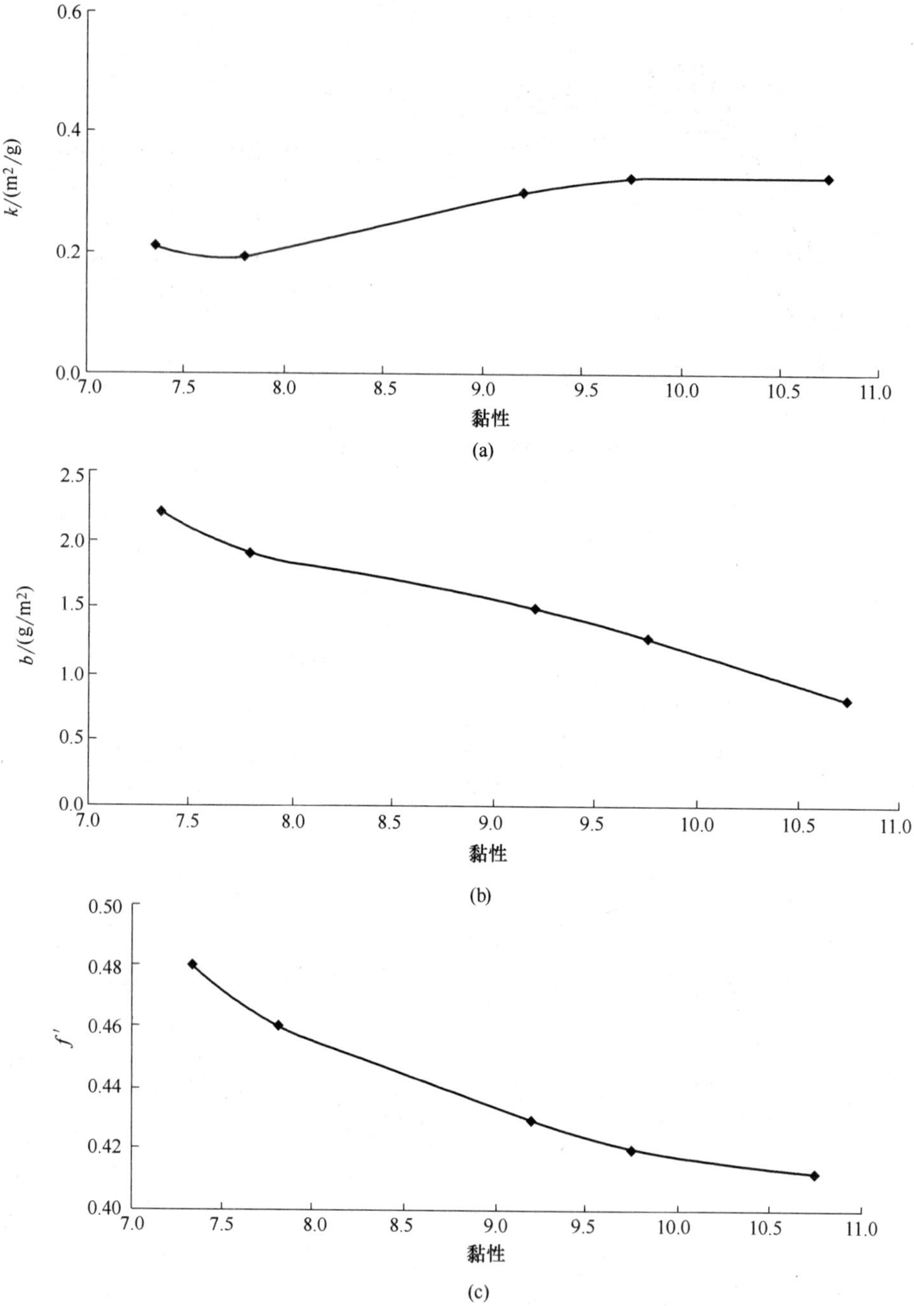


图 2-73　油墨黏性与 $k$、$b$、$f'$的关系曲线

# 第五节　油墨的渗透

纸张是由纤维交织而成的多孔薄片，因而表面分布着大小不同、深浅不等的孔隙。印刷过程中，当纸张进入压印区（即印版滚筒或橡皮布滚筒与压印滚筒接触的区域）时，油墨在印刷压力的作用下，被压入纸张较大的孔隙中；当纸张离开压印区之后，油墨在纸张的毛细管作用下，向纸张进行自由渗透。因此，油墨的渗透主要有两种，即加压渗透和自由渗透，且明显地依赖于纸张毛细管的尺度（孔径和长度）和分布情况。在油墨渗透过程中，有时会出现“滋墨”、“透印”、“粉化”等现象，影响印刷品的质量。油墨对非涂料纸和涂料纸的渗透各不相同，下面分别讨论。

## 一、非涂料纸的油墨渗透

油墨的渗透主要是指油墨中的连结料向纸张的渗透。油墨的连结料一般可以看作是牛顿流体，因此，油墨在纸张孔隙中的渗透，可视为牛顿流体在圆直管中的流动。

假设流体在圆管中作定常流动，即流场各点的流动参数，如速度、流量、压力等，均不随时间变化，且流动呈层流状态，则流量（通过圆管的流体体积 $V$ 对时间 $t$ 的变化率）有以下关系：

$$Q=\frac{\mathrm{d}V}{\mathrm{d}t}=\frac{\pi r^4\cdot\Delta p}{8\eta l} \tag{2-59}$$

式（2-59）为 Poiseuille′公式。式中 $l$ 为圆管的长度，$r$ 为圆管的半径，$\Delta p$ 为圆管两端的压力差，$\eta$ 为液体的黏度。式（2-59）表明：通过圆管的流量与管径的 4 次方、圆管两端的压力差成正比，与管长、流体的黏度成反比。

假定纸张毛细管为一圆直管，圆管半径为 $r$，油墨中的连结料向纸张为自由渗透，即没有印刷压力的作用，且忽略连结料本身的重力，则连结料仅靠管壁的吸附力，即毛细管作用力 $F$，沿管渗透一定的深度 $h$，如图 2-74 所示。若以 $\gamma$ 表示油墨连结料的表面张力，$\theta$ 表示油墨连结料对纸张毛细管壁的接触角，则有：

$$F=2\pi r\gamma\cos\theta \tag{2-60a}$$

$$Q=\frac{\mathrm{d}}{\mathrm{d}t}(\pi r^2 h)=\pi r^2\frac{\mathrm{d}h}{\mathrm{d}t} \tag{2-60b}$$

$$\Delta p=\frac{F}{\pi r^2}=\frac{2\pi r\gamma\cos\theta}{\pi r^2}=\frac{2\gamma\cos\theta}{r} \tag{2-60c}$$

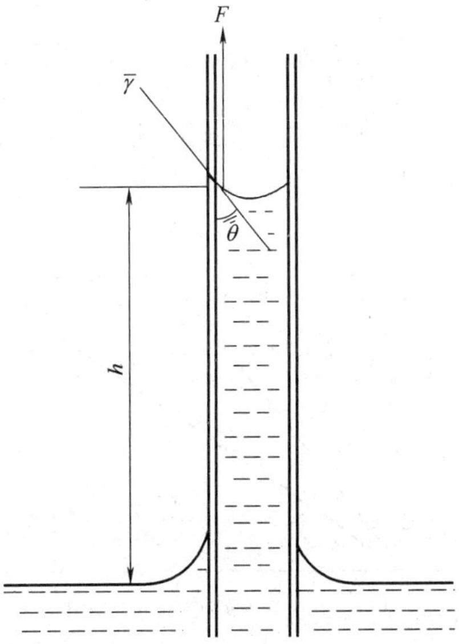

图 2-74　油墨的渗透

把式（2-60b）、式（2-60c）代入式（2-59）得

$$\frac{\mathrm{d}h}{\mathrm{d}t}=\frac{r\gamma\cos\theta}{4\eta h}$$

即

$$2h\mathrm{d}h=\frac{r\gamma\cos\theta}{2\eta}\mathrm{d}t \tag{2-60d}$$

积分式（2-60d），考虑到时间 $t$ 对应的自由渗透深度为 $h_1$，则有

$$\int_0^{h_1}2h\mathrm{d}h=\int_0^t\frac{r\gamma\cos\theta}{2\eta}\mathrm{d}t$$

$$h_1=\sqrt{\frac{r\gamma\cos\theta}{2\eta}t} \tag{2-60e}$$

当纸张完全润湿时 $\cos\theta=1$，式（2-60e）变为

$$h_1=\sqrt{\frac{r\gamma}{2\eta}t} \tag{2-61}$$

式（2-61）表明，在没有印刷压力或者印刷压力很小的情况下，如果纸张一定，且完全被油墨润湿，则油墨仅靠纸张的毛细管作用渗透，渗透的深度与渗透时间的平方根成正比，与油墨黏度的平方根成反比。

如果印刷压力较高，则油墨在纸张毛细管作用力和印刷压力的双重作用下进行渗透，设此时的印刷压力为 $p$，加压渗透深度为 $h_2$，压力差为 $\Delta p_2$，则有

$$\Delta p_2=\Delta p_2+p=\frac{2\gamma\cos\theta}{r}+p \tag{2-62a}$$

对于加压渗透深度为 $h_2$，由式（2-59）和式（2-60b）可得

$$\frac{\mathrm{d}h}{\mathrm{d}t}=\frac{2r\gamma\cos\theta+pr^2}{8\eta h}$$

即

$$2h\mathrm{d}h=\frac{2r\gamma\cos\theta+pr^2}{4\eta}\mathrm{d}t \tag{2-62b}$$

积分式（2-62b），考虑到时间 $t$ 对应的加压渗透深度为 $h_2$，则有

$$\int_0^{h_2}2h\mathrm{d}h=\int_0^t\frac{2r\gamma\cos\theta+pr^2}{4\eta}\mathrm{d}t$$

$$h_2=\sqrt{\frac{2r\gamma\cos\theta+pr^2}{4\eta}\cdot t} \tag{2-62c}$$

当印刷压力很大时，有 $pr^2\gg 2r\gamma\cdot\cos\theta$，则式（2-62c）可近似写作

$$h_2=\sqrt{\frac{pr^2}{4\eta}\cdot t}=\frac{r}{2}\sqrt{\frac{p}{\eta}\cdot t} \tag{2-63}$$

式（2-63）称为奥尔森（Olsson）公式，它表明在高印刷压力的情况下，纸张一定，则油墨在纸张毛细管作用力和印刷压力的双重作用下进行渗透，其中印刷压力的作用是主导的。此时，油墨的渗透深度不仅与渗透时间的平方根成正比，与油墨的黏度的平方根成反比，而且与印刷压力的平方根成正比。

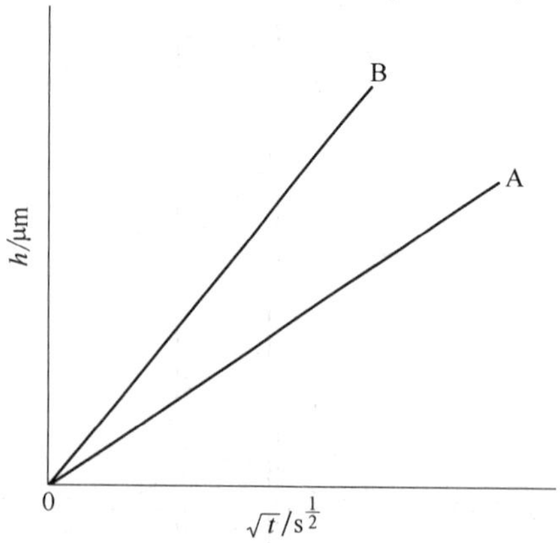

图 2-75 渗透深度与压印时间的关系

奥尔森公式的结论已经被实验证实。图 2-75 所示的是在高印刷压力的作用下，渗透深度和压印时间的关系，是在印刷压力为 $2.8\times10^4$ Pa条件下，改变压印时间，采用黏

度分别为5.3Pa·s和2.6Pa·s的A油墨和B油墨进行印刷，测得的压印时间和渗透深度实验数据拟合而成的关系曲线。曲线表明油墨渗透的深度与压印时间的平方根成正比。

图2-76所示的是在高印刷压力的作用下，油墨渗透深度和油墨黏度的关系曲线，是在压印时间为0.04s，印刷压力为$1.4\times10^{4}$Pa条件下，采用不同黏度的油墨进行印刷，所得实验数据拟合而成的曲线，表明油墨向纸张渗透的深度与油墨黏度的平方根成反比。

图2-77所示的是在高印刷压力的作用下，油墨渗透深度和印刷压力的关系曲线。曲线表明，油墨的渗透深度和印刷压力的平方根基本是线性关系。

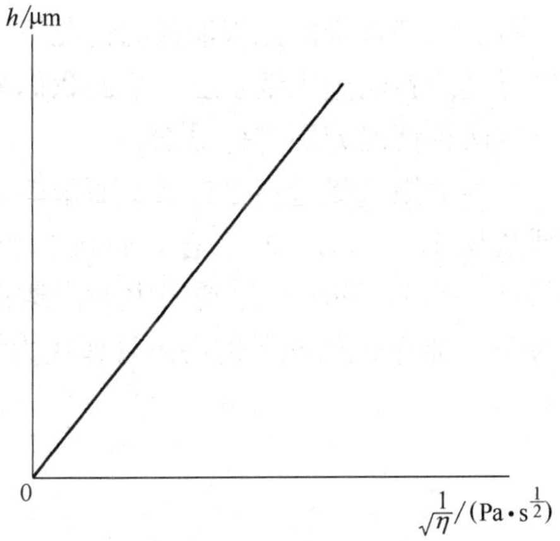


图2-76　渗透深度与油墨黏度的关系

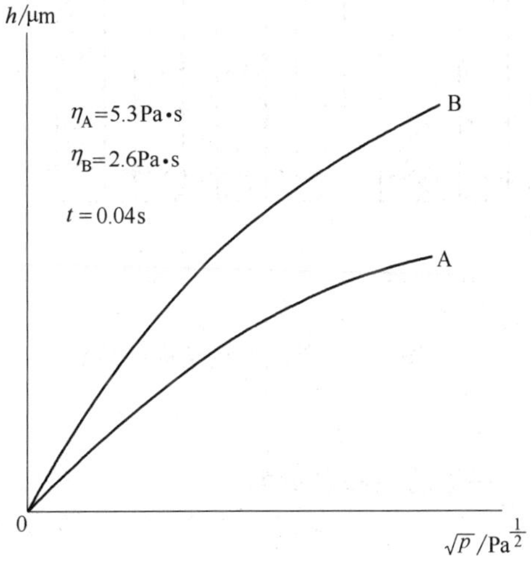


图2-77　渗透深度与印刷压力的关系

在印报用的高速轮转印刷机上，采用平均毛细管半径为0.26μm的新闻纸，黏度为0.6Pa·s的油墨进行印刷，印刷压力是$4.9\times10^{6}$Pa，$r\cdot\gamma\cdot\cos\theta$为$1\times10^{-10}$N，油墨的加压渗透时间是0.002s，油墨自由渗透的时间是0.2s，则油墨的渗透深度为按式(2-61)和式（2-63）计算的$h_1$与$h_2$之和，即

$$h=h_1+h_2=5.5+16.6=22.1(\mu m)$$

如果新闻纸的厚度是100μm，则油墨渗透深度约为纸厚的1/5，这与实验结果是符合的。

非涂料纸的表面平滑度都比较低，为了增大纸张和油墨的接触面积，对于平滑度较低的非涂料纸，印刷中必须施加较高的压力，因此油墨的渗透是在高印刷压力的作用下进行的，油墨的渗透时间即是印刷压力作用的时间，亦即纸张通过压印区的时间。

对于平滑度较低的非涂料纸，若纸张本身的吸油性较好，如果印刷机压印时间长，印刷压力大，很容易发生滋墨和透印现象，所以应使用黏度较大的油墨，有利于防止油墨向纸张内部过分的渗透。

## 二、涂料纸的油墨渗透

涂料纸由涂料层和纸基层构成，涂料层和纸基层有不同的毛细管结构。油墨在涂料纸中的渗透，不仅与涂料层和纸基层各自的毛细管结构有关，而且与它们的毛细管的相对位置有关，所以要比油墨在非涂料纸中的渗透复杂。下面仅就无印刷压力的情况，油墨在自由状态下进行所谓“自由渗透”，做一些讨论。

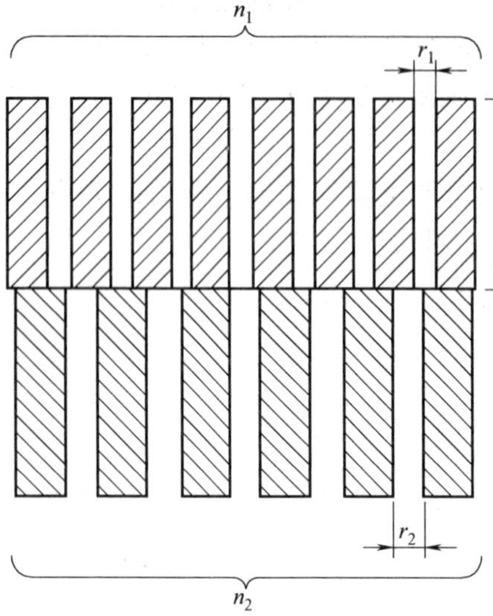


图 2-78 涂料纸的结构示意图

图 2-78 是涂料纸的结构示意图。上部是涂料层，若每平方厘米内有 $n_1$ 个半径为 $r_1$ 的毛细管，涂料层的厚度为 $l$。涂料纸结构的下部是纸基层，若每平方厘米内有 $n_2$ 个半径为 $r_2$ 的毛细管，且假定纸基层与涂料毛细管是平行的。油墨在涂料纸中的渗透可分为两种情况，一是油墨只渗透到涂料层而未渗透至纸基层；二是在涂料层毛细管全部充满油墨的情况下，油墨通过涂料层进入纸基层。下面我们分别就这两种情况分别进行讨论。

当油墨只渗透到涂料层，而未渗透至纸基层时，假定油墨完全润湿涂料层（$\cos\theta_1=1$），油墨在涂料层中的渗透深度为 $h_1$，则单位面积总的毛细管作用力为

$$F_1=2\pi r_1 n_1 \gamma \tag{2-64a}$$

渗透的油墨总量为

$$V_1=n_1\pi r_1^2 h_1 \tag{2-64b}$$

根据式（2-61），油墨在涂料层中渗透的深度为

$$h_1=\sqrt{\frac{r_1\gamma}{2\eta}t}$$

当油墨渗透进入纸基层时，仍然假定油墨完全润湿纸基层（$\cos\theta_2=1$）时，单位面积内总的毛细管作用力为

$$F_2=2\pi r_2 n_2 \gamma \tag{2-64c}$$

按式（2-61），油墨对纸基层的渗透深度是

$$h'_2=\sqrt{\frac{r_2\gamma}{2\eta}t} \tag{2-64d}$$

由于油墨渗透进入纸基层前，必须先通过涂料层，假定油墨能够完全渗透纸张的涂料层，设涂料纸的涂料层厚度为 $l$，那么油墨在时间 $t$ 内对涂料纸总的渗透深度为

$$h_2=l+h'_2=\sqrt{\frac{r_2\gamma}{2\eta}t} \tag{2-65}$$

式（2-65）表明，油墨在涂料中自由渗透的渗透深度与油墨的表面张力和黏度有关，与纸张的涂料层厚度有关，还与纸张的涂料层和纸基层的毛细管的尺度和分布情况有关。还应指出，式（2-65）是在把涂料层和纸基层视为独立的体系的基础上得出的，实际上，油墨在涂料纸中的渗透，与涂料层和纸基层各自的毛细管结构以及它们之间的关系有关，非常复杂。

## 三、油墨的透印与粉化

用非涂料纸印刷时，如果使用的纸张质地疏松，所用的油墨黏度较小，采用的印刷压力较大，那么，由式（2-63）可知，油墨的渗透深度较大，会出现油墨从印刷图文的边沿外溢，造成“滋墨现象”，使图文边缘模糊不清，如图2-79（a）所示。而且油墨中的连结料的渗透深度有可能超过纸张的厚度，因而穿过纸张，渗透到印刷品的背面，造成油墨的“透印现象”，同样会使印刷品混沌不清，如图 2-79（b）所示。

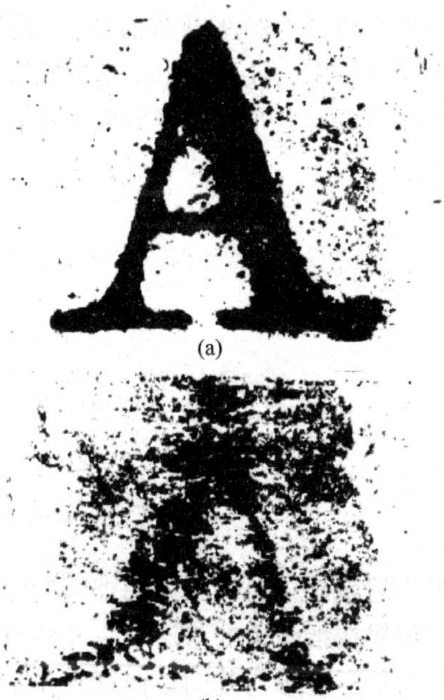

(a)

(b)

图 2-79 滋墨和透印

（a）滋墨现象 （b）透印现象

透印的程度与印刷品背面的反射率有关，若以 $R_A$ 表示白纸的反射率，$R_B$ 表示印刷品背面的反射率，则透印的程度可以使用 Carlson 测试方法评价，即

$$\text{印刷透印} = \lg R_A - \lg R_B \tag{2-66}$$

印刷透印值越大，说明透印越严重。

用涂料纸印刷时，油墨中颜料粒子过量地存留在印刷品的表面，一经摩擦便会脱落，这种现象，有些像黑板上写的字被擦掉的感觉，被称之为“油墨的粉化”。

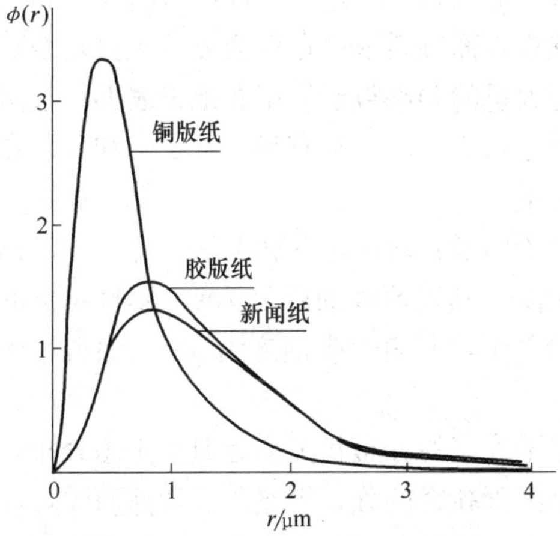


图 2-80 纸张毛细管的分布

油墨的透印和粉化，是分别发生在非涂料纸和涂料纸印刷中的常见故障，这两种故障的发生，除了与印刷条件有关外，主要取决于纸张毛细孔的管径分布与油墨粒径的分布之间的关系。

在讨论非涂料和涂料纸的油墨渗透时，都是把纸张看作是多孔的薄片物质，用等半径的细直管模拟纸张毛细管，且假定细直圆管作垂直于纸面的平行排列。这样的纸张模型大大地简化了油墨在纸张中渗透的讨论，但这样的模型与实际相差甚远，深入讨论首先就涉及不同半径毛细管的概率分布问题。

大量实验结果表明，纸张毛细管半径的概率密度分布情况如图 2-80 所示，近似地符合对数正态分布。图中横坐标为纸张的毛细管的半径 $r$，单位是 $\mu$m，纵坐标是$\phi(r)$，是 $r$ 的概率密度。

涂料纸是由涂料层和纸基层构成的。图 2-81 是把涂料纸的涂料层和纸基层分离后得到的毛细管的概率分布曲线。涂料层的毛细管半径在 0.01～0.1μm，纸基层的毛细管半径在 0.1～2μm，以 0.1μm 为界，图 2-81 中曲线的左半段表示涂料纸涂料层毛细管半径的概率分布，右半段表示涂料纸基层毛细管半径的概率分布。

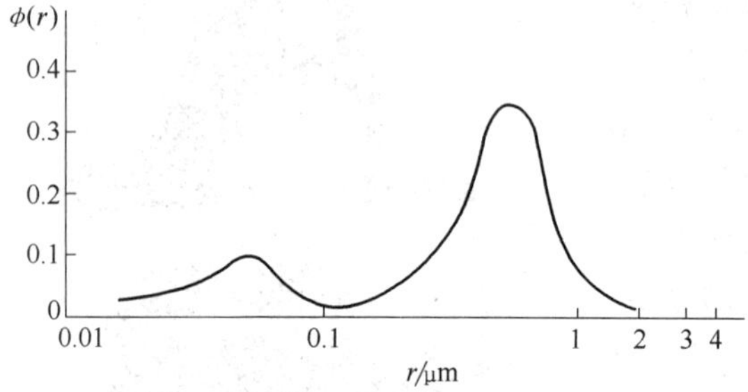

图 2-81　涂料纸毛细管的分布

从图 2-80 可以得到，涂料纸要比胶版纸、新闻纸等非涂料平滑度高，因为涂料纸毛细管半径的概率分布曲线的峰值高而且超前，定性地说是小孔径的毛细管居多，因此表面平滑。涂料纸的贝克平滑度一般可超过 600s，有的高达 1000s，甚至更高。因此，用涂料纸印刷无须施加很大的印刷压力，油墨在涂料纸中的渗透主要靠纸张毛细管的作用，即主要是自由渗透。

油墨在纸张中的渗透，主要的是油墨中的连结料在纸张中的渗透。但是，同时油墨中颜料粒子也参与其间，向纸张作不同程度的渗透。由于颜料对于印刷品起着显现色彩的作用，颜料的渗透便严重地影响着印刷品质量。

只有颜料粒子的大小尺度小于纸张某个毛细管的孔径时，颜料粒子才有可能随同油墨中的连结料一起“渗入”这个毛细管；如果颜料粒子的大小尺度大于纸张某个毛细管的孔径，则颜料粒子“滞留”在这个毛细管的顶部。由于颜料粒子大小不等，形状不一，纸张毛细管的半径不同，形状各异，所以油墨渗透过程中，颜料粒子的渗入和滞留在数量上便有很大差别。如果渗入纸张毛细管中的颜料粒子过多，亦即颜料粒子在纸张毛细管中渗入的深度过大，则印刷品会因为纸张表面颜料浓度过低而显得墨色暗淡；如果渗入纸张毛细管中的颜料粒子过少，亦即有大量的颜料粒子滞留在纸张表面，过量堆积的颜料粒子一经摩擦便会脱落，印刷品的质量同样不高，只有渗入纸张中和存留在纸面上的颜料粒子数量适中，才能保证印刷的质量。

实验表明，纸张的吸油速度愈快，颜料粒子向纸张内部渗透就愈深，愈不容易出现油墨粉化的现象。例如，实验测得某一种铜版纸，其表面吸油度为 70s，颜料粒子的渗入深度为 2.5μm，印刷后油墨粉化；另一种涂料纸，其表面吸油度为 80s，颜料粒子的渗透深度为 3.8μm，印刷后油墨不会粉化。

纸张毛细管孔径的分布状况与油墨颜料粒子大小的分布状况都近似于正态分布，但曲线的形状有所不同，前者低而平，即纸张毛细管孔径的分布较宽；后者高而陡，即油墨粒径分布相对较窄，它们之间的关系直接影响着油墨在纸张中的渗透。如果使用的纸张一定，毛细管孔径的概率分布曲线如图 2-82 所示。改变使用的油墨，如油墨粒子大小的概率分布曲线形状不变却处在不同的位置，(a) 的情况表明，大于纸张毛细管孔径的颜料粒子较多，会造成大量的颜料粒子滞留在纸张表面，这有可能出现油墨的粉化现象；(b) 的情况表明，纸张毛细管孔径大部分都大于颜料粒子，不会发生油墨粉化现象，但容易造成渗入纸张中的颜料粒子数量过多，出现透印现象。只有当渗入纸张的颜

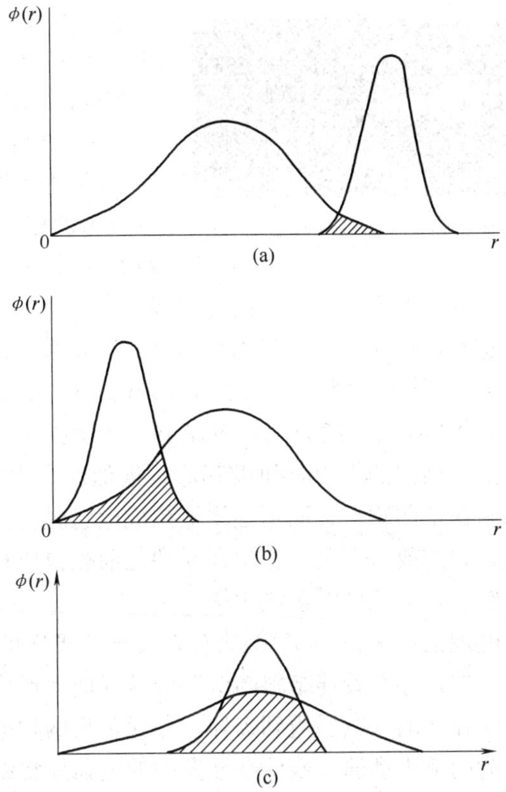


图 2-82　纸张毛细管孔径与油墨颜料粒子大小的分布

料粒子的数量适中时，即可避免发生透印或粉化现象，这时是较为理想的分布情况，如图（c）所示。

油墨粉化现象主要发生在使用涂料纸印刷时，这是因为涂料纸厚而光滑，纸张毛细管孔径大都很小，所以印刷过程中存留在纸张表面的颜料便有可能过量，从而造成油墨的粉化现象。而透印现象则主要发生在使用非涂料纸印刷时，这是因为非涂料纸薄而疏松，纸张毛细管孔径大都很大，油墨连结料及其携带的颜料粒子在印刷过程中有可能穿透纸张，便造成了透印现象。为了防止这两种印刷故障的发生，主要的措施是使纸张毛细管孔径和油墨粒径分布合理并相互匹配；其次是提高油墨的黏度，加快油墨的干燥速度，或适当地减小印刷压力，对于减缓油墨的粉化和透印也有一定的效果。

## 第六节　油墨的雾散

油墨的雾散也称“飞墨”，雾散的油墨微滴，漂浮在空中，污染了印刷品以及印刷环境，严重地危害着工人的身体健康。

### 一、油墨雾散的原因

1951 年 L. H. Sjodohl 为研究高速轮转印刷机上两根墨辊之间墨膜分裂的机理，采

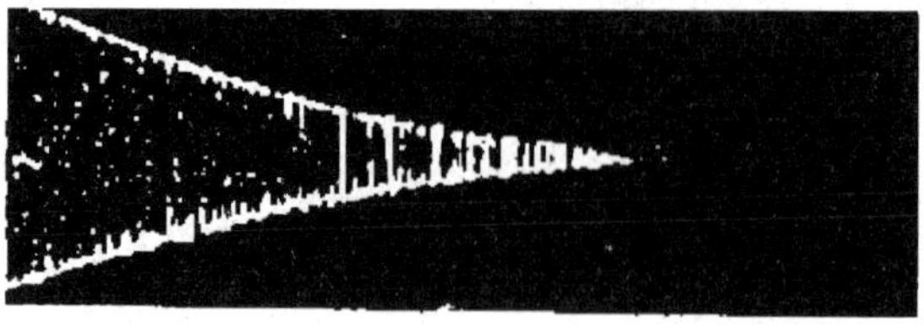

图 2-83 墨膜在墨辊间高速分裂的状况

用百万分之二秒的高速曝光，拍下了图 2-83 所示的照片。照片表明，墨辊间的墨膜，在高速分裂的过程中，产生很多的墨丝。因而可以断定，墨丝断片飞散到空气中，是导致飞墨的根本原因。但是，至今还没有一种理论能够对飞墨作出十分完美的解释，一般被人们认可的有以下几方面的解释。

一是黏弹性理论。这种理论认为，油墨若用 Max Well 模型表示，其松弛时间 $t=\eta/G$（$\eta$ 为油墨的黏度，$G$ 为刚性模量）。设 $\eta$ 在 1～50Pa・s 泊的范围内，则 $t$ 大体上是 $10^{-4}$s 数量级。高速印刷时的应力持续时间一般在 $10^{-4}$～$10^{-5}$s 之间，故此时的油墨表现出黏性、弹性两种性能。当力的作用时间极其短暂近似冲击力时，油墨以弹性为主，墨丝容易回抽而不易黏附在承印物上；而当油墨被拉成丝状时，油墨以黏性为主，这是因为松弛时间的长短与弹力的放松有关。墨丝在断裂之前被拉成长丝，故不能很快地抽回去，而是形成悬浮微粒飞入空气中，造成飞墨。

二是油墨微粒的带电理论。早在 1935 年就有人发现，飞出的墨滴带有电荷。Voet 认为：在油墨的多项体系中，存在着连结料与颜料颗粒界面上形成的双电层结构。在墨丝断裂时，墨丝断片边缘存在的双电层遭到破坏，分成正负两种电荷，一部分电荷残留在油墨中，而相反的电荷向空中逃逸。残留在油墨中的电荷要集结在墨辊和纸面上，墨丝断片则由于墨辊上也带有同种电荷被排斥而逐出，形成飞墨。

三是空洞学说。这种学说认为，墨膜在墨辊间分裂的瞬间，如图 2-84 所示，在压力最小的部位，墨膜内部产生空洞，随后这些空洞转成泡核，逐渐长大从而形成墨丝。油墨颜料粒子的数目或每个单位容量油墨的颜料与连结料间的界面能对形成泡核的数目有很大的影响，连结料与颜料的润湿性愈差，愈易促进泡核形成，飞墨也愈严重。

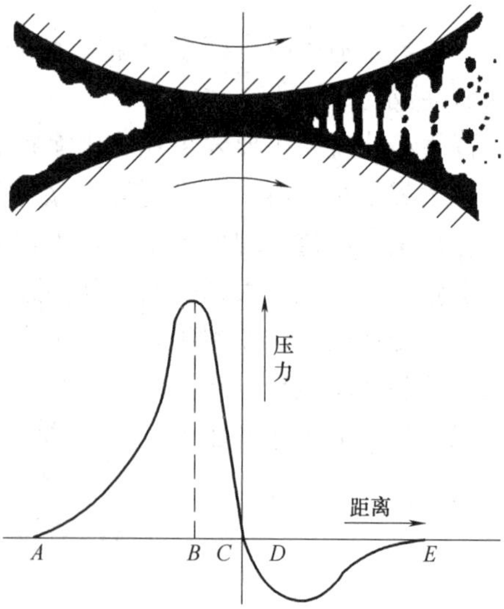


图 2-84 泡核的形成与飞墨

由此可见，油墨雾散现象的产生，并不源于离心力，而是在机、电双重作用下发生的。油墨在两个相互接触、高速旋转的墨辊所形成的辊隙的出口处，被拉成丝而断裂。如果墨丝在两处或两处以上的地方断裂，断裂后的墨丝便会靠弹性作用回缩到墨辊上去，而断裂后形成的油墨断片，便在表面张力的作用下，收缩成球状的墨滴游离出来。与此同时，回缩的墨丝和游离的墨滴，表面的双电层均遭破坏，致使部分电荷从墨丝或墨滴上逸入空间，相反的电荷则留在墨丝或墨滴上。由于墨滴和回缩到墨辊上的油墨带有相同性质的电荷，墨滴便被排斥逐向空间，形成墨雾。因此，雾散在高速轮转凸版印刷中最为严重。

## 二、影响油墨雾散的因素

目前，我国考察雾散的标准方法是利用油墨黏性仪进行飞墨实验。油墨黏性仪有三个墨辊：小辊径的匀墨辊，大辊径的合成胶辊和金属辊，与印刷机的传墨系统相似，故可以模拟印刷机考察飞墨情况。实验方法是：供给墨辊一定量的油墨，在 32℃的恒温条件下，低速匀墨 1min，然后把 100mm×150mm 的白纸片置于黏性仪的横梁上，按规定的转速开机 2min，停机取下纸片，观察纸面接受墨点的情况。

影响雾散的因素很多，一般可以归纳为机械因素、环境因素、油墨因素等。

### （一）机械条件对雾散的影响

1. 印刷速度

印刷速度对飞墨的影响如表 2-8 所示，印刷速度越快，飞墨越严重。印刷速度是导致飞墨的主要外因。首先，墨膜分裂速度愈高，油墨的弹性行为表现的愈显著，墨丝在两处以上断裂的机会增加，飞墨加剧。其次，空洞产生的速度加快，数量增多，单位时间内产生的墨丝和断片也随之增加，飞墨加重。最后，速度愈高，墨丝断裂时，双电层的破坏愈严重。

表 2-8 印刷速度对飞墨的影响

| 转速/(r/min) | 400 | 800 | 1200 |
|---|---|---|---|
| 飞墨点疏密情况 | 墨点少 | 墨点较多 | 墨点多 |

平压平或圆压平印刷机的印刷速度较低，油墨传输系统墨辊的转速也较低，飞墨轻微；高速卷筒纸印刷速度很高，油墨传输过程中的飞墨现象十分严重。

2. 墨层厚度

墨层厚度对飞墨的影响如表 2-9 所示，墨层厚度越厚，飞墨越严重。墨辊上的墨层愈厚，墨膜分裂时，参与拉丝、断裂、回缩与飞散过程的油墨量愈多，所以飞墨加重。

表 2-9 墨层厚度对飞墨的影响（800r/min）

| 供给墨辊墨量/mL | 1.32 | 2.64 | 72.64 |
|---|---|---|---|
| 飞墨点疏密情况 | 墨点少 | 墨点较少 | 墨点很多 |

由油墨传输系统中的墨辊墨量分配规律可知，当印刷正常进行时，在理想的油墨传输系统中，靠近墨斗的墨辊上的墨层最厚，因而油墨的雾散现象最为严重；靠近印版的墨辊上的墨层较薄，所以油墨的雾散轻微；印版上的墨层最薄，当油墨从印版向纸张转移时，产生的墨雾会最少。如果墨辊表面凹凸不平会造成墨辊上局部墨层增厚，致使墨雾增加。另外，油墨传输路线越长，靠近墨斗的墨辊上的墨层愈厚，墨膜分裂的次数愈多，这时飞墨也越严重。因此，采用短墨路输墨系统的凹版印刷机和柔性版印刷机在印刷过程中，几乎不产生飞墨故障。

### （二）油墨对雾散的影响

1. 油墨颜料的颗粒度

油墨颜料颗粒度对飞墨的影响如表 2-10 所示。油墨颜料颗粒大，说明连结料对其的润湿性差，颜料表面易形成泡核，墨丝分裂两处以上断裂的机会增加，产生的断片数量增多，加剧了飞墨。

表 2-10　　油墨颜料颗粒度对飞墨的影响（800r/min）

| 颜料颗粒度/μm | 20 | 22 | 62 | 83 |
|---|---|---|---|---|
| 飞墨点疏密情况 | 墨点少 | 墨点较少 | 墨点较多 | 墨点很多 |

2. 连结料

用矿物油型连结料和树脂型连结料进行飞墨试验，实验结果如表 2-11 所示。

表 2-11　　连结料对飞墨的影响（800r/min）

| 连结料 | 矿物油 | 树脂 |
|---|---|---|
| 飞墨点疏密情况 | 墨点多 | 墨点很少 |

实验表明，树脂型连结料雾散很轻微。不同类型的连结料对颜料的润湿性不同，因此，选择适当的连结料制造油墨，对减少飞墨是很重要的。

3. 墨丝长度

墨丝长度对飞墨的影响如表 2-12 所示，墨丝愈长，飞墨愈严重。油墨的墨丝愈长，弹性愈差，墨膜分裂时，墨丝的断点增加，飞墨加剧。

表 2-12　　墨丝长度对飞墨的影响（800r/min）

| 墨丝长度/mm | 15.7 | 20.3 | 20.5 | 22.9 |
|---|---|---|---|---|
| 飞墨点疏密情况 | 墨点少 | 墨点较少 | 墨点较多 | 墨点很多 |

表 2-11 的墨丝长度，是用平行板黏度计测定油墨在 10s 和 100s 时的铺展直径 $d_{10}$ 和 $d_{100}$，根据公式 $s_1=d_{100}-d_{10}$ 求出来的。

4. 油墨的导电性

在油墨中加入不同量的水，改变油墨的导电性进行飞墨试验，实验结果如表 2-13 所示。

表 2-13　　油墨导电性对飞墨的影响

| 油墨编号 | 水添加量/% | 电导度/(ms/cm×10$^6$) | 墨雾量/mg | 油墨编号 | 水添加量/% | 电导度/(ms/cm×10$^6$) | 墨雾量/mg |
|---|---|---|---|---|---|---|---|
| 1 | 0 | 130 | 6.3 | 4 | 15 | 600 | 2.7 |
| 2 | 5 | 250 | 2.7 | 5 | 20 | 790 | 0.9 |
| 3 | 10 | 400 | 2.9 | 6 | 25 | 1050 | 0.2 |

实验结果表明，增加油墨的导电性，可以减轻飞墨现象。这是由于油墨的导电性越大，在油墨上聚集电荷的速度和数量会减少，使得墨丝断片所携带的电荷量减少，从而降低了飞墨。因此，采用水性油墨印刷时，会减轻甚至不发生飞墨现象。如柔性版印刷，由于大部分采用水性油墨，且是短墨路输墨系统，印刷过程中几乎不产生飞墨故障。

5. 放置时间

分别用新制备的油墨和放置 3 个月以后的油墨进行飞墨实验。实验结果表明，放置

3 个月以后的油墨比新制备的油墨飞墨轻得多。产生这一结果的原因，是油墨在放置过程中，颜料和连结料的润湿性增加。

**（三）环境条件对雾散的影响**

环境条件对飞墨的影响如表 2-14 所示，在同一温度下，湿度提高，飞墨减少。空气湿度的增加，电导率增大，抑制了电荷在油墨上聚集的速度和积累的数量，墨丝断片所携带的电荷量减少，从而降低了飞墨。

**表 2-14　　环境湿度对飞墨的影响（800r/min）**

| 相对湿度/% | 80 | 70 | 55 |
|---|---|---|---|
| 飞墨点疏密情况 | 墨点少 | 墨点较多 | 墨点多 |

改变通风状态，增加印刷车间的通风效果，从而能带走许多飞散在空气中的油墨微滴，降低了飞墨对印刷的影响。特别是在印刷机的某个部位飞墨严重时，注意通风状态是十分必要的。

## 三、减轻油墨雾散的方法

从飞墨的产生机理和影响飞墨的因素考虑，为了减少飞墨，可以从油墨、机械条件和印刷环境等三方面入手。

**（一）油墨性能的改善**

在诸多影响飞墨的因素中，油墨性能的影响最大。因此，改变油墨的性能，是降低飞墨较理想的方法。目前，从油墨方面降低飞墨的方法有下面三种。

一是在油墨中加入硅树脂、长链的非芳香族胺类、硬脂酸皂类等物质，增加油墨的弹性，减少墨丝多处断裂的几率。

二是在油墨中加入水或铵类电解质，增加油墨的导电性，使电荷不易积聚在油墨表面，墨雾量自然减少，对于油性油墨，一般水的加入量不得超过 5%，加入量过多时，虽然飞墨降低，但易使油墨变成奶油状，不适合高速印刷。

三是加入增塑剂，增加颜料和连结料的润湿性，抑制油墨泡核的形成，达到降低飞墨的目的。例如在炭黑和矿物油制成的油墨中，加入微量的低黏度、高羟值、长油度（树脂和油的比例在 1∶2 以上）的醇酸树脂，降低飞墨效果显著，原来油墨的印刷适性仍维持不变。

此外，改进油墨制造工艺，如增加颜料的研磨时间，减小颜料颗粒的粒径，使颜料和连结料充分混合，提高油墨的分散性，对降低飞墨也有一定的作用。

**（二）印刷机的改善**

主要是改进印刷机的供墨系统，一般是将长墨路的供墨系统改为短墨路供墨系统，加大墨辊的直径。也可以在印刷机上附设某种装置，减少飞墨对印刷的影响。例如，在离开两根相互接触的墨辊的某个部位，安装金属线并通以电流，应用同性电荷相互排斥的原理，把被墨辊逐出的油墨微滴再逐回到墨辊表面。又如，在印刷机墨辊的周围，加装防护装置，以阻止墨滴飞散至空气中。

**（三）印刷环境的改善**

印刷环境的改善，最简便的方法是增加车间内空气的湿度，也可以安装空气过滤器，利用空气循环系统，吸收并过滤车间内含有墨滴的空气，并补充新鲜空气。

## 第七节　油墨的剥纸

在印刷过程中，印版或橡皮布表面上的油墨，在印刷压力的作用下，与纸张表面接触。如果纸张表面的纤维、填料、胶料、涂料之间的结合力较小，即纸张表面强度较低时，或油墨的粘着性较大时，墨层就会粘下纸张表面细小的纤维、填料、胶料、涂料等粒子，造成纸张的掉屑（掉粉、掉毛），严重时甚至撕裂纸面，出现剥纸现象，当纸面粒子剥落后，由于未沾上油墨而引起白斑点，如图 2-85 所示。

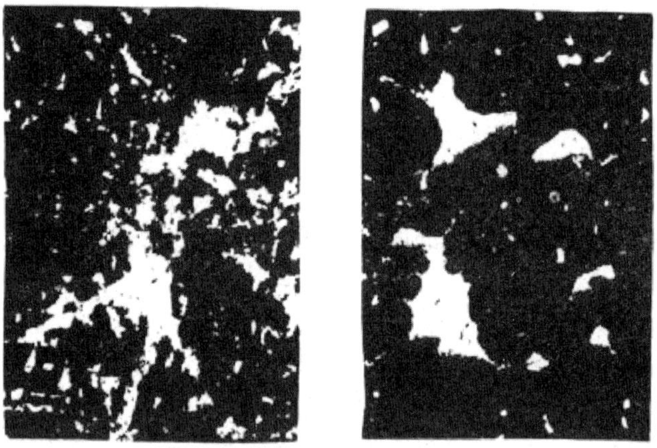

图 2-85　纸张产生剥纸现象的照片

从纸张脱落下来的纸屑（即填料、胶料、涂料粒子和纸张纤维）会粘在橡皮布和印版上，将加速印版的磨损，污染橡皮布；纸屑填充在印版的图文上，会使印刷品发糊；辗转到墨斗、水斗中，会污染油墨、润湿液。对于胶印，纸屑转移到印版上后，由于纸屑具有很好的亲水性，在与水辊接触时吸附水，沾上水的粒子再接触新油墨时，就不易沾上油墨，从而使印刷图文部分产生白斑，如图 2-86 所示，这一部分会不再接受油墨，每次印刷，会继续在同一位置上产生白斑点，这种白斑会越积越多。另外，若纸屑是微细的纸粉或涂料粒子，在印刷初期很难被发现，但经过几千张印刷后，逐渐在图像边缘出现拉毛现象，此时会发现橡皮布有很严重的堆墨（剥落物在橡皮布上堆积）现象，这种现象一旦出现，发展很快。这一切都将使印刷质量下降，且使印版、橡皮布和墨辊清洗次数增加，严重时甚至使印刷生产无法进行。

图 2-86　印刷品上的白斑

## 一、油墨剥纸的原因

纸张的掉粉、掉毛严重地影响了印刷的正常进行和印刷质量，产生纸张掉粉、掉毛的主要原因是：在油墨从印版或橡皮布向纸面转移的过程中，纸张在印刷压力的作用下，与附着有油墨的印版或橡皮布瞬间接触，纸张受到油墨对纸张的粘着力 $F_a$、因滚筒高速旋转而产生的油墨对纸张的剥离力 $F_Q$、橡皮布对纸张的黏附力 $F_s$，要使纸张不发生剥纸现象，则应满足：

$$F \geqslant F_a + F_Q + F_s \tag{2-67}$$

式中，$F$ 是纸张本身的纤维、填料、胶料之间的结合力，即纸张的表面强度。若此式不被满足，纸张就会发生掉粉掉毛现象。因此，纸张的掉粉、掉毛取决于纸张的表面强度和印刷条件。

## 二、影响油墨剥纸的因素

油墨剥纸有两种情况，一是油墨被印刷至干燥的纸张上而产生掉粉、掉毛现象，称为干掉毛；另一是油墨被印刷至被水润湿的纸张上而产生掉粉、掉毛现象，称为湿掉毛，这主要发生在多色胶印印刷中。

### （一）影响纸张干掉毛的因素

从式（2-67）可以明显看出，油墨剥纸与印刷速度有关，印刷速度越快，因滚筒高速旋转而产生的油墨对纸张的剥离力 $F_Q$ 越大，则式（2-67）越不易满足，越容易发生剥纸现象。因此，纸张掉粉、掉毛的程度可用剥纸速度来衡量。剥纸速度是指纸张发生剥纸现象的最低印刷速度，剥纸速度越大，说明越不容易发生剥纸现象，反之，则越容易发生。

除了印刷速度对油墨剥纸有影响外，影响油墨剥纸的印刷条件主要还有以下几个方面。

1. 油墨的流变特性

油墨的流变特性对油墨剥纸的影响，主要是油墨的塑性黏度 $\eta_p$ 和黏着性 Tack 值，图 2-87、图 2-88 是在印刷适性仪上所做的实验结果。

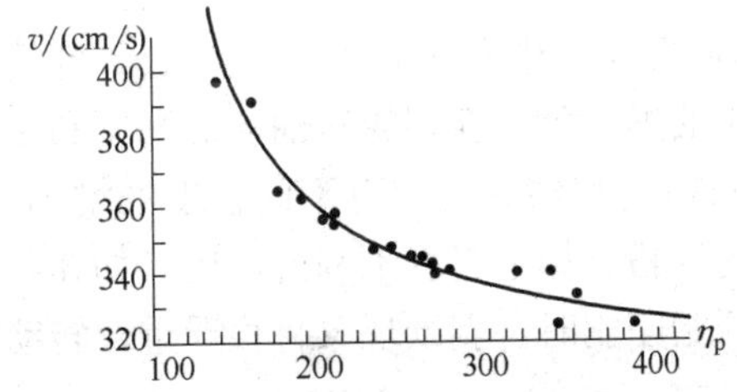


图 2-87 $\eta_p$ 对剥纸速度的影响

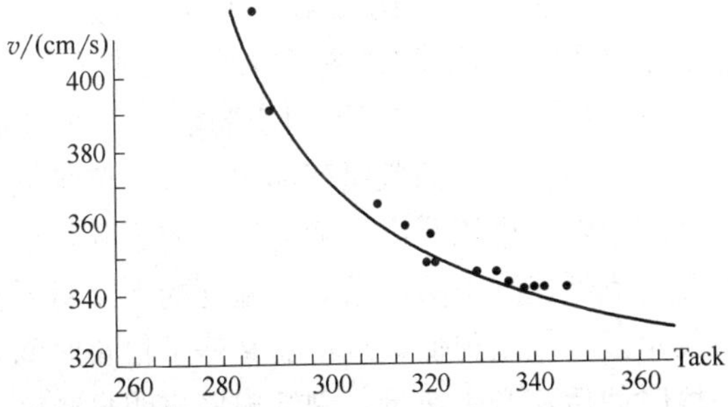


图 2-88 Tack 值对剥纸速度的影响

由图 2-87 可看出，纸张的剥纸速度一般是随油墨的塑性黏度的增大而减小，即油墨的塑性黏度愈大，剥纸速度就愈低，纸张的掉粉、掉毛愈严重。

由图 2-88 可看出，纸张的剥纸速度一般是随油墨的 Tack 值的增大而减小，即油墨的黏着性愈大，剥纸速度就愈低，纸张的掉粉、掉毛愈严重。

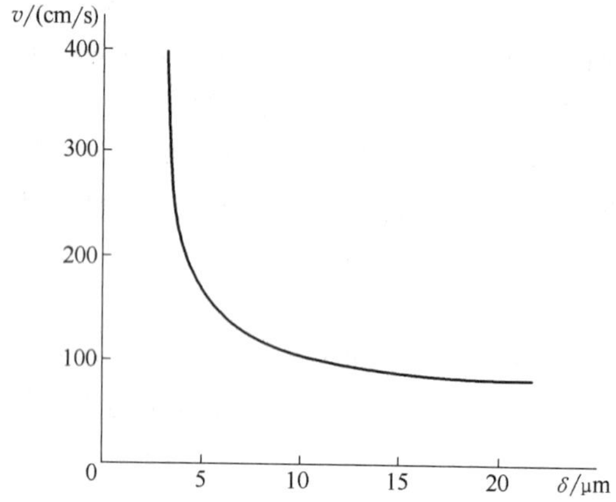


图 2-89　墨层厚度 $\delta$ 对剥纸速度的影响

2. 墨层厚度

墨层厚度对纸张的剥纸速度的影响情况比较复杂，图 2-89 也是在印刷适性仪上所得到的实验结果。在墨层较薄时，剥纸速度随着墨层厚度的增加急剧地下降；随后下降的趋势较为平缓；当墨层厚度越过某一定值后，下降的趋势变得很缓慢，即墨层厚度再增加，剥纸速度也很少下降了。

3. 印刷压力

印刷压力对纸张剥纸速度的影响情况更为复杂，如图 2-90 所示，这同样也是在印刷适性仪上所得到的实验结果。图中，在 $p_A$-$p_B$段，纸张的剥纸速度随印刷压力的增大而急剧下降，且这段是印刷压力不足段，油墨转移量不充足，造成印刷品墨色浅淡，易发虚，所以，这个压力段的压力值不能采用；在 $p_C$-$p_D$段，随印刷压力的增大剥纸速度有所上升，但这时压力过大，油墨铺展较严重，易造成细线条并糊，网点扩大严重，所以，这个压力段的压力值也不能采用；在 $p_B$-$p_C$段的压力能保证印刷质量，是工作压力段（详见第三章第四节），在这个印刷压力段内，印刷压力的变化对剥纸速度的影响不大，但剥纸速度普遍很低。

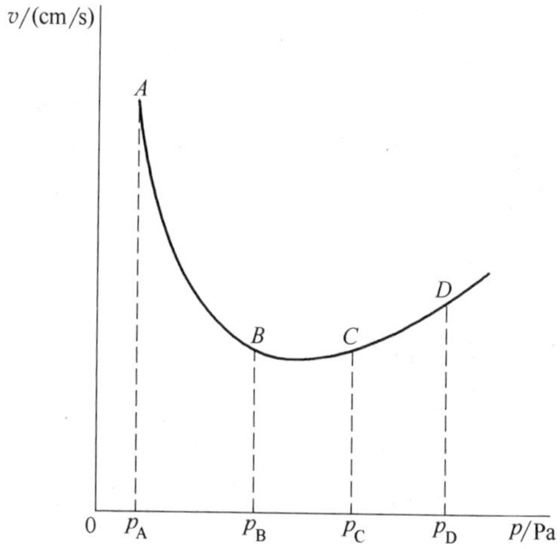


图 2-90　印刷压力 $P$ 对剥纸速度的影响

4. 温度

温度对剥纸速度的影响，主要是通过油墨的塑性黏度和黏着性来实现的。图 2-91 和图 2-92 给出了两组实验数据，分别表示温度 $T$（热力学温度）对于（a）卷筒纸平印油墨、（b）凸版铅印油墨、（c）单张纸平印油墨、（d）新闻轮转油墨的黏度和黏着性的影响。可以看出，随着温度的下降，油墨的黏度和黏着性均有不同程度的增加，从而使剥纸速度下降，因此，温度的下降对纸张的掉粉、掉毛起着不利的作用。如在冬天的早晨，气温很低，且机器又停了很长时间，开始印刷时，剥纸现象将很严重，转动一段时间后，产生热量，剥纸现象将明显减轻。

除了以上几个影响因素，对纸张剥纸速度的影响还有很多，如涂料纸比非涂料纸剥纸速度低；纸的正面比反面剥纸速度低等。

**（二）影响纸张湿掉毛的因素**

纸张若被水润湿，其表面强度会降低，这时，掉毛现象也随之严重起来。因此，湿掉毛受纸张表面水量及耐水性的影响。

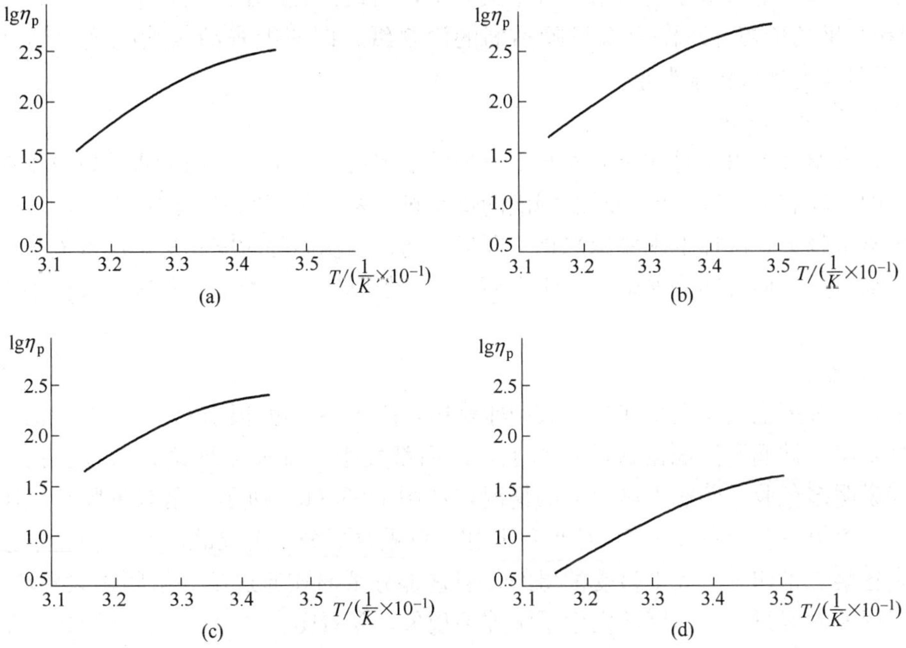


图 2-91　温度对 $\eta_p$ 的影响

(a) 卷筒纸平印油墨　(b) 凸版铅印油墨　(c) 单张纸平印油墨　(d) 新闻轮转油墨

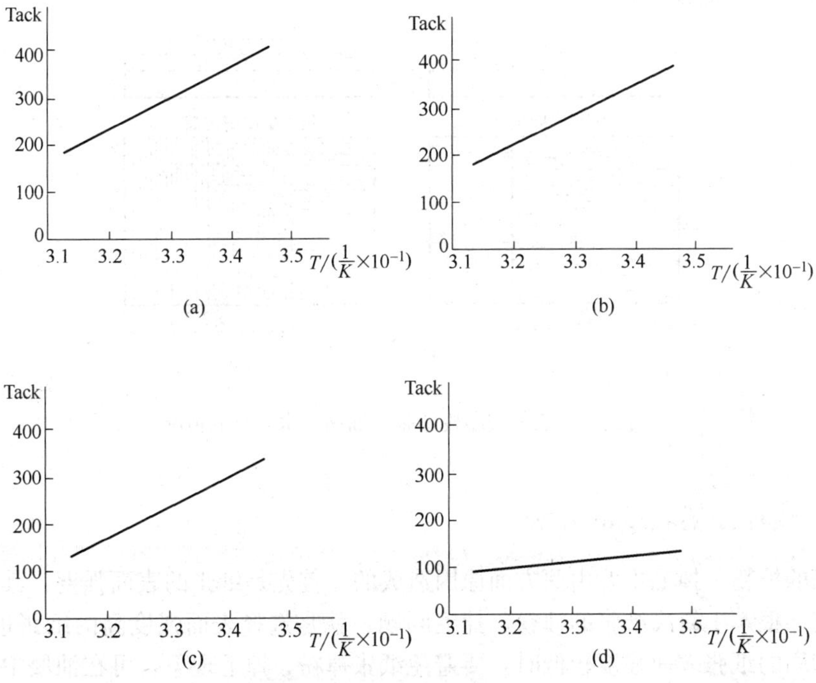


图 2-92　温度对 Tack 的影响

(a) 卷筒纸平印油墨　(b) 凸版铅印油墨　(c) 单张纸平印油墨　(d) 新闻轮转油墨

1. 纸张的耐水性

纸张的湿掉毛与纸张的耐水性有很大关系，当纸张的耐水性较差时，如用水溶性胶（如淀粉、聚乙烯醇等）作为涂料胶黏剂的涂料纸，即使纸张的表面强度很高（干燥时），但湿掉毛现象仍很严重。

2. 两色间隔时间

纸张的湿掉毛由于是在水的参与下发生的，因而还与纸张表面的水量以及水在纸面上停留的时间有关，即与印刷时润湿液的供给量、两色印刷间隔时间有关。印刷时润湿液的供给量越大，湿掉毛现象越严重。同样，两色印刷间隔时间越短，润湿液来不及向纸张内部渗透，而大部分滞留在纸张表面，从而加剧纸张表面浸润程度，湿掉毛现象越严重。

3. 印刷色序

纸张的湿掉毛主要发生在多色胶印印刷中，除了第一色印刷以外，后几色的单色印刷，都是印在被润湿液润湿过的白纸上，因而都发生了湿掉毛现象。以双色胶印机为例，来说明多色胶印印刷中湿掉毛的情况。如图 2-93（b）所示，用双色胶印机印刷的图像，是由第一色单色 a、第二色单色 b 和二色重叠部分 c 组成的，而第二色单色 b 部分，是在第二组印刷滚筒上接受油墨的，但这部分纸面在通过第一组印刷滚筒印刷时，已被润湿液润湿过一次，因而发生了湿掉毛现象，参看图 2-93（a）。同理可推，如果用四色胶印机进行印刷时，则第三色单色印刷部分的纸面要被润湿液润湿过二次，而第四色单色印刷部分的纸面要被润湿液润湿过三次。由此可见，在多色胶印印刷中，色序越后的单色部分湿掉毛现象越严重。

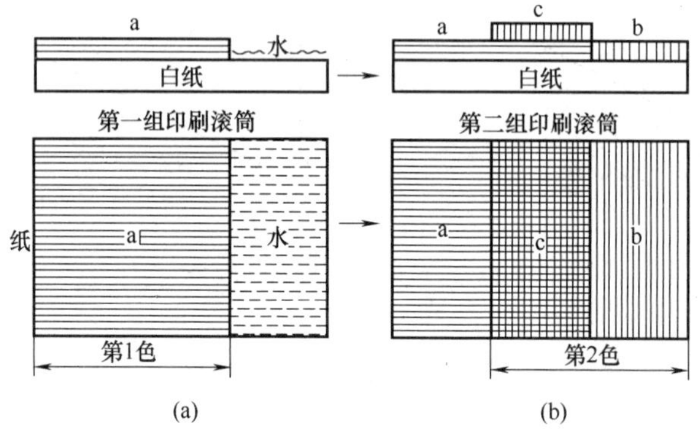


图 2-93　双色胶印机印张上油墨、水分布的情况

## 三、减轻油墨剥纸的方法

纸张的掉粉、掉毛主要由两方面原因造成的，首先是纸张的表面强度，其次是印刷条件。要从根本上解决纸张的掉粉、掉毛问题，就是选择表面强度高的纸张进行印刷。当供给印刷的纸张表面强度较低时，要避免纸张掉粉、掉毛现象，可在油墨中加入适量的撤黏剂，以降低油墨的黏着性，或在油墨中加入适量的调墨油（稀释剂），以降低油墨的黏度，从而提高纸张的剥纸速度，这是目前生产现场广泛应用、行之有效的方法。

表 2-15 是在印刷适性仪上，实测的 6 种纸张用加入适量撤黏剂的油墨和未加撤黏剂的油墨印刷的剥纸速度。从表 2-15 可以看出，如果在油墨中加入适量撤黏剂，6 种纸张的剥纸速度均有较大幅度的提高。

**表 2-15　　撤黏剂对纸张剥纸速度的影响**

| 纸张种类 | 墨样 | |
|---|---|---|
| | 8139 平印亮光油墨 | 8139 平印亮光油墨加入 3.4%8034 撤黏剂 |
| | 剥纸速度/(cm/s) | |
| 唐山 60g/m² 胶版纸 | 45 | 175 |
| 金钟 70g/m² 胶版纸 | 67 | 169 |
| 汉阳 80g/m² 胶版纸 | 151 | 194 |
| 北京 80g/m² 胶版纸 | 58 | 131 |
| 安徽 100g/m² 胶版纸 | 33 | 129 |
| 开山屯 60g/m² 胶版纸 | 42 | 163 |

若在油墨中加入适量的撤黏剂或调墨油后，仍然发生较严重的纸张掉粉、掉毛现象时，应根据纸张的性能，结合实际印刷条件，采用相应的措施来排除纸张掉粉、掉毛的故障。例如，对于多色胶印印刷，可减少润湿液的供给量至最低限度，且润湿液的供给量按印刷色序依次递增。另外，还可适当地减小印刷压力或降低印刷速度。

## 四、印刷适性仪剥纸速度与印刷机剥纸速度的关系

印刷适性仪是模拟印刷过程的小型试验机，可进行模拟印刷实验，操作简单、方便。在印刷适性仪上，可以测试得到纸张的剥纸速度，由于印刷适性仪上的印刷盘和扇形盘半径远远小于印刷机的滚筒半径，因此，在印刷适性仪上测得的纸张的剥纸速度与印刷机上的剥纸速度并不相同，但对于同样的纸张，在两种机器上的剥纸速度应有一定的关系。

在印刷适性仪上，设印刷盘半径为 $r_1$，扇形盘半径为 $r_2$，剥纸速度为 $v_{适}$，则纸张与印刷盘分离时的加速度 $a_{适}$ 为：

$$a_{适}=\left(\frac{1}{r_1}+\frac{1}{r_2}\right)v_{适}^2 \tag{2-68a}$$

在印刷机上，设印版滚筒半径为 $R_1$，压印滚筒半径为 $R_2$，剥纸速度为 $v_{机}$，亦是印刷机上不发生掉粉、掉毛的最高开机速度，则纸张与印版分离时的加速度 $a_{机}$ 为：

$$a_{机}=\left(\frac{1}{R_1}+\frac{1}{R_2}\right)v_{机}^2 \tag{2-68b}$$

加速度 $a_{适}$（$a_{机}$）是接触点处纸、墨之间的相对加速度，由于加速度的存在，便形成了油墨对纸张的剥离力。对于相同的纸张和油墨，假定油墨对纸张的剥离力在印刷适性仪和印刷机上相同，则 $a_{适}=a_{机}$，考虑到（2-68a）、（2-68b）两式，则有：

$$\left(\frac{1}{R_1}+\frac{1}{R_2}\right)v_{机}^2=\left(\frac{1}{r_1}+\frac{1}{r_2}\right)v_{适}^2 \tag{2-69a}$$

这就是纸张在印刷适性仪上的剥纸速度与在印刷机上的剥纸速度的一般关系式。

对于荷兰 AIC2-5 型印刷适性仪，由于其印刷盘半径 $r_1=3.25\text{cm}$，扇形盘半径 $r_2=8.5\text{cm}$，代入式（2-69a）得：

$$\left(\frac{1}{R_1}+\frac{1}{R_2}\right)v_{机}^2=0.34v_{适}^2 \tag{2-69b}$$

式中的 $R_1$、$R_2$ 应与 $r_1$、$r_2$ 有相同的单位，即 cm，$v_{机}$ 与 $v_{适}$ 应有相同的单位，即 cm/s。但是，实际生产中印刷机的印刷速度一般都用张/小时来表示，这就需要将印刷速度 $v_{机}$ 的单位由 cm/s 换算成张/h。

印刷机有平压平、圆压平、圆压圆三种，而圆压平又分为一回转印刷机和二回转印刷机，不同的印刷机印刷行程不同，则将印刷速度的单位由 cm/s 换算成张/h 的关系式不同。

一回转圆压平印刷机压印滚筒旋转一周印刷一张，所以 $v_{机1}$（张/h）与 $v_{机}$（cm/s）的关系为：

$$v_{机1}(张/h)=\frac{3600}{2\pi R}\cdot v_{机} \tag{2-70a}$$

式中 $R$ 为压印滚筒半径，单位为 cm。二回转圆压平印刷机压印滚筒旋转二周印刷一张，所以 $v_{机2}$（张/小时）与 $v_{机}$（cm/s）的关系为：

$$v_{机2}(张/h)=\frac{3600}{2\times 2\pi R}\cdot v_{机} \tag{2-70b}$$

式中 $R$ 为压印滚筒半径，单位为 cm。对于圆压圆印刷机，将印刷速度 $v_{机}$ 的单位由 cm/s 换算成张/h 的关系式与式（2-70a）相同。

对于圆压平印刷机，$R_1=\infty$，$R_2=R$，代入式（2-69b），同时考虑到式（2-70a）和式（2-70b）的换算关系，则有

$$v_{机1}=378\frac{v_{适}}{\sqrt{R}} \tag{2-71a}$$

$$v_{机2}=189\frac{v_{适}}{\sqrt{R}} \tag{2-71b}$$

对于圆压圆印刷机，一般地，$R_1=R_2=R$，代入式（2-69b），同时考虑到式(2-70a)的换算关系，则有

$$v_{机3}=264\frac{v_{适}}{\sqrt{R}} \tag{2-71c}$$

（2-71a、b、c）三式中的 $v_{机1}$、$v_{机2}$、$v_{机3}$分别是纸张在一回转圆压平印刷机、二回转圆压平印刷机和圆压圆印刷机上的剥纸速度，亦是不发生掉毛的最高印刷速度，单位为张/h，$v_{适}$ 是纸张在印刷适性仪上的剥纸速度，单位为 cm/s，$R$ 是印刷机滚筒直径，单位为 cm。

建立纸张在印刷适性仪上的剥纸速度与在印刷机上的剥纸速度的关系式，对实际印刷生产具有一定的指导意义。当在印刷适性仪上测得纸张的剥纸速度，根据上述关系式即可计算出在印刷机上避免纸张掉粉、掉毛的最高印刷速度。

## 思 考 题

1. 油墨在印刷机上的传输根据传递路线的长短，可以分为哪两类？分别用于什么

印刷中？油墨的传递要经过哪几个行程？各个行程的作用是什么？

2. 平版、凸版印刷机的墨层厚度是如何控制的？为什么在印刷过程中，墨斗中的油墨要保持一定的液面高度？

3. 平版、凸版卷筒纸印刷机的供墨方式有哪些？各有什么特点？

4. 长墨路输墨系统的分配行程是由哪些墨辊组成的？各有什么作用？分配行程的油墨传输性能参数有哪些？对分配行程油墨传输有何影响？

5. 试分析油墨在墨辊间的流动过程。在理想的油墨传输系统中，每对墨辊间隙前后的墨层有何关系？油墨在墨辊间的分配规律是什么？

6. 分析长墨路对印刷废品率的影响，为减少废品，采用单张纸印刷机印刷时应如何操作？

7. 举例说明，墨辊的排列方式对输墨的均匀性有何影响。从着墨辊的着墨率来看，你认为哪一种墨辊排列方式对油墨的传输有利？

8. 试说明长墨路输墨系统，利用增加墨辊数量，而不采用增加墨辊半径的方法，提高输墨的均一性的原因。

9. 胶辊的黏弹性效应对油墨的传输有什么影响？为什么冷却串墨辊的温度，可以提高输墨效果？

10. 对于长墨路输墨系统，为使印版获得厚薄均一的油墨膜层，油墨应满足哪些性能要求？

11. 网穴的结构及其分布密度对油墨的传递是如何影响的？

12. 照相凹版印刷的油墨传输方式有哪几种？各有何特点？其刮墨装置对油墨传输有何影响？

13. 对于照相凹版印刷，网穴对油墨转移有何影响？利用毛细管作用理论分析油墨转移机理，为什么印刷机要采用静电吸墨装置？

14. 柔性版印刷的油墨传输方式有哪几种？各有何特点？输墨系统对输墨性能有何影响？

15. 网纹辊有哪些种类？各有什么特点？网纹辊的技术参数有哪些？分别对印刷有何影响？如何选择网纹辊？如何保养网纹辊？

16. 网纹辊着墨孔的形状主要有哪些？各有什么特点？网纹辊着墨孔的结构、网纹辊的线数对柔性版印刷油墨传输有何影响？

17. 丝网的性能要求主要有哪些？丝网主要有哪几种？各有什么特点？

18. 丝网的技术参数主要有哪些？对印刷及油墨转移有何影响？着色丝网有何特点？如何选择丝网？

19. 丝网印刷条件对丝网印刷油墨转移有何影响？丝网印刷对印刷工艺条件有何要求？

20. 丝印刮板有何作用？有哪两类？其性能有何要求？

21. 什么是油墨转移率和油墨转移系数？如何测定印版墨量和转移墨量？

22. 试说明建立 W·F 油墨转移方程所依据的数学模型的特点和方程建立的过程。

23. W·F 油墨转移方程的参数有何物理意义？受哪些因素的影响？影响油墨转移

率的因素有哪些？分别是如何影响的？

24. 如何防止油墨的透印和粉化？

25. 纸张掉粉、掉毛的原因是什么？影响纸张掉粉、掉毛的因素都有哪些？分别是如何影响的？如何避免纸张的掉粉、掉毛？

26 飞墨产生的原因是什么？影响飞墨的因素有哪些？如何减轻飞墨现象的产生？

27. 表 2-16 列出了 J2108 机的墨滚直径数据，若实际印刷面积为 880 mm×615mm，墨辊长为 880mm，试计算着墨系数、匀墨系数和贮墨系数。

**表 2-16　J2108 机的墨滚直径数据**

| 辊名 | 墨斗 | 传墨 | 上串 | 中串 | 下串 | 匀墨 | 匀墨 | 匀墨 | 重辊 | 着墨 | 着墨 | 着墨 |
|---|---|---|---|---|---|---|---|---|---|---|---|---|
| 数量 | 1 | 1 | 1 | 1 | 2 | 2 | 2 | 2 | 4 | 2 | 1 | 1 |
| 直径/mm | 80 | 60 | 86.15 | 115.85 | 86.15 | 50 | 60 | 70 | 50 | 60 | 70 | 80 |

28. 图 2-94 是东芝 B-B 型胶印机的墨路图，试计算每根着墨辊的着墨率。

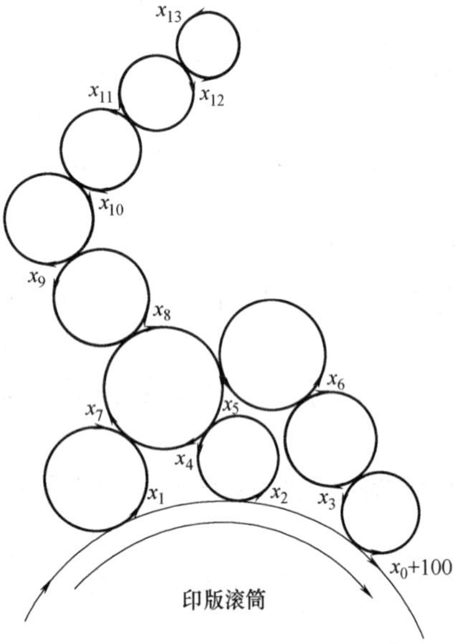


图 2-94　东芝 B-B 型胶印机的墨路图

29. 柔性版印刷时，若图像加网线数为 100lpi，要求 5%网点能印出，试求网纹辊的加网线数应为多少？（假设网纹辊的网穴为正四棱台形，且网墙宽度与网穴开口边长相同）

30. 若用丝网印刷一幅 4 开幅面的彩色图像印刷品，加网线数为 80lpi，试问，应选用什么丝网，目数为多少？网距如何设定？

31. 若丝网的目数为 305l/in，丝径为 35μm，试计算再现线条的最细宽度是多少？若要求 10%网点能印出，那么所印图像的最高加网线数为多少？

32. 选用 200l/in 的丝网，丝径为 0.05mm，网厚为 70μm，试计算该丝网的理论耗墨量。

33. 由油墨转移实验测得印版墨量 $x$ 和转移墨量 $y$ 的数据如表 2-17 所列。试给油墨转移方程参数 $b$、$f'$、$k$ 赋值，并写出 W・F 油墨转移方程。

**表 2-17　印版墨量 $x$、转移墨量 $y$ 数据（习题 33 用）**

| $x$/μm | 0.252 | 0.410 | 0.633 | 1.205 | 2.124 | 3.684 | 4.949 | 7.086 | 8.833 | 10.369 | 12.006 |
|---|---|---|---|---|---|---|---|---|---|---|---|
| $y$/μm | 0.030 | 0.389 | 0.080 | 0.148 | 0.589 | 1.773 | 2.811 | 3.969 | 4.864 | 5.218 | 5.867 |

| $x$/μm | 13.753 | 15.116 | 18.962 | 20.005 | 26.047 |
|---|---|---|---|---|---|
| $y$/μm | 6.288 | 6.681 | 7.921 | 8.126 | 9.108 |

34. 已知印刷油墨的流变参数有如下数据：$f_v=0.46$，$\tau_0=70$Pa，$\eta_p=90$Pa・s，$\eta_0=45$Pa・s，$\phi_0=0.1$，印版墨量 $x$、转移墨量 $y$ 的数据如表 2-18 所列。试按公式

(2-32)求 $f'$、按公式(2-33)求 $b$、按公式(2-36)求 $k$(提示:求 $b$ 时用最大三组墨量求平均值;求 $k$ 时,用最小三组墨量求平均值)。

表 2-18　　印版墨量 $x$、转移墨量 $y$ 数据(习题 34 用)

| | | | | | | | | | |
|---|---|---|---|---|---|---|---|---|---|
| $x/(g/m^2)$ | 0.310 | 0.532 | 0.810 | 0.975 | 2.20 | 3.30 | 5.58 | 8.90 | 11.26 |
| $y/(g/m^2)$ | 0.106 | 0.264 | 0.451 | 0.557 | 1.24 | 1.76 | 2.76 | 4.15 | 5.17 |

35. 对平均毛细管半径为 0.1μm 的纸张,用黏度为 1Pa·s,表面张力为 $36\times10^{-5}$ N/cm 的油墨印刷,3s 后的渗透深度为多少?(纸张与油墨的接触角假定为 0°)

36. 设印刷压力为 $30kg/cm^2$,印刷速度为 2m/s,用黏度为 1Pa·s,表面张力为 $28.9\times10^{-5}$N/cm 的油墨印刷,第 1 色印刷 0.1s 后印刷第 2 色。试计算第 2 色印刷前油墨渗入纸张的深度(纸张与油墨的接触角假定为 0°,纸张的平均毛细管半径为 1μm,印刷接触宽度为 0.4cm)。

37. 设印刷适性印版滚筒半径、压印滚筒半径各为 5cm、10cm,印刷速度为 3m/s 时开始剥纸,试问:用印版滚筒半径、压印滚筒均为 40cm 的轮转印刷机,在不剥纸的原则下,每小时最多可印多少张?

38. 在 AIC2-5 型印刷适性仪上,测定某种纸张的拉毛速度是 250cm/s,若将该纸张用于滚筒半径为 150mm 的胶印机上印刷,试计算印刷速度低于每小时多少张,纸张基本不发生掉粉、掉毛的故障?

39. 某种胶版纸要用于滚筒半径为 175mm 的胶印机上印刷,印刷速度为 12000 张/h,试计算该纸张在 AIC2-5 型印刷适性仪上的拉毛速度应高于每秒多少厘米时,才不会不发生掉粉、掉毛的故障?

# 第三章　印 刷 压 力

印刷压力是印刷机设计和油墨向承印物表面转移的基础，它不仅是实现印刷过程的根本保证，而且在很大程度上决定着印刷的质量。

随着科学技术的发展，目前尽管已出现了无压印刷技术（Non-impact Printing），比如包括了静电照相、喷墨成像、热蜡转移、染料热升华、磁成像、电荷沉积等方法，但依靠印刷压力实现油墨转移的印刷方式仍然在印刷技术中占有主导地位。

## 第一节　印刷压力的基本概念

### 一、印刷压力的作用

在现代有压印刷技术中，印刷压力的形式是通过印刷机的压印机构实现的，而印刷机的压印机构由印版部件和压印部件两个主体部件组成，但由于印刷方式和印刷机型的不同，印刷机的压印机构也不是完全相同。比如，在凹版印刷中，压印机构由印版部件和压印部件两部分组成，但在平版印刷（胶印）中，则是由印版部件、橡皮滚筒部件和压印部件三部分组成的。另一个方面，根据压印部件的不同形状，压印部件又可分为圆压平的形式，也可以是圆压圆的形式，不过，在现代印刷机上，基本都属于圆压圆的形式。为此，印刷机上的压印机构应该包括印版滚筒、压印滚筒，对于胶印机来说还包括了橡皮滚筒。有的印刷机上的印版滚筒包括印版滚筒体、包衬、印版；压印滚筒包括压印滚筒体和包衬，橡皮滚筒包括橡皮滚筒体、包衬和橡皮布。

图 3-1 表示的是现代印刷机上最典型的压印体接触的方式。假定 $O_2$ 轴不动，而在 $O_1$ 轴上有作用力 $p_1$，$p_1$ 沿 $O_1O_2$ 指向 $O_2$，则在 $O_2$ 处有约束反力 $p_2$，$p_2$ 与 $p_1$ 大小相等，方向相反。在力 $p_1$、$p_2$ 的作用下，压印体变形，便形成了一个接触面，叫压力作用面，简称压印面。

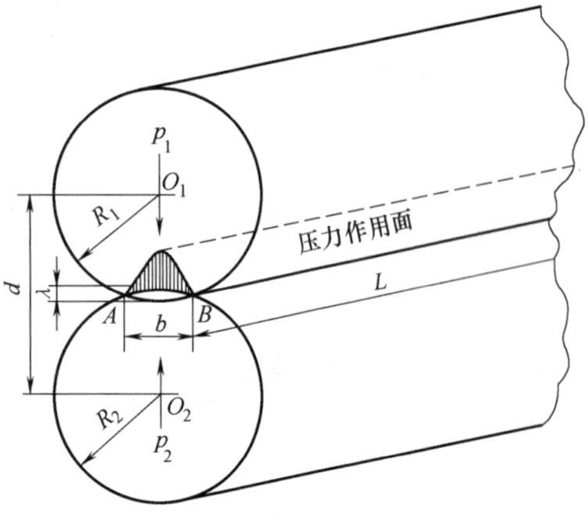

图 3-1　印刷压力与压力作用面

印刷压力是指油墨转移过程中压印体在压印面上所承受的压力，即沿压印面的法向，指向压印面的力。

在现代的印刷机上，压印体的表面存在一定的粗糙度或不平整性，制造、装配中不可避免有误差，只有在印刷压力的作用下，压印体表面才可能充分接触，进行油墨转移。所以，从根本上说，印刷压力的功能，就是强制地使压印体充分接触，以利于油墨的转移。但印刷压力并非越大越好，而是要适中。印刷压力过大，会加剧印版的磨损、增加印刷机的负荷，若用网线版印刷，还会因油墨的过分铺展而影响印刷品的阶调和颜色的再现；印刷压力过小，会引起承印材料与油墨接触不良，转移墨量不足，印刷品墨迹浅淡不清，若用网线版印刷，甚至会造成印刷品高光部位的网点因着墨不良而丢失。

因此，正确地确定印刷压力对于有压印刷技术而言非常重要，它是决定印刷产品的质量、印版的耐印率以及印刷机使用寿命的重要因素。

## 二、印刷压力的表示方法

印刷压力在有压印刷技术中起着重要作用，因此世界各国都对印刷压力进行研究和测试。由于研究的角度和测试的方法不同，从而在印刷技术中形成了多种表示印刷压力的方法和单位。

### （一）总压力（$p_s$）

总压力是指在压印刷过程中，施加在压印体轴承两端的力，用 $p_s$ 表示，其单位为牛（N），如图 3-2 所示。在平版胶印印刷过程中，对于采用双套偏心轴做离合的平版胶印机来说，由于它是通过橡皮布滚筒偏心轴承的旋转作离合的，印版滚筒上印版表面和压印滚筒上承印物表面所受的压力都是通过它施加上去的。在数值上分别等于印版滚筒轴承上和压印滚筒轴承上所受的力，前者为印版压力，后者为压印压力。

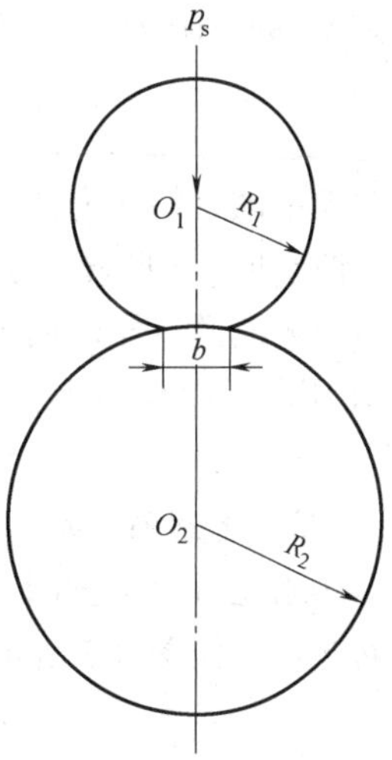

图 3-2　压印过程中的总压力

### （二）线压力（$p_l$）

对于两个压印体而言，两压印体的接触如果看成是线接触的话（实际的印刷机上不是这样），从印刷工艺的角度，印刷人员更加关注沿压印体的母线方向，单位长度上印刷压力的大小，从而确定轴向印刷压力的均匀。这种沿压印体母线方向单位长度上的印刷压力称之为线压力，用 $p_l$ 表示，单位为 N/m，如图 3-3 所示。其值可由下面的公式计算得到：

$$p_l=\frac{p_s}{l} \tag{3-1}$$

式中，$l$ 为压印体的母线长度或压印面长。

### （三）平均压力（$p_{cp}$）

在实际的印刷机上，由于压印体的表面（一个或两个压印体）有包衬存在，因此，当两个压印体接触时，并不是上述所说的线接触，由于包衬的变形，实际压印体的接触为面接触，即在压印区域存在一定的压印宽度，用 $b$ 表示，如图 3-4 所示。这样便认为印刷的总压力是平均分布在压印区域的各个部位，因此形成了平均压力的概念，这个平均压力也称面压力。

平均压力就是总压力 $p_s$ 除以压印面积 $S$，即单位面积上所承受的力，其单位为 $N/m^2$，其值可用下式计算得到：

$$p_{cp}=\frac{p_s}{S}=\frac{p_s}{b\cdot l} \tag{3-2}$$

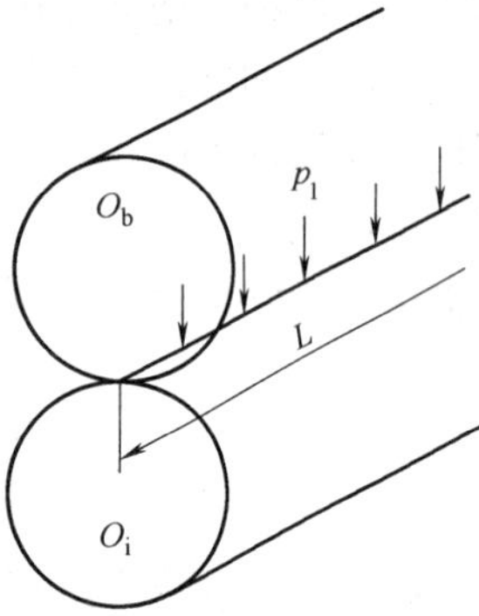


图 3-3　线压力的表示方法

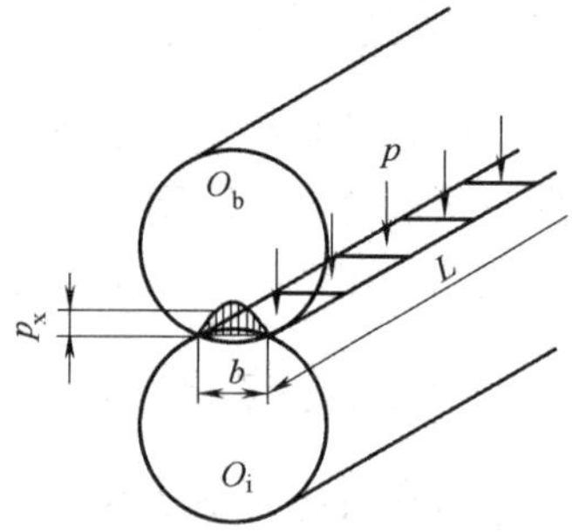


图 3-4　平均压力的表示方法

如果要表示压印面上某一点的压力强度，可围绕该点取一个微小的面积 $\Delta S$，若作用在 $\Delta S$ 上的压力为 $p_{\Delta S}$，则可用 $p_{\Delta S}$ 近似地表示该点的压力强度，而当 $\Delta S$ 趋于零时 $p_{\Delta S}/\Delta S$ 的极限为：

$$p_d = \lim_{\Delta S \to 0} \frac{p_{\Delta S}}{\Delta S} \tag{3-3}$$

表示该点的压力强度，叫做该点的压强或比压，常用的单位为 Pa（$N/m^2$），工程上习惯于把 $p_d$ 叫做一点的压力。

一般地说，压印面上各点的压力 $p_d$ 并不相同，即 $p_d$ 是压印面上各点位置的函数，$p_d$ 在压印面面积 $S$ 上的积分即是总压力 $p_S$，即

$$p_S = \int_S p_d \mathrm{d}S \tag{3-4}$$

**（四）压缩量（λ）**

印刷压力保证压印表面充分接触的前提是压印体（特别是压印体的表层）能够发生压缩变形，如图 3-5 所示。两个压印体合压时最大压缩变形量 $\lambda_{max}$ 为：

$$\lambda_{max} = R_1 + R_2 - d \tag{3-5}$$

式中的 $\lambda_{max}$ 在以后的章节中简写成 $\lambda$，其单位为 mm 或者丝米（$10^{-5}$m），$R_1$、$R_2$ 分别是压印体 1 和压印体 2 的半径，$d = O_1O_2$ 是合压后压印体间的中心距。以圆压圆式的凸版印刷机为例，压印体 1 为压印滚筒，压印体 2 为印版滚筒，则有

$$R_1 = r_1 + \delta_1, R_2 = r_2 + \delta_2 \tag{3-6}$$

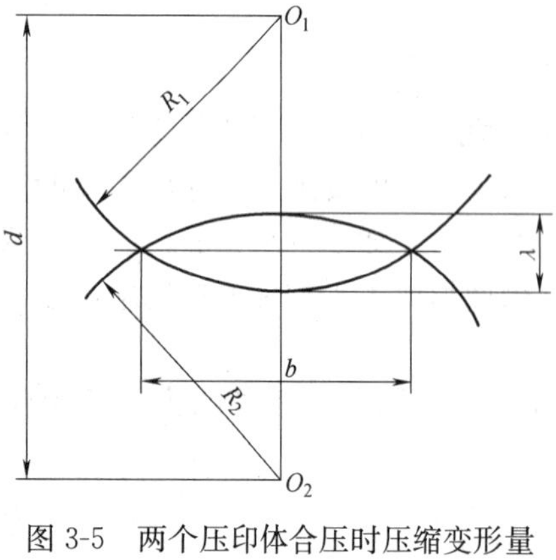


图 3-5　两个压印体合压时压缩变形量

式中，$r_1$、$r_2$ 分别为压印滚筒和印版滚筒的筒体半径，$\delta_1$ 为压印滚筒的包衬和承印材料的厚度，$\delta_2$ 为印版滚筒的包衬和印版的厚度。从图 3-5 中还可以看到，压印体的压缩变形量在压印面宽度的中点取得最大值 $\lambda$，在宽度的两端为零，沿宽度按一定的规律分布。这种规律后面还要进一步讨论。印刷工艺中，十分关心最大压缩量 $\lambda$ 的大小和取得 $\lambda$ 的位置。因为 $\lambda$ 的大小在很大程度上表征了印刷压力和压缩变形的水平，而取得 $\lambda$ 的位置又在一定程

度上表明了印刷压力和压缩变形的分布规律。

压缩量$\lambda$虽然不是印刷压力的计量单位，但是由于$p$-$\lambda$之间有着相应的关系，所以它能间接反映出印刷压力的大小。用压缩量$\lambda$来表示印刷压力的方法很直观、很简便，只需要千分尺和筒径仪进行测量就能计算出$\lambda$值，而测量也很方便。所以在一般平版印刷中，都广泛采用压缩量$\lambda$来控制和描述印刷压力。

**（五）压印宽度**

压印宽度也称压印线（nip）。圆压平和圆压圆印刷机滚筒表面的接触面是细长的矩形平面或曲面，其轴向有效接触长度（压印区域的轴向尺寸）不随印刷压力的变化而变化，而接触宽度却随印刷压力的增大而加宽。因此它也能间接地反映印刷压力的大小，其单位是毫米（mm）。

最后要指出，压印面宽度$b$与最大压缩量$\lambda$有确定的关系，而$\lambda$与$b$又都与印刷压力有关，所以，可以用$\lambda$和$b$间接地表示印刷压力，特别是在印刷工艺中，压力的控制主要是通过调节包衬达到的，而$\lambda$和$b$的大小主要取决于包衬和橡皮布的压缩变形，压缩量$\lambda$和压印宽度$b$两者有如下关系，如图3-6所示。

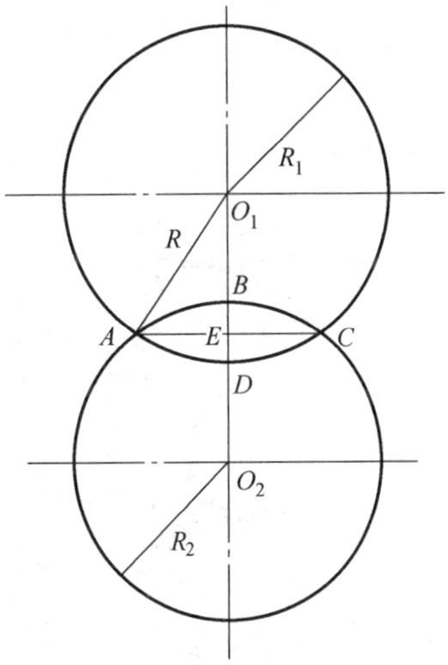


图3-6　压缩量$\lambda$和压印宽度$b$的关系

图中$AC$的长度为压印宽度$b$，$BD$的长度为压缩量$\lambda$，$BE$的长度为$\lambda_1$，$DE$的长度为$\lambda_2$，即$\lambda_1$、$\lambda_2$分别为两压体的压缩量，$R_1$、$R_2$分别为两个压印体的半径。根据直角三角形$O_1AE$和$O_2CE$，则有：

$$R_1^2=(R_1-\lambda_1)^2+\left(\frac{b}{2}\right)^2$$

$$R_2^2=(R_2-\lambda_2)^2+\left(\frac{b}{2}\right)^2$$

将上述两式进行展开计算并忽略高阶小量，可得到近似公式为：

$$\lambda_1=\frac{b^2}{8R_1},\lambda_2=\frac{b^2}{8R_2}$$

又

$$\lambda=\lambda_1+\lambda_2=\frac{b^2}{8}\cdot\frac{(R_1+R_2)}{R_1R_2} \tag{3-7}$$

对于胶印机而言，一般认为印版滚筒和橡皮滚筒的有效直径相等，即$R_1=R_2=R$，则有：

$$\lambda=\frac{b^2}{4R} \tag{3-8}$$

## 三、印刷压力的来源

如前所述，印刷压力保证压印表面充分接触的前提是压印体（特别是压印体的表层）能够发生压缩变形，即在印刷压力的作用下，压印体的变形主要来自于包衬或橡胶的变形。

**（一）胶印印刷压力的来源**

对于胶印来说，印刷机的类型分为单张纸胶印机和卷筒纸胶印机（最常见的是B-B

型胶印机)，其印刷的原理如图 3-7 所示，单张纸胶印机的印刷部件主要由印版滚筒、橡皮滚筒和压印滚筒，卷筒纸胶印机的印刷部件由两个印版滚筒和两个对滚的橡皮滚筒组成。无论是哪一种印刷机类型，一般说来，印版滚筒由印版滚筒体、包衬和印版组成，而橡皮滚筒则是由橡皮布滚筒体、包衬和橡皮布组成，对于压印滚筒通常情况下是一根裸露的金属刚性滚筒。因此，当它们之间进行接触时，印版滚筒由于印版是金属，在印刷压力的作用下，印版变形极小，可以忽略不计，变形的只有印版滚筒的包衬；对于橡皮滚筒，由于其表面包裹着包衬和橡皮布，在印刷压力的作用下，包衬和橡皮布的变形较大；压印滚筒由于是刚性滚筒，其变形也可以忽略不计，因此在胶印印刷中，印刷的压力来源于包衬和橡皮布的变形。

**（二）凸版印刷压力的来源**

凸版印刷可分为普通的凸版印刷（长墨路供墨方式）和柔性版印刷（短墨路供墨方式），其印刷机的印刷结构如图 3-8 所示。

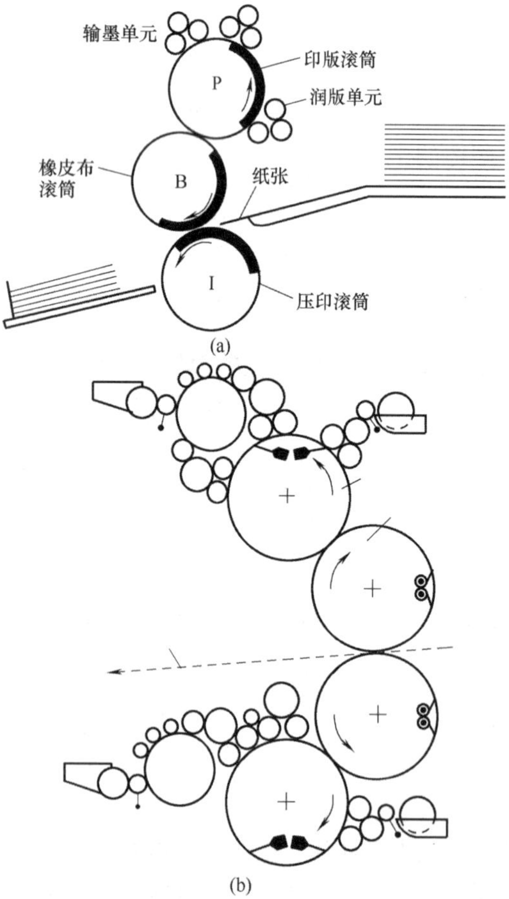


图 3-7　胶印机的印刷结构

（a）单张纸胶印机　（b）卷筒纸胶印机

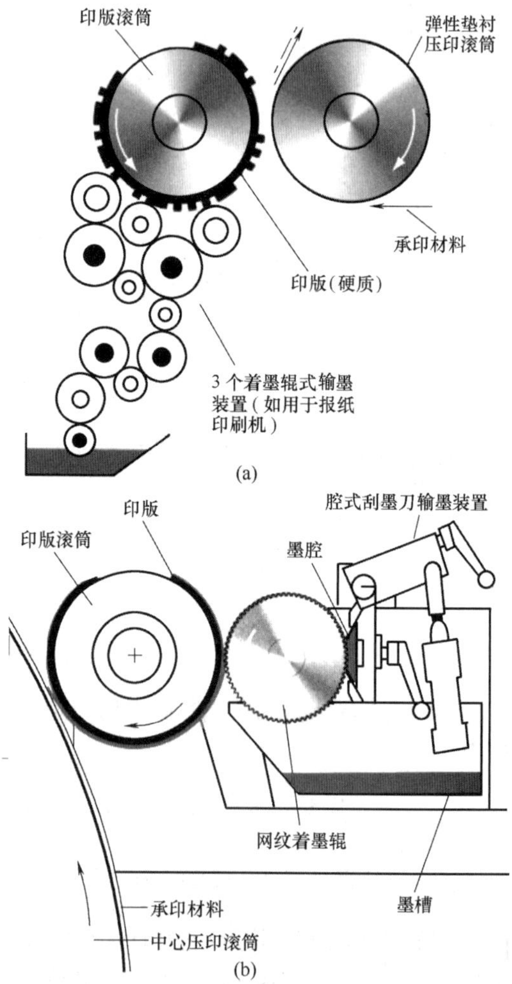


图 3-8　印刷机的印刷结构

（a）普通凸版印刷机　（b）柔性版印刷机

对于普通的凸版印刷机来说，印刷部件主要是由印版滚筒和压印滚筒组成，印版滚筒采用了非金属性质的树脂版，在印刷压力的作用下，印版会产生一定的变形，其变形相对来说较大，对于压印滚筒而言，由于其表面包裹着包衬，在印刷压力的作用下产生较大的变形。因此，凸版印刷中压力也来自包衬的变形。

对于柔性版印刷而言，印刷部件主要是由印版滚筒、压印滚筒和网纹辊三部分组成，由于压印滚筒和网纹辊都是裸露的刚性很高的滚筒，在印刷压力的作用下，变形极小；印版滚筒主要是由印版滚筒体、双面胶带和高弹性的印版组成，在印刷压力的作用下，会产生比较大的变形，考虑到印刷工艺的要求，其产生的变形主要表现在双面胶带上。因此，柔性版印刷压力的来源是双面胶带，我们也可将双面胶带称之为广义上的包衬。

**（三）凹版印刷压力的来源**

凹版印刷机的印刷结构如图 3-9 所示，其印刷部件主要由印版滚筒和压印滚筒组成。凹版印刷中的印版为镀铬的铜滚筒，有极高的刚性，在压力的作用下，变形极小。而压印滚筒表面包裹着一层橡胶，也可称之为包衬，在压力的作用下会产生较大的变形，因此，凹版印刷中的压力也来自于包衬的变形。

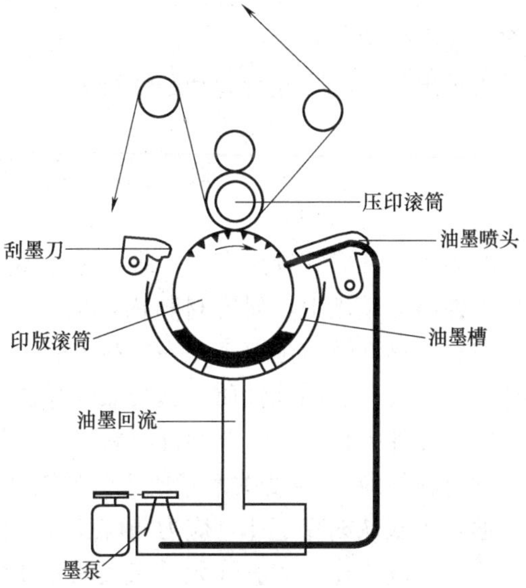

图 3-9 凹版印刷机的印刷结构

**（四）丝网印刷压力的来源**

丝网印刷机的印刷结构如图 3-10 所示。其印刷部件主要由丝网版和刮板两部分组成。丝网版上的丝网薄，而且在绷网的过程中有一定的张力，在印刷压力的作用下，变形比较小，而丝网中的刮板头上包裹着一层橡胶，在印刷压力的作用下，橡胶头产生变形，形成印刷压力，因此，丝网印刷的压力也来自包衬的变形。

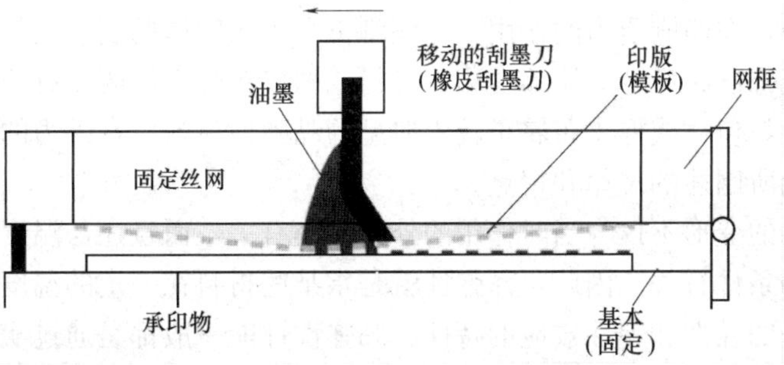

图 3-10 丝网印刷机的印刷结构

在一定的外力作用下，材料的变形取决于材料的力学性质，即主要取决于弹性模量、泊松比、屈服极限、黏度等。而对于一定的材料，作用力与变形之间存在着固定的关系，即所谓本构关系。压印体也是这样，在一定的印刷压力作用下，压印体变形将取决于材料的性质。

从上面的几种印刷方式也可以看出，圆压平印刷机的装版台、压印滚筒的筒体以及圆压圆印刷机压印体的筒体都是金属制成的，都有很高的刚度，印刷压力作用下的变形很小，在压印体的变形分析中可以忽略不计，即将所有的筒体都看成是刚性的圆筒，装版台则是刚性的平台。因此，压印体的压缩变形可视为由承印材料、印版、包衬和橡皮布的压缩变形组成的。承印材料一般比较薄，相对变形不一定很小，但绝对变形很小；印版多为金属材料制成，变形也很小；只有包衬和橡皮布的变形很大，因此，分析压印体和压缩变形主要是分析包衬和橡皮布的压缩变形。

包衬和橡皮布都是复合材料，包衬由纸板、毛呢、橡皮布等材料叠合而成；橡皮布由多层棉布骨架和胶层粘合而成。包衬和橡皮布在外力作用下，不仅产生很大的变形，而且表现出复杂的弹性行为和塑性行为。

## 第二节　印刷包衬的变形

在固体力学研究领域有一个理论称之为黏弹性理论，该理论在考虑材料的弹性性质和黏性性质的基础上，研究材料内部应力和应变的分布规律以及它们和外力之间的关系。材料的黏性性质主要表现为材料中的应力和应变率有关。目前有不少材料，既具有弹性性质，又具有黏性性质，这种兼具弹性性质和黏性性质的材料称为黏弹性体或黏弹性材料。在外力作用下，黏弹性材料产生弹性变形，而且变形还随时间而变化。因此，黏弹性材料的应力-应变关系就成为黏弹性理论的主要研究内容。

通常用服从胡克定律（应力与应变成正比）的弹性元件和服从牛顿黏性定律（即应力和应变率成正比）的黏性元件来表征黏弹性体的特性。用这两种元件的不同组合模型可以反映多种复杂黏弹性体的应力-应变关系。两种最基本的黏弹性体模型是麦克斯韦模型和开尔文模型。

### 一、包衬的变形特点

现代印刷中，在印刷压力的作用下，印刷机上的压印体的变形主要是通过包裹在压印体上的包衬或橡皮布产生的压缩变形，包衬或橡皮布的变形既具有弹性性质，又具有黏性性质。因此，包衬或橡皮布属于较为典型的黏弹性材料，在外力的作用下，其变形符合黏弹性理论所阐述的规律和特点。

黏弹性材料的变形不仅与当时作用的外力大小有关，而且还与温度的变化、力的作用时间和加载的条件有关，因此，黏弹性就是指某些材料在一定的温度范围内和一定的加载条件下兼有的黏性和弹性效应的特性。黏弹性性能一般都是通过实验加以确定的。

**（一）黏弹性性质与时间变化的关系**

如图 3-11 所示，给出的是在恒定的温度下，黏弹性材料受单向拉伸作用时加载与响应随时间的变化关系。

(1) 蠕变　在时间 $t=0$ 时施加常应力 $\sigma_0$，则应变 ε 随时间 $t$ 以减小的速率增加，且应变 ε 随应力的大小而增减，图中虚线表示的是弹性材料的相应特性。

(2) 松弛　在时间 $t=0$ 时施加常应变 $\varepsilon_0$，则应力从某起始值随时间而减小。

(3) 恢复　所施加的外力部分或全部撤除，则应变作为时间的函数减小或恢复，也就是说存在还原滞后的特性。

(4) 恒比应力　即施加的应力随时间成比例增加时，应变与时间成非线性增加，图中虚线为弹性体为成等比例线性增加。

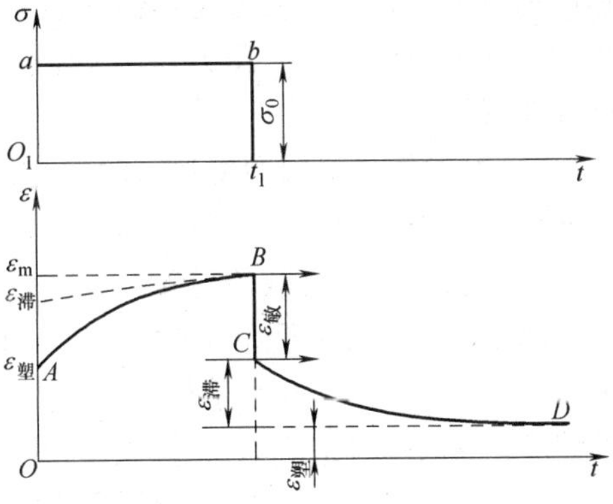


图 3-11　黏弹性材料受单向拉伸作用时加载与响应随时间的变化关系

(5) 恒比应变　随着应变成比例增加，应力、应变曲线上升的更陡。

从上面的五个响应形式，可以反映出黏弹性材料的力学性质随时间变化的特征。下面我们再进一步按黏弹性材料蠕变过程的不同变化规律，划分为几个变形阶段来说明。

在蠕变实验中，当在初时刻（$t=0$）对黏弹性材料加载，应力瞬即达到一个有限值 $\sigma_0$；此后保持载荷不变，则 $\sigma_0$ 亦保持恒定；到某时刻（$t=t_1$）卸载，应力瞬即由 $\sigma_0$ 降为零，在此加载与卸载的过程中，材料形变过程可以划分为敏弹性变形（$\varepsilon_{敏}$）、滞弹性变形（$\varepsilon_{滞}$）、塑性变形（$\varepsilon_{塑}$）三个阶段，总的应变（ε）为三个阶段的应变之和，即 $\varepsilon=\varepsilon_{敏}+\varepsilon_{滞}+\varepsilon_{塑}$，如图 3-11 所示。

敏弹性变形是由材料的理想弹性引起的变形，即服从胡克定律的瞬间弹性变形，是在加载的瞬间随应力同时达到的变形，这种变形发展很快，可认为与时间无关，$\varepsilon_{敏}=\sigma_0/E$，其中，$E$ 为弹性量，其值约为 $1\times10^9\,\text{N/m}^2$，此时材料坚为固体，称之为玻璃态；在此后载荷（及应力）保持恒定的过程中，$\varepsilon_{敏}$ 亦保持恒定并无发展；而在卸载的瞬间，变形瞬即消失，材料恢复原状。

在敏弹性变形后，如果 $\sigma_0$ 继续保持恒定不变，但此时总应变 ε 随时间的延长继续增加，这就是所谓“蠕变现象”，直到 $t=t_1$ 时刻达到最大值，此后的总应变中的增量包括了滞弹性变形（$\varepsilon_{滞}$）和塑性变形（$\varepsilon_{塑}$）两部分。

滞弹性变形是由材料的黏弹性引起的变形，是在载荷（及应力）保持恒定的过程中逐渐发展的变形；但在卸载的瞬间，$\varepsilon_{滞}$ 不会瞬即消失，而是随时间的推移而逐渐地消失，最终材料也能恢复原状。

塑性变形是由材料黏性流动引起的变形，是不可恢复的变形，服从牛顿流体定律，只有当载荷足够大（应力达到材料的屈服极限）时，才有可能发生，也是在载荷（及应力）保持恒定的过程中逐渐发展的变形。不过，$\varepsilon_{塑}=\sigma_0(t/\eta)$，式中 $\eta$ 为黏系数，与流体的性质有关。不仅在卸载的瞬间不会瞬即消失，而且随着时间的推移永远不会消失，成为材料的永久变形，材料就再也不能恢复原状了。

在图 3-11 的 ε-$t$ 关系曲线中，$OA$ 段表示敏弹性变形的发生过程，$AB$ 段表示滞弹性变形和塑性变形的发展过程，$BC$ 段表示敏弹性变形的消失过程，$CD$ 段表示滞弹性变形的消失过程，剩余变形是塑性变形了。这里的 $\varepsilon$-$t$ 关系曲线是在应力大于材料屈服极限的条件下得到的，若压力并不大于材料的屈服极限，则所得到的 $\varepsilon$-$t$ 关系曲线上没有塑性变形。

**（二）黏弹性材料应力松弛与时间变化关系**

所谓的应力松弛就是在恒定的温度和变形保持不变的情况下，黏弹性材料内部的应力随时间增加而逐渐衰减的现象。

在印刷机上，特别是在胶印机上，由于包衬或橡皮布需要以一定的力固定安装在对应的滚筒上，一旦固定，相当于包衬或橡皮布施加了一个恒定的应变 $\varepsilon_0$，现在来观察应力松弛的情况。此时也可把应力松弛模数与时间对数曲线划分为几个阶段，如图3-12所示。

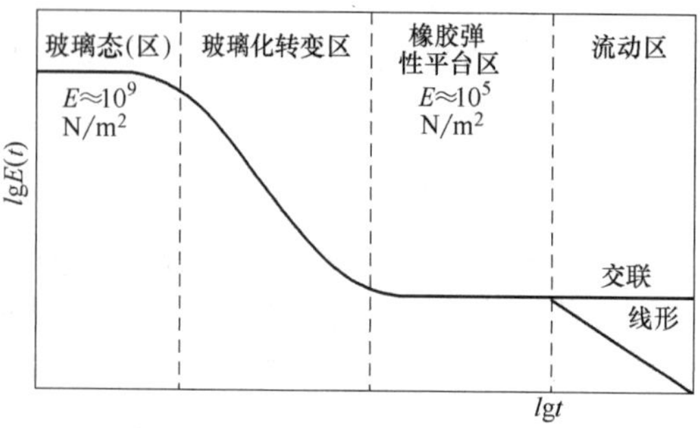


图 3-12　应力松弛模数与时间的对数关系

从松弛模数 $E(t)$ 与时间的对数曲线可以看出，$E$ 值能从短时间的玻璃态模数 $E(g)$ 值，约为$1\times10^9\,N/m^2$，松弛到长时间的橡胶态模数$E(e)$值，约为 $1\times10^5\,N/m^2$。同时从图上也能看出二者与时间的关系都不太大，但需要经过松弛区域，在这个典型的黏弹区域里，$E(t)$ 值与时间的关系极大。

**（三）黏弹性性质与温度变化关系**

黏弹性材料性质不仅与时间有关，而且更直接地受温度的影响，如图 3-13 所示。当温度高时，材料变得柔软，呈现出橡胶态，其应力-应变关系是明显的非线性变形，在加载时间短时，其变形完全可以恢复。温度降低时则模数逐渐提高，直至达到玻璃态，此时材料表现似坚硬固体，加载后产生微小的变形，在短时间内卸载，变形可完全恢复。但是持续一段时间后则材料呈现出黏弹性，卸载后则变形不能完全恢复，而保留了黏性流动部分的变形。

**（四）黏弹性材料的滞后与内耗**

为了得到黏弹性材料的 $\sigma$-$\varepsilon$ 关系曲线，需要连续地增大（或减小）载荷，测定对应的$\sigma$值和$\varepsilon$值。实际上每对 $\sigma$、$\varepsilon$ 值的测定，都是在足够短的时间内保持 $\sigma$ 恒定的情况下进行，$\sigma$ 是一个时间区间极小的跃函数。应力变化的规律就由许多这样时间区间极小、$\sigma$ 依次增大的阶跃函数组成的。

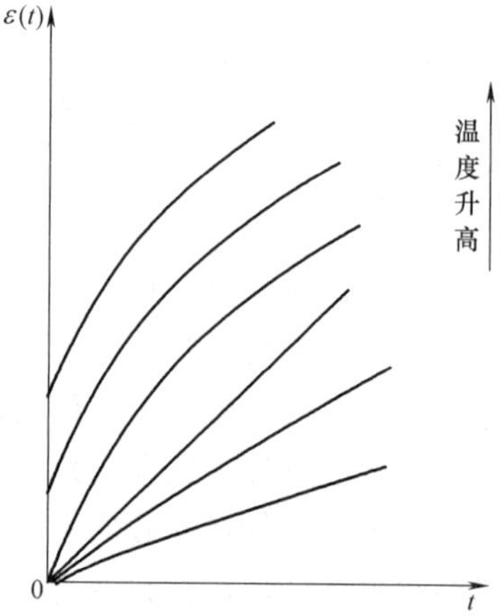


图 3-13　黏弹性材料变形与温度关系

在加载过程中，由于材料黏性的存在，$\varepsilon$ 滞后于$\sigma$，前一个应力引起的应变尚在发展中，随后的应力便接着作用了，而在卸载过程中，每一个应力都是在材料的变形充分发展后作用的。因此，同一个 $\sigma$ 值，在加载过程中所对应的 $\varepsilon$ 值，要比卸载过程中所对应的 $\varepsilon$ 值小；加载过程的 $\sigma$-$\varepsilon$ 关系曲线与卸载过程中的 $\sigma$-$\varepsilon$ 关系曲线不可能重合，如图 3-14（a）所示。加载过程的 $\sigma$-$\varepsilon$ 关系曲线 $ACB$ 与卸载过程中的 $\sigma$-$\varepsilon$ 关系曲线 $BDA$，形成一个封闭圈 $ACBDA$，叫黏弹性材料的滞后圈，有明确的物理意义。

在图 3-14（a）中，面积 $ACBE$ 等于加载过程中外力对材料所做的功，面积 $ADBE$ 等于卸载过程中材料对外界所做的功，这两块面积之差即是滞后圈 $ACBDA$ 所围面积，它等于被材料耗散的部分机械能，由材料分子的内摩擦而转变成热能。

如果材料有塑性变形，卸载过程的 $\sigma$-$t$ 曲线不能回到 $A$ 点而回到 $A'$ 点，$AA'$ 等于塑性变形，$ABA'A$ 是滞后圈，如图 3-14（b）所示。

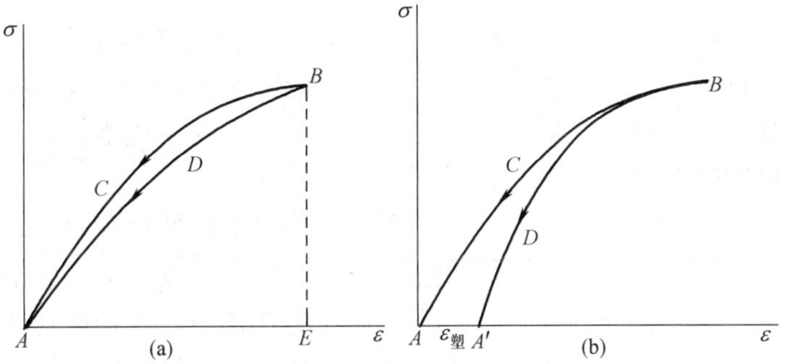


图 3-14　黏弹性材料一个加载卸载过程的 $\sigma$-$\varepsilon$ 关系曲线

另一个方面，如果黏弹性材料在交变应力或交变应变作用下，研究黏弹性材料的应变或应力随时间的变化，称之为黏弹性材料的动态力学行为。

在周期性变化的作用力中，最简单而且容易处理的是正弦变化的应力 $\sigma(t)$，有 $\sigma(t)=\sigma\sin\omega t$。

对于理想的弹性体，应力正比于应变，比例常数为固体的弹性模量，即应变也是相应的正弦应变，则有 $\varepsilon(t)=\varepsilon\sin\omega t$。应力与应变之间没有任何相位差，如图 3-15（a）所示。在应力的一个周期里，外力所做的功全部以弹性能的形式储存起来，而后又全部释放出来变成动能，使材料回到它的起始状态，没有能量的损耗。

对于理想的黏性液体，应力与应变速率成正比，应变与应力有 90°的相位差，即 $\varepsilon(t)=\varepsilon\sin(\omega t-90°)$，如图 3-15（a）所示，用以变形的功全部损耗为热能。

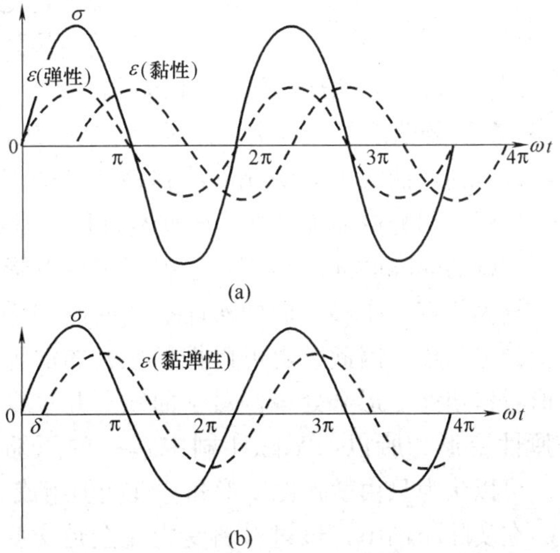


图 3-15　不同特性材料对正弦应力的响应
（a）理想弹性固体和理想黏性液体　（b）聚合物

对于黏弹性材料对外力的响应部分为弹性，部分为黏性，那么应变之间也存在一个相位差，设有 $\delta$，则有 $\varepsilon(t)=\varepsilon\sin(\omega t-\delta)$，在每一个周期中，损耗一部分能量为热能，如图 3-15（b）所示。

黏弹性材料在交变应力作用下应变落后于应力的现象称为滞后现象，由于发生了滞后现象，在每一次的循环变化中，作为热损耗掉的能量与最大储存能量之比称为力学损耗，这也是黏弹性材料的另一个重要特征。

## 二、印刷包衬的变形特点

印刷中使用的包衬材料种类比较多，最为典型的包衬材料有纸张、橡皮布和塑料等，但是在实际使用的过程中，往往会将几种不同的包衬材料复合在一起，而且不同类型的包衬材料在多次的受压后便形成了一个整体。印刷机上滚筒的包衬是材质不均、各向异性的黏弹性材料，因此，要分析包衬材料的黏弹性的力学特性，困难就更大。

从前面对黏弹性材料的分析可知，其在印刷过程中的受压变形，一般由敏弹性变形、滞弹性变形和塑性变形组成。

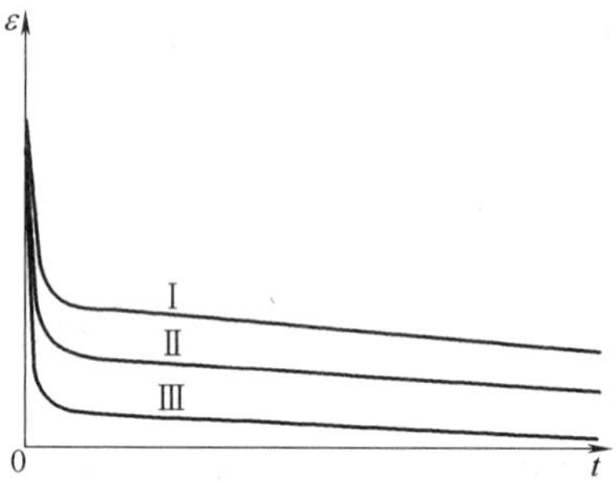


图 3-16　不同材料应变 ε 与时间变化的关系曲线

但是，使用不同的包衬材料，其变形特性曲线也不相同，图 3-16 为三种不同材料的包衬，在相同印刷压力作用下，在撤除压力之后，包衬材料应变 ε 与时间变化的关系曲线。

从图中可以看到，不同包衬材料的敏弹性变形、滞弹性变形和塑性变形是不同的，曲线Ⅰ中三种变形都存在，曲线Ⅱ三种变形也都存在，但滞弹性变形比曲线Ⅰ中的小很多，曲线Ⅲ中几乎不存在滞弹性变形，而只有敏弹性变形和塑性变形。这是由于不同包衬材料的黏弹性力学行为不同所导致的。

同样，图 3-17 给出了同一种包衬材料，一个是新的包衬，得到的受压后应变 ε 随时间 $t$ 的恢复曲线Ⅰ，一个是经过上千次受压得到的应变 ε 随时间 $t$ 的恢复曲线Ⅱ。从中可以看到，曲线Ⅰ有明显的滞弹性变形的恢复阶段，在实际印刷过程中，对于新包衬，尽管有明显的滞弹性变形的恢复过程，但是由于滞弹性变形完全恢复的时间，远比两次印刷的间隔时间长得多，包衬滞弹性变形完全恢复大约需几十秒，而两次印刷的时间间隔只有十分之几秒，因此，也可以把新包衬的滞弹性变形看作塑性变形来处理。对于曲线Ⅱ几乎没有滞弹性变形。所以，实际印刷中包衬的压缩变形，可以认为只由敏弹性变形和塑性变形组成。

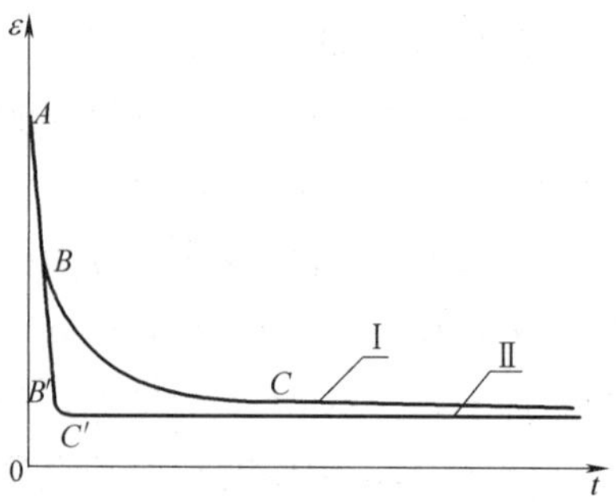


图 3-17　包衬变形的恢复曲线

在实际印刷中，包衬材料受力完全是交变应力，因此，在每一个循环周期内，包衬的塑性变形都在前一循环残留的基础上有所发展，但增加的趋势越来越小，这一点从图 3-17 中也可以看出来。包衬压缩的塑性变形最后趋于稳定，大小不再有明显的变化。

这时，在包衬的压缩变形中，起决定作用的就只有敏弹性变形了。不过，也应指出，印刷过程中，包衬塑性变形毕竟在不断地缓慢增加，如果经过超批量的印刷，包衬长时间的使用，塑性变形也可能使其完全失去弹性。

包衬在印刷过程中的压缩变形，有两个明显的特点：

第一，在实际印刷中包衬的变形，其滞弹性变形与敏弹性变形相比，可以忽略不计；

第二，每次印刷都相当于一个加载-卸载循环，包衬在每一循环中产生的塑性变形都比前一循环中产生的塑性变形小，总的塑性变形的增加量越来越小，最后趋于稳定。

## 三、印刷包衬的分类及特性

印刷过程中包衬压缩变形主要表现为敏弹性变形和塑性变形，在印刷中起重要作用的是敏弹性变形，这主要是因为包衬材料的弹性性能服从胡克定律，即包衬材料的敏弹性与包衬材料的弹性模量 $E$ 有直接的关系，因而理论上讲可以采用包衬材料的弹性模量 $E$ 对其进行分类。

然而，在印刷过程中使用的包衬材料不仅种类多，而且种类相同的材料也存在不同品类，即使是同一品类也是各项异性，更为特殊的是印刷中使用的包衬材料往往还是复合在一起使用的，这样在印刷中很难判定包衬材料的弹性模量的大小，只能大致采用 $E$ 来判定，因此，在印刷机设计和印刷工艺中，常把包衬材料按软硬性质进行分类，但这种软硬也没有严格的界线。一般认为，在相同外力作用下，包衬材料产生应变大的，弹性模量小，也即称为“软”，产生应变小的，弹性模量大，也即称为“硬”。因此，包衬材料按软硬分类的话，可分为三类：

（1）硬性包衬　通常由一张橡皮布再加上一张或两张衬垫纸（或塑料薄膜）组成，其厚度较小。这类包衬相对较硬，包衬弹性模量较大，少量变形就能产生很大的印刷压力。使用此类包衬时包衬压缩量应控制在 0.2mm 以内，最好在 0.1mm 左右，因此要求胶印机的缩径量在 2mm 左右。

（2）软性包衬　一般是在橡皮布下垫加厚毡呢再加上众多薄纸组成，其厚度较大。软性包衬正好与硬性包衬相反，其弹性模量较小，产生同样的印刷压力所需的包衬压缩量相对较大，一般其压缩量都控制在 0.2～0.3mm，因此要求胶印机的缩径量在 4mm 以上。

（3）中性包衬　一般在橡皮布（1.85mm）下垫加上厚毡呢再加一定厚度的纸组成，其厚度较硬性包衬大，弹性模量居中，故性能和变形也居中，因此要求胶印机的缩径量在 3.0～3.5mm 的范围内。

## 四、印刷包衬的选用原则

前面讲过，印刷过程中包衬的敏弹性变形服从胡克定律，则有：$p_d = E(\lambda/\delta)$，其中，压力 $p_d$、包衬的弹性模量 $E$、厚度 $\delta$ 和（绝对）压缩变形量 $\lambda$，如保持 $p_d$ 值不变，

则 $E$、$\delta$、$\lambda$ 均为变量。从印刷工艺的角度，关注的是以适当的压力 $p_d$ 得到需要的压缩量 $\lambda$（或压印宽度 $d$）。如果使 $p_d$ 和 $\lambda$ 基本保持恒定，则包衬的 $\delta$ 值大时，必须采用 $E$ 值小的包衬材料。包衬的软硬与 $\delta$ 和 $E$ 都有关系，所以，在选用印刷包衬方面需要考虑比较多的因素。

不同种类的包衬对印刷压力的影响是不同的。图 3-18（a）是软性包衬和硬性包衬的印刷压力和压缩量的关系曲线。从曲线上可以看到，在压缩量相同的情况下，硬性包衬比软性包衬产生的压力大；如果施加同样的压力，软性包衬比硬性包衬有更大的压缩量。此外，若包衬的压缩量有了同样的微量变化 $\Delta\lambda$ 时，硬性包衬的压力变化 $\Delta p_{硬}$ 比软性包衬的压力变化 $\Delta p_{软}$ 大，即 $\Delta p_{硬} > \Delta p_{软}$，说明硬性包衬要比软性包衬对压力变化更为敏感。所以在使用硬性包衬时，对于包衬材料的平整度、印刷机部件的制造精度都有很高的要求，若达不到这些要求，则可能因印刷压力的不均匀而出现条状的墨痕，即所谓的“墨杠”。

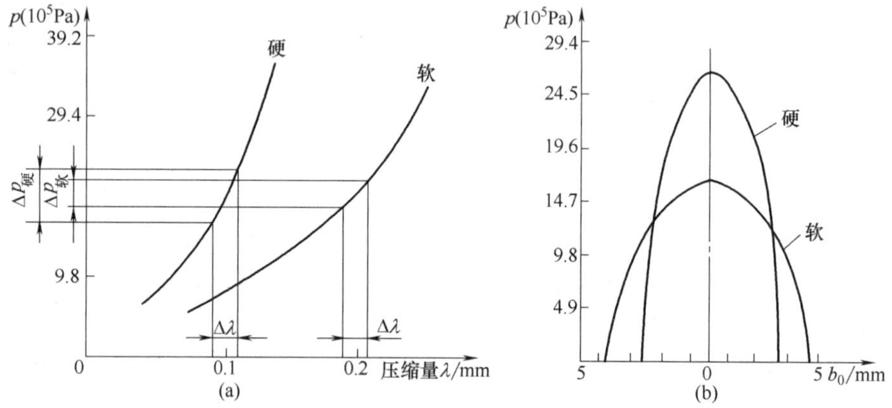


图 3-18 印刷包衬与印刷压力关系曲线

（a）包衬的 $p$-$\lambda$ 曲线　（b）压力在压印面宽度上的分布曲线

包衬（最大）压缩量 $\lambda$ 的选用，有如下经验规律：硬性包衬的 $\lambda$ 约为 0.1mm；中性包衬的 $\lambda$ 约为 0.15mm；软性包衬的 $\lambda$ 约为 0.2mm。为了保证印刷时印刷面充分地接触，必须有足够的包衬压缩量，但包衬的压缩量的增加同时会引起印版表面和包衬表面、包衬表面和纸张表面之间的相对滑移，进而引发网点扩大、印迹变形的问题。所以，$\lambda$ 的选择，应在保证油墨和纸张充分接触的前提下，越小越好，实际印刷生产时，应根据印刷机的制造精度、印版图文的精细程度、印刷速度、纸张的质量等因素综合考虑 $\lambda$ 的值。

图 3-18（b）是在胶印机上以一定的压力，分别作用于软、硬二种包衬，测得的压力在压印面宽度 $b$ 上的分布曲线。曲线表明，随着包衬的弹性模量 $E$ 的减小，压印面的宽度 $b$ 是增大的。硬性包衬的压印面宽度小，获得的印刷压力大；软性包衬的压印面宽度大，获得的印刷压力小。因此，在使用软性包衬时，印版、橡皮布网点上的油墨稍被挤压，就会扩展，使网点周围变得不那么清晰，网点再现性差，而使用硬性包衬的网点再现性就比较好。

从以上的分析可以看出：硬性包衬的弹性模量大，压缩量和压印面宽度都比较小，网点再现性好，适合于印刷网点线数高的印刷品，但是，如果机器陈旧、精度低，印刷时容易出“墨杠”，因此，硬性包衬对印刷机的精度要求较高；软性包衬的弹性模量小，压缩量和压印面宽度都比较大，网点再现性差，使用软性包衬可以缓和出现墨杠的情况；中性包衬性能介于硬性包衬和软性包衬之间。

印刷过程中，新包衬经过数千次反复受压，使得塑性变形趋于稳定，滞弹性变形趋于消失，敏弹性变形也在有所下降后趋于稳定。由于敏弹性下降带来的印刷压力的降低，软性包衬可达最大压力的20%～30%；硬性包衬可达最大压力的10%～15%。采用软性包衬时需4000张左右，采用硬性包衬时只需1000张左右，就可使敏弹性变形达到稳定状态。由此可见，硬性包衬有保持印刷压力的特性。

使用新包衬在最初的印刷阶段时，因弹性衰减引起印刷压力下降非常明显，因此，为保证印刷品的质量稳定性，应正确使用新包衬，主要有两个方法：一是先让印刷机运转半小时到1小时，然后检查印刷压力的下降情况，并对包衬做相应的调整；二是在印刷前把印刷压力略微提高，使印刷一定数量印刷品后，压力虽然下降，但仍能维持在工作压力范围内，这样也可得到质量稳定的印刷品。

近年来，胶印机的印刷速度越来越快，随着印刷速度的提高，印版表面的接触时间将减少，为使油墨能充分地转移，要适当地增大高速胶印机的印刷压力，以减少印刷面不完全接触的程度；并且，高速胶印机的滚筒直径较小，滚筒直径越小，压印面宽度越窄，而硬性包衬可以提供较大的印刷压力和较窄的压印面宽度，随着印刷机的精度的提高，包衬向硬性包衬的方向发展。

## 第三节　印刷压力的计算

由前所述可知，印刷机上压印体表面材料的静态和动态的力学行为比较复杂，因此要分析两压印体压印面上的受力情况相当困难，为了对两压体之压印面上的压力分布情况有一个总体认识，下面介绍两种近似的方法。

### 一、理想弹性体的接触压力

#### （一）赫芝弹性力学理论

1881年，赫芝利用弹性理论解决了两个理想弹性压印体（服从胡克定律）接触面上接触压力及分布的问题，并推导出了两个理想弹性体的压缩宽度公式，但该理论的成立要满足以下条件：一是两物体在接触区的应力不超过材料的弹性极限，即符合胡克定律；二是接触面的尺寸与物体接触点的曲率半径相比甚小；三是沿接触面上的分布压力垂直于这一表面，不考虑接触面上的摩擦力；四是接触面光滑，无微观不平度；五是圆柱体为无限长，可简化为平面应变问题；六是接触体间无润滑剂，不考虑流体动力效应。

对于印刷机上两个压印体而言，显然与赫芝弹性力学理论的条件不符，只能作为一种近似处理的方法，但也有一些观点认为，当压印体上的包衬材料比较厚而且压力又不大的情况下，赫芝理论可用，并认为在静态条件下，理论计算值与实际值基本接近。

赫芝弹性力学理论揭示了两个理想弹性体受压变形时，压缩宽度与弹性体的性质、线压力、弹性体的曲率半径之间的关系。在弹性体的接触受压时，最为简单的就是轴向平行的两个弹性体接触的情况。其压缩宽度公式为：

$$b=2\sqrt{\frac{1}{\pi}\cdot\left(\frac{m_1^2-1}{m_1^2\cdot E_1}+\frac{m_2^2-1}{m_2^2\cdot E_2}\right)\cdot\frac{p_s}{L}\cdot\frac{R_1\cdot R_2}{R_1+R_2}} \tag{3-9}$$

式中，$b$ 是接触面的长度，$L$ 是弹性圆柱体的长度，$R_1$、$R_2$ 分别是两个圆柱体的半径，$E_1$、$E_2$ 分别是两个圆柱体的材料拉伸弹性模量，$m_1$、$m_2$ 分别是两个圆柱体的材料泊松比的倒数，$p_s$ 是使两圆柱体挤压的径向力 $p_1$ 或 $p_2$ 的大小。

**（二）理想弹性体接触压力的分布**

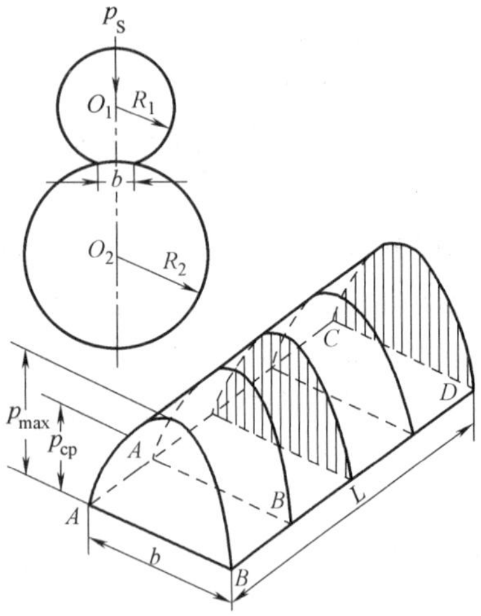


图 3-19　弹性圆柱体受压接触面和压力分布

接触面（矩形 $ABCD$）上接触压力的分布呈半圆柱形，即接触压力沿矩形面的长度方向没有变化，而沿矩形面的宽度方向呈半圆形变化规律，如图 3-19 所示。沿接触面宽度方向，接触压力在宽度的两端为零，而在宽度的中点取得最大值。

**（三）理想弹性体接触压力的计算**

如果设压缩宽度的中点取得最大值 $p_{max}$，$S$ 表示接触面的面积，$S=b\cdot L$，以 $p_{cp}$ 表示接触面的平均压力，$p_s$ 为总压力，即施加在压印体上的力，则平均接触压力的计算公式为：

$$p_{cp}=\frac{p_s}{S}=\frac{p_s}{b\cdot L} \tag{3-10}$$

设沿接触面宽度上 $x$ 处的接触压力为 $p_x$ 则有：

$$p_x=\sqrt{p_{max}^2-x^2}$$

式中 $x$ 为沿接触面宽度上最大 $p_x$ 值的接触宽度。

由于 $p_s$ 是 $p_{cp}$ 在接触面上的积分，则有：

$$p_s=\int_s p_x\mathrm{d}s=\int_{-\frac{b}{2}}^{\frac{b}{2}}\sqrt{p_{max}^2-x^2}\cdot L\mathrm{d}x=\frac{\pi}{4}\cdot bL\cdot p_{max}$$

即最大接触压力计算公式为：

$$p_{max}=\frac{4}{\pi}\cdot\frac{p_s}{bL}=\frac{4}{\pi}\cdot p_{cp} \tag{3-11}$$

式（3-10）和式（3-11）中的 $b$ 值则可以按赫芝理论接触宽度公式的 $b$ 值计算。

**（四）理想弹性体接触压力的应用**

理想弹性体接触的赫芝理论接触压力的计算及压力的分布可作为一种近似印刷过程中印刷压力的计算方法及分布。因此，根据印刷方式的不同，也可近似的计算出各种印刷方式的印刷压力。

1. 平版印刷

平版印刷的压印方式分为两种，一种是单张纸压印方式，一种卷筒纸压印方式，不论是哪一种都有两个压印面，即单张纸胶印机为印版滚筒和橡皮滚筒、橡皮滚筒和压印滚筒；卷筒纸胶印机为印版滚筒和橡皮滚筒、橡皮滚筒和橡皮滚筒。

胶印机一般认为 $R_{印}=R_{橡}=R$，但 $R_{印}$ 小于 $R_{压}$，印版滚筒表面材料 $m_{印}$ 和压印滚筒表面材料的 $m_{压}$，要远大于橡皮滚筒表面材料的 $m_{橡}$，并且 $E_{印}$ 和 $E_{压}$ 也远大于 $E_{橡}$，因此，在式（3-9）中的$\frac{m^2-1}{m^2E}$项中的弹性模量大的一项可以忽略不计，这样它们之间的压印宽度 $b$ 的计算公式可以由式（3-9）分别改写为：

$$b_{印-橡}=\sqrt{\frac{2}{\pi}\cdot\frac{m_{橡}^2-1}{m_{橡}^2\cdot E_{橡}}\cdot\frac{p_s}{L}\cdot R} \tag{3-12}$$

$$b_{橡-压}=\sqrt{\frac{4}{\pi}\cdot\frac{m_{橡}^2-1}{m_{橡}^2\cdot E_{橡}}\cdot\frac{p_s}{L}\cdot\frac{R_{橡}\cdot R_{压}}{R_{橡}+R_{压}}} \tag{3-13}$$

对于卷筒纸胶印机橡皮滚筒与橡皮滚筒之间的 $b$ 值，由于两者有相同的表面材料和相同的半径，所以，其压印宽度 $b$ 的计算公式可以由式（3-9）改写为：

$$b_{橡-橡}=\sqrt{\frac{4}{\pi}\cdot\frac{m^2-1}{m^2\cdot E}\cdot\frac{p_s}{L}\cdot R} \tag{3-14}$$

2. 凹版印刷

同理，在凹版印刷中，由于凹版印刷滚筒为金属滚筒，弹性模量 $E_{凹}$ 大，压印辊表面包覆有橡胶，其弹性模量小，但是两滚筒的半径大小不同，因此，它们之间压印宽度 $b$ 的计算公式可以由式（3-9）改写为：

$$b=\sqrt{\frac{4}{\pi}\cdot\frac{m_{压}^2-1}{m_{压}^2\cdot E_{压}}\cdot\frac{p_s}{L}\cdot\frac{R_{印}\cdot R_{压}}{R_{印}+R_{压}}} \tag{3-15}$$

3. 柔性版印刷

三滚筒之间的压印宽度基本与凹版印刷相同，压印滚筒和网纹，弹性模量 $E_{压}$ 和 $E_{网}$，印版辊表面包覆有高弹性的印版和贴版用的双面胶带，其弹性模量 $E_{印}$ 小，同时三个辊的半径大小不同，因此，它们之间压印宽度 $b$ 的计算公式可以由式（3-9）分别改写为：

$$b_{印-压}=\sqrt{\frac{4}{\pi}\cdot\frac{m_{印}^2-1}{m_{印}^2\cdot E_{印}}\cdot\frac{p_s}{L}\cdot\frac{R_{印}\cdot R_{压}}{R_{印}+R_{压}}} \tag{3-16}$$

$$b_{印-网}=\sqrt{\frac{4}{\pi}\cdot\frac{m_{印}^2-1}{m_{印}^2\cdot E_{印}}\cdot\frac{p_s}{L}\cdot\frac{R_{印}\cdot R_{网}}{R_{印}+R_{网}}} \tag{3-17}$$

将以上不同印刷方式各压印滚筒之间的压印宽度的 $b$ 值分别代入到式（3-10）和式（3-11）中即可计算出各自在压印面上的平均压力和最大压力。对于凹版印刷和柔性版印刷各压印面之间压力尽管可以这样分析，但是从印刷工艺的角度以及印刷压力直观的角度，在实际生产中不采用这种间接表示方法，而是采用印刷压力的直接表示方法。

## 二、印刷压力计算的经验方法

### （一）印刷压力的经验公式

在印刷压力的计算中，另一种近似处理印刷压力大小的方法认为：对于印刷中的压印体，其中一个压印体可以近似看成为弹性体，另一个压印体可以近似看成为刚体，如在凸版印刷和凹版印刷中，印版滚筒为刚体、压印滚筒为弹性体，如在胶印中，印版滚筒和压印滚筒为刚体，橡皮滚筒为弹性体。

经验表明，以这种方式看待压印体时，其压印面大致成马鞍形，如图 3-20 所示，其压印面上任意一个点（$x$，$y$）的压力 $p_d$ 有如下近似公式：

$$p_d=\sqrt[m]{E\cdot\frac{\lambda_{xy}}{\delta}} \tag{3-18}$$

式中 $E$——包衬的弹性模量

$\delta$——包衬厚度

$\lambda_{xy}$——点（$x$，$y$）的压缩变形量

$m$——一个与包衬材料性质有关的经验常数

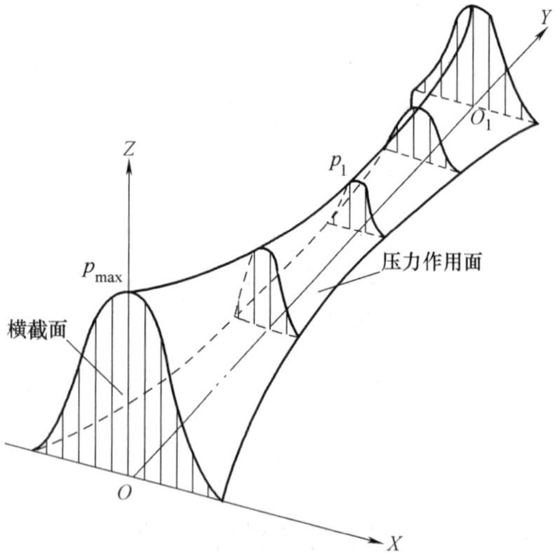


图 3-20 印刷压力的近似分布

经验表明，包衬压缩量 $\lambda$ 在压印面上的分布规律大致是：沿宽度方向，中点最大，两端为零；沿长度方向，两端最大，中点最小。相应地，印刷压力 $p_d$ 在压印面上的分布，也有类似的规律，即在整个压印面上，$p_d$ 的分布有如一个马鞍形，并且，在静态条件下，印刷压力的分布一般都是对称的，如图 3-20 所示。

如能计算出或测定出 $\lambda$ 值，代入式（3-18），便可得到 $p_d$。但是，与压印面上各点的压力 $p_d$ 相比，工艺实践中更关心压印面上压力的最大值 $p_{max}$、平均值 $p_{cp}$ 和总压力 $p_s$。

### （二）印刷压力的计算

1. 最大印刷压力的计算

从图 3-20 所示的印刷压力分布中可以看出，最大印刷压力处于压印面的两端，沿压印宽度方向的中点处，其压缩量 $\lambda$ 值也为最大值，根据经验公式可得此处的印刷压力为：

$$p_{max}^{m}=E\cdot\frac{\lambda}{\delta} \tag{3-19}$$

由式（3-19）可得：

$$\lambda=\frac{\delta\cdot p_{max}^{m}}{E} \tag{3-20}$$

前面讲过，在压印体滚筒半径相等的情况下，$\lambda=\frac{b^2}{4R}$，也即 $b=2\sqrt{\lambda R}$，将式（3-20）代入得：

$$b=2\sqrt{\frac{R\delta\cdot p_{max}^{m}}{E}}$$

由此可见，随着印刷压力和压印体半径的增大，或者随着包衬材料弹性模量的下降，压印宽度 $b$ 都是增大的。

在动态条件下，由于压印体的连续运转，包衬将受到推挤，在进入（脱离）一侧出现凸起，根据印刷压力大小的不同，压印宽度 $b$ 值会增大 2%～7%，同时从中心偏移 0.1～0.4mm。

2. 压印宽度上印刷压力的计算

在静态条件下，压印宽度上的印刷压力是指沿 $x$ 轴变化的印刷压力，用 $p_x$ 表示，在压印宽度方向的平均压力用 $p_{c(b)}$ 表示，根据印刷压力的经验公式（3-18），需要先计算出沿压印方向 $x$ 轴上任意一点 $x$ 处的包衬压缩变形量 $\lambda_x$，$x$ 处的几何关系如图 3-21 所示。

由图 3-21 中可以求得 $x$ 处的压缩量 $\lambda_x$ 为：

$$\lambda_x=\sqrt{R_1^2-x^2}+\sqrt{R_2^2-x^2}-d$$

将上式的根式展开成泰勒级数，并取前两项，可得到：

$$\lambda_x=R_1-\frac{x^2}{2R_1}+R_2-\frac{x^2}{2R_2}-d$$

由图 3-21 可知：$\lambda=R_1+R_2-d$，并由前面公式（3-7）可知 $\lambda=\frac{b^2}{8}\cdot\frac{(R_1+R_2)}{R_1R_2}$，代入得：

$$\lambda_x=\lambda-\frac{x^2}{2}\cdot\frac{(R_1+R_2)}{R_1R_2}=\lambda\left(1-\frac{4x^2}{b^2}\right) \tag{3-21}$$

将公式（3-21）代入公式（3-18），可以得到：

$$p_x=\sqrt[m]{\frac{E\lambda_x}{\delta}}=\sqrt[m]{\frac{E\lambda}{\delta}\cdot\left(1-\frac{4x^2}{b^2}\right)}=\sqrt[m]{1-\frac{4x^2}{b^2}}\cdot p_{max} \tag{3-22}$$

式（3-22）也可以看成一个函数，其曲线与 $x$ 轴形成曲面，即为印刷压力在压印宽度 $b$ 上的分布，如图 3-22 所示。

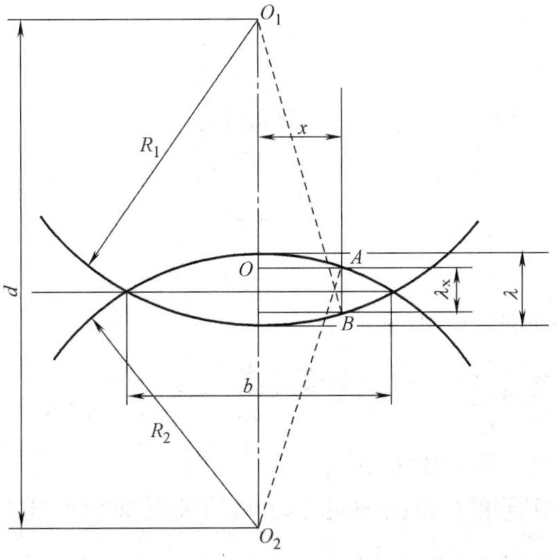


图 3-21　$\lambda_x$ 与 $b$、$\lambda$、$x$ 的几何关系图

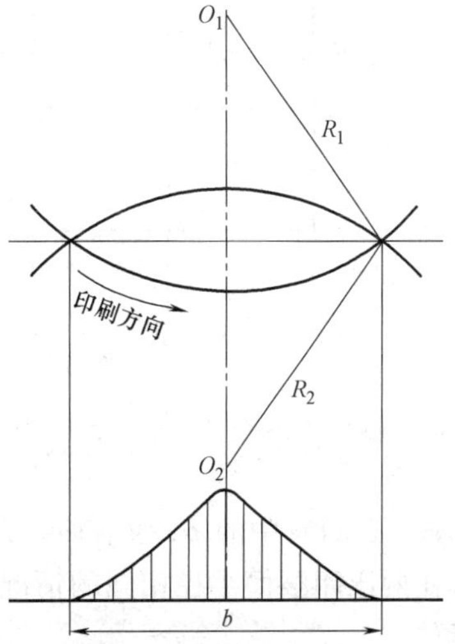


图 3-22　印刷压力在压印宽度 $b$ 上的分布

下面我们来计算压印宽度方向的平均压力。在这个方向上的平均印刷压力 $p_{c(b)}$ 实际上就是用这个方向上的总压力除以压印宽度，也就是这个方向上的线压力。

$$p_{c(b)}=\frac{1}{b}\int_{-\frac{b}{2}}^{\frac{b}{2}}p_x\mathrm{d}x=\frac{1}{b}\int_{-\frac{b}{2}}^{\frac{b}{2}}\sqrt[m]{1-\frac{4x^2}{b^2}}\,p_{\max}\mathrm{d}x=\frac{1}{b}p_{\max}\int_{-\frac{b}{2}}^{\frac{b}{2}}\left(1-\frac{4x^2}{b^2}\right)^{\frac{1}{m}}\mathrm{d}x$$

$$=\frac{1}{b}p_{\max}\int_{-\frac{b}{2}}^{\frac{b}{2}}\left[1-\frac{4x^2}{mb^2}+\frac{(1-m)}{2m^2}\frac{16x^4}{b^4}-\frac{(1-m)(1-2m)}{6m^3}\frac{64x^6}{b^6}+\frac{(1-m)(1-2m)(1-3m)}{24m^8}\frac{256x^8}{b^8}-\cdots\right]\mathrm{d}x$$

$$=\frac{1}{b}p_{\max}b\left[1-\frac{1}{3m}+\frac{(1-m)}{10m^2}-\frac{(1-m)(1-2m)}{42m^3}+\frac{(1-m)(1-2m)(1-3m)}{216m^8}-\cdots\right]$$

$$=\left[1-\frac{1}{3m}+\frac{(1-m)}{10m^2}-\frac{(1-m)(1-2m)}{42m^3}+\frac{(1-m)(1-2m)(1-3m)}{216m^8}-\cdots\right]p_{\max}$$

在上式的积分过程中，积分函数展开成泰勒级数，上式中只列出了前五项，项数越多，精度也越高。为了便于计算，

令：

$$m_0=\left[1-\frac{1}{3m}+\frac{(1-m)}{10m^2}-\frac{(1-m)(1-2m)}{42m^3}+\frac{(1-m)(1-2m)(1-3m)}{216m^8}-\cdots\right]$$

则压印宽度方向的平均压力 $p_{c(b)}$ 可以简写成：

$$p_{c(b)}=m_0\cdot p_{\max} \tag{3-23}$$

对于一般的包衬，$m_0$ 是一个常数，有人认为其值范围为 0.4～0.6。

3. 压印面长度方向的压力计算

压印面的长度方向上的印刷压力，也就是沿滚筒体的轴线方向，也是图 3-20 中的 $y$ 轴方向上的印刷压力。在这个方向上，由于压印体本身在印刷压力和自身重量的作用下，会产生挠曲变形，从而使得这个方向上的印刷压力分布也不均匀，如图 3-23 所示。滚筒体的挠曲变形一般表现为中间大，两端小，在包衬厚度相同的条件下，两端的包衬的压缩量相对较大，中间的包衬压缩量相对较小。假设两滚筒沿轴线方向某一点的挠曲变形分别为 $f_1$、$f_2$，则 $f_y=f_1+f_2$，该处的压缩量为 $\lambda_y=\lambda_{y\max}-f_y$，$\lambda_{y\max}$为两端面处包衬的最大压缩量。根据经验公式，则有：

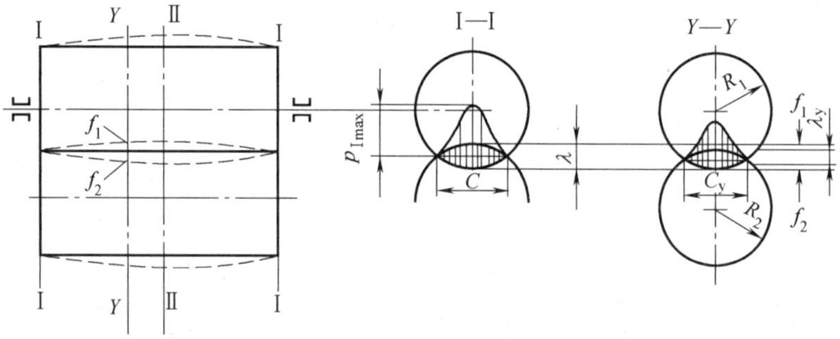


图 3-23　滚筒体挠曲变形下的印刷压力

$$p_y=\sqrt[m]{E\frac{\lambda_{y\max}-f_y}{\delta}} \tag{3-24}$$

式（3-24）中的 $p_y$ 为沿轴线方向该点处的最大压力 $p_{y\max}$。

在两压印滚筒半径相同的情况下，压印宽度 $b$ 和压缩量 $\lambda$ 之间的关系如前所述为 $\lambda=\frac{b^2}{4R}$，也即 $b=2\sqrt{\lambda R}$，因此，在该点处的压印宽度 $b_y$ 为：

$$b_y = 2\sqrt{R\lambda_y} = 2\sqrt{R(\lambda_{ymax} - f_y)} \tag{3-25}$$

由式（3-25）可知，$f_y$ 沿着如图 3-20 所示的 $y$ 轴方向，由小变大、再由大变小这样的规律变化，沿 $y$ 轴方向的每一个截面上压印宽度 $b_y$ 也有同样的变化规律。因此，沿 $y$ 轴方向上的任意一点的印刷压力的计算公式，与该点沿 $x$ 轴方向的印刷压力计算公式相同，只是其中的最大印刷压力 $p_{max}$ 改为 $p_{ymax}$ 而已，因此有：

$$p_y = \sqrt[m]{1 - \frac{4x^2}{{b_y}^2}} \cdot p_{ymax} \tag{3-26}$$

沿轴线方向平均压力的计算。沿 $y$ 轴方向，最中间截面上沿压印宽度方向中心点的印刷压力是最小的，其值应该等于印刷工艺必须的印刷压力 $p_B$。

$$p_{min} = p_B$$

沿轴线方向，两个端截面上沿压印宽度方向中心点的印刷压力是最大的，但该值不能超过临界印刷压力值，在极限的情况下为：

$$p_{max} = p_D = kp_B$$

式中 $k$ 是 $p_D$ 与 $p_{max}$ 的比值，经验表明：$k$ 的取值在 1.5～2.5。

按算术平均值方法，则可知沿轴线方向的平均压力 $p_{c(L)}$ 为：

$$p_{c(L)} = \frac{p_{max} + p_{min}}{2} = \frac{kp_B + p_B}{2} = \frac{1}{2}(1+k)p_B \tag{3-27}$$

4. 整个压印面的压力计算

通过上面从两个不同方向的压力计算，当沿压印宽度方向的平均压力 $p_{c(b)}$ 中的最大压力 $p_{max}$ 取值为沿长度方向平均压力 $p_{c(L)}$ 值时，则压印面上的平均压力 $p_{c(s)}$ 为：

$$p_{c(s)} = \frac{1}{2}(1+k)m_0 p_B \tag{3-28}$$

总印刷压力为：

$$p_s = p_{c(s)} bL = \frac{1}{2}(1+k)m_0 bLp_B \tag{3-29}$$

线压力为：

$$p_L = \frac{p_s}{L} = \frac{\frac{1}{2}(1+k)m_0 bLp_B}{L} = \frac{1}{2}(1+k)m_0 bp_B \tag{3-30}$$

如取 $m_0 = 0.5$，$q = 2$，则式（3-29）、式（3-30）可简化为：

$$p_s = \frac{3}{4} blp_B \tag{3-31}$$

$$p_L = \frac{3}{4} bp_B \tag{3-32}$$

应当指出，压印面为矩形只是个近似的结果，实际的形状是两端较宽中间较窄的纺锤形。而且以上结果都没有考虑滚筒运转中的摩擦，是静压力，如考虑到滚筒间的摩擦及弹性包衬的挤压，沿压印面宽度方向的压力分布并不对称，峰值要向滚筒拖梢方向偏移。

## 第四节　印刷压力的确定

印刷压力的确定，实际上就是要求在印刷过程中找到最佳的印刷压力，即在一定的压缩变形的情况下，使印迹足够结实、均匀所采用的最小压力。由于印刷中压印面上印刷压力的分布大体呈马鞍形、沿滚筒轴线方向中间所对应的压力，即是印刷工艺所必须的压力。但从油墨转移的角度看，并非印刷中的适当压力，适当的印刷压力必须使印刷品印迹齐全、平整光洁、层次分明、色彩鲜艳、变形最小。为了确定适当的印刷压力（也叫工作压力），先要明确油墨转移率与印刷压力及其他因素之间的关系；明确适当印刷压力应考虑的各种因素；找到适当印刷压力的具体方法。

## 一、印刷压力与油墨转移的关系

印刷过程中，印版上的油墨，是在印刷压力的作用下才能转移到承印物上，因此，印刷压力直接影响着油墨转移性能。油墨转移性能可用油墨转移率来衡量，而油墨转移率可用下列公式表示：

$$f=\frac{y}{x}\times 100\% \quad (3\text{-}33)$$

式中 $y$——转移到纸张上的墨量，$g/m^2$ 或 $\mu m$

$x$——印版上的墨量，$g/m^2$ 或 $\mu m$

在印刷速度、印刷条件、纸张和油墨等一定时，油墨转移率与印刷压力的关系类似于图 3-24 的曲线关系。若将 $f$-$p$ 曲线分成若干段，各段的油墨转移率的变化具有不同的特点。

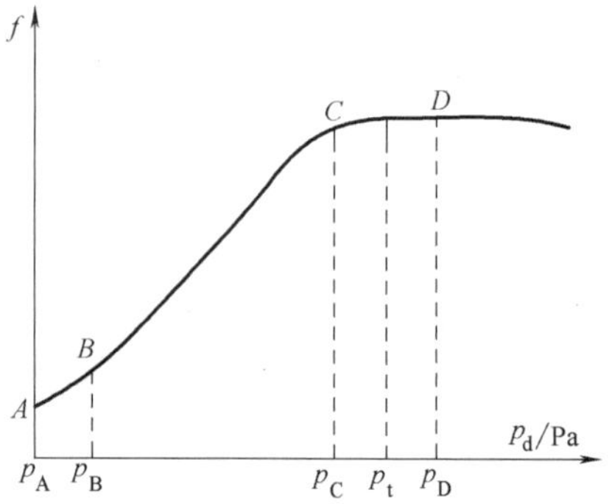


图 3-24 油墨转移率与印刷压力的关系

在 $f$-$p$ 曲线的 $AB$ 段中，油墨转移率很低，这是由于这段曲线所对应的印刷压力过小，包衬的变形不能充分地克服印刷面的不平度，使印刷面不能充分地接触，油墨覆盖纸张的面积小，因而油墨转移率低。此段为印刷压力不足段，印刷的印品墨色浅淡，印迹不能完整地复制出来，会发生所谓的“空虚”现象。

在 $f$-$p$ 曲线的 $BC$ 段中，$BC$ 近似于一条直线，说明油墨转移率与印刷压力几乎成线性关系，油墨转移率随印刷压力增加而成比例的增加，转移到纸张上墨量的变化对于印刷压力的变化很敏感，印刷压力的很小改变便会引起转移墨量较大的变化，印刷压力的不均匀便会造成转移的墨量不均匀，此段为墨量按比例转移。印刷时，印版、衬垫、橡皮布、纸张等厚度的不均匀会导致印刷压力不均匀，从而使印品墨色不匀。

在 $f$-$p$ 曲线的$CD$ 段中，油墨转移率达到了最大，且 $f$-$p$ 曲线变得较平直，说明油墨转移率几乎不随印刷压力的改变而变化。因此，用这段范围内的印刷压力进行印刷，得到的印刷品墨色厚实、均匀，印刷质量好。当印刷压力小于 $p_C$ 时，印刷面的不平度并没有被完全克服，部分印迹仍有“空虚”现象。而当印刷压力大于 $p_D$ 时，印刷时油墨铺展严重，造成网点扩大严重，线条并糊等问题。所以，只有 $p_C \sim p_D$ 范围内的印刷压力，才能印出墨色厚实、图像清晰、阶调和色彩再现性良好的印品。$p_C \sim p_D$ 段是理想的印刷压力段，我们把这段叫做工作压力段，这一压力范围内任一点的压力，叫做工作压力，$p_C$ 是最小印刷压力或称必须压力，$p_D$ 是最大印刷压力或称临界压力。

## 二、胶印印刷压力的确定

胶印是把印版图文上的油墨先转移到橡皮布上，然后再把橡皮布上的油墨转移到纸张或其他承印物表面。在油墨的两次转移过程中，印版图文表面和橡皮布表面之间、橡皮布表面和承印物表面之间，都必须保证有极小的距离，使其间的油墨质点与这些表面充分接触，致使分子力发挥作用，这样才能完成油墨的转移。为此，必须使印版滚筒表面和橡皮滚筒表面相互挤压，橡皮滚筒表面和压印滚筒表面相互挤压，这两种相互挤压的力即是平版印刷中的印刷压力。前者叫印版压力，简称版压。后者叫压印压力，简称印压。胶印印刷压力的确定就要求正确地确定这两种压力，以实现最佳的印刷压力值，保证印刷品质量。

### （一）胶印印刷压力的确定原则

1. 胶印印刷压力第一原则：滚筒表面不产生相对滑动原则

在胶印中，因为各滚筒包衬的变形总量能够间接地表示相应的印刷压力，所以平版印刷机的版压和印压，可以用压缩量 $\lambda_{版-橡}$ 和 $\lambda_{橡-压}$ 表示。印版滚筒、橡皮滚筒和压印滚筒三个滚筒中，印版滚筒和压印滚筒可以看成是刚性滚筒，而橡皮滚筒可以看成是弹性滚筒。印刷过程或压印过程就是滚筒的滚压过程，在这个过程中出现的最大问题就是滚筒滚压中的滑动。

通过对于弹性滚筒和刚性滚筒的滚压过程，分析滚筒接触宽度内各点的速度发现，在接触宽度内（除了个别点之外），弹性滚筒上一点的速度与刚性滚筒上对应点的速度并不相等，即在滚压过程中滚筒表面有相对滑动。然而，理想的印刷过程，要求合压状态下滚筒作无滑动的纯滚动。

通过对滚筒滑动速度的研究，有两个明确的观点，第一个观点是滑动在压印区域内的分布是左右对称的，而且在滚筒转速一定时，滑动速度的大小，取决于计算滑动速度对应点的位置和两个动滚筒半径的大小。第二个观点是考虑滚筒滑动对印刷的影响时，采用弹性滚筒略小于刚性滚筒直径的设计原则更有利些，采用这个原则，在印刷过程中在弹性滚筒脱离压印区的前方会形成隆起的凸包，滑动绝对速度相对较小。

滚筒滚压中必然的滑动速度和滑移，进而便引起接触面间的摩擦。滑动与摩擦可能造成衬纸、毡呢的移动。滑动与摩擦会引起前凸包，凸包的出现，无异于增大了橡皮滚筒的半径，自然可能导致图文转移的失真。橡皮布在受到表、背两面交替作用的摩擦时，可能对印版产生不均匀的磨损，形成类似齿痕样的磨损痕迹。

滑移可能引起印迹或网点的变形，滚压中接触面的相对位移都会使印迹拉长，使网点扩大成椭圆形；其次，由于摩擦造成的印版磨损，印刷中又会引起印品印迹发毛。此外，橡皮布背面滑移过大，不能瞬即复位时，可能引起印品上图像不能准确重合的“重印”故障。

防止或减少滑动与摩擦给印刷带来的危害，采取的措施合理分配 $\lambda$ 值以减小滑移量的方法。计算和经验都表明，若将最大压缩量 $\lambda$ 的 3/5 分配给弹性滚筒（即弹性滚筒的半径等于其节圆半径加上 3/5λ），而 λ 的 2/5 分配给刚性滚筒（即刚性滚筒的半径等于其节圆半径加上 2/5λ），则因滑移而在接触弧内引起的摩擦和印迹变形都可能达到最小。

实际印刷过程中，考虑到各种因素的影响，往往还要根据测量和经验，对上述 λ 分配，在数量上作适当的调整和补偿。

因此，胶印印刷压力的确定就是对滚筒印刷包衬的确定。确定的目标就是在实际印刷过程中，使印版滚筒和橡皮滚筒的有效直径相等，所谓的有效直径是指两滚筒在合压后的实际直径，对于橡皮滚筒应还包括因其表面的包衬材料引起的变形而导致的直径增大的部分。有效直径相等，相对保证了压印区域接触点的切线速度的一致性和滚筒的同步滚压状态，从而达到减少滚筒在滚压过程中的滑移与摩擦，提高印刷产品的质量。

2. 胶印印刷压力确定第二原则：滚筒齿轮节圆相切原则

胶印机上各滚筒之间都是通过齿轮来做传递动力的，为了保证传动的平稳性，减轻齿轮磨损等，这就要求齿轮在节圆相切啮合传动，即滚筒中心距等于两滚筒齿轮分度圆半径之和。但在实际应用中，并非如此，若将滚动中心距调得过大，造成齿轮啮合间隙较大，则传动平稳性大大下降，齿轮磨损也同时加剧，产品质量和机器使用寿命都会不同程度地降低。

3. 胶印印刷压力确定第三原则：压力合适原则

印版滚筒（P）与橡皮布滚筒（B）之间的接触压力称为版压（$\lambda_{版-橡}$），橡皮布滚筒与压印滚筒（I）之间的接触压力称为印压（$\lambda_{橡-压}$），即印刷压力。一般印压要大于版压 0.05～0.1mm，压力合适是确定滚筒包衬的首要原则。应注意防止压力过大现象，尤其是版压对网点扩大最敏感，版压过大会造成网点扩大严重，从而影响印品色彩与层次的还原。

在实际应用中，以上原则不可能同时满足，因此，应当采取一些工艺措施，尽量满足以上原则，不至于差别太大。实在兼顾不了，则要求强调同步滚压原则，优先考虑印版、橡皮布滚筒压力原则。

**（二）橡皮布的性能与变形**

若把印版滚筒、橡皮滚筒、压印滚筒的筒体以及印版看成是刚性的，忽略它们和纸张的变形，则可以认为胶印印刷压力主要来自橡皮布的弹性变形。这样橡皮布的性质、橡皮滚筒的滚压状态，就成为决定胶印印刷质量优劣的因素之一。因此，提高橡皮布的印刷适性，合理地确定滚筒的包衬，使印版滚筒、橡皮滚筒、压印滚筒之间获得理想的滚压状态，对提高平版印刷质量有着重要的意义。

橡皮布作为胶印中网点转移的中间媒介被广泛应用，是印刷生产中不可缺少的常用材料之一。它是由多层纤维物质经过天然橡胶和合成橡胶粘合而成的，具有一定的弹性，广泛地应用在各种印刷的压印系统和转印系统中。在平版胶印中它始终都担负着转印任务，在高速多色印刷中橡皮布的好坏直接关系到印刷质量和生产任务能否顺利完成。

1. 橡皮布的分类

橡皮布的品种和类型很多，分类方法也不一样。按使用性质分，有打样用橡皮布和印刷用橡皮布两类；按胶印机类型分，有单张纸胶印机用和卷筒纸胶印机用橡皮布两类，其中卷筒纸胶印机用橡皮布又可分为对滚型（B-B式）和卫星型胶印机用橡皮布；按结构特性分，有不可压缩的普通橡皮布和可压缩的气垫橡皮布两类，目前使用最多的分类是按结构特性的分类方法，目前在胶印中绝大多数使用气垫橡皮布，其大致有以下数种：

（1）全气垫式橡皮布　适用于高速轮转印刷机、印报机及高速张页机使用。回复弹性最好，耐伸缩力最佳，寿命长。表面研磨精致，对品质较差的纸张有补偿作用，有助于印刷品质的提高。

（2）气垫式橡皮布　可兼顾满版及网点的再现。表面是一种混合物层，容易清洁，长期使用表面不易留印痕。

（3）三合一橡皮布　具有最强的耐印率；其中间气垫层，不同于一般橡皮布采用逐层裱合方法，从而容易导致有气泡而使产品印刷压力作用下而失去厚度；不必增加更换衬纸的频率。底部为防水、防溶剂，不会因吸水而不平坦，造成压力不平均。橡皮布面特殊加碳处理，耐长短版活印刷，绝不因长印量而产生纸痕。

（4）一般级之气垫式橡皮布　最适合用于非涂布纸印刷以及纸板印刷。表面研磨粒径为6～8$\mu$m，最适合抄纸较差的纸张印刷。

（5）传统式橡皮布　经济又实用的商业印刷用橡皮布。表面耐石油性佳，所以即使用一般汽油等溶剂长期清洗，也不易造成釉光化、橡皮布发黏的现象。

（6）UV专用橡皮布　橡皮布混合料中加入抗UV树脂成分，可以耐UV紫外线，橡皮不易粉化。回复性快速，不会因大小版印刷而产生纸张切痕。

（7）局部上光橡皮布　特殊裱合层，使用于局部切割用途。切割层与非切割层交界处，硬度可耐切割，承载量均匀，可提高上光效果。切好后撕开无毛边，上光平整。

（8）金属印刷2PSC橡皮布　专为两片式金属印刷开发的橡皮布。采用预涂式自黏胶。胶质均匀无气泡，使印刷压力更平均。

（9）耐摩擦橡皮布　表面橡胶混合物中，含有高硬度的碳分子，使耐摩擦性大为提高。适用于凹凸面的承印材料。橡皮面不易磨损，使用时间长。

2. 橡皮布的结构

胶印橡皮布是由织物和橡胶组成的。现在用于胶印过程的橡皮布属于众多橡皮布种类之一的气垫橡皮布。从结构上来说，气垫橡皮布主要包括底布层、表面橡胶层、气垫层三部分，其结构如图3-25所示。

（1）橡皮布的底布层　橡皮布的底部有一层牢固的织物层，其上会覆合几层薄薄的橡胶层，形成底布层。底布层是橡皮布组成中的骨架基础，直接影响橡皮布的质量，主要用来起到稳定橡皮布、限制印刷过程中的伸长量的作用。一般胶印用橡皮布会包含三层或四层这样的底布层。且要求其表面光洁平整，无折印、无线结，有一定的疏密度，从而保证布层间有足够的衔接力。

（2）橡皮布的表面橡胶层　在橡皮布的外表面，会粘合几层复合的聚合物橡胶，形成橡皮布表面橡胶层，它是橡皮布中最重要的一个部分。厚度约为0.5mm，过厚会使印刷品网点变形（网点扩大、拉长等），套印不准；过薄则弹性偏低，硬度偏高，影响印版的耐印率、网点不实、模糊，还会出现墨杠，严重影响印刷品的质量。

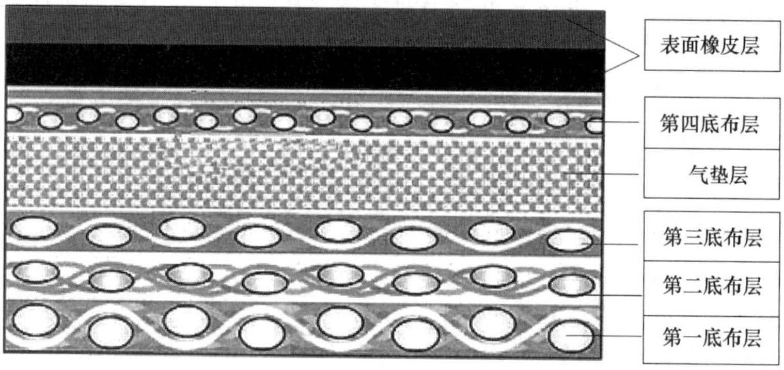


图 3-25　胶印橡皮布结构组成

因为在印刷过程中，橡皮布始终担负着转印任务，因而表面橡胶层起着重要作用。它不断地与润版液、油墨等接触，同时还要承受着动态的压缩挤压和弹性恢复力的作用。因此表面耐油层应具有良好的油墨吸附性和传递性，以及耐酸、耐油、耐化学溶剂性，除此之外，还应具有较高的弹性和一定的强度、硬度等性能。在硫化时应主要考虑使其表面橡胶层获得最小的压缩变形性能。

（3）橡皮布的气垫层　为了让橡皮布具备更好的压缩和快速恢复性能，在底布层之间或表面橡胶层与底布层之间会通过微孔或气槽的结构方式，加入一部分空气，形成一层气垫层。这个气垫层的存在，就是气垫橡皮布这个名称得以成立的主要原因。充气层克服了普通橡皮布因受力挤压而两边伸展形成凸包的问题。可压缩弹性层具有压缩性和复原性，避免了普通橡皮布表面的凸包现象，改进了网点的再现性，而且还具有很好的缓冲性和变形复原性。

由于各品牌橡皮布采用不同程度的处理工艺，并且使用不同的织物结构以及橡胶的选择皆会有所区别，因此在印刷性能上也表现出或多或少的差别。

（4）总厚度　橡皮布的总厚皮取决于印刷机的特性和包衬厚度。采用三层底布时总厚度为 1.60～1.70mm，采用四层底布的总厚度为 1.80～1.95mm。

3. 胶印橡皮布的主要技术要求

胶印中橡皮布担负着将印版上的墨层传递到纸上的任务，因此在选择时应适合胶印的特点。

（1）硬度合适　橡皮布的硬度高，则网点清晰，印刷品墨色均匀，但易磨损印版，同时，对机器和橡皮布本身的精度要求也越高。硬度低，则网点易变形。因此，要根据印刷产品的质量、印版的寿命、印刷机和橡皮布本身的精度确定橡皮布的硬度，硬度一般在 70°～80°（肖式）左右。

（2）压缩变形小　在高速印刷过程中，橡皮布在极短的时间内受压、变形，当外力撤去后迅速恢复原状，多次重复完成印刷任务，因此要求橡皮布必须具有很好的弹性。但是橡皮布是由多种高分子物质构成的，不可避免地具有高分子材料的性质，即高弹性和黏弹性。因此在高速印刷过程中橡皮布受到周期性压缩在长期受力变化中会产生压缩疲劳，久而久之会带来永久变形，致使橡皮布的厚度减少、弹性减少、硬度增大，所以应选择压缩变形小的橡皮布为佳。

（3）优良的油墨传递性 橡皮布作为图文网点转移的中间媒介，在印刷压力的作用下将表面墨层转移到纸张上，因此必须具备良好的油墨吸附能力、油墨的传递能力和较强的疏水性，否则就不能转移印刷品所需足够的墨量，不能达到印刷品色调所需的效果。油墨的传递率越高，橡皮布的油墨传递性能越好。

（4）表面耐油、耐溶剂性 在印刷过程中橡皮布不仅要接触油墨和润版液，而且还要接触汽油、煤油等清洗剂。因此橡皮布的表面胶层应具有良好的耐油、耐溶剂能力，不会因接触印刷过程中的化学物质而发生膨胀，破坏其应用的性能。

（5）外观质量合格 橡皮布加工过程中各点的厚薄均匀非常重要，因为印刷时压缩量只有 0.1～0.2mm，所以其平整度误差应在±0.04mm 以内，否则印刷压力就不均匀，产品的墨色会明显不均匀，严重影响印刷品的质量。橡皮布的厚度不仅要均匀，同时橡皮布的表面胶层应具有一定的粗糙度——均匀分布无数细小的砂目，表面细洁无杂质，具备良好的吸墨性和传递油墨的性能，以满足印刷的供墨需求。而光滑的橡皮布表面容易吸附细毛、纸粉等杂质从而降低吸墨和传墨性能。

（6）伸长率适当 橡皮布的伸长率越小越好，这样能在印刷过程中套印准确，网点完整，图文清晰。如果橡皮布易被拉伸，胶层减薄，弹性降低，会引起网点扩大变形、套引不准等弊病。伸长率的大小取决于底布织物的层数和强度，要求底布织物细密均匀、光洁牢固、伸缩性小、与内胶层交叠粘合性能好、不易分裂、纵横方向绝对垂直、丝缕方向应顺从径向。

4. 橡皮布的印刷适性

橡皮布的印刷适性主要包括以下几个方面：

（1）压缩性 压缩性指橡皮布在印刷过程中抵抗压缩的能力，它是表征其压缩变形性质的。橡皮布的压缩性，主要取决于其结构特性，不同类型的橡皮布有着不同的压缩特性。据试验表明。在 1MPa 的压力条件下，普通橡皮布的压缩率为 3%～4%，而气垫橡皮布的压缩率为 4%～8%。一般地，压缩率越大，则压缩变形越小；反之，则相反。

（2）复原性 复原性指橡皮布在消除压印力之后，其瞬间恢复原来状态的能力，又称瞬时复原性，它取决于橡皮布整体结构的性质。瞬时复原性可用压缩系数或压缩变形恢复率的大小来表示。压缩系数越大，瞬时复原性越差。气垫橡皮布的压缩系数小，具有较好的瞬时复原性，其转印的图文网点饱满、层次清晰、套印精确度高。

（3）传递性 传递性指橡皮布在压印力的作用下，将印版图文部分的油墨墨膜转移到纸张表面时的传递能力，它是用来表征橡皮布吸墨（吸附能力）和传墨（转移能力）的综合特性的。在胶印过程中，橡皮布从印版上所吸附的墨量约为 50%，从橡皮布转移到纸张上的墨量为 75%～80%，故从印版实际转移到纸上的墨量为 37%～40%。橡皮布的这一传递特性，除了受压印力、承印物表面平滑度的影响之外，主要取决于所用橡皮布的表面胶型及其表面的光滑度、硬度等。

（4）剥离性 剥离性指在压印力作用下，橡皮布与承印物的剥离能力。一般地说，影响橡皮布剥离特性的主要因素是表面胶层的化学成分、硬度及其表面光滑度和电性能等，此外，还与油墨的物理性能、承印物的表面形状、印刷品的图文状态等因素有着密切的关系。

5. 橡胶的特性

胶印中橡皮布的表面胶层是由橡胶组成的，因此，胶印中使用的橡皮布的弹性，耐油、耐溶剂性，油墨传递性等都和橡胶的特性有关。

橡胶包括天然橡胶和合成橡胶，弹性体是呈现橡胶弹性的聚合物。橡胶的定义是：施加外力时发生大的变形，外力除去后变形可以恢复的弹性材料。橡胶的适度交联可以阻止分子链间质心发生位移的黏性流动，使其充分显示高弹性。

橡胶和弹性体的物理性能是极其特殊的，它有稳定的尺寸，在小形变（小于5%）时，其弹性响应适合胡克定律，类似固体；但它的热膨胀系数和等温压缩系数又与液体有相同的数量级，意味着其分子间作用力与液体相似。单就其力学性能而言，橡胶具有如下特点：

（1）弹性形变大　可高达1000%，而一般金属材料的弹性形变不超过1%，典型的是0.2%以下。

（2）弹性模量小　其高弹模量约为$1\times10^{5}N/m^{2}$，而一般金属材料的弹性模量可达$1\times10^{10}\sim1\times11^{11}N/m^{2}$。

（3）变形时有明显的热效应　当把橡胶试样快速拉伸时，温度升高（放热），回缩时，温度降低（吸热），而金属刚好与此相反。

（4）泊松比高　橡胶的泊松比几乎比其他所有的固体材料的泊松比都高，接近于0.5，这表明橡胶发生变形时，其体积接近不变。如果对包覆在橡皮滚筒上的橡皮布的微小单元体施加压力，沿滚筒周向和径向的变形大致是相等的。表3-1总结了几种情况下的泊松比数值及对应的性能。

表3-1　几种情况下的泊松比数值及对应的性能

| 数值 | 解　释 | 数值 | 解　释 |
|---|---|---|---|
| 0.0 | 没有横向收缩的材料 | 0.49～0.499 | 橡胶的典型数值 |
| 0.2～0.3 | 塑料的典型数值 | 0.5 | 不可压缩或拉伸过程中没有体积变化的材料 |

橡胶的上述特性表明，橡胶所具有的高弹性是所有材料中极为罕见的，这种几乎为橡胶所独具的高弹性，是由橡胶的结构特点形成的。

平常状态下，橡胶柔顺的分子链总是自发的处于卷曲状态。它的末端距要比完全伸直的分子链短100～1000倍，在拉伸力的作用下，橡胶的伸长导致分子链的空间排布有了方向性，使分子链不得不顺着外力场的方向舒展开来。另一方面，热运动力图使分子链无序化，以便回复到卷曲状态，这就形成了回缩力。这种回缩力与改变金属晶格中原子间距所需的力相比，是非常小的。因此，橡胶在较小的外力下就能产生较大的形变，使得它的弹性模量特别小，具有高弹性的变形能力。

橡胶的高弹性表现在应力与应变能瞬时达到平衡，即变形速度能够跟上外力作用的速度。如果对橡胶材料施加正压力，它即刻被压缩，压力消失，它也即刻回弹，高弹性橡胶材料的这种外力消失，变形瞬即复原的现象叫做“平衡高弹”。

平版印刷过程中，橡皮布虽然要经受无数次的滚压，但由于橡胶具有平衡高弹性，能以较小的压力使滚筒之间处于完全接触的滚压状态，从而获得网点清晰度高、层次色调再现性好的印刷品。

但是橡胶受到外力的拉伸或压缩时，变形是随着时间逐渐发展的，称为力学松弛，这是因为分子链段运动需要克服内摩擦力所导致的，为此，在实际的应用中，橡胶的这种理想高弹性是不能完全发挥的，而且具有一定的永久变形。

老化了的橡胶，分子链的柔顺性变差，分子链运动困难，适应外力调整其构象的速度减缓。其表现为拉压或回弹过程中的变形不随作用力瞬即达到平衡，这一特性被称之为“非平衡高弹”或“推迟高弹”。

推迟高弹可以看成是黏性和弹性的结合。橡胶的黏弹性，在胶印过程中常见的有：蠕变、应力松弛、内耗等。

包覆在滚筒上的橡皮布，同时受到张紧力和印刷压力的作用，随着滚压次数的不断增加，橡皮布变得硬挺，失去了新橡皮布的柔软性和高弹性，甚至在橡皮布表面出现光亮或龟裂的痕迹，这都是橡胶蠕变的结果。

橡胶发生蠕变的原因是外力长时间的作用下，橡胶分子发生了构象变化，最终导致了不可逆的塑性变形。橡胶的分子链愈是僵硬，橡胶的弹性愈差，蠕变现象愈严重。胶印过程中，橡皮布受的压力愈大，变得僵硬的过程愈短，即发生蠕变的时间愈提前。为了将发生蠕变的时间推迟，应选用较小的压力转移油墨。此外，使印刷纸张的幅面尽量和橡皮布的幅面一致，否则，会因橡皮布蠕变而造成印刷压力的不均匀。例如：在对开胶印机上用 4 开纸张印刷，橡皮布仅在对应于纸张的幅面发生蠕变，如果改变换成对开纸印刷，便会因橡皮布的蠕变量不同，印刷压力分布不均匀，使印刷质量下降。

长期紧固在滚筒上的橡皮布，内应力随时间的延长逐渐地衰减，使绷紧度下降，这是橡胶应力松弛的结果。所以，新橡皮布在安装时，必须分次收紧，并适当地增加衬垫的厚度。

橡皮滚筒安装在印版滚筒和压印滚筒之间，橡皮布上的一个微小单元每旋转一周，都要分别和两个滚筒接触一次，同时受到压力的作用，因此受力是周期性的。橡胶单元体进入压印区，即被压缩变形，橡胶单元体离开压印区，其变形因压力消失而恢复。由于橡胶具有推迟高弹的性能，高弹性变形的发展总是落后于应力。橡胶单元体上一次变形还没有来得及因回弹而消失时，又施加了下一次应力，这样不断的循环下去，橡胶内部来不及释放的弹性储能，便转化成热量放出，放出的热量越多，橡胶的内耗也越大。

橡胶的内耗因交变应力频率的升高而增大。高速胶印机的橡皮布受到的交变应力频率很高，和低速胶印机相比，橡胶的内耗大，因而，容易失去高弹性而老化，这就是高速胶印机要选用具有良好弹性、内耗小的橡皮布，并要经常更换的原因。

6. 橡皮布的变形

了解了橡胶的特点之后，我们再来探讨一下橡皮布在印刷中所产生的变形情况以及在印刷工艺中需要注意的问题。橡皮布在印刷过程中产生的变形主要是拉伸、扭曲、压缩三种。

（1）橡皮布的拉伸变形　橡皮布的拉伸变形是指为了把橡皮布绷紧在橡皮滚筒上，必须在橡皮布两端的版夹上施加拉力，拉力导致橡皮布变形，如图 3-26 所示。

把橡皮布在橡皮滚筒上的周向拉伸，近似地看成是简单拉伸，按照虎克定律则有：

$$\frac{\Delta L}{L_0}=\frac{F}{E \cdot A} \quad (3\text{-}34)$$

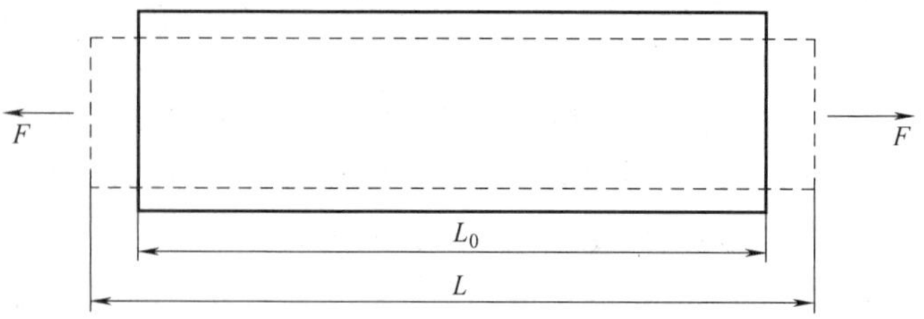

图 3-26　橡皮布的拉伸变形

式中，$\Delta L$ 是橡皮布拉伸的绝对伸长，$L_0$ 是橡皮布被拉伸前的原长，$A$ 是橡皮布被拉伸前的原有垂直于拉伸方向的截面积，$E$ 是橡皮布的弹性模量，$F$ 是橡皮布所承受的拉力。

从上述公式可以看到：为控制橡皮布的相对变形，对于弹性模量和截面积一定的橡皮布，应使拉力尽量地小一些。拉力应包括橡皮布的张紧力和与此反向的对橡皮布的摩擦力。张紧力应以绷紧橡皮布为度，不宜过量。所谓“绷紧橡皮布”是指把橡皮布安装在滚筒上，印刷中橡皮布不会在印版滚筒和压印滚筒的滚压作用下，发生相对于橡皮滚筒的滑移。为降低相对变形 $\Delta L/L_0$，当橡皮布的弹性模量较小时，应尽量增加橡皮布的厚度以提高截面积值。

实际上，橡皮布在绷紧时，伸长越多，胶层减薄现象越严重，导致橡皮布敏弹性降低、压力不匀现象越严重。

另一个方面，在滚筒圆周上橡皮布所受的张力不相同，橡皮布两端因版夹的拉力，其张力大；中间则承受正压力，其张力小，整个圆周方向产生的张力差，使橡皮布在滚筒上厚度减小的程度是不均匀的，严格讲，这也将导致印刷压力的不均匀。

橡皮布的织布是由经向线和纬向线交织而成的，受到相同的拉力作用时，经向伸长率远较纬向伸长率小。一般橡皮布的底布上有指示绷紧方向的记号，也可以用手拉来试一试，不易拉伸者为经向，应作为绷紧方向。

另外，由于橡皮布在拉伸过程中会导致橡皮布的应力松弛，因此，绷紧的橡皮布会在一定的时间内松动，特别是新的橡皮布，要注意分次紧固。

（2）橡皮布的扭曲变形　橡皮布的扭曲变形是指橡皮布在压印过程中，因其表面轴向不同位置受到方向不同或大小不同的力的作用，从而使橡皮布的形状发生扭曲变形，造成对图文形状、墨迹转移、套印准确以及橡皮布使用寿命等的不利影响，橡皮布的扭曲变形如图 3-27 所示。

造成橡皮布扭转变形的原因主要有两个方面：

一方面，滚筒轴线不平行。因为在调节滚筒间中心距时粗心或因为印刷机长期使用过程中，调压器出现自行走动，使得滚筒两端的中心距不等，从而使橡皮滚筒相对于压印滚筒或印版滚筒的轴线不平行，橡皮布的一端受到的挤压力大，向前赶，而另一端受到的挤压力小，向前赶的速度慢一些，使橡皮布产生扭转。

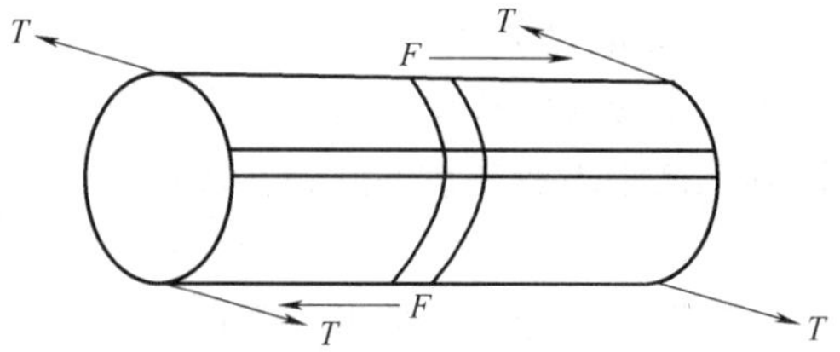

图 3-27　橡皮布的扭曲变形

另一个方面，橡皮布裁切或装在橡皮布版夹上时操作方法不规范。橡皮布裁切时，如果要装入版夹的两边不平行，那么绷紧时轴向不同位置的绷紧度将会不均匀，必然使橡皮布一侧紧，一侧松，橡皮布上抗张应力分布不均匀而产生扭转变形。橡皮布往版夹上装时，如果橡皮布插进版夹的深度不同或夹紧版夹时个别螺丝没有拧紧，使得橡皮布绷紧时，螺丝没有拧紧处的橡皮布有少量脱出，都会造成橡皮布沿轴向不同位置的绷紧度不同，产生局部扭转变形。

橡皮布裁切时，还有一点值得注意的是要使橡皮布的纬向和版夹平行。

（3）橡皮布的压缩变形　橡皮布的压缩变形是产生印刷压力的根本保证，印刷油墨的转移就是橡皮布压缩变形的结果。但是由于橡胶的泊松比接近 0.5（实际数值为 0.49），从而使橡皮布在受到压力作用时，体积不变，即所谓的体积的不可压缩性。另一个方面，由于橡皮布紧绷在橡皮滚筒的表面，因此，橡皮布在受压后，被压缩的体积会向邻近的周边发展，理论上来讲，无论是轴向还是周向，被压缩的体积都会向这个方向发展，但轴向的变化发展明显地受了限制，因而只能向周向发展，在压印区的两侧形成凸包，橡皮布受压形成的凸包如图 3-28 所示。前面我们讲过，由于滚筒在滚压的过程中存在相对的滑移，因此，在实际生产中，凸包不一定在两侧同时存在，有可能只出现在一侧。

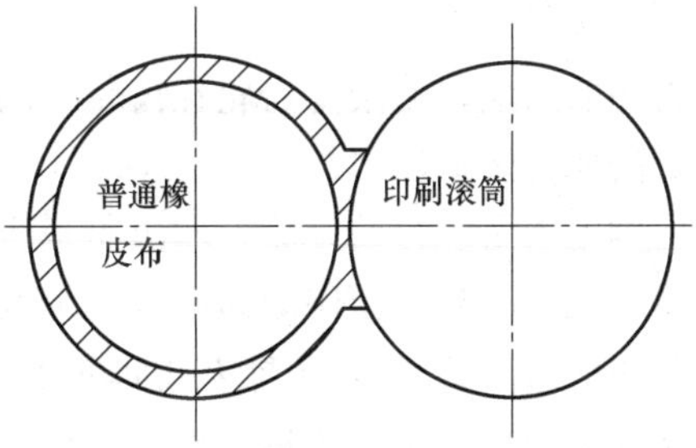

图 3-28　橡皮布受压形成的凸包

橡皮在受压过程中形成的凸包，在油墨的转移过程中，实际上是增加了橡皮滚筒的直径，这样一方面加剧了滚筒滚压过程中的相对滑移，另一个方面导致了印刷图文的失真。

为了减少凸包的大小，避免因凸包引起的质量问题，20 世纪 60 年代由美国开发了气垫橡皮布，目前已广泛地应用于平版印刷之中。

气垫橡皮布和普通橡皮布相比，气垫橡皮布的表面胶层下面，增加了气垫胶层，如图 3-29 所示。气垫胶层是由无数封闭的空气球体分散在胶层中形成的，橡皮布的表面胶层受压后，压力传到气垫层，极微小的空气球体便在压力作用下缩小自身体积，产生垂直压缩，使变形不再向压印区的两侧发展，如图 3-30。外部压力消失后，压力状态下的气体小球遂又膨胀，使橡皮布表面迅速回复到原来的状态。理论上讲，气垫橡皮布

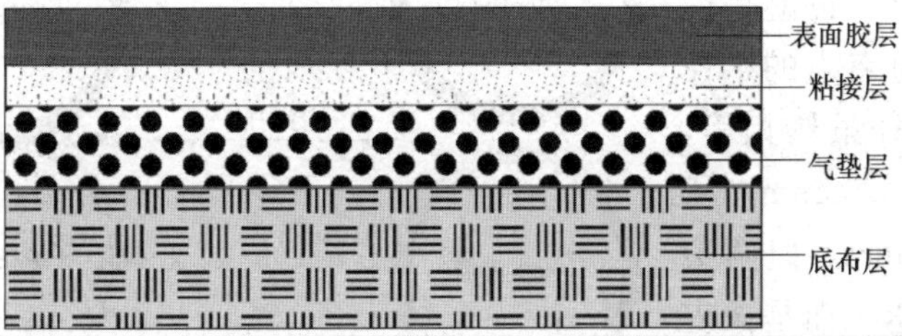

图 3-29　气垫橡皮布的气垫层

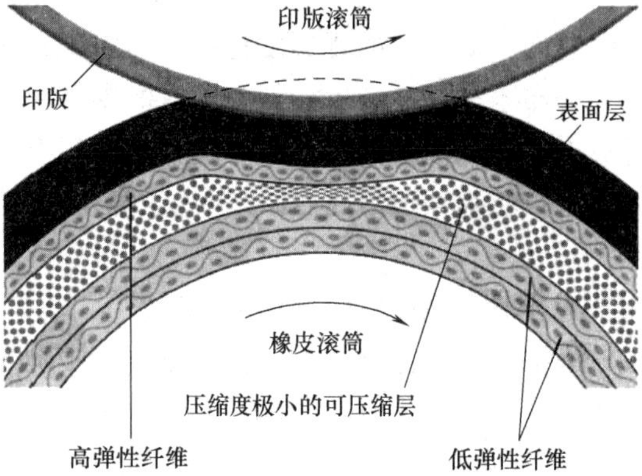


图 3-30　气垫橡皮布的受压的状态

在压缩过程中再无凸包出现，橡皮滚筒的实际转动半径不会增大，但是在实际的印刷中，即便使用的是气垫橡皮布，还是会形成凸包，只不过其形成的凸包远小于普通的橡皮布。

### （三）胶印印刷压力的确定方法

前面提到，胶印印刷压力的确定，实际是就是滚筒包衬的确定。

所谓确定滚筒包衬，就是印版滚筒、橡皮滚筒的筒体上，按要求缠卷一定厚度的包衬材料，以调节滚筒间的间隙，使滚筒齿轮在齿轮节圆相切的位置上啮合，从而在滚筒之间产生印刷工艺所需要的接触压力。

确定滚筒包衬的方法，取决于平版印刷机滚筒筒径的配置情况，也就是在一组印版滚筒、橡皮滚筒、压印滚筒中，三个滚筒的直径各应取多大（这里滚筒的直径是包括包衬在内的滚筒直径），才能获得理想的滚压状态。为此，人们通过实践，对平版印刷机滚筒的配置，提出了各种理论，归纳起来可以分为等径理论和异径理论。

1. 等径理论

等径包衬理论是根据线速度一致理论提出的，即 $v=R\omega$。该理论认为，滚筒在滚压时，必须保持三滚筒的半径相等，才能保证三滚筒表面线速度一致，在滚压中就不会产生滑差，从而获得理想的滚压，印版上的墨迹经过两次转移，就会如实地再现在印刷品上。为了使橡皮滚筒和印版滚筒的直径相等，考虑到橡皮滚筒压缩量，要进行以下两方面的设计：

（1）第一种设计方案　假定印版滚筒和橡皮滚筒之间需要的压缩量为 0.1mm，将橡皮滚筒和印版滚筒包衬都做成高出节圆柱面 0.05mm，合压后，理论上便得到 0.1mm 的挤压量。但是由于橡皮布滚筒是弹性体，发生主要的变形，而印版滚筒是刚性体，几乎不变形，在印刷过程中，压印点处橡皮滚筒必然凹陷而使半径减少，也就是说压印区域内的其他各点的半径是不相等的，筒径虽然相等，其中橡皮布为－0.05mm，印版滚筒是＋0.05mm，但两滚筒的直径仍然不等，而是橡皮布滚筒半径略小一些，如图 3-31所示。

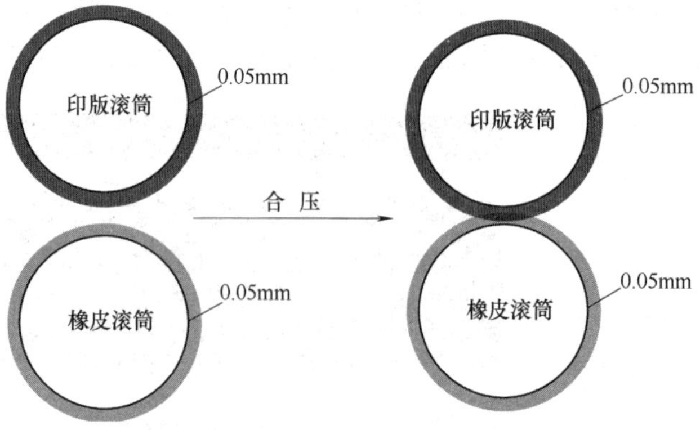


图 3-31　合压前滚径相等合压后滚径不等

(2) 第二设计方案　假定印版滚筒和橡皮滚筒之间需要的压缩量为 0.1mm，将压缩量全部分配给橡皮滚筒，增加橡皮滚筒的包衬量，使它高出圆柱表面 0.1mm，这样表面上看来，在压印的接触线上两滚筒的筒径相等了，但包衬后的橡皮滚筒多出量为 0.1mm，印版滚筒则为零，如图 3-32 所示。

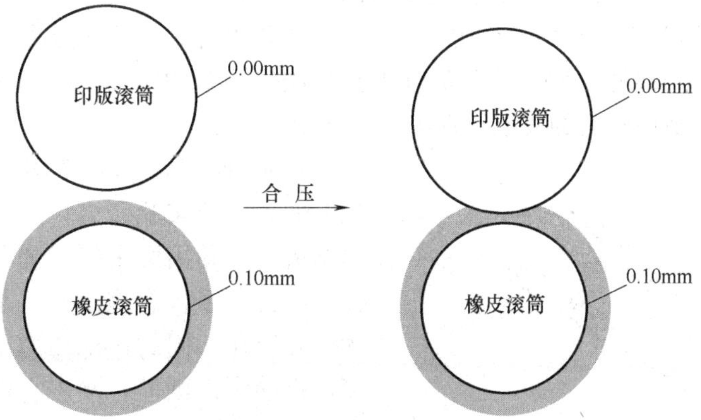


图 3-32　合压前滚径不等合压后滚径相等

以上两种设计方案，在印刷机上实验的结果和预想的结果出入很大。

2. 异径理论

异径包衬理论有代表性的有几何速差理论和塞茨异径理论。

(1) 几何速差理论　这种理论也叫 λ 分配理论，它认为当刚性的印版滚筒和弹性的橡皮滚筒接触后，它们只有一点或两点的半径相等，其余各点的半径不可能相等。由此推出两个滚筒接触时，只有一点或两点的线速度是相等的，其余各点都不相等，因而造成了印版滚筒和橡皮滚筒的表面滑移。

人们利用几何速差理论，进行了复杂的数学推导，试图找到一个理想的挤压量分配以使滑移最小。但这种理论所依据的数学模型和橡皮滚筒、印版滚筒实际滚压状态相差很大。它认为只要半径不一致就一定会导致速差，就会有滑移的存在，忽略了橡胶层受到挤压后会像水一样通过增速来弥补，从而产生或不产生滑移的事实，这种理论讨论的只是橡皮布中为数很少的情况，实际意义不大。

(2) 塞茨 (Sites) 异径理论　早在 20 世纪 30 年代，美国米勒公司的塞茨在平滑的台子上进行了一项实验研究，这项实验是将半径为 $R$ 的胶辊着上油墨，使胶辊在不施压力不致打滑的状态下，在平滑的试验台面上转动，量得胶辊转动一圈，试验台面墨痕的长度为 $2\pi R$，如图 3-33 (a) 所示。然后给胶辊施加一定的压力，重复上面的试验过程，试验台面墨痕的长度为 $2\pi R'$，如图 3-33 (b)所示。

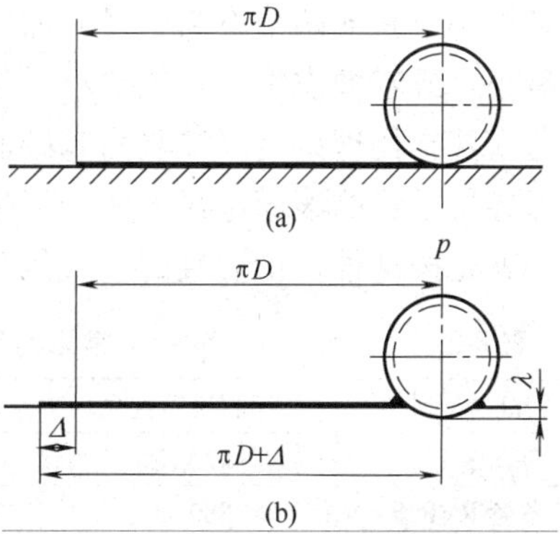


图 3-33　橡胶弹胶辊的滚压实验

塞次实验的具体数据是：胶辊直径 $D$ 为

20.32mm，其上包有厚度为3.175mm的橡皮布，无压滚动一周，测得周长为63.8mm，接着施加压力，橡皮布压缩一半，相当于1.6mm，转动一周后，测得周长为69.85mm，约伸长了6.05mm。再加压，伸长还要加大。

实验表明，$R'>R$，即是说对胶辊施加压力相比对胶辊不施加压力，半径有了增量$\Delta R=R'-R$。胶辊半径因压力而出现增量的现象，是因为橡胶属于不可压缩的弹性体（所谓“不可压缩”是指在外力作用下，物体的体积不变），胶辊受到挤压时，便在挤压处邻近部位出现隆起的凸包，凸包的顶点到达胶辊圆心的距离，大致等于胶辊的半径$R'$，自然大于不施加压力的胶辊转动半径$R$了。

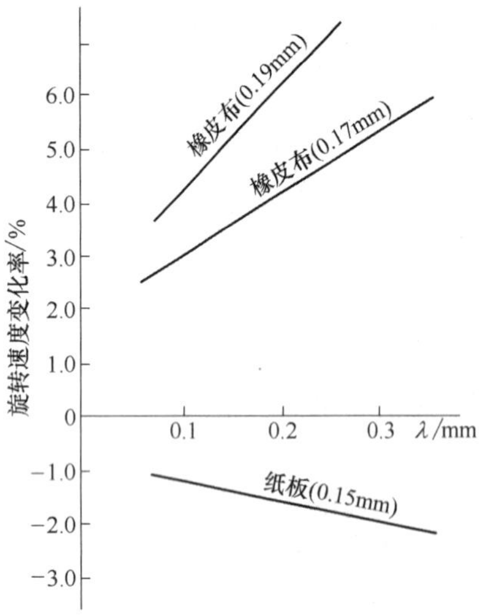


图3-34　圆筒旋转速度变化率与压缩量的关系

1960年《Penrose年鉴》发表了英国人米勒的另一项实验研究，进一步证实了上述的结果。米勒用两个等径的圆筒，一个是刚性的，另一个包有橡皮布，是弹性的。使这两个圆筒在不同的接触压力下，驱动弹性圆筒，带动刚性圆筒，测出它们的转速。结果发现，随动圆筒的转速随接触压力的增大越转越快。因此，在保证驱动圆筒速度不变的前提下，驱动圆筒的实际转动半径随接触压力的增大，一定越来越大，这与塞莰的实验结果是一致的。如果改变驱动圆筒所包覆的橡皮布厚度，分别使用0.19mm和0.17mm的橡皮布，则可发现，驱动圆筒的橡皮布愈厚，随动圆筒的速度变化率愈高，即驱动圆筒的实际转动半径愈大。假若把驱动圆筒包覆的橡皮布，改换成纸板，情况就大不一样了。纸板受压后，很快失去弹性，致使纸板本身被压瘪，驱动圆筒的实际转动半径相应地变小了，随动圆筒的旋转速动变化率也越来越小，如图3-34下方的曲线。米勒实验中，驱动的弹性圆筒相当于胶印机的橡皮滚筒，随动的刚性圆筒相当于胶印机的印版滚筒或压印滚筒。

基于橡胶弹性滚筒施加压力后其直径增大的事实，塞莰异径理论认为，橡皮滚筒半径必须小于其他两个滚筒半径，即印版滚筒半径最大，压印滚筒半径居中，橡皮滚筒半径最小，或者橡皮滚筒半径最小，印版滚筒和压印滚筒的半径相等。

塞莰异径理论是以实验为基础的，它明确了橡皮布在压印区的滚压状态。以此理论为指导所设置的滚筒包衬方法，经生产实践的检验是比较正确的，表3-2所列滚筒直径尺寸就是按这种理论设置的。

**表3-2　　常见的几种胶印机的滚筒直径尺寸**　　单位：mm

| 机　型 | 印版滚筒直径 | 橡皮滚筒直径 | 压印滚筒直径 | 齿轮节圆直径 |
|---|---|---|---|---|
| 海德堡102V | 270.20 | 270.00 | 270.00 | 270.00 |
| 罗兰RVP2C | 280.40 | 280.00 | 280.00 | 280.00 |
| 三菱DAIYA | 310.34 | 310.00 | 620.40 | 310.00 |

续表

| 机　型 | 印版滚筒直径 | 橡皮滚筒直径 | 压印滚筒直径 | 齿轮节圆直径 |
|---|---|---|---|---|
| 小森 L-43A | 260.26 | 260.00 | 260.10 | 260.00 |
| 国产 J2108 | 300.40 | 300.00 | 300.00 | 300.00 |
| 国产 J1202 | 387.20 | 386.80 | 386.80 | 387.00 |

**（四）胶印印刷压力的计算**

胶印印刷机印刷单元按滚筒排列的方式分类的话，我国目前最为主要的机型有两类，一类为机组式印刷机，另一类是对滚式印刷机。机组式印刷机一般由印版滚筒、橡皮滚筒和压印滚筒三个滚筒组成。对滚式印刷机，又称 B-B 型印刷机，这种印刷机不存在专用的压印滚筒，而是采用上下胶皮互为压印滚筒，即上印版滚筒和上橡皮滚筒与下橡皮滚筒构成一个印刷色组，下印版滚筒和下橡皮滚筒与上橡皮滚筒构成一个印刷色组，一次转印能完成双面印刷。

尽管滚筒的排列方式不同，但是在计算印刷压力时，基本的方法是相同的，只不过在计算印刷压力时各自的包衬厚度、滚筒的中心距离不同而已。

合压后，胶印印刷机滚筒接触的方式大体上可以分为三种情况：

（1）滚枕接触印刷　俗称“走肩铁”，这种印刷机三个滚筒之间的滚枕都接触，不能改变滚筒的中心距离，因此要求精确计算包衬的厚度和印版的厚度，以满足印刷压力的大小，如图 3-35（a）所示。

（2）印版滚筒和橡皮滚筒之间的滚枕接触，而橡皮滚筒与压印滚筒之间的滚枕不接触，如图 3-35（b）所示。

（3）印刷机滚筒之间的滚枕都不接触，滚筒之间留有一定的间隙，俗称“不走肩铁”，如图 3-35（c）所示。

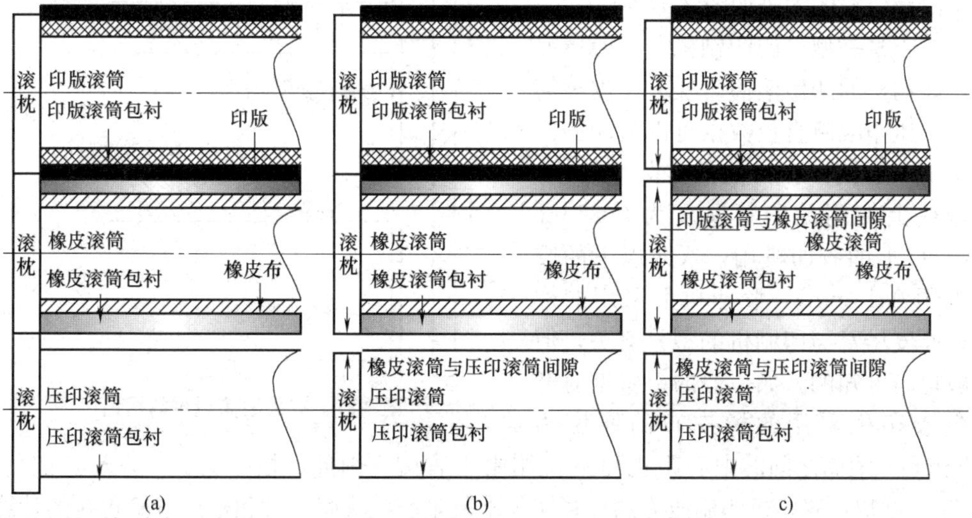


图 3-35　滚枕接触印刷机滚筒示意图

（a）三滚筒滚枕接触　（b）两滚筒滚枕接触　（c）三滚筒滚枕不接触

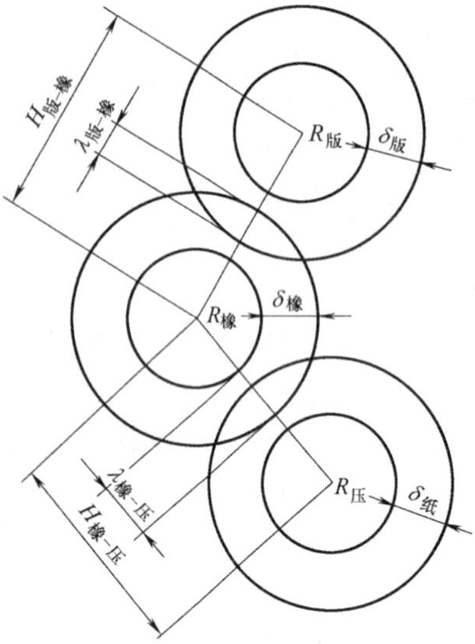


图 3-36　胶印机的版压和印压

前面讲过，胶印印刷中的压力分版压和印压，可以用压缩量 $\lambda_{\text{版-橡}}$ 和 $\lambda_{\text{橡-压}}$ 表示，如图 3-36 所示。按照 $\lambda$ 的定义，$\lambda_{\text{版-橡}}$ 和 $\lambda_{\text{橡-压}}$ 可按下列公式进行理论计算：

$$\lambda_{\text{版-橡}}=R_{\text{版}}+\delta_{\text{版}}+\delta_{\text{版衬}}+\delta_{\text{橡}}+\delta_{\text{橡衬}}+R_{\text{橡}}-H_{\text{版-橡}} \tag{3-35}$$

$$\lambda_{\text{橡-压}}=R_{\text{压}}+\delta_{\text{纸}}+\delta_{\text{橡}}+\delta_{\text{橡衬}}+R_{\text{橡}}-H_{\text{橡-压}} \tag{3-36}$$

式中，$R_{\text{版}}$、$R_{\text{橡}}$、$R_{\text{压}}$ 分别是印版滚筒、橡皮滚筒、压印滚筒的筒体半径。$\delta_{\text{印}}$、$\delta_{\text{印衬}}$、$\delta_{\text{纸}}$、$\delta_{\text{橡}}$、$\delta_{\text{橡衬}}$ 分别是印版、印版包衬、纸张、橡皮布、橡皮布包衬的厚度。$H_{\text{版-橡}}$ 和 $H_{\text{橡-压}}$ 分别是印版滚筒与橡皮滚筒之间、橡皮滚筒与压印滚筒或上橡皮滚筒与下橡皮滚筒（B-B 型印刷机）之间的中心距。

在实际生产中，要精确地测量 $\delta_{\text{版}}$、$\delta_{\text{橡}}$、$H_{\text{版-橡}}$、$H_{\text{橡-压}}$ 很不容易，印刷时，通常是分别测量出滚枕过量和滚枕间隙，代入下式即可求出 $\lambda_{\text{版-橡}}$ 和 $\lambda_{\text{橡-压}}$：

$\lambda_{\text{版-橡}}$ ＝印版滚枕过量＋橡皮布滚筒滚枕过量－印版滚筒和橡皮布滚筒的滚枕间隙

$\lambda_{\text{橡-压}}$ ＝橡皮布滚筒滚枕过量＋压印滚筒滚枕过量＋纸厚－橡皮布滚筒和压印滚筒的滚枕间隙

上式中，对于走滚枕的印刷机或滚筒，印版滚筒和橡皮布滚筒的滚枕间隙为 0。无论是哪一类，印版滚筒和橡皮布滚筒的滚枕间隙，橡皮布滚筒和压印滚筒的滚枕间隙在说明书中均可查阅。有关滚筒包衬的术语如图 3-37 所示。

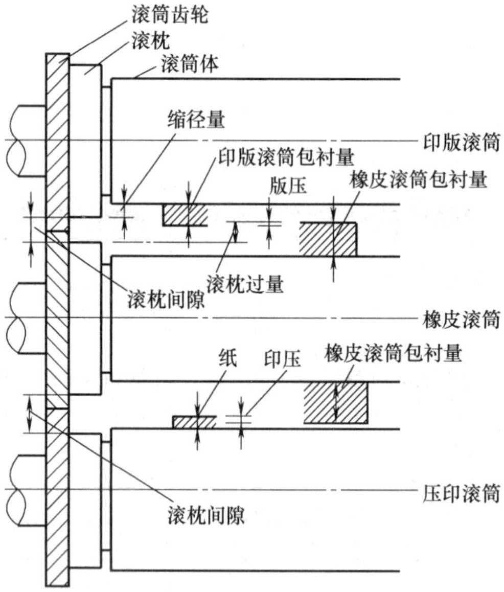


图 3-37　有关滚筒包衬的术语

对于某一型号的印刷机，一般情况下，印刷机的印版滚筒直径、橡皮滚筒直径、压印滚筒直径数据可以从印刷机的说明书查到，在目前的实际生产中，胶印机上使用的印版厚度为 0.27mm（八开以上的胶印机用，八开以下的胶印机用 0.15mm），胶印机上采用的橡皮布厚度尽管与印刷机的型号有关，但一般也是可知的，如一般的单张纸对开四色胶印机采用的橡皮布的厚度为 1.95mm，滚筒之间的中心距也可从说明书上查阅。因此，根据公式（3-35）和公式（3-36）可知，胶印机印刷压力的计算实际上就是印版滚筒包衬和橡皮滚筒包衬的计算。

对于走滚枕的单张纸胶印机来说，一般地要求印版滚枕过量为 0.1～0.15mm，橡皮滚筒过量为 0.05mm 即可，压印滚筒无包衬，不用考虑，如图 3-38 所示。

印版滚枕过量＝印版厚度＋印版包衬厚度－印版滚筒径缩量

橡皮滚枕过量＝橡皮布厚度＋橡皮布包衬厚度－橡皮滚筒径缩量

由于印版滚筒径缩量和橡皮滚筒径缩量可以通过相关的数据计算出来，为已知量，通过上式的计算，便可以分别计算出印版滚筒所需包衬厚度和橡皮滚筒所需包衬厚度。在橡皮布安装的过程中，由于橡皮布的不可压缩性，橡皮布在安装绷紧的过程中厚度会减少 0.05mm，因此，绷紧后的橡皮滚枕过量值为 0。

胶印机合压后，便可计算出胶印机的印刷压力，如图 3-39 所示，其中：

$\lambda_{版\text{-}橡}$＝印版滚枕过量＋橡皮滚枕过量＝0.1～0.15mm＋0＝0.1～0.15mm

$\lambda_{橡\text{-}压}$＝橡皮滚枕过量＋纸厚－橡皮布滚筒和压印滚筒的滚枕间隙

＝0＋纸厚－橡皮布滚筒和压印滚筒的滚枕间隙

＝纸张厚度－橡皮布滚筒和压印滚筒的滚枕间隙。

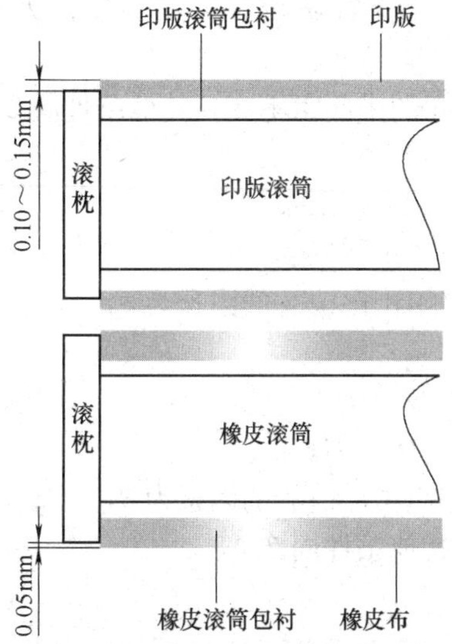


图 3-38　单张纸胶印机包衬确定示意图

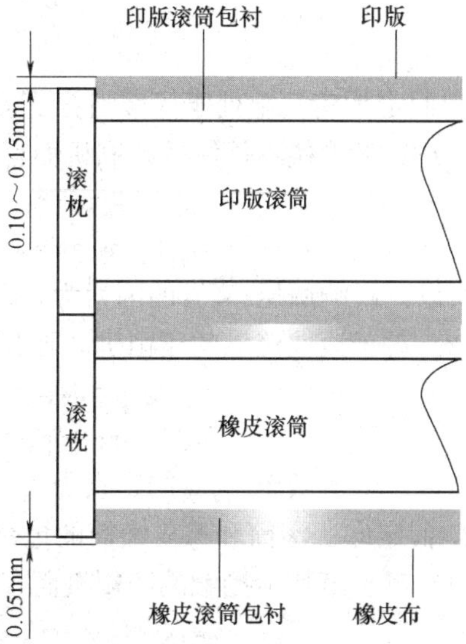


图 3-39　胶印印刷压力计算

下面对式（3-35）和式（3-36）分别进行讨论：

1. 在一般情况下

（1）对于滚枕不接触的印刷机而言，只有滚筒的半径是常数不变，因此有：

$$\lambda_{版\text{-}橡}=\delta_{版}+\delta_{版衬}+\delta_{橡}+\delta_{橡衬}-H_{版\text{-}橡}+C_{11}\text{，其中 }C_{11}=R_{版}+R_{橡}$$

$$\lambda_{橡\text{-}压}=\delta_{纸}+\delta_{橡}+\delta_{橡衬}-H_{橡\text{-}压}+C_{21}\text{，其中 }C_{21}=R_{压}+R_{橡}$$

所以，影响版压 $\lambda_{版\text{-}橡}$ 的因素为 $\delta_{印}$、$\delta_{印衬}$、$\delta_{橡}$、$\delta_{橡衬}$ 和 $H_{版\text{-}橡}$，影响印压 $\lambda_{橡\text{-}压}$ 的因素为 $\delta_{纸}$、$\delta_{橡衬}$、$H_{橡\text{-}压}$。

（2）对于滚枕接触的印刷机，这种印刷机是指印版滚筒和橡皮滚筒之间的滚枕接触，而橡皮滚筒与压印滚筒之间的滚枕不接触。除滚筒的半径是常数不变外，$H_{版\text{-}橡}$ 的数据也是不变的，但 $H_{橡\text{-}压}$ 可调，则有：

$$\lambda_{版\text{-}橡}=\delta_{版}+\delta_{版衬}+\delta_{橡}+\delta_{橡衬}+D_{11}\text{，其中 }D_{11}=R_{版}+R_{橡}-H_{版\text{-}橡}$$

$$\lambda_{橡\text{-}压}=\delta_{纸}+\delta_{橡}+\delta_{橡衬}-H_{橡\text{-}压}+D_{21}\text{，其中 }D_{21}=R_{压}+R_{橡}$$

所以，影响版压$\lambda_{版-橡}$的因素为$\delta_{印}$、$\delta_{印衬}$、$\delta_{橡}$、$\delta_{橡衬}$，影响印压$\lambda_{橡-压}$的因素为$\delta_{纸}$、$\delta_{橡}$、$\delta_{橡衬}$、$H_{橡-压}$。

2. 假定印版的厚度和橡皮布的厚度都为常量

（1）对于滚枕不接触的印刷机而言，则有：

$$\lambda_{版-橡}=\delta_{版衬}+\delta_{橡衬}-H_{版-橡}+C_{12}\text{，其中 }C_{12}=C_{11}+\delta_{版}+\delta_{橡}$$

$$\lambda_{橡-压}=\delta_{纸}+\delta_{橡衬}-H_{橡-压}+C_{22}\text{，其中 }C_{22}=C_{21}+\delta_{橡}$$

所以，影响版压$\lambda_{版-橡}$的因素为$\delta_{印衬}$、$\delta_{橡衬}$和$H_{版-橡}$；影响印压$\lambda_{橡-压}$的因素为$\delta_{纸}$、$\delta_{橡衬}$、$H_{橡-压}$。

（2）对于滚枕接触的印刷机，则有：

$$\lambda_{版-橡}=\delta_{版衬}+\delta_{橡衬}+D_{12}\text{，其中 }D_{12}=D_{11}+\delta_{版}+\delta_{橡}-H_{版-橡}$$

$$\lambda_{橡-压}=\delta_{纸}+\delta_{橡衬}-H_{橡-压}+D_{22}\text{，其中 }D_{22}=D_{21}+\delta_{橡}$$

所以，影响版压$\lambda_{版-橡}$的因素为$\delta_{印衬}$、$\delta_{橡衬}$，影响印压$\lambda_{橡-压}$的因素为$\delta_{纸}$、$\delta_{橡衬}$、$H_{橡-压}$。

3. 假定齿轮完全处于标准啮合状态，即滚筒之间的中心距不变，其他条件同 2

（1）对于滚枕不接触的印刷机而言，则有：

$$\lambda_{版-橡}=\delta_{版衬}+\delta_{橡衬}+C_{13}\text{，其中 }C_{13}=C_{12}-H_{版-橡}$$

$$\lambda_{橡-压}=\delta_{纸}+\delta_{橡衬}+C_{23}\text{，其中 }C_{23}=C_{22}-H_{橡-压}$$

所以，影响版压$\lambda_{版-橡}$的因素为$\delta_{印衬}$、$\delta_{橡衬}$；影响印压$\lambda_{橡-压}$的因素为$\delta_{纸}$、$\delta_{橡衬}$。

（2）对于滚枕接触的印刷机，则有：

$$\lambda_{版-橡}=\delta_{版衬}+\delta_{橡衬}+D_{13}\text{，其中 }D_{13}=D_{12}$$

$$\lambda_{橡-压}=\delta_{纸}+\delta_{橡衬}+D_{23}\text{，其中 }D_{22}=D_{22}-H_{橡-压}$$

所以，影响版压$\lambda_{版-橡}$的因素为$\delta_{印衬}$、$\delta_{橡衬}$，影响印压$\lambda_{橡-压}$的因素为$\delta_{纸}$、$\delta_{橡衬}$。

4. 假定印版滚筒和橡皮滚筒的包衬厚度不变，其他条件同 2

（1）对于滚枕不接触的印刷机而言，则有：

$$\lambda_{版-橡}=C_{14}-H_{版-橡}\text{，其中 }C_{14}=C_{12}+\delta_{版衬}+\delta_{橡衬}$$

$$\lambda_{橡-压}=C_{24}+\delta_{纸}-H_{橡-压}\text{，其中 }C_{24}=C_{22}+\delta_{橡衬}$$

所以，影响版压$\lambda_{版-橡}$的因素只有$H_{版-橡}$；影响印压$\lambda_{橡-压}$的因素为$\delta_{纸}$、$H_{橡-压}$。

（2）对于滚枕接触的印刷机，则有：

$$\lambda_{版-橡}=D_{14}\text{，其中 }D_{14}=D_{12}+\delta_{版衬}+\delta_{橡衬}$$

$$\lambda_{橡-压}=\delta_{纸}-H_{橡-压}+D_{24}\text{，其中 }D_{22}=D_{22}+\delta_{橡衬}$$

所以，版压$\lambda_{版-橡}$为定值，影响印压$\lambda_{橡-压}$的因素为$\delta_{纸}$、$\delta_{橡衬}$。

从上面的讨论可以看到，情况 1 中印刷压力的影响最多，也最全，但在实际生产中，可供调节的因素并不是很多，只有在大修或调机过程中使用。情况 3 中是在排除了滚筒之间中心距的影响而对印刷压力的影响因素不变，但这种情况在实际生产中很难实现。在实际生产中计算印刷压力用得最多的是情况 2 和情况 4 两种。

**（五）胶印印刷压力的调节**

对于胶印机而言，一旦选用了某种包衬材料，那么弹性模量也就基本确定不变了，其压力的大小只取决于压缩量$\lambda_{版-橡}$和$\lambda_{橡-压}$，印刷压力的调节只能调节滚筒之间包衬的压缩量了。包衬压缩量的改变有两种方法：一是包衬不变，改变滚筒之间的中心距；二是滚筒之间的中心距不变，改变包衬的厚度。在印刷机角度看，改变中心距相对容易一些，改变包衬的厚度，只有打开包衬，很麻烦。从印刷机传动的角度看，改变滚筒之间的中心距离，就会改变滚筒齿轮在分度圆位置上啮合状态，从而影响滚筒传动的平稳性，所以理想的情况下，压力的调节是不动中心距，而是通过改变包衬的厚度来调节。

在实际生产中，尽管印刷的承印材料的厚度总是在变化，印刷压力也需要随之变化，但其厚度之间的差别较小，因此并不需要改变包衬的厚度来调节压力，只要微小的改变中心距也可以完成压力的调节，但这种调节是有限的。对于厚纸的印刷，则不能只调节滚筒中心距了，需要与改变包衬的厚度结合起来。所以，对于印刷过程中压力的调节，不动中心距是不可能的，但原则上是最好不动。

胶印印刷过程中的压力调节总体原则是：轻压印刷，即在满足印刷质量的要求下采用最小的印刷压力值。

1. 印刷压力调节步骤。

（1）检查滚筒之间的中心距　走滚枕的印刷机，检查滚枕接触是否良好，滚枕是否清洁，有问题及时处理；不走滚枕的印刷机，检查滚枕间隙是否符合说明书的规定，滚枕是否清洁，有问题及时处理。

（2）准确测量　正确的计算出印版、橡皮布、各种包衬的厚度。

（3）包衬的选用　根据测量的结果，选择合适的印刷包衬材料进行包衬。

（4）最终检测　检测包衬好的最终结果是否符合要求。

（5）开机试印刷　如果不理想进行微量调节。

2. 印刷压力的调节

（1）如果只调节橡皮滚筒和压印滚筒之间的压力时，最常用的方法是调节两滚筒的中心距。

（2）如果只调节印版滚筒和橡紧滚筒之间的压力时，最常用的方法是改变印版下的包衬厚度。

（3）如果版压和印压都需要改变时，最常用的方法是改变橡皮滚筒的包衬厚度。

**（六）胶印印刷压力的检验**

首先简要介绍直接表示印刷压力的点压力 $p_d$、总压力 $F_s$、平均压力 $p_{cp}$ 以及线压力 $F_L$ 的测定方法。

点压力 $p_d$ 的测定多采用电测的方法。电测系统包括压电晶体传感器、直流电荷放大器、示波器等。传感器安置在采样部位，将压力值转变为电信号，经电荷放大器放大，由示波器记录下来。这种测定方法的关键是安置传感器，动态测试比较困难，测定的是一个微小面积上的平均压强，近似地表示一点的压力。

总压力 $F_s$ 的测定可采用偏心法和贴片法。

偏心法的测定如图 3-40 所示。当两个滚筒加压接触（即相互挤压）时，会引起滚筒的偏移，产生一定的偏心量（有些印刷机的压力控制正是通过调节这个偏心量的大小来实现的），滚筒的偏心量由偏心套的回转量给出，这个回转量利用油压表来调节，油压表所显示的数据便可用以表示总压力。

在印刷压力的作用下，会引起支承滚筒的支架发生变形，因此可以把电阻应变片贴在支架的外侧表面，电测这里的应变值，由支架应力应变的关系，计算出支架在此处的应力，再进一步计算出总压力，如图 3-41 所示。

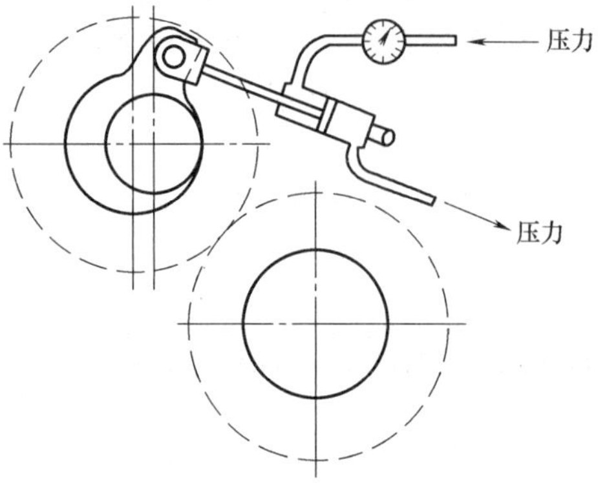


图 3-40　利用偏心法测定总压力

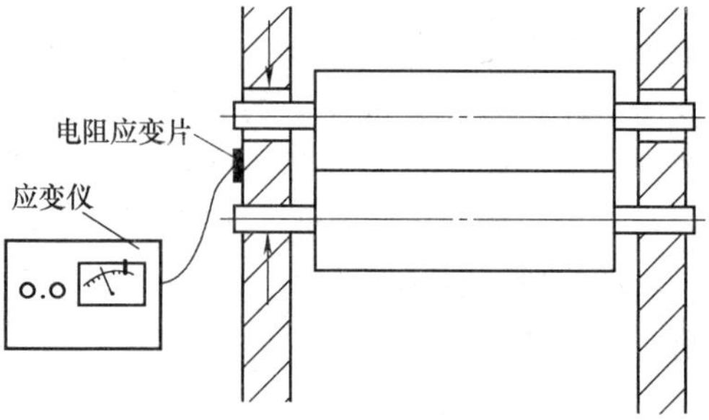


图 3-41　利用贴片法测定总压力

压缩量的测定可利用式（3-35）和式（3-36），只要用卡尺、筒径仪等量具量得 $R_{版}$、$R_{橡}$、$R_{压}$、$\delta_{版}$、$\delta_{橡}$、$\delta_{纸}$、$H_{版-橡}$、$H_{橡-压}$，就可计算出 $\lambda_{版-橡}$ 和 $\lambda_{橡-压}$。实际生产中一般是测量滚筒的滚枕过量。

滚枕过量是用筒径仪规测量的，筒径仪是以千分表为主体的测量器。如图 3-42 测量时，将筒径仪横跨在滚筒表面上，使长量臂端千分表触头与滚枕相接触，读取数据，表头的指针顺时针转动，指示的数值是包衬低于滚枕的数值，滚枕过量为正；表头的指针逆时针转动，指示的数值是包衬高于滚枕的数值，滚枕过量为负。

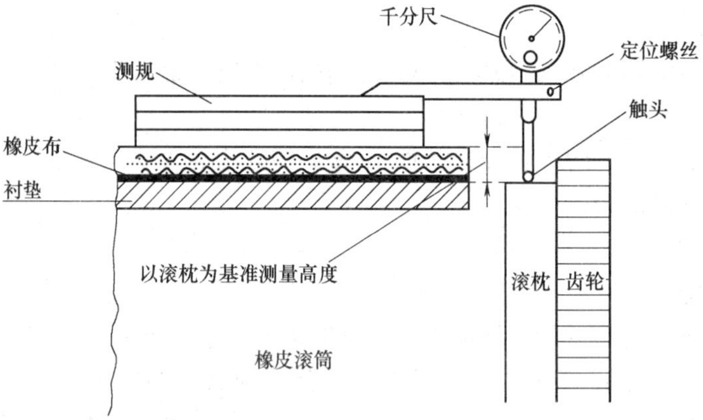


图 3-42　筒径仪的测量方法

滚枕间隙常用厚薄规或轧软铅丝来测量。

厚薄规是由数张厚薄不等的金属片组成，一般厚度在 0.03～1mm。测量滚枕间隙时，挑选一个或几个与间隙厚度相近的金属片，塞入两滚筒滚枕之间，塞时以手感不紧不松适度为宜，即为所测定的滚枕间隙值。这种测量方法，因测量时以人的手感为依据，因而误差较大。

轧软铅丝法是将一定号数的铅丝（按照滚枕间隙大小来选用），在滚筒离压时放入两滚枕之间，然后合压，转动滚筒，铅丝便随滚枕转动而被碾压成薄片，量出其厚度，即为滚枕的间隙值。

压印面宽度的测定常用所谓的“压杠痕法”，如果要测定印版滚筒和橡皮布滚筒之间的压力，可先将印版滚筒滚上油墨，然后与橡皮布滚筒合压，这样在橡皮布滚筒表面便留下了一条带状的印迹，即所谓的“压印线”或“压杠痕”；测量出这条压印线的宽度即是相应压印面宽度。采用同样方法，可测定橡皮布滚筒和压印滚筒之间的压印面宽度。

对于压缩量和压印面宽度的测量，可以只测定其中一个，另一个可通过二者之间的关系进行换算得到。一般地，在实际印刷中，控制印刷压力时常测量压缩量，而在校准印刷压力的均匀性时，常测量压印面宽度。

## 三、凹版印刷压力的确定

凹版印刷属于直接印刷方式，即在印刷压力的作用下，印版网穴中的油墨直接与承印物接触并转移到承印物的表面。因此，压印滚筒的作用是用来对承印物材料施加压力，使承印物材料与印版滚筒紧密接触，从而使版滚筒网穴中的油墨能够转移到承印物材料上，印刷出层次清晰的文字和图像。目前，凹版印刷机分为单张纸凹印机和卷筒纸印刷机两类，由于两种凹版印刷机在印刷压力的确定上有所不同，所以分别说明之。

### （一）卷筒料凹版印刷压力的确定

在凹版印刷中，压印滚筒（在印刷厂一般称之为压印胶辊）主要由内芯和包衬两部分组成，压印滚筒的内芯一般都是由钢质材料组成的，包衬部分为无接缝的橡胶层。现在的许多新型的凹版印刷机上，压印滚筒采用了套筒式的凹印包衬，橡皮布和衬垫成为一个整体。由于压印滚筒的转动并不是通过印刷机的齿轮传动的，而是由压印点处的摩擦力带动的，压印滚筒的直径与印版滚筒的直径并不相同。另外，压印滚筒的两端都有轴承支撑着，主要是为了确保压印滚筒在印刷过程中能够保持平衡，避免出现大幅的振动。

由于凹版印刷压印的特点，凹版印刷压力的确定相对胶印比较简便一些，凹版印刷压力一般采用直接表示法。目前的凹版印刷机大都采用压缩空气加压，即在压印滚筒的两端分别采用气缸加压，为了保证凹版印刷压力的均匀性，两端施加的气压相等，如图 3-43 所示。

在凹版印刷中，常常采用线压力表示印刷压力的大小，以考查整个压印线上压力的均匀性，因此，加在压印滚筒两端的气压与印版滚筒承受的压力大小有如下关系：

$$F_L = \frac{2\pi R^2 p}{L} \qquad (3\text{-}37)$$

式中　$F_L$——线压力，N/m

$R$——气缸活塞的半径

$p$——气缸的压强数据，$N/m^2$

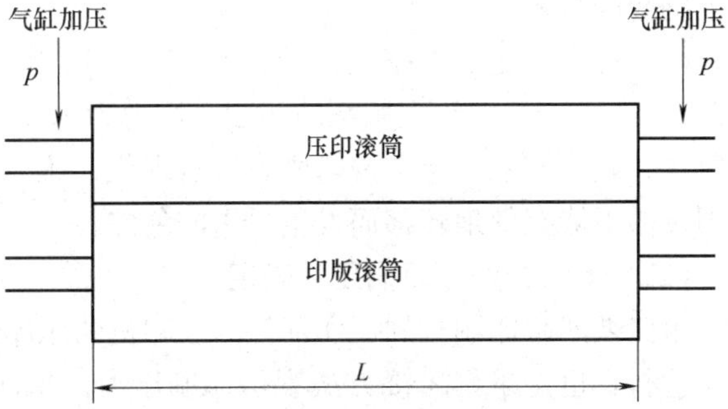


图 3-43　凹版印刷加压示意图

$L$——印版滚筒的长度

凹版印刷作为直接印刷，印版滚筒和包覆着橡皮布的压印滚筒直接接触，两滚筒合压后，必须产生较大的压力，才能把印版网穴中的油墨转移到承印物上，因此，凹版印刷压印滚筒易产生变形，从而影响线压力的均匀性，为了防止在施加压力时压印滚筒发生弯曲变形，许多印刷机（尤其是幅面非常宽的印刷机）对压印滚筒的加压采用了一些新的技术。

对于凹版印刷压力的调节，一般是压印滚筒安装好之后，先调节印版滚筒和压印滚筒之间的水平，使滚筒两端的压力相等，以保证承印材料受到均衡的印刷压力，然后再根据不同的承印材料进行压力的调节。

不管如何，施加在压印滚筒上的力，最终要转化成包覆在压印滚筒上橡胶的弹性变形，因此，凹版印刷压力的大小与橡胶的硬度有很大的关系，除此之后，对橡胶层的物理性能要求还包括耐热性能、弹性、热量积聚性能、耐磨性能、耐化学性能等。

压印滚筒上橡胶材料的软硬程度可以用肖氏硬度来表示，采用硬度计就可以测量出橡胶材料的肖氏硬度。

为了能够精确地控制向承印物材料上转移的油墨量，必须得保证承印物材料跟网穴中油墨的紧密接触才行。那么，到底应该选用多大硬度的橡胶材料才比较合适呢？这在很大程度上要取决于承印物材料的类型、宽度、厚度以及印刷机的线速度等。一般有以下几个原则：

（1）承印物材料越粗糙、弹性越大，则要求压印滚筒橡胶层的硬度也就越大。比如橡胶层在肖氏硬度 90 以上的压印滚筒，比较适合于卡纸的印刷。在同样的条件下，采用硬度较大的压印滚筒印刷时，可以施加较大的印刷压力而不会引起变形。

（2）如果承印物材料的表面十分光滑且重量又比较轻的话，应该采用比较柔软的橡胶材料，而且所需要的压力一般也比较小。

（3）如果承印物材料比较硬且较平滑，就应该用柔软的橡胶材料，但是也不能太软，否则会产生变形和皱痕，一般常用肖氏硬度 80 左右的压印滚筒。

（4）如果承印物材料比较柔软而且又比较光滑，采用肖氏硬度 70 的压印滚筒则比较合适。

生产实践表明，对于塑料薄膜的印刷一般使用肖式硬度 70 左右的橡胶层，对于纸张的印刷一般采用肖式硬度 80～90 的橡胶材料，对于卡纸的印刷一般采用肖式硬度 90 以上的橡胶材料。

印刷压力设定应根据实际情况制定，一般地，对于塑料薄膜的印刷，压力大约为 2.8～3.2kN/m；对于铜版纸的印刷，压力为 7.8～10kN/m。如果胶辊压力过大，易形成龟纹、起伏现象甚至出现印刷膜皱折现象，压力过小则易发生漏印，图案高光部分甚至因油墨不能有效地转移而发生严重的色差。

**（二）单张纸凹版印刷压力确定**

单张纸凹版印刷机的压印部件与胶印机的压印部件的相似点，也需要在压印滚筒上安装包衬，也是采用间接方法表示印刷压力。单凹机的印刷压力是由压印滚筒包衬厚度、滚筒的直径及包衬的压缩变形量决定的，由于凹版印刷的压力要比胶印机的印刷压力大一些，因此单凹机比较理想的印刷压力应控制在 0.15～0.20mm（不包括印刷纸张的厚度）。压印滚筒的包衬总厚度（采用的是纸张＋橡皮布）控制在 2.1mm 左右，高出压印滚筒滚枕为 0.35mm 左右。单凹机上使用的橡皮布的厚度一般有两种，一种厚度为 1.65mm，一种厚度为 1.95mm。

如果在印刷过程中，印刷的纸张厚度加厚时，意味着压印滚筒的直径加大，这样会引起印刷品的印迹加长，会使印刷品在纵向上套印不准。因此，在单凹机上，当印刷的纸张加厚时，需要减少包衬的厚度，即减少包衬中间的纸张厚度，以使压印滚筒的直径不变。反之，当印刷纸张的厚度减小时，需要增加印刷包衬的厚度。

## 四、凸版印刷压力的确定

这里说的凸版印刷压力主要是指柔性版印刷压力，柔性版印刷是一种轻压力印刷工艺，其压力大小远远小于平版印刷、凹版印刷压力。对于柔性版印刷而言，由于其传墨系统的特殊性，因此在柔性版印刷中，最主要的印刷压力确定有两个方面，一是网纹辊与印版辊筒之间的压力；二是印版辊筒与压印辊筒之间的压力。无论是网纹辊对印版的油墨转移力还是印版对承印材料的压印力，都要求以小为主，即“点到为止”。这样才能保证印迹质量，尤其是网线版印刷的网点质量。

柔性版印刷压力的调节是保证产品质量的关键步骤，千万马虎不得。三辊筒压力调节可以达到三辊筒之间的平行度；又可达到三辊筒之间的二端压力相等。

每一次新产品印刷都必须调整三辊筒之间的压力。印刷压力的调节是要求操作人员认真细致进行的一项工作。

首先调节三辊之间的间距。以薄版为例，在合压的状态下，网纹辊与印版辊之间的间距、印版辊与压印辊之间的间距是一样的，为 0.38mm＋1.70mm＝2.08mm（0.38mm 为双面胶厚度，1.70mm 为印版厚度）。可以选用二根 2.08 mm 厚度的标准塞尺，在印刷机组合压的情况下，将标准厚度的塞尺置于二辊之间的二端（无印版或承印物处），手工调节网纹辊与印版辊，印版辊与压印辊之间的间距，使得它们各自二端的标准塞尺拉动阻力相同为止。此时的间距就是印刷中的理想压力值，但与实际使用压印有微小差别，需要操作人员在正常印刷中作微调。

在柔印机慢速运转中，从最后一色组开始合压，首先观察网纹辊对印版辊图文表面的传墨情况，可从两端分别进行微调来达到最佳传墨效果。网纹辊对印版的传墨压力以轻为好，这有利于正确传递油墨，保证图文印迹质量和保护印版不受损。

其次，观察印迹转印情况。承印材料表面的印迹的清晰程度是转印压力正确与否的印证。通过印版辊微调螺杆进行压印力调节，两端由轻加重逐渐进行，直至印迹完全清晰为止。

最后，从后到前一个机组一个机组的进行以上相同印刷压力调节。

另一个方面，由于柔性印版需要依靠一种专用双面胶带粘贴在印版滚筒的表面，才能形成一个完整的印刷滚筒。目前普遍使用的双面胶带是一种具有弹性的压敏性粘接材料，它是由聚乙烯发泡基材两面涂有不同黏性的丙烯酸酯胶黏剂制成的。在柔性版印刷过程中，所选用贴版双面胶带会直接影响到印刷品的印迹质量。

在柔性版印刷中，由于印版具有高弹性，在印刷压力的作用下，很容易导致印版变形。对于较厚的印版，在印刷时传递到印版下层的多余压力就越小，印刷压力主要被印版吸收，从而导致图像的变形。对于薄的印版在印刷过程中，当印版和承印材料接触时，双面胶带会吸收多余的压力，当印版和承印材料脱开时，印版排出印刷压力，双面胶带会恢复其原来的形状。双面胶带的这些性质有助于均匀地分布印刷压力，从而可以得到较低的网点增大值，避免图像的变形。

柔性版常用的双面胶厚度为 0.38mm、0.50mm 两种规格，以基材密度的种类可划分为三种（以 3M 双面胶为例）：

① 低密度 1115 型，适合网线版和细线条印刷；

② 中密度 1015 型，适合文字、线条和实地印刷；

③ 高密度 411DL 型，适合实地印刷。

印刷厂家一般都要准备三种不同密度的双面胶带，以适合不同印版图文的印刷需要。

柔性版产品选择何种型号的双面胶，先要分析产品图文中网线、文字线条、实地是以哪一种为主；其次要知道承印材料是什么，并根据日常经验进行选择。在同一产品印刷中只能用一种型号的双面胶，即使这套印版图文中有网线、文字线条及实地的区别。这是因为不同型号的双面胶的密度不同，弹性也有明显差别。虽然厚度相同，粘贴在同样直径的印版滚筒上，作为一种弹性体受压后，其压印在承印材料上的轨迹长度是不一样的，从而会造成各印版之间的印迹长度变化，这就无法做到各色之间的套印准确。

## 第五节　影响印刷压力的因素

影响印刷压力大小的因素很多，在不同的条件下对印刷压力大小的影响程度也有所不同。其中，最直接的影响因素自然是包衬的组成及其硬度性质；此外，在印刷条件中的印刷速度、纸墨印刷适性中的纸张平滑度，对于印刷压力的大小都有很大的影响。此外，印版的类型、印刷的数量和质量等因素对印刷压力大小的影响也不容忽视。

### 一、印刷包衬对印刷压力的影响

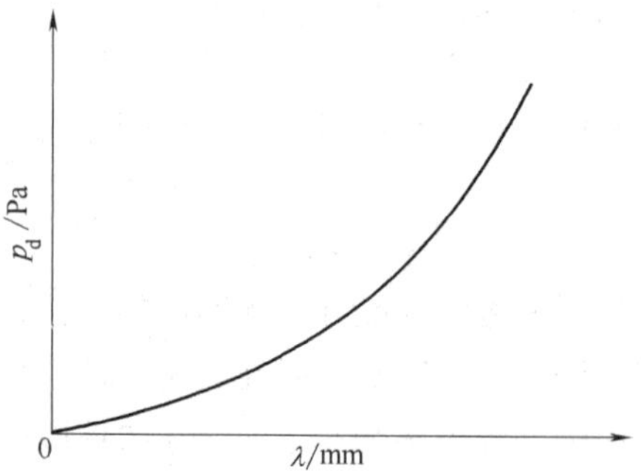

图 3-44　$p_d$-$\lambda$ 关系曲线

印刷压力与包衬变形是同一个印刷要素的两个方面，是相互依存密不可分的，它们之间的数量关系已经在前面各节中详细说明过了。应当说明的是，$p_d$-$\lambda$ 关系曲线近似于一条指数关系曲线，如图 3-44 所示，在数值比较大的 $p_d$ 附近，较小的 $\lambda$ 变化会引起较大的 $p_d$ 的变化，即 $p_d$ 对 $\lambda$ 反应更为敏感。因此，在确定 $p_d$ 时，对包衬的软硬性质要更加注意。

## 二、承印材料的平滑度对印刷压力的影响

印刷的产品种类很多，有报纸书刊，也有包装装潢品，印刷用承印材料的表面状况也有很大的差别，因而印刷中所需要的印刷压力也各有不同。用平滑度低的承印材料印刷时，必须提高印刷压力，才能使承印材料与油墨充分接触，才会有充足的油墨转移到承印材料表面，否则会引起网点发虚、印迹残缺等弊病。

## 三、印刷速度对印刷压力的影响

很多生产实例都可以证明，当印刷速度显著增加时，印刷压力也要增加。因为印刷速度提高时，印刷面之间相对应的质点所接触的时间也有所减少，这就必须通过较大的压力，使印刷表面之间不完全接触的程度减小，便于油墨能够较快地从供墨表面转移到受墨表面，使油墨能在短时间内完成必要的转移。

另外，由于高速胶印机使用的滚筒直径较小，除了接触时间短外，而且压印线窄，为了使足够的油墨转移到承印物上，就必须加大印刷压力。

## 四、产品的质量要求对印刷压力的影响

不同的产品，有着不同的复制要求。除了采用不同的原材料和印版外，还可以从印刷压力方面设法适应。“实地”图文可以（也允许）使压力稍大一些来达到印迹结实的要求。网线图文则应该十分强调“理想压力”，避免网点扩大而损失层次。高网线产品对复制的质量要求更高，特别要控制印刷压力，使之达到最小值，印刷该类产品时，除尽量采用表面平滑的涂料纸外，还应该注意对印版质量的选择和对印版表面水墨平衡的严格控制。

## 五、印刷品的数量对印刷压力的影响

在印刷过程中，随着印刷品数量的增多，印刷压力有所减小，这是由于橡皮布和包衬在使用一段时间后，即印刷了一定量的印刷品后，会失去或减小原有的弹性，因而使印刷压力减小。根据实验可知，对于软包衬印刷压力减小 20%～30%，而对于硬性包衬则下降不超过 10%～15%。由于印刷压力的下降，会使油墨转移率降低。因此，为了获得质量稳定的印品，可在印刷前把压力调得略高，使印刷一定数量后的印刷压力仍然足够，以保证质量。

这种印刷压力降低的现象在更新包衬后最为明显。因此，更新包衬后必须以工作速度试运转半小时到一小时，使包衬和橡皮布变形稳定，然后再调节印刷压力，这样就可以用基本不变的印刷压力获得质量优良的印刷品。

## 六、其他有关因素对印刷压力的影响

在确定胶印的工作压力时，除了要考虑以上因素外，还要考虑印版种类、印版砂目粗细程度、图文特点等。例如，与平凹版相比，PS 版表面砂目细腻，图文略微高出版面，属平凸型的印版，就要用较小的印刷压力印刷；高网线图文的印版，单位面积内的

网点数目多，网点扩大稍有过量，便会发生网点并级、层次损失的现象，和低网线图文印刷相比，也要用较小的印刷压力印刷。

## 思 考 题

1. 印刷压力有哪几种表示方法？印刷机的印刷压力来源于什么？

2. 印刷使用的包衬有哪几类，各有何特点？在胶印印刷中如何选用印刷包衬？

3. 试分析印刷压力与油墨转移的关系？

4. 用网线印版、线条印版、实地印版印刷时，哪一种版需要的印刷压力最大？为什么？

5. 一台B-B型轮转胶印机的有效滚筒直径为300mm，在相同的印刷压力下，用A包衬获得的最大压缩量为0.18mm、用B包衬获得的最大压印宽度为5.8mm。若A、B两种包衬的厚度相同，问哪种包衬的弹性模量大？

6. 试分析凹版印刷中压印辊表层橡胶选用的原则。

7. 试分析柔性版印刷中双面胶带的选用原则。

8. 如何确定胶印印刷过程中的印刷压力？

9. 印刷机上印刷压力的分布特点是什么？对印刷工艺有何要求？

10. 影响印刷压力的因素有哪些？

# 第四章　平版印刷水墨平衡

平版印版表面分布着亲油的图文部分和亲水的空白部分，印刷时，先给印版供水，后给印版供墨，使图文部分、空白部分选择性地吸附水和墨，分别形成均匀的水膜和墨膜。理论上认为：只有当印版图文部分的墨膜和空白部分的水膜存在着严格的分界线，油水互不浸润，才能达到平版印刷的水墨平衡，这是埋想的静态水墨平衡。但是，印刷是一个动态的过程，着水辊、着墨辊都是在高速运转相互滚压的过程中向印版传递油墨的，上述理想的静态水墨平衡在实际印刷中是很难实现的，这需要对平版印刷的水墨传递过程进行分析，进而研究平版印刷的水墨平衡。

## 第一节　水墨的传递与平印模式

平版印刷是利用油水不相溶这一规律进行油墨转移的，印刷时，需要给印版传输水和油墨。输水装置的任务是供给印版空白部分一层均匀的水膜，输墨装置的任务是给印版的图文部分涂上一层厚度均匀的墨膜。由于润湿液和油墨同时存在于印版之上，虽然油墨和水互不相溶，但在着墨辊、着水辊以及橡皮滚筒的高速剪切下，油相和水相间会产生相互作用，使油墨被乳化。

### 一、油墨和水的传递过程

一般平版印刷机都采用图 4-1 所示的给水、给墨装置供给印版润湿液和油墨。当印刷机合压印刷时，着水辊、着墨辊与印版的图文部分和空白部分存在着四种辊隙状态，水、墨在各个辊隙之间被强制混合，然后分离。

第一种辊隙是着水辊与印版空白部分的辊隙，如图 4-2（a）所示，辊隙间有润湿液。当着水辊与印版分离后，空白部分表面被润湿液润湿，留下一层薄薄的水膜。

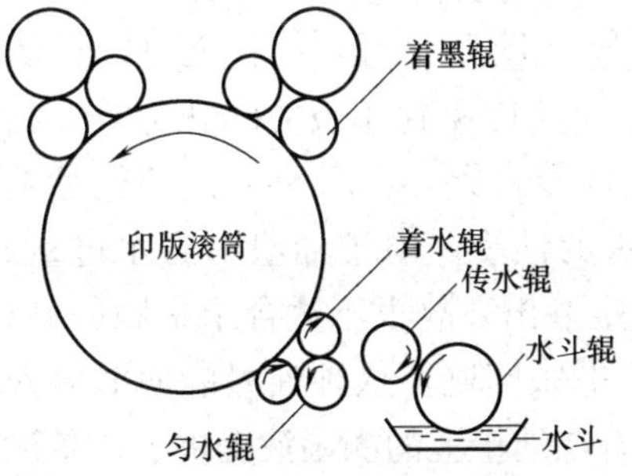


图 4-1　平版印刷机的输水、输墨装置

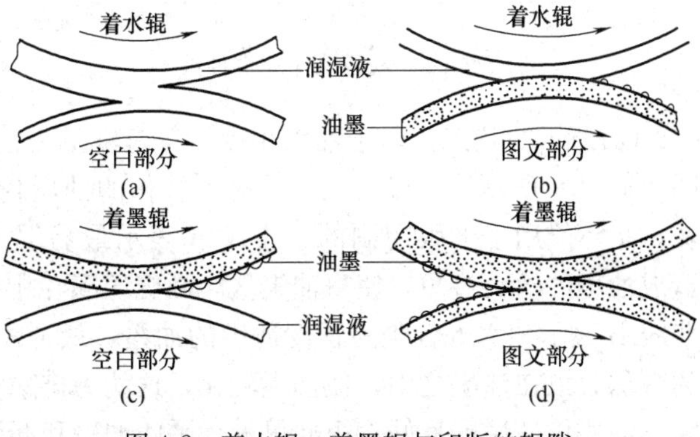


图 4-2　着水辊、着墨辊与印版的辊隙

第二种辊隙是着水辊与印版图文部分的辊隙，如图 4-2（b）所示，辊隙间既有润湿液，又有油墨，两相并存。在着水辊和印版的强力挤压下，少量的润湿液被挤入油墨。着水辊与印版分离后，被挤入油墨的润湿液，一部分由于油水不相溶而被排斥到墨膜的表面，另一部分则以细小的液滴形式分散在油墨中。这种两种互不相溶的液体，其中一种液体以细小的液珠的形式分散在另一种液体之中的现象，叫做“乳化”，这时发生油墨第一次乳化。

第三种辊隙是着墨辊与印版非图文部分的辊隙，如图 4-2（c）所示，辊隙间也是既有润湿液，又有油墨，两相并存。同样，在着墨辊和印版的强力挤压下，少量的润湿液被挤入油墨。着墨辊与印版分离后，被挤入油墨的润湿液，一部分被排斥到墨膜的表面，另一部分以细小的液滴形式分散在油墨中，发生油墨第二次乳化。

第四种辊隙是着墨辊与印版图文部分的辊隙，如图 4-2（d）所示，辊隙间存在着乳化了的油墨，以及附着在印版图文部分墨膜表面的润湿液。当着墨辊滚过印版的图文部分，墨膜表面的润湿液被挤入油墨中，发生油墨第三次乳化。

上述分析表明，在平版印刷的一次供水、供墨过程中，共发生三次水墨的混合和乳化，要保持水相和油相的严格分界线是不可能的，即油墨的乳化在平版印刷过程中是不可避免的。

平版印刷时，油墨的乳化不仅是不可避免的，而且还是油墨转移所需要的，绝对不乳化的油墨并不适用于平版印刷。图 4-3 是三种不同油墨的混水量曲线，纵坐标是将润湿液和油墨混合后，测得 100g 的油墨中的混水量；横坐标是水、墨混合的时间。曲线 $C$ 表示最不易混入水的油墨，油墨对水几乎是排斥的，即油墨完全不和润湿液相混，那么印刷中被强制挤入油墨的润湿液微珠，在挤压力消失后，会很快地从油墨中离析出来，附着在油墨的表面，从而形成了一层水膜，图 4-2（b）就形成了图 4-4（a）所示的状态。由于油水相斥，着墨辊就无法把油墨传递到印版的图文部分，如图 4-4（b）所示。经验表明，绝对不乳化的油墨传递性能极差，而且可能使印刷品发花，是不能用于平版印刷的。曲线 $A$ 表示最易混入水的油墨，由于油墨中含水过量，造成油墨的丝头过短，使得油墨从印刷机的墨斗中很难输出，故也不适合于平版印刷。曲线 $B$ 表示和水混合难易程度适中的油墨，最适用于平版印刷。这种油墨能使润湿液的微珠分散在油墨之中，使油墨乳化，这就为排除附着在油墨上的润湿液提供了一条途径，油墨传递性能良好。由此可见，平印油墨和润湿液必须是互不相溶的，但在一定程度上却必须是可混合的，即必须形成一种微细的水珠分散在油墨中，也就是油墨乳化，

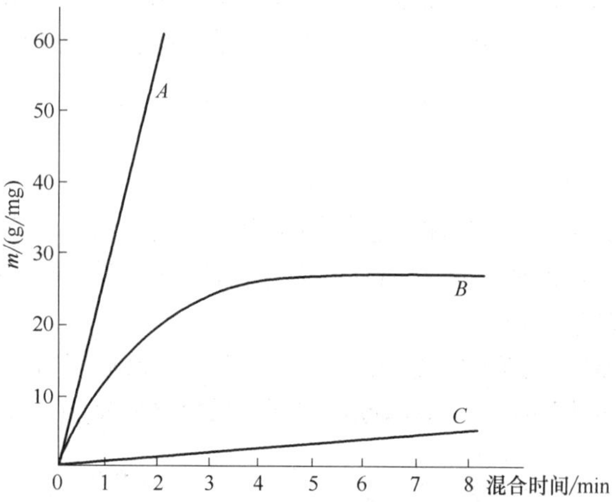


图 4-3　油墨和水相混曲线

否则印刷品会出现发花现象，并且还可防止微细墨珠在水中分散，即发生水的乳化，从而避免空白部分起脏。

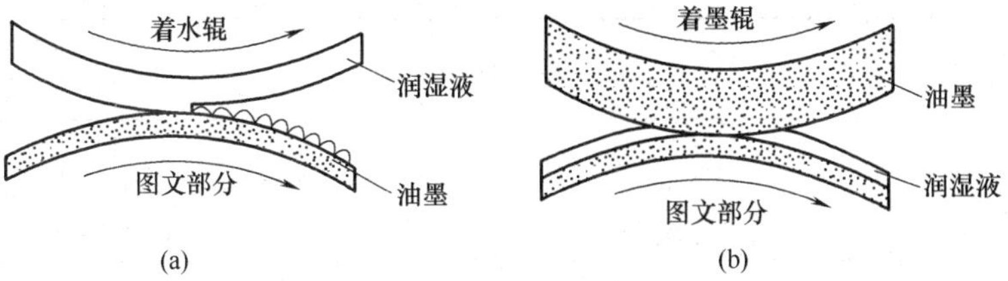


图 4-4　平版印刷的水墨离析

## 二、马丁·西维尔平印模式

为了保证平版印刷油墨转移的顺利进行，马丁·西维尔（Mattin　Silver）提出了以下的平印模式：

（1）用于辊子和印版的各种固体材料，必须有一定的表面自由能，它们必须能被润湿液或油墨优先润湿。印版的空白部分，必须由在有油墨的情况下，被润湿液优先润湿的材料构成；印版的图文部分，必须由在有润湿液存在的情况下，被油墨优先润湿的材料构成。

（2）油墨和润湿液必须是互不相溶而又可混合的。在一定程度上形成一种有限混合物或可控乳剂。这就是说，润湿液以微细的水珠分散在油墨中，使油墨乳化，为排除图文部分的润湿液提供了一条途径。

（3）为了在纸张上构成必要的印刷密度，印刷到纸面上的油墨厚度大约是 1μm。

（4）油墨和润湿液都是通过一系列辊子传递到印版上的，辊子表面对润湿液和油墨分别表现出不同的润湿性。表 4-1 列出了辊隙间膜层的状态，其中有 16 种不同的膜层结合状态。因为都是对称排列，所以实际上只有 5 种结合状态。

当辊隙间只有一种流体（润湿液或油墨）时，在辊隙出口处流体膜层分裂，每个辊子上膜层的厚度是辊隙进口处膜层总厚度的一半。

当辊隙间有油墨和润湿液两种流体时，膜层所发生的状况如表 4-1 所列。

若将表 4-1 中的一号辊作为着水辊，将优先被润湿液润湿，附着的润湿液为 d，辊子上带有的油墨为 c；若将一号辊作为着墨辊，将优先被油墨润湿，附着的油墨为 a，辊子上带有的水分为 b。如果把表 4-1 中的二号辊作为印版的空白部分，将优先被润湿液润湿，附着的润湿液为 d，带有的油墨为 c；如果把二号辊作为印版的图文部分，将优先被油墨润湿，附着的油墨为 a，带有的润湿液为 b。图 4-2 所示的四种辊隙出口处的膜层则分别为 d-d，d-b，d-a，d-a，膜层状况和表 4-1 中所列的膜层状况相符合。

平版印刷的油墨转移，分两次进行。先从印版转移到橡皮布上，其转移率约 50%，再从橡皮布转移到纸张表面，其转移率约为 76%，总的油墨转移率是 38%，比凸版印刷和凹版印刷的油墨转移率低。因此，平版的墨色比其他印刷的墨色浅淡。根据马丁·西维尔的平印模式，油墨要在墨辊、印版间进行良好的传递，必须混入适量的润湿液，这样，必然会导致墨色的下降。因此，严格的控制印版的供水量，保持水墨平衡，是提高平版印刷质量的关键。

表 4-1　　两个辊隙间出口处的膜层状况

| 辊子特征 | 辊隙入口处膜层 | 辊隙出口处膜层 | | | | 辊隙入口处膜层 | 辊子特征 |
|---|---|---|---|---|---|---|---|
| 二号辊优先被油墨润湿 | a. 油墨 | a-a<br>一号墨层<br>二号墨层 | a-b<br>同<br>b-a | a-c<br>同<br>c-a | a-d<br>与<br>d-a 相反 | a. 油墨 | 一号辊优先被油墨润湿 |
| | b. 润湿液 | b-a<br>一号含有乳化的润湿液膜层<br>二号含有乳化的润湿液膜层 | b-b<br>同<br>a-a | b-c<br>与<br>c-b 相反 | b-d<br>同<br>b-b | b. 润湿液 | |
| 二号辊优先被润湿液润湿 | c. 油墨 | c-a<br>同<br>a-a | c-b | c-c<br>同<br>a-a | c-d<br>同<br>d-c | c. 油墨 | 一号辊优先被润湿液润湿 |
| | d. 润湿液 | d-a<br>一号含有乳化润湿液的墨层<br>上有润湿液二号润湿液墨层 | d-b<br>同<br>b-b | d-c | d-d<br>同<br>b-b | d. 润湿液 | |

## 第二节　水墨平衡理论

平版印刷时，由于水和油墨同时存在于印版之上，水墨之间的关系对油墨转移性能有着极其重要的影响，印版上的水分过多或过少都会直接影响印刷质量和生产的顺利进行。因此，平版印刷中，润湿液的供给量必须适中。一般要求在不引起版面起脏的前提下，使用最少的水量，来达到水量和墨量的平衡，才能保证平版印刷质量。平版印刷的水墨平衡可以从不同角度进行分析。

### 一、以相体积理论为基础的水墨平衡

一种液体以细小的液珠的形式，分散在另一种与它互不相溶的液体之中，所形成的体系叫做“乳状液”。这两种不互溶的液体，一般一相是水，另一相是“油”（有机液体的统称）。若油为分散相，水为分散介质，所形成的乳状液为“水包油型乳状液”，用符号“O/W”来表示（“W”代表水，“O”代表油）；若水为分散相，油为分散介质，所形成的乳状液为“油包水型乳状液”，用符号“W/O”来表示。

在平版印刷中，若产生 O/W 乳状液，会使印刷品的空白部分起脏，发生所谓的“水冲现象”造成墨辊脱墨，油墨无法传递，印刷无法正常进行。如果采用树脂型油墨，抗水性能增加，水冲现象极少发生，所形成的乳状液主要是 W/O，除非供液量过大时，才会形成 O/W 乳状液。轻微的 W/O 型乳化油墨，不仅是平版印刷油墨传递所需要的，而且能使油墨黏度略有降低，改善了油墨的流动性，有利于油墨的转移。但严重的 W/O 型乳化油墨，会使油墨黏度急剧下降，墨丝变短，油墨转移性能变差，同时，混入油墨中的润湿液还会腐蚀金属墨辊，在墨辊表面上形成亲水的无机盐层而排斥油墨，造成

墨辊脱墨。只有严格控制印刷时的供液量，才能形成程度适中的 W/O 型乳化油墨。

胶体化学中形成乳状液的相体积理论指出，若把分散相的液滴看作是大小相等的圆球，当圆球以最密集的方式堆积时（图 4-5），则可计算出液滴的体积占乳状液总体积的 74.02%，其余的 25.98%应为分散介质。若分散相体积所占的比例大于 74.02%，乳状液便会发生变形或破坏。因此，若水相的体积占总体积的 26%～74%，形成的乳状液可能是 O/W 型的，也可能是 W/O 型的；若小于 26%，形成的乳状液只能是 W/O 型的；若大于 74%，形成的乳状液只能是 O/W 型的。因此，要形成 W/O 型乳化油墨，润湿液的体积占乳化液总体积的比例应在 26%以下。

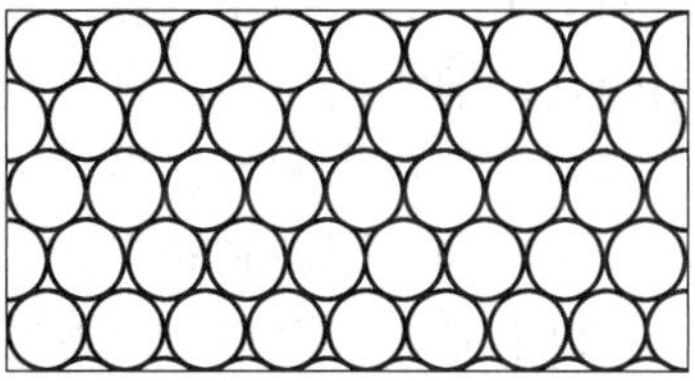

图 4-5　均匀球形液珠以最密集的方式堆积所形成的乳状液

另外，通过实验证明，平版印刷正常进行时，印版上的油墨中所含润湿液的体积百分比应在 15%以上，油墨才能有良好的传递性能，当油墨中的润湿液含量达到 21%（相当于在 100 g 油墨中含 22 mL 的润湿液）时，油墨的传递性能很好，能得到质量优良的印刷品。

综上所述，平版印刷的水墨平衡的含义可归结为：在一定的印刷速度和印刷压力下，调节润湿液的供给量，使乳化后的油墨所含润湿液的体积比例在 15%～26%，形成轻微的 W/O 型乳化油墨，以最小的供液量与印版上的油墨相抗衡。

## 二、以表面过剩自由能理论为基础的水墨平衡

理论上认为，附着在平版空白部分的润湿液和附着在图文部分的油墨，两相之间若存在严格的分界线，水墨便互不浸润，即可达到静态的水墨平衡。实际上，这种静态平衡在印刷生产中是无法实现的。但是，可以从润湿液和油墨的表面过剩自由能（或表面张力）出发，找出水墨互不浸润的能量关系，寻找水墨平衡的条件。

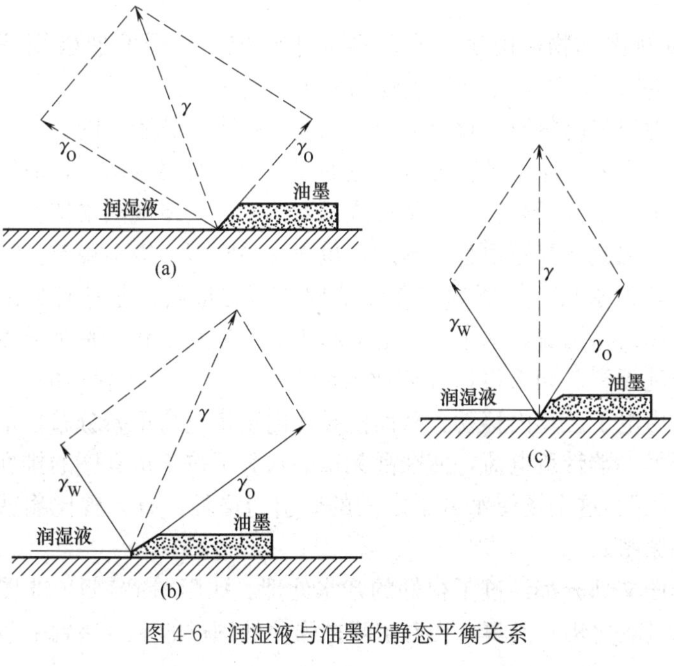


图 4-6　润湿液与油墨的静态平衡关系

图 4-6 是润湿液表面张力和油墨的表面张力间的静态平衡关系图。平版空白部分附着有润湿液，图文部分附着有油墨，假设油墨对印版图文部分的润湿性与润湿液对印版空白部分润湿性相同，润湿液的表

面张力为$\gamma_W$，油墨的表面张力为$\gamma_O$。当$\gamma_W>\gamma_O$时，如图4-6（a）所示，在扩散压的作用下，油墨将向润湿液一方浸润，使印刷品的网点扩大，空白部分起脏。当$\gamma_W<\gamma_O$时，如图4-6（b）所示，在扩散压的作用下，润湿液将向油墨一方浸润，使印刷品上的小网点、细线条消失。只有当$\gamma_W=\gamma_O$时，即润湿液的表面张力等于油墨的表面张力，如图4-6（c）所示，界面上的扩散压才为零，润湿液和油墨在界面上保持相对平衡，互不浸润，印刷品的质量才较为理想。

从以上分析中得知，为满足水、墨静态平衡的要求，润湿液和油墨应当取同样大小的表面张力值，油墨的表面张力在$3.0\times10^{-2}\sim3.6\times10^{-2}$N/m的范围内，润湿液的表面张力也应在这个范围内。

从第一章讲述的液体润湿固体的条件得知，润湿液若要在平版空白部分铺展，必须满足下面的条件：

$$S=\gamma_{sg}-\gamma_{sl}-\gamma_{lg}\geqslant0$$

式中，$S$为铺展系数，$\gamma_{sg}$表示平版空白部分的表面过剩自由能，一般为$7.0\times10^{-1}\sim9.0\times10^{-1}$ J/m$^2$，$\gamma_{lg}$表示润湿液的表面张力，$\gamma_{sl}$表示润湿液和平版空白部分之间的界面张力。上式表明，$\gamma_{lg}$愈小，$S$愈大，润湿液的铺展性能愈好，即润湿液的表面张力越小，对印版的润湿性越好。

但从水墨平衡的角度来看，润湿液的表面张力并不是越小越好，当润湿液的表面张力小于油墨的表面张力，水墨平衡将会被破坏。

在实际的生产中，平版印刷中的水墨平衡是在动态条件下实现的。经验表明，润湿液的表面张力略大于油墨的表面张力，一般认为润湿液的表面张力值为$4.0\times10^{-2}\sim5.0\times10^{-2}$N/m时，有利于实现水墨平衡。

## 三、以场理论为基础的水墨平衡

水分子是具有特殊性质的化合物，由氢元素和氧元素组成，分子的偶极矩等于$6.17\times10^{-30}$C·m，分子的结构不对称，是极性很强的分子。

水分子由氢原子和电负性很强的氧原子化合而成。因此，一个水分子中的氢原子具有贡献出电子与另一个水分子中的氧原子结合形成氢键的能力。在常温常压下，液体状态的水分子，常常不是以单个的水分子存在，而是形成二聚体、三聚体或四聚体。氢键是一种弱键，它的键能较小。因此，氢键很容易形成，也很容易断裂，极不稳定。

水能够导电，因而可以认为水具有金属导体在电结构方面的特点，即具有自由电子。当水不带电也不受外电场的作用时，水中的负电荷和正电荷相互中和，整个导体都是中性的，水分子排列也杂乱无章。如果将该导体放入静电场中，按照物理学的理论，这个电场将驱使导体内的自由电子在其内移动，从而使导体内正负电荷重新分布，结果使导体的一端带正电荷，而另一端带负电荷，使杂乱无章的水分子按正负有序的排列起来，而在其周围形成一个“场”。这个场使水分子之间的牵引力增强，有人曾比喻就像小朋友手拉着手一样，更加紧密。

在平版制版过程中，非图文部分都经过了很好的亲水处理。如阳图PS版，非图文部分为亲水性良好的$Al_2O_3$（氧化铝）薄膜，当着水辊把强化处理过的水传递到平版的非图文部分时，水很快的附着在上面，并在非图文部分形成一个场。在场的作用下，水分子相互之间的牵引力（拉力）增大。因此，水和油墨在接触过程中，即使在强力挤压下，非图文部分的水很难进入油墨中，油墨也很难浸入非图文部分的水中，使印版非图文表面的水膜和图文表面的墨膜之间，形成更加接近理论上存在的分界线，达到油水互不浸润的水墨平衡。

## 第三节 润 湿 液

平版印刷过程中，不仅要给印版上墨，往往还要给印版上水，这里所说的水就是润湿液。润湿液的性能对平版印刷的质量控制有着很大的影响，尤其是对水墨平衡的控制。因此，正确选择润湿液，调整润湿液性能，使之适应平版印刷工艺的需要，是保证平版印刷油墨转移的先决条件。

### 一、润湿液的使用目的及性能要求

平版印刷中使用润湿液的目的主要有以下三个方面：

第一，在印版的空白部分形成均匀的水膜，以抵制图文部分油墨向空白部分浸润，防止脏版。

第二，橡皮滚筒、着水辊、着墨辊与印版之间的摩擦，以及纸张上脱落的纸粉、纸毛对印版的摩擦，会造成印版的磨损，随着印刷数量的增加，版面上的亲水层便遭到了破坏。这就需要利用润湿液中的电解质与因磨损而裸露出来的版基金属铝或金属锌发生化学反应，以形成新的亲水层，维持印版空白部分的亲水性。

第三，控制版面油墨的温度，一般油墨的黏度，对温度的变化非常敏感。实验表明，温度若从 25℃上升到 35℃，油墨的黏度将会从 50Pa·s 下降到 25Pa·s，这必将造成油墨的严重铺展。而印刷机由于高速运转与摩擦，会使印版表面温度升高，有人曾在 25℃的印刷车间，不供给印版润湿液，连续使平版印刷机运转 30min，测得墨辊的温度为 40℃。因此，每一次印刷应向印版提供低于 25℃的润湿液，来防止印版表面温度的上升。

为了达到润湿液的使用目的，润湿液应具备以下一些性质：润湿性好，能够充分润湿印版的空白部分；不使油墨发生严重乳化；不降低油墨的转移性能；具备清洗版面空白部分油污的能力和不感脂能力；不使油墨在润湿液表面扩散；对印版和印刷机的金属构件没有腐蚀；印刷过程中始终保持稳定的 pH 等。

### 二、润湿液润湿性的提高

为保证印版空白部分的充分润湿，必须提高润湿液的润湿性能，润湿液对平版空白部分的润湿应满足下面的条件：

$$S=\gamma_{sg}-\gamma_{sl}-\gamma_{lg}\geqslant 0$$

上式表明，润湿液的表面张力 $\gamma_{lg}$越小，润湿液对印版的润湿性越好。因此，为了提高润湿液的润湿性能，应降低润湿液的表面张力。

### （一）各类物质对水溶液表面张力的影响

常温、常压下，水的表面张力为 $7.2\times10^{-2}$N/m，当在水中加入一些物质后，水溶液的表面张力会发生变化。各类物质的水溶液，表面张力（$\gamma$）与溶液浓度（$w$）之间的关系有三种类型，如图4-7所示。第一种类型的 $\gamma$-$w$ 曲线如 $A$ 所示，随着溶液浓度的上升，$\gamma$ 几乎没有变化或略有上升，无机盐、无机酸、碱的水溶液的 $\gamma$-$w$ 曲线即是这样；第二种类型的 $\gamma$-$C$ 曲线如 $B$ 所示，随着溶液浓度的上升，$\gamma$ 缓缓地下降，短碳链的醇类、羧酸类的水溶液的 $\gamma$-$w$ 曲线即是这样；第三种类型的 $\gamma$-$w$ 曲线如 $C$ 所示，随着溶液浓度的上升，$\gamma$ 先是骤然下降，降至某值后，下降的速度明显变缓，最终趋于某个平稳值，这样的溶液很多，如油酸的水溶液，其浓度为 0.1%时，表面张力自 $7.2\times10^{-2}$N/m 降至 $2.5\times10^{-2}$N/m，此后浓度再上升，表面张力也没什么明显的变化了。

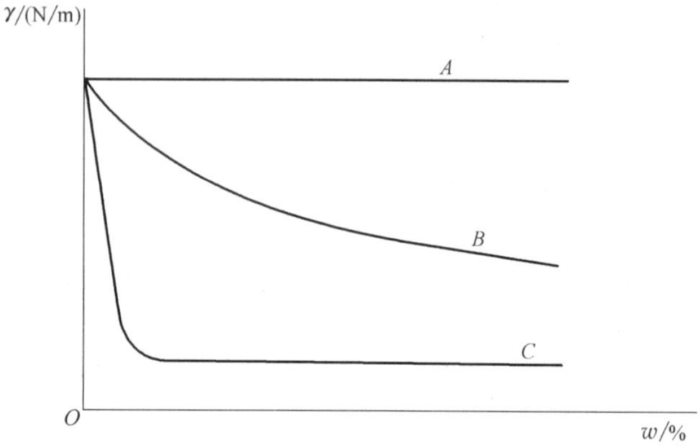

图 4-7　水溶液的表面张力和浓度的关系

在胶体化学中，把能使溶剂表面张力下降的性质称为表面活性，把能降低溶剂表面张力的物质称为表面活性物质。对于水溶剂来说，具有第一种类型 $\gamma$-$w$ 曲线的水溶液中的溶质，不具有表面活性，称为非表面活性物质或表面惰性物质；具有第二类或第三类 $\gamma$-$w$ 曲线的水溶液中的溶质，都具有表面活性，称为表面活性物质。其中后一类物质的特点是，只要在水中掺入少量这类物质，就能明显地改变体系的界面状态，极大地降低表面张力（一般为水）和液-液界面张力，这类物质称为表面活性剂。

### （二）表面活性剂的结构及其作用

表面活性物质能够降低水的表面张力，可以用它们的分子结构上的特征或吉布斯（Gibbs）吸附方程来说明。

表面活性剂具有两亲结构特征，分子一端有极性基，如—OH、—COOH、$SO_3H$ 等，是亲水的，分子的另一端是非极性的碳氢链，是憎水的。但并不是所有具有两亲结构的分子都是表面活性剂，如甲酸、乙酸、甲醇、乙醇等，它们并不是表面活性剂，而只是具有表面活性而已。只有当疏水基足够大的两亲分子才表现出表面活性剂的特征。对于正构烷基来说，碳氢

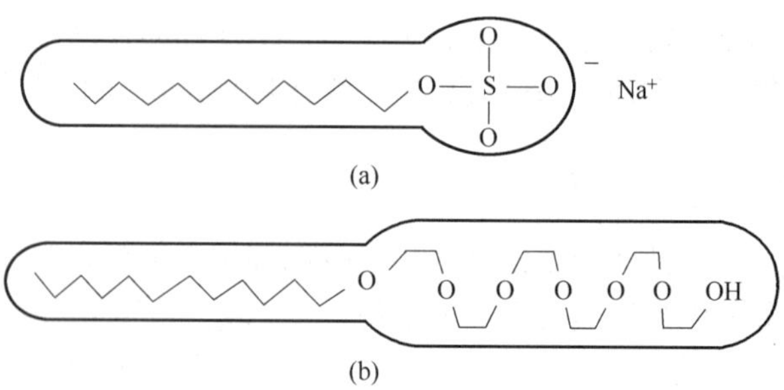

图 4-8　表面活性剂分子结构特征示意图

（a）$C_{12}H_{25}SO_4^-Na^+$　（b）$C_{12}H_{25}O(C_2H_4O_6)H$

链上的碳原子一般都在 8 个以上，如图 4-8 所示。需要注意的是，如果疏水基过大，则溶解度太小，应用会受到限制。

表面活性剂的表面活性源于表面活性剂的两亲性结构，依据“相似者相亲”的规则，亲水基团使分子有进入水的趋势，而憎水的碳氢链又有自水中“逃逸”的趋势。上述两种倾向平衡的结果是表面活性剂在表面富集，亲水基伸向水中，疏水基伸向空气。表面活性剂这种从水内部迁至表面，在表面富集的过程叫吸附。表面活性剂在水表面吸附的结果是水表面似被一层非极性的碳氢链覆盖，从而削弱了表层水分子所受的向内的拉力，降低了表面张力。表面活性物质分子的碳氢链愈长，它们在水面的浓度程度愈高，物质的表面活性也愈大。

表面活性剂在界面上的吸附一般为单分子层，当表面吸附达到饱和时，表面活性剂分子不能继续在表面富集，而疏水基的疏水作用仍竭力促使其逃离水环境，满足这一条件的方式是表面活性剂分子在溶液内部自聚，即疏水链向里靠在一起形成内核，远离水环境，而将亲水基朝外与水接触。表面活性剂的这种自聚体称为分子有序组合体，其最简单的形式是胶团。形成胶团的作用称为胶团化作用。开始形成胶团的浓度称为临界胶团浓度（critical micelle concentration，简称 cmc，也称临界胶束浓度）。

图 4-9 为表面活性剂随其水溶液的浓度变化在表面吸附形成单分子膜和在溶液中自聚生成胶团的过程。当水溶液中表面活性剂浓度较低时，如图 4-9（a）所示，表面活剂分子便采取平卧的方式排列起来形成表面膜，这时，表面活性剂分子的碳氢链与液面平行，因而表面膜的分子密度较小，且碳氢链愈长，分子密度愈小。所以，这时水溶液的表面张力只有微弱的降低。如果增加表面活性剂的浓度，表面活性剂的分子渐次增多，表面活性剂的分子总是倾向于分布到溶液的表面上，并以非极性的碳氢链端突出水面，极性端留在水中，做定向排列形成表面膜，这时，液面有限的面积再不允许活性剂分子采取平卧的方式来排列，所有表面活性分子逐渐地由平卧向竖立转变，所形成的表面膜，分子密度也逐渐增加，因而表面张力也随之逐渐下降，这样的变化起初是线性的，浓度达到某一定值之后，变化趋缓。表面膜形成后取代了原来的纯水表面。表面膜可以看做是掺有亲油的碳氢化合物分子的表面，这样的表面是低能表面，表面张力便随之下降了。同时，水中的表面活性剂也三三两两地聚集在一起，互相把憎水基靠在一起，开始形成小胶团，如图 4-9（b）所示。随着表面活性剂浓度的进一步增大，当表面活性剂的溶液达到饱和吸附时，表面活性剂的分子密集地竖立在一起形成分子密度达到最大值的表面膜，如图 4-9（c）所示。此时，溶液的浓度达到表面活性剂的临界胶团浓度（cmc），溶液中开始形成大量的胶团，溶液的表面张力降低至最低值。此后，即使溶液的浓度再增加，其表面张力亦不再下降了，只是溶液中的胶团数目和聚集数增加，如图 4-9（d）所示。

若以水溶液的表面张力对表面活性剂浓度的对数作图，一般具有如图 4-10 所示的形状（常称为 $\gamma$-lg$c$ 曲线）。从图 4-10 可以明显看到，随着表面活性剂浓度增加，表面层吸附量逐渐增大，表面张力逐渐下降。当浓度增加到一定值后，再增加表面活性剂的浓度，表面张力基本不再变化，即 $\gamma$-lg$c$ 曲线出现平台。曲线的转折点所对应的浓度即是临界胶团浓度（cmc），该点处的表面张力为水溶液所能达到的最低表面张力（用

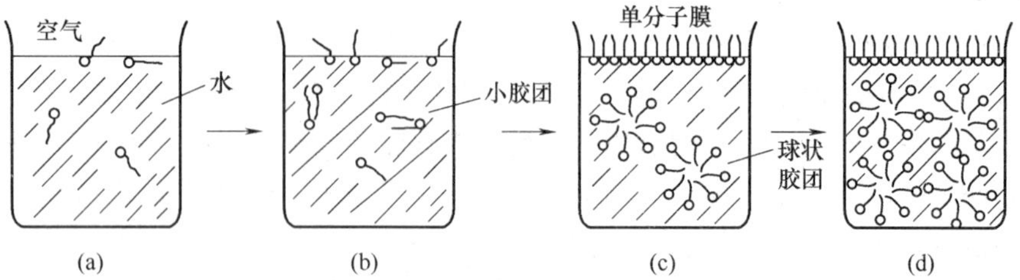


图 4-9　表面活性剂在表面吸附和溶液中自聚的过程

（a）极稀溶液　（b）稀溶液　（c）临界胶团浓度的溶液　（d）大于临界胶团浓度的溶液

$\gamma_{cmc}$表示）。一般表面活性剂的 cmc 值越小，则其表面活性越好。

表面活性剂对水表面张力降低的作用可用表面化学中的吉布斯（Gibbs）吸附式和 Langmuir 吸附式来分析。对于表面活性剂溶液，当溶液浓度很低，这时溶液表面的溶质量远远大于溶液内部的溶质量，吉布斯（Gibbs）吸附式为：

$$\Gamma_2 = -(c/RT) \cdot (d\gamma/dc) \quad (4\text{-}1)$$

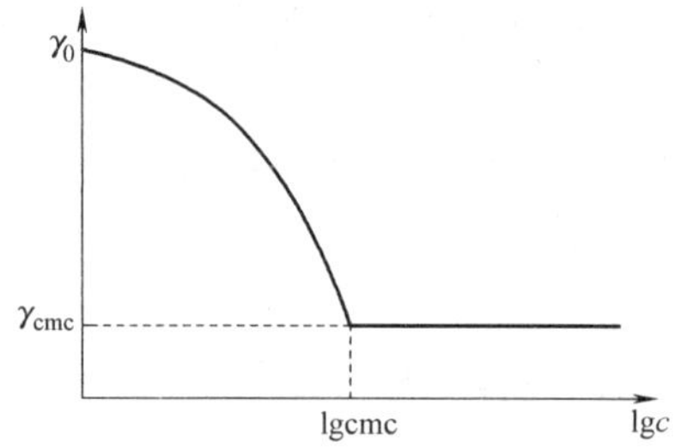


图 4-10　表面活性剂的表面张力-浓度对数曲线

式中　$R$——通用气体常数

$T$——热力学温度

$c$——溶液的浓度

$\gamma$——溶液的表面张力

$\Gamma_2$——单位界面面积上溶质的过剩量，即溶质的吸附量，它等于相同量的溶剂界面层中单位面积上溶质的量比溶液内部溶质的量多出的部分，此值若为负，则表明界面溶质的浓度小于溶液内部溶质的浓度。

在等温条件下，表面活性剂吸附量 $\Gamma$ 和水溶液浓度 $c$ 之间的关系曲线如图 4-11 所示，此曲线称为吸附等温线。$\Gamma$-$c$ 曲线明显地分做三段：OA 段是直线段，$\Gamma$ 随 $c$ 作线性增加，由（4-1）式可知，这一段对应的 $d\gamma/dc$ 为一小于零的常数，表明 $\gamma$ 随 $c$ 减小，因此，随着活性剂吸附量 $\Gamma$ 的增加，水溶液的表面张力 $\gamma$ 是减小的。AB 段是曲线段，$\Gamma$ 随 $c$ 增加的速度逐渐减小，同样由（4-1）式可知，这一段所对应的 $d\gamma/dc$ 亦小于零，但绝对值逐渐减小，$\gamma$ 亦随 $c$ 而减小，但非线性，因此，随着表面活性剂吸附量 $\Gamma$ 的增加，水溶液的表面张力 $d\gamma/dc$ 继续减小，但减小的速率愈来愈慢。$BD$ 段近于水平直线，$\Gamma$ 在达到最大值后不再随 $c$ 变化，这时由于溶液浓度较大，（4-1）式已不再适合，可用 Langmuir 吸附式分析，其方程式为：

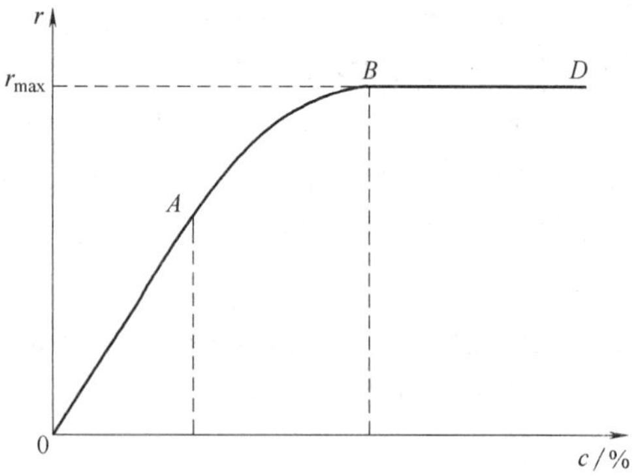


图 4-11　表面活性剂的吸附等温线

$$\Gamma_2 = \Gamma_\infty kc/(1+kc) \tag{4-2}$$

式中，$\Gamma_\infty$——最大吸附量；

$k$——吸附系数。

由式（4-2）可知，当溶液浓度很高时，$1+kc \rightarrow kc$，则 $\Gamma_2 \rightarrow \Gamma_\infty$，吸附量与浓度无关，达到最大值。因此，此时水溶液的表面张力 $\gamma$ 不随 $c$ 变化，达到了最小值。

**（三）表面活性剂的分类与 HLB 值**

1. 表面活性剂的分类

从化学结构上看，各种表面活性剂亲油基团的主要区别表现在碳链长度的变化上（碳原子数多在 8 个以上），而碳链的结构变化很小；表面活性剂亲水基团则由各种极性基团组成，种类繁多，亲水基在结构上的变化比亲油基复杂。因此，表面活性剂在性质上的差异，主要与亲水基团的类型有关。所以，表面活性剂的分类，一般以亲水基团的结构为依据来分类，即根据亲水基是否带有电荷，将表面活性剂分为离子型和非离子型两大类，这是表面活性剂按离子型分类的方法。离子型表面活性剂的分子在水中能发生电离，形成带正电荷、负电荷或者同时带正电荷和负电荷的离子。带正电荷的称为阳离子表面活性剂，带负电荷的称为阴离子表面活性剂，同时带正电荷和负电荷的则称为两性表面活性剂。非离子表面活性剂在水中不电离，呈电中性。表面活性剂按离子型的分类方法如图 4-12 所示。

- 表面活性剂
  - 离子型
    - 阴离子型
      - $RCOONa$　羧酸盐
      - $ROSO_2Na$　硫酸酯盐
      - $RSO_3Na$　磺酸盐
      - $ROPO_3Na_2$　磷酸酯盐
    - 阳离子型
      - $RNH_2 \cdot HCl$　伯铵盐
      - $RNH(CH_3) \cdot HCl$　仲铵盐
      - $RN(CH_3)_2 \cdot HCl$　叔铵盐
      - $RN^+(CH_3)_3 \cdot HCl^-$　季铵盐
    - 两性型
      - $RNHCH_2CH_2COOH$　氨基酸型
      - $RN^+(CH_3)_2CH_2COO^-$　甜菜碱型
  - 非离子型
    - $R{-}O{\leftarrow}CH_2CH_2O{\rightarrow_n}H$　聚氧乙烯型
    - $RCOOCH_2C(CH_2OH)_3$　多元醇型

图 4-12　表面活性剂离子型分类方法

阳离子表面活性剂在水中电离时，形成的阳离子具有表面活性，如

$$C_{14}H_{29}N(CH_3)_3Br \longrightarrow C_{14}H_{29}N^+(CH_3)_3 + Br^-$$

阳离子表面活性剂绝大部分是含氮的化合物，即有机胺的衍生物。常用的阳离子表面活性剂为季铵盐，$NH_4{}^+$ 中的 4 个氢原子被 4 个有机基团所取代，成为 $R_1R_2N^+R_3R_4$，这种带电的含氮离子叫季铵盐离子，4 个有机基团中只有 1 个或 2 个是长碳链。阳离子表面活性剂具有许多优越性能，除可作纤维用柔软剂、抗静电剂、防水剂和染色助剂外，还极易吸附在水介质中的固体表面上，因而还常被用来作为浮选剂，以及杀菌剂、防锈剂和特殊乳化剂。

阴离子表面活性剂在水中电离时，形成的阴离子具有表面活性，如

$$C_{17}H_{35}COONa \longrightarrow C_{17}H_{35}COO^- + Na^+$$

阴离子表面活性剂一般具有良好的渗透、润湿、乳化、分散、增溶、起泡、抗静电和润滑等性能。肥皂、洗涤剂、油墨连结料中植物油等的主要成分都属于阴离子表面活性剂，它们被用作洗涤剂、润湿剂或乳化剂。

两性表面活性剂主要是指兼有阴离子型和阳离子型亲水基的表面活性剂。它也可以定义为具有表面活性的分子残基中同时包含彼此不可被电离的正、负电荷中心的表面活性剂。尽管两性表面活性剂分子中不带净电荷，但在其正、负偶极间存在强电场。因此这种表面活性剂在酸性溶液中电离时，表面活性基团带正电；在碱性溶液中电离时，表面活性基团带负电；在中性溶液中表面活性基团不电离不带电。其分子结构和蛋白质中的氨基酸相似，分子中同时存在着酸性基和碱性基。两性表面活性剂不受溶液酸、碱性的影响，均能起到表面活性剂的作用，且具有防止金属被腐蚀、抗表面静电的作用，所以可应用于润湿液之中。此外，它还有良好的洗涤力和分散力。

非离子表面活性剂在水溶液中并不电离，亲水基团主要是由一定数量的含氧基团构成的，常见的有聚氧乙烯基—$(C_2H_4O)n$ 和羟基—OH。由于它们在水溶液中不是离子状态，所以十分稳定，既不受强电解质、无机盐类存在的影响，也不受水的溶液的酸、碱性的影响，与其他表面活性剂相容性好，在各种溶剂中溶解性均好，在固体表面上不发生强烈吸附。非离子表面活性剂具有良好的洗涤、润湿、乳化、分散、增溶、发泡、抗静电、杀菌和保护胶体等性能，应用广泛。它加入润湿液中，不会同润湿液中其他电解质发生反应，产生沉淀，因此，选用这种表面活性剂来降低润湿液的表面张力最为合适。目前，常用于润湿液的 2080（聚氧乙烯聚氧丙烯醚）、6501（烷基醇酰胺）等表面活性剂均属非离子表面活性剂。

2. 表面活性剂的 HLB 值

表面活性剂不仅种类繁多，而且功能各异，有乳化、润湿、分散、去污等不同的作用。正确选择表面活性剂对发挥其作用十分重要。润湿液中所需的表面活性剂是用以提高其润湿性能的。表面活性剂特性及功能来源于它的两亲性，其两亲性的相对大小称为亲水亲油平衡（Hydrophile and Lipophile Balance，HLB）值。HLB 值是选择和应用表面活性剂的一个重要参考因素，它反映的是表面活性剂分子中两种结构基的大小和力量平衡后的相互关系。表面活性剂的 HLB 值以式（4-3）表示。

$$\text{HLB}=\text{亲水基的亲水性}/\text{亲油基的亲油性} \tag{4-3}$$

表面活性剂的 HLB 值愈小，表面活性剂的亲油性愈强，亲水性愈弱；HLB 值愈大，表面活性剂的亲油性愈弱，亲水性愈强。表面活性剂 HLB 值的确定，均以石蜡 HLB=0，油酸 HLB=1，油酸钾 HLB=20，十二烷基硫酸钠 HLB=40 作为标准。

表面活性剂的功能因其 HLB 值不同而各异，表 4-2 列出了表面活性剂的 HLB 值的范围和应用。从此表中可以看出，润湿液中的表面活性剂的 HLB 值在 7～9，要求是相当严格的。

**表 4-2　表面活性剂的 HLB 范围和应用**

| HLB 的范围 | 应用 | HLB 的范围 | 应用 |
|---|---|---|---|
| 3～6 | W/O 型乳化剂 | 13～15 | 洗涤剂 |
| 7～9 | 润湿剂 | 15～18 | 加溶剂 |
| 8～18 | O/W 型乳化剂 | | |

**表 4-3　　　表面活性剂在水中的溶解性和 HLB 值**

| 表面活性剂加入水中后的性质 | HLB 值范围 | 表面活性剂加入水中后的性质 | HLB 值范围 |
|---|---|---|---|
| 不分散 | 1～4 | 稳定乳色分散体 | 8～10 |
| 分散性不好 | 3～6 | 半透明到透明的分散体 | 10～13 |
| 激烈振荡后成为乳白色的分散体 | 6～8 | 透明溶液 | 13～18 |

许多重要的表面活性剂的 HLB 值都能在有关的手册中查到，个别不常用的表面活性剂的 HLB 值可以通过实验测定或者按公式计算得到。

实验测定表面活性剂的 HLB 值常用溶度法，即把表面活性剂加入水中，观测它在水中的溶解性，对照表 4-3 确定其 HLB 值。

采用计算公式计算表面活性剂的 HLB 值的方法有很多，这里介绍两种简单的方法，即分子结构式法和结构因子法。

分子结构式法是假定表面活性剂的亲油基相对亲水基部分对整个分子的亲油性和亲水性的贡献，仅与各部分的相对分子量有关。非离子表面活性剂的 HLB 值可按此法进行计算，公式为

$$\text{HLB 值}=\text{亲水基质量}/(\text{亲水基质量}+\text{亲油基质量})\times 20 \tag{4-4}$$

上述方法也称为质量百分数法。一般情况下，由于分子的亲油性和亲水性不仅与该部分的相对分子质量有关，而且与该部分的化学结构有关，所以这种方法对于不同结构类型的表面活性剂要分别计算，即所采用的计算公式不同。另外，由于表面活性剂在水溶液中会以一定的构象存在，结构性质并不是简单的加和，因而就存在一个有效链长的问题，但在此方法中并没有被考虑，因此采用本法计算，有时误差较大。

**[例题 4-1]**　2080（聚氧乙烯聚氧丙烯醚）是一种非离子表面活性剂，计算 HLB 值。

2080 的分子结构式为

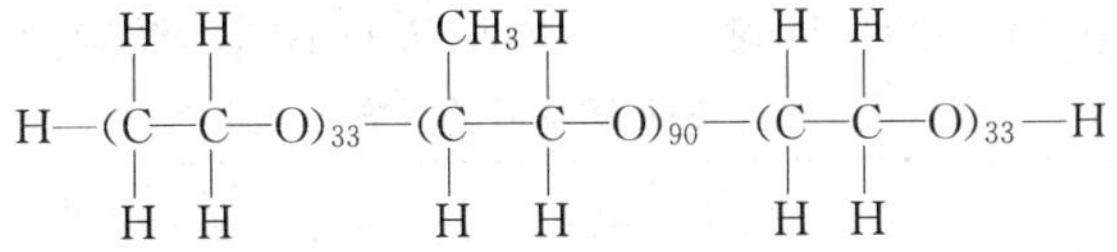

亲水基—($C_2H_4O$) —质量=44　亲油基—($C_3H_6O$) —质量=58

$$\text{HLB(2080)}=[44\times 66/(44\times 66+58\times 90)]\times 20\approx 7.15$$

从计算的 HLB 值得知，2080 可以加入润湿液中，以降低润湿液的表面张力。

结构因子法考虑了不同表面活性剂的结构因素，分别计算表面活性剂中亲油基和亲水基各构成对亲油性和亲水性的贡献。1957 年，戴维斯（Davies）提出，表面活性剂分子可以分解成一些基团，每一基团皆有 HLB 值。若 HLB 值为正，则该基团是亲水基团；若 HLB 值为负，则该基团是亲油基团，表 4-4 列出了一些基团的 HLB 值。欲求某一表面活性剂的 HLB 值，将各相应基团的 HLB 值代入式（4-5），求其代数和，即可计算该表面活性剂的 HLB 值。计算 HLB 值的经验公式为：

$$\text{HLB 值}=7+\sum(\text{基团的 HLB 值}) \tag{4-5}$$

上述公式较适合计算阴离子表面活性剂的 HLB 值。这种方法部分克服了简单运用相对分子量计算带来的较大误差，比直接用亲水基占表面活性剂的质量分数表示的

HLB 值精度要高，但仍嫌粗糙。

表 4-4　　一些基团的 HLB 值

| 基团 | HLB 值 | 基团 | HLB |
|---|---|---|---|
| $—SO_4Na$ | 38.7 | $—(C_2H_4O)—$ | 0.33 |
| —COOK | 21.1 | =CH— | −0.475 |
| —COONa | 19.1 | $—CH_2—$ | −0.475 |
| $—SO_3Na$ | 11.0 | $CH_3—$ | −0.475 |
| —N | 9.4 | $—(C_3H_6O)—$ | −0.15 |
| —COOH | 2.1 | $—CF_2—$ | −0.870 |
| —OH | 1.9 | $—CF_3—$ | −0.870 |
| —O— | 1.3 | $— CH_2—CH—(CH_3)O—$ | −0.15 |

［**例题 4-2**］　游离的 $C_{17}H_{35}COOH$（硬脂酸）是一种阴离子表面活性剂，胶印油墨中含量过高时，常常产生的“脏版”故障，试计算硬脂酸的 HLB 值。

$$HLB_{C_{17}H_{35}COOH}=7+(2.1-17\times0.475)\approx1$$

从计算中得知，$C_{17}H_{35}COOH$ 是一种和油酸一样的表面活性剂，亲油性极强。

分子结构式法和结构因子法结果不是十分准确，但由于基础数据较全，对于新结构的表面活性剂的设计、性能预测等方面仍有较大的应用价值。

## 三、润湿液的种类

润湿液是在水中加入某些化学组分，配制成较高浓度的原液或制成固体粉剂，使用时加水稀释。根据润湿液中化学组分的不同，可将平版印刷中常用的润湿液分为以下四类。

### （一）普通润湿液

普通润湿液是一种很早就开始使用的润湿液。普通润湿液的配方很多，表 4-5 列出了五种配方，主要是由于印版、印刷机、印刷材料的不同，润湿液的组分也略有区别。

表 4-5　　普通润湿液的配方　　单位：g

| 组　分 | 润　湿　液 | | | | |
|---|---|---|---|---|---|
| | 1 | 2 | 3 | 4 | 5 |
| $H_3PO_4$（磷酸） | 50 | 200 | 25 | 9 | 200 |
| $NH_4NO_3$（硝酸铵） | 150 | | 250 | | |
| $NH_4H_2PO_4$（磷酸二氢铵） | 70 | 150 | 200 | | 210 |
| $(NH_4)_2Cr_2O_7$（重铬酸铵） | 10 | 300 | | | |
| 柠檬酸 | | | | | 250 |
| 阿拉伯胶或 CMC | 200mL<br>4～8°Be′ | | | | 120 |
| 水 | 3000mL | 3000mL | 3000mL | 3000mL | 3000mL |

润湿液中的磷酸可与因磨损而裸露出来的版基金属铝或金属锌发生化学反应，生成磷酸锌或磷酸铝。以形成新的亲水层，这样便维持了印版空白部分的亲水性，化学反应如下：

$$3Zn+2H_3PO_4=Zn_3(PO_4)_2+3H_2\uparrow$$

$$2Al+2H_3PO_4=2AlPO_4+3H_2\uparrow$$

另外，磷酸属于中强酸，它还具有清除版面油污的作用。当磷酸和金属版材铝或锌发生化学反应时，有氢气产生；微小的氢气泡将会被版面空白部分吸附。逐渐汇聚成较大的气泡，如不及时清除，便会影响润湿液对印版的润湿，加入润湿液中的重铬酸铵是一种强氧化剂，当磷酸和铝或锌发生化学反应释放出来的氢原子还没有结合成氢气时就被重铬酸铵氧化成水，因而消除了印版上的氢气泡，离子反应如下：

$$Cr_2O_7^{2-} + H^0 + H^+ \rightarrow Cr_2^{3+}O_3 + H_2O$$

重铬酸铵的还原产物 $Cr^{3+}$ 能够在版面上生成一层致密坚硬的 $Cr_2O_3$（三氧化二铬），提高了印版抗机械磨损的能力。同时，重铬酸铵电离的 $NH_4^+$（铵离子）为感胶离子，能使阿拉伯胶在版面上凝聚得更加牢固，但是，重铬酸铵本身显淡橙色，将会使印张的空白部分也略带淡黄色；重铬酸铵还有较大的毒性，所以使用中受到很大的限制。常用硝酸或硝酸铵代替重铬酸铵。硝酸和硝酸铵也都是强氧化剂，加入润湿液中与重铬酸铵的作用相同，利用 $NO_3^-$ 的氧化性破坏氢气的生成，同时解决了印张泛黄和润湿液有毒的问题。采用重铬酸铵的润湿液在印刷厂中俗称“红药水”；而采用硝酸或硝酸铵的润湿液在印刷厂中俗称“白药水”。

磷酸和金属版材铝或锌发生化学反应生成的磷酸锌或磷酸铝的过程中，$H^+$ 离子浓度逐渐减少，润湿液的酸性降低，碱性增强，导致生成的磷酸锌或磷酸铝的耐碱、酸的腐蚀能力下降，因此，润湿液要保持一定的酸度。在润湿液中加入磷酸盐，可以和磷酸一起构成缓冲溶液，达到控制润湿液酸度的目的。例如磷酸二氢铵在润湿液中，存在以下的电离平衡：

$$NH_4H_2PO_4 = NH_4^+ + H_2PO_4^-$$

$$H_2PO_4^- = H^+ + HPO_4^{2-}$$

$$HPO_4^{2-} = H^+ + PO_2^{3-}$$

当印刷过程中，润湿液的 $H^+$ 离子被消耗，酸性变弱时，上述电离平衡向右移动，产生出 $H^+$ 离子，使润湿液的酸性增强。相反，如果润湿液的酸性过强，由于同离子效应，上述平衡向左移动，$H^+$ 离子浓度减少，润湿液的酸性减弱。此外，磷酸二氢胺电离时，还产生了感胶离子 $NH_4^+$，增加了阿拉伯胶在版面上凝聚的牢固性。

润湿液中的阿拉伯树胶，是一种亲水性的可逆胶体，不仅对印版空白部分有保护作用，而且改善了润湿液对印版的润湿性。CMC 是亲水性合成胶体羧甲基纤维素的缩写。润湿液中一般采用羧甲基纤维素钠，性质和阿拉伯树胶相似，不感脂性比阿拉伯树胶强，不会腐败变质，作为印版的亲水性保护胶体，可以代替阿拉伯树胶。

柠檬酸，学名 2-羟基丙烷-1,2,3-三羟酸，分子结构式为：

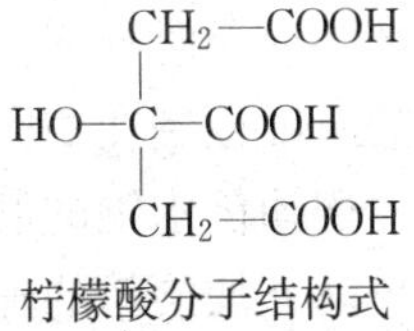


柠檬酸分子结构式

是无色晶体或粉末，为有机弱酸，是一种良好的金属清洗剂，价格低廉，副作用少，在 PS 版润湿液中，加入适量的柠檬酸，可以提高润湿液去除版面墨污的效果。

普通润湿液中的所有的化学物质都是非表面活性物质，这些物质加入水中，非但不会使水的表面张力降低，反而会使水的表面张力略有上升，造成此类润湿液的润湿性较差。所以这类润湿液在印刷时用液量较大，版面上的水膜也较厚，油墨乳化严重。过多的水分转沾到印张上，便造成了印张的变形和皱折，会使印刷品的质量下降。但是，普通润湿液润湿性配制容易，成本低。

### （二）酒精润湿液

酒精润湿液一般是在普通润湿液中加入乙醇或异丙醇配制而成的，表 4-6 列出了几种酒精润湿液的配方。

表 4-6 酒精润湿液的配方

| 组　分 | 润　湿　液 | | | |
|---|---|---|---|---|
| | 1 | 2 | 3 | 4 |
| $H_3PO_4$(磷酸,85%)用量/mL | 22 | 5 | 15 | 10 |
| $(NH_4)_2Cr_2O_7$(重铬酸铵)用量/g | | 30 | | |
| $NH_4H_2PO_4$(磷酸二氢铵)用量/g | | | 25 | |
| $C_2H_5OH$(乙醇)用量/mL | 340 | 340 | 250 | |
| $CH_3CH(OH)CH_3$(异丙醇)用量/mL | | | | 300 |
| 柠檬酸用量/g | | | 30 | |
| 阿拉伯胶用量/mL | 40<br>4～8°Be′ | 15<br>14°Be′ | 10g | 5g |
| 水用量/mL | 1000 | 1000 | 1000 | 1000 |

乙醇和异丙醇是表面活性物质，它们的加入能降低润湿液的表面张力，如图 4-13 所示，改善了润湿液对印版的润湿性，大大地减少了润湿液的用量，故也减少了印张沾水和油墨严重乳化。由于乙醇和异丙醇有较大的蒸发潜热，挥发时能带走大量的热量，对降低版面温度非常有利，网点增大值下降，非图文部分不易粘脏。因此，使用酒精润湿液，能印刷出高质量的精细胶印产品。

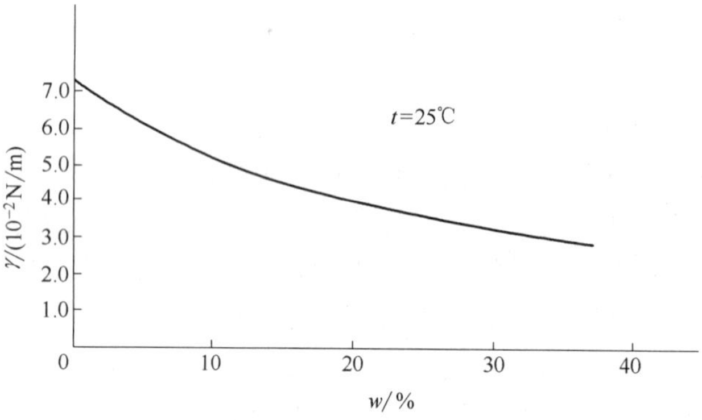


图 4-13　乙醇的浓度和润湿液表面张力的关系

但是，乙醇和异丙醇的挥发速度较快，如果不加以控制，就会使酒精浓度发生变化，而使润湿液的润湿性减弱，所以必须及时补充消耗掉的乙醇和异丙醇。同时，为了减少酒精的挥发，应尽量把润湿液的温度控制在 10℃以下（最好是 4～9℃）。因此，使用酒精润湿液的胶印机，一般采用无摆动传水辊的酒精润湿装置，将润湿液连续地供给印版、并配备有润湿液循环冷却、自动补加酒精的辅助装置。另外，酒精挥发在空气中聚集到一定程度，易发生火灾，所以，酒精润湿液装置还要有良好的通风装置。

### （三）非离子表面活性剂润湿液

非离子表面活性剂润湿液是将非离子表面活性剂加入含有其他电解质的水溶液中配

制而成。表 4-7 列出了非离子表面活性剂配方之一。

**表 4-7　　非离子表面活性剂润湿液的配方**

| 组分 | $H_3PO_4$（磷酸，85%） | $NH_4NO_3$（硝酸铵） | $(NH_4)_3PO_4$（磷酸铵） | 2080 | 水 |
|---|---|---|---|---|---|
| 含量 | 50mL | 80g | 30g | 约占 1% | 1000mL |

非离子表面活性剂的加入，与加入酒精的效果一样，能降低润湿液的表面张力，改善润湿液对印版的润湿性，大大地减少润湿液的用量。但非离子表面活性剂的加入量远远小于酒精量，从图 4-14 或表 4-7 中可看出，加入非离子表面活性剂 2080（聚氧乙烯基聚氧丙烯醚）只需 1%即可很好的改善润湿液对印版的润湿性，由于非离子表面活性剂在润湿液中的浓度很低，对其他组分几乎没有影响。常用的非离子表面活性剂还有 6501（烷基醇酰胺），它与 2080 性质相类似，也是很好的润湿剂。

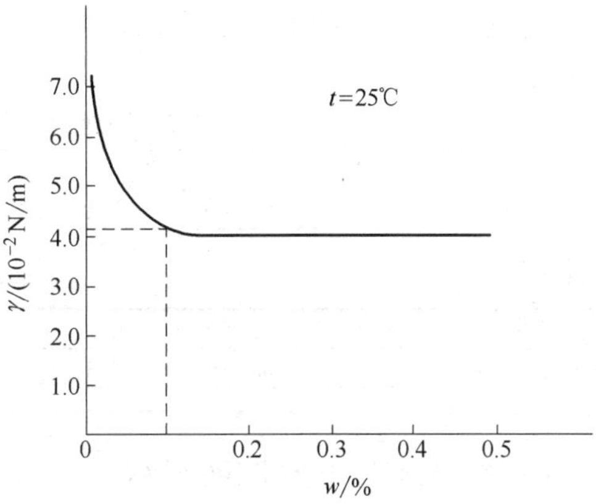


图 4-14　2080 的浓度和润湿液表面张力的关系

非离子表面活性剂润湿液，比酒精润湿液的成本低，无毒性，不挥发，不需要在胶印机上配置专用的润湿系统，传统的摆动式传水辊输水装置、达格仑输水装置等均可使用。目前，我国市面上销售的“F 系列润湿剂”即是这类润湿液。使用时，只要把粉末状的润湿剂，加入一定量水溶解，就可加入水斗中用于印刷。

一般来说，润湿液的表面张力降低了，油墨和润湿液之间的界面张力也要下降，油墨的乳化将会加剧。因此，使用低表面张力的润湿液，一定要严格的控制印刷版的供水量。在不引起脏版的前提下，尽量减少低表面张力润湿液的供给量。

### （四）强化水润湿液

强化水润湿液，是根据以场理论为基础的水墨平衡理论研制而成的。实际上是对水进行强化处理，这就需要有强化水装置完成对水的强化。该装置由三部分组成：第一部分为诱导强化装置，此装置放在水箱里；第二部分是水斗强化嘴，装在给水边出口处；第三部分是稳定强化装置，放在水斗里。

强化水润湿液，可用于各种输水装置的胶印机，如摆动传水辊润湿系统和酒精润湿系统等。从表 4-8 列出的实验数据可以看出，在有酒精润湿系统的印刷机使用强化水润湿液印刷，酒精的用量大大减少，只需用原用量的四分之一，即可达到酒精润湿液原来的印刷效果，并且可以不用冷却装置。

**表 4-8　　强化水润湿液印刷示例**

| 强化水润湿液 | 酒精含量/% | 水温/℃ | pH | 电极电位/mV | 油墨刻度 | 水刻度 |
|---|---|---|---|---|---|---|
| 有 | 4～5 | 室温 | 6.27 | 113.1 | 7 | 7 |
| 无 | 20 | 5～10 | 5.14 | 152.7 | 9 | 5 |

强化水润湿液是 20 世纪 90 年代研制出的新型润湿液。该润湿液无须添加任何化学药剂，省掉了配液的繁琐工序，不仅降低了成本，而且不存在环境污染问题，另外，强化水湿润液对润湿系统没有苛刻的要求。但是，由于强化水润湿液中无添加剂，因此只适用于印版磨损率低的少批量短版印件。

对于强化水润湿液，在使用过程中，如何能很好地维护“场”的稳定性，这是非常关键的一个问题。有关实验表明，用 H 型强场来磁化水，经 3.5h，表面张力可下降到 $5\times10^{-2}$N/m，如表 4-9 所示。取消 H 型磁场对水的磁化，随着时间的增加，水的表面张力又上升，如表 4-10 所示。因而，强化水装置形成的“场”的稳定性对强化水润湿液的性能是至关重要的。

表 4-9　“场”增强对水表面张力的影响

| 时间/h | 0.5 | 1.0 | 1.5 | 2.0 | 2.5 | 3.0 | 3.5 |
|---|---|---|---|---|---|---|---|
| 表面张力/(N/m) | $6.8\times10^{-2}$ | $6.6\times10^{-2}$ | $6.4\times10^{-2}$ | $6.1\times10^{-2}$ | $5.9\times10^{-2}$ | $5.7\times10^{-2}$ | $5.5\times10^{-2}$ |

表 4-10　“场”衰减对表面张力的影响

| 时间/h | 0.5 | 1.0 | 1.5 | 2.0 | 2.5 | 3.0 | 3.5 |
|---|---|---|---|---|---|---|---|
| 表面张力/(N/m) | $5.4\times10^{-2}$ | $5.8\times10^{-2}$ | $6.3\times10^{-2}$ | $6.5\times10^{-2}$ | $6.8\times10^{-2}$ | $7.1\times10^{-2}$ | $7.2\times10^{-2}$ |

## 四、润湿液的主要性能参数

### （一）润湿液的表面张力

表面张力是润湿液的重要性能参数，它决定了润湿液的润湿性能，并影响水墨平衡，因此需要很好的控制。这部分内容已在前面进行了详细的介绍。

### （二）润湿液的 pH

润湿液的 pH 对平版印刷的油墨转移影响较大，因此在印刷过程中必须严格控制。平版的版基通常是金属铝和锌，它们是比较活泼的金属，在强酸性或强碱性介质中，很不稳定。在弱酸性介质中，铝和锌版表面会被轻度腐蚀，生成 $AlPO_4$ 和 $Zn_3(PO_4)_2$ 亲水层，但在强酸性介质中，它们会被严重腐蚀。因此，当润湿液的 pH 过低时，平版空白部分就会受到深度腐蚀，出现砂眼，不能形成坚固的亲水盐层。

为了研究润湿液的酸度对锌版的腐蚀程度，可将锌版试样放在不同 pH 的润湿液中浸泡一定时间，一般是 24h，然后取出洗净、烘干；称水浸泡前后的质量 $W$ 和 $W_1$，算出减质量 $\Delta W$，以 $(\Delta W/W)\times100\%$ 表示锌版腐蚀后的相对减质量。所得的结果如表 4-11所示。从表中可以看出，润湿液呈酸性时，随着 pH 的下降，印版的腐蚀加剧；润湿液接近中性，印版腐蚀亦趋缓和。常用的铝版基也有类似的情况。更为严重的是，随着印版腐蚀逐渐加剧，印版的图文部分和金属版基的结合可能遭到破坏，使印版图文部分上的亲油层脱落，发生“掉版”现象，这是平版印刷中的一种故障。

表 4-11　润湿液 pH 对印版腐蚀的影响

| pH | 3 | 4 | 5 | 6 | 7 |
|---|---|---|---|---|---|
| $(\Delta W/W)\times1000$ | −3.1417 | −2.3643 | −0.2327 | −0.1648 | −2.2390 |

为了保证印刷速度，平印油墨中常常要加入一定量的催干剂（燥油），催干剂一般是铅、钴、锰等金属盐类，对干性植物油连结料有加速干燥的作用。当润湿液的 pH 过

低时，润湿液会和催干剂发生化学反应，使催干剂失效。实践证明，普通润湿液的 pH 从 5.6 下降到 2.5 时，油墨的干燥时间从原来的 6h 延长到 24h；非离子表面活性剂润湿液的 pH 从 6.5 下降到 4.0 时，油墨的干燥时间从原来的 3h 延长到 40h。油墨干燥时间的延缓，会加剧印刷品的背面蹭脏，并影响叠印效果。

目前平版印刷中常用阳图型 PS 版，其印版空白部分的重氮化合物见光分解后，被弱碱性显影液除去；图文部分未见光的重氮化合物被留下，形成亲油的图文部分。如果润湿液的 pH 过高，印版图文部分的重氮化合物，会在印刷过程中被润湿液所溶解，使图文部分残缺不全，影响印刷品的质量。

以干性植物油为连结料的平印油墨长期放置后，干性植物油中有些分子的化学键会发生断裂，在空气中氧的作用下生成脂肪酸 RCOOH。脂肪酸的分子结构和表面活性剂相似，由亲水基和亲油基组成。但是，由于脂肪酸的 R-碳氢链上的碳原子数一般均在 17 个以上，而且，RCOOH 的电离常数很小，极难电离，分子的亲水能力显示不出来，所以脂肪酸在界面处的取向能力很差，在墨层中常处于游离状态。然而，当润湿液的 pH 较高时，润湿液中的 $OH^-$ 增加，混入油墨中的润湿液将中和 RCOOH，生成 $RCOO^-$，离子反应式为：

$$RCOOH + OH^- = RCOO^- + H_2O$$

$RCOO^-$ 是典型的阴离子表面活性剂，在水墨界面上，以亲水基端朝向润湿液，以亲油基端朝向油墨，润湿液与油墨间的界面张力因 $RCOO^-$ 在水墨界面上的定向排列而下降了。且润湿液的 pH 愈高，RCOOH 被中和后生成的 $RCOO^-$ 愈多，界面上被吸附的量愈大，界面张力也下降得愈大。图 4-15 是水和脂肪酸的界面张力与水的 pH 的关系曲线，可以看到，pH 小于 6 时，界面张力很稳定，而当 pH 超过 6 之后，界面张力急速下降。一般地说，界面张力愈低，油墨的乳化愈严重。对于低表面张力的非离子表面活性剂润湿液，随 pH 的增大，油墨的乳化更加严重。

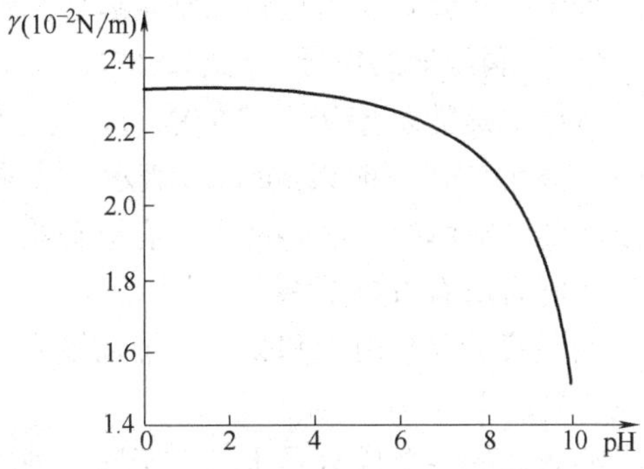

图 4-15　润湿液和油墨的界面张力与润湿液 pH 值的关系

由此可见，润湿液的 pH 过高或过低都会给平版印刷带来种种弊端。因此，控制润湿液 pH 非常重要。

润湿液的 pH 和润湿液原液的加放量有关，原液加放量大，润湿液的 pH 低，酸性增加。印刷过程中，要结合实际的印刷条件，控制润湿液的 pH，增减润湿液原液的加放量。

一般认为，PS 版对酸、碱的耐蚀力较低，润湿液的 pH 在 4.5～5.5 为好；平凹版的图文部分基础比较牢固，有一定的抗酸性，pH 可以比 PS 版低些，在 4～6 为好；多层金属版，空白部分是亲水性良好的金属铬，润湿液的 pH 可以为 5～7。

### （三）润湿液的浓度

润湿液的浓度一般以原液量的加放量来表示，它对印刷质量影响很大。润湿液的浓度过低，润湿液对空白部分的润湿性差，从而出现图文扩张和印迹模糊，产生糊版，以及空白部分上脏。润湿液的浓度过高，会使印迹消瘦或产生花版。

润湿液浓度的控制受到很多因素的影响，应根据不同的印刷条件来确定，从而充分的发挥其应有的作用。

不同的油墨因颜料、含油量、亲水性、黏度、流动度、耐酸性等性质的差异，所需的润湿液浓度不同。一般是：品红＞黑＞青＞黄，深色＞浅色。

印迹墨层厚度增加时，图文部分的油墨必然向空白部分扩展，容易发生“脏版”，故应适当地增加润湿液的原液量，维持空白部分疏油亲水的性能。

油墨中干燥剂的用量增加时，虽然干燥速度加快，但油墨黏度上升，颗粒变粗，对印版空白部分的黏附性增大，容易发生脏版，故应适当地增加润湿液的原液量，对防止脏版有利。

使用质地疏松的非涂料纸，若油墨的黏度较大，掉粉掉毛严重，印版空白部分的亲水层易被磨损，故应适当地增加润湿液的原液量，而使用高级的涂料纸印刷时，润湿液的原液量可适当地降低。

实地版印刷，以及满版是空心字、线条的印版印刷，润湿液的原液量可高一些，相反，若用网点印版印刷，润湿液的原液量可低一些。

当印刷车间的温度升高时，油墨的黏度下降，流动性增大，同时能分解出更多的游离脂肪酸，容易引起版面起脏，故应适当地增加润湿液的原液量。

上述影响润湿液浓度的因素在印刷过程中不是独立存在的，往往是相互交错、彼此牵制。因此，在确定润湿液原液量时，应综合分析考虑，并应随时观察润湿液浓度在印刷过程中的变化，及时进行调整，适应生产中变化的需要。

**（四）润湿液的电导率与水的硬度**

电导率是物质传送电流的能力，与电阻值相对，单位为 S/cm，该单位的 $10^{-6}$ 以 $\mu$S/cm 表示，$10^{-3}$时以 mS/cm 表示。溶液电导率表示的是溶液导电的能力，它主要取决于溶液中电解质。润湿液中含有电解质，因此具有一定的导电性能，控制其电导率对保证印刷质量有着重要意义。

润湿液主要是由水和化学添加剂组成，因此，其电导率与水的硬度、添加剂的成分以及浓度有关。

润版液的主要成分是水，对于同一种润湿液，用不同地方的水配制，即使配出相同浓度的润版液，它们的电导率也不相同，这与水的软硬程度（水中含 $Ca^{2+}$、$Mg^{2+}$ 的多少）有关。硬度是水的一项重要指标，水的硬度越大，水中含电解质越多，则电导率越高。根据水的硬度，水可以分为软水、硬水，一般软水的电导率在 0～225$\mu$S/cm，硬水通常在 450$\mu$S/cm 以上。水的硬度偏高（主要是 $Ca^{+}$ 含量较多时），通常会导致 $Ca^{+}$ 与油墨中的树脂相接触形成皂化钙，在与酸性润湿液中的酸相结合时，又会产生柠檬酸钙或磷酸钙之类的盐。皂化钙具有亲油性，会导致油墨沉积在不需要的区域，如着水辊、着墨辊，使胶辊表面晶化，产生传水、传墨不良现象；而钙盐具有亲水性，会阻碍油墨传递并导致墨辊脱墨，使得印版图文部分不着墨而非图文部分却黏附油墨。$Ca^{2+}$、$Mg^{2+}$ 在润湿液中的浓度过高，还会导致油墨乳化，阻碍印迹干燥。所以水质为硬水时使用的润湿液添加剂中应含有相应的物质来消除过多的钙离子所造成的影响。因此，配制润湿液时，必须使用软水，这样才能保证印刷质量。

润湿液浓度的变化将使其成分发生变化，从而影响水墨平衡；润湿液浓度的变化，还会引起表面活性剂浓度的改变，从而引起表面张力的变化，最后影响润版效果，导致印品质量变化。所以润湿液的浓度是印品质量好坏的关键影响因素。润湿液的浓度不同，则溶液中的电解质不同，因而电导率亦不同。通过实验测定，润湿液的浓度变化与它的电导率变化存在一种线性关系，即浓度越大，电导率也越大，如图 4-16 所示。从图中还可以看出，当润湿液的浓度有很大的变化时，它的酸碱度变化却不明显，这是由于润湿液是缓冲溶液，可以保持溶液的 $H^{+}$ 一定，即 pH 不变。因此在使用润版液时，只注意将润湿液的酸碱度控制在要求的范围内，而忽略了润湿液的浓度和电导率控制，是不科学的。我们必须在保持稳定的酸碱度的同时，控制好润湿液的浓度。由于电导率能精确地反映润湿液的浓度变化，则润湿液的浓度可通过电导率来进行控制。

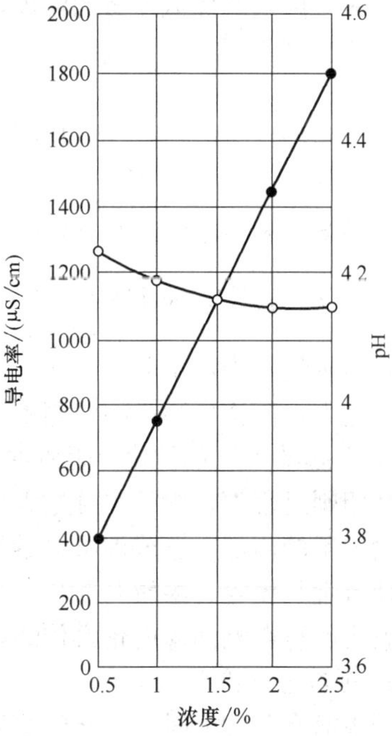

图 4-16　润湿液浓度与电导率、pH 的关系

润湿液的电导率还与其成分有关，若用同一种水与不同品牌的润湿液原液混合配制成相同浓度的润版液，其电导率也不相同，这是由于不同品牌的润湿液原液中成分不同，电解质亦不同。另外，在印刷过程中，会有油墨、灰尘、纸粉、纸毛等杂质进入润湿液，这时润湿液的电导率也会发生变化。由此我们可知，监控印刷过程中润湿液的电导率，即监控了印刷过程中润湿液的变化。

润湿液的电导率对印刷质量影响较大。若润湿液的电导率过高，则油墨将严重乳化，油墨浓度不易控制，满版底色印刷困难，印版图文部分着墨不良，而非图文部分却黏附油墨等，这时可加入缓冲剂（含有柠檬酸）进行调节，或降低润湿液的浓度。若润湿液的电导率过低，则印版非图文部分逐渐干坏，或黏附油墨，印版图文部分的线条容易糊版，印版版面容易出现污垢，这时可适当添加润湿液的原液。

综上所述，润湿液的润版效果可用测定润湿液电导率的方式来衡量，但润湿液的电导率并没有一个标准值，因其影响因素较多，尤其是不同品种的润湿液成分相差大。业内推荐的电导率一般维持在 600～1200$\mu$S/cm。我们在配制润湿液之前，应根据所使用水的水质，通过实验的方法，测出不同浓度下的电导率，绘出电导率的范围，然后在这个范围内，通过印刷品的质量找出某个电导率值，作为以后使用这种润湿液的标准值。不同水质，不同的润湿液，达到最佳润湿效果的电导率值都不一样，因此，可按照上述的方法测试，以达到最佳润湿效果。

**（五）润湿液的温度**

润湿液的温度一般控制在10～15℃是比较合适的，酒精润湿液温度可再低一些。因为这样可以及时降低印版的温度，使印版上的油墨有合适的流变性能，能对印刷质量进行有效控制。

## 第四节　水墨平衡的控制

正确掌握和控制水墨平衡，是确保印刷品质量及其稳定性的关键。

### 一、水分不当的弊病

在印刷过程中，水分过大或过小对印刷品质量都不利。水分过小，空白部分上脏。而水分过大，同样也会影响印刷质量，其主要弊病如下：

1. 引起油墨过量乳化，阻碍油墨正常传输

在印刷过程中，由于水分过大，使得版面水分在机械压力和墨辊间滚碾的作用下，挤压进油墨的内部，造成油墨过量乳化。同时，过量的水分还会积聚在油墨表面，严重时，使墨辊与墨辊、墨辊与版面、版面与橡皮布之间存在水层。当水层达到一定程度时，就会严重影响油墨的正常传递，从而对印刷质量造成影响。

2. 影响套印准确

当版面水分过大时，经转印后使纸张因吸收过量的水分而伸长，再套印下一色时，将无法套准。

3. 造成油墨透明度下降

由于油墨中含有大量水分，而连结料和水的折射率不同，使得油墨干燥后墨膜的遮盖力增大，透明度下降，影响到印品网点叠色和色彩还原效果。

4. 印刷品光泽度下降

印品墨膜的光泽度主要依靠油墨充分的氧化结膜，使之表面平滑光亮。当油墨中含有过量水分时，印品墨膜便不能充分氧化结膜，使得表面粗糙，不光滑，墨膜暗淡无光，印品印迹光泽度降低。

5. 印品墨色变浅

印刷时，由于水分过量，往往呈细小珠状分布于墨辊表面，并受机械力的作用分散于油墨中，减少了单位面积上颜料颗粒的数量，使油墨颜色的饱和度降低，乳化值增大，墨色变浅。此种情形，不仅使印品墨色灰平，而且使印版“花”版、“浮脏”等现象相继产生，造成故障。

### 二、润湿液用量的控制

平版印刷要获得优质的印刷品，掌握好印版的供水量是非常重要的，水对平版印刷来说，既有碍于油墨的转移，但没有水又不能印刷。因此，印版供水量的控制，应根据水墨平衡的原理，以印版空白部分开始起脏为最低限度。

**（一）印刷过程中润湿液的消耗途径**

平版印刷，印刷时实际用水量要大于用墨量，经过实验和分析，印刷时，版面水分

的消耗主要有以下几个途径。

水在油墨中的乳化，是版面水分消耗的主要途径，水在油墨中乳化以后，随着油墨转移到纸张上，经过渗透、蒸发被消耗。图 4-17 是胶印机启动以后，从印版图文部分和空白部分传递到纸张上的水量和胶印机运转时间的关系曲线，从图中可以看到，图文部分比空白部分传递到纸张上的水量多得多，这是由于图文部分传递的水是分散在油墨中，与油墨一起传递到纸张上，所以传递的水量较大，而空白部分传递的水是直接通过橡皮布传递的，橡皮布是亲油疏水型的，所以传递到纸张上的水量很少。另外还可以看到，从图文部分传递到纸张上的水量，在胶印机启动 10min 达到稳定值，而空白部分则只需要 7.5min 即可达到稳定值。

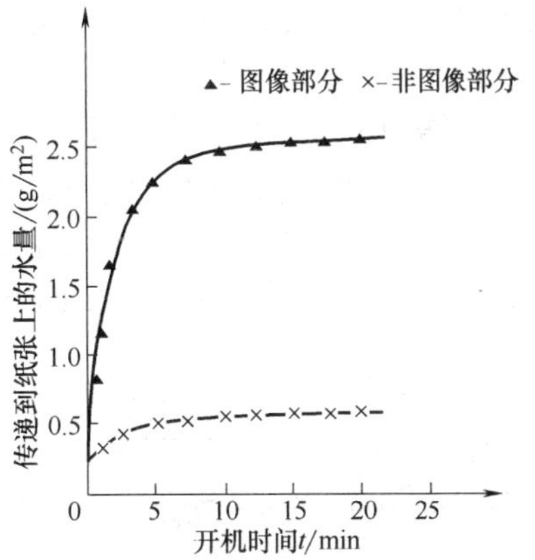

图 4-17　胶印机传递水量与时间的关系

胶印机的水斗、水棍、墨辊、印版以及橡皮布等表面的水分，在印刷过程中，每时每刻都会向周围空间蒸发，尤其是环境温度较高，印刷机速度高时，蒸发的水分多。

印版空白部分的水分，在压印过程中，通过橡皮布转移到纸张上，被纸张直接吸收。当使用质地疏松、施胶度小的纸张印刷时，纸张吸收的水分多，消耗的水量大。随着橡皮布的疏水性的提高和纸张施胶度、紧度的增加，消耗的水量将减少。

当印版供水量过大时，由于橡皮布的疏水性，一部分水在滚筒的相互挤压下，被驱赶到橡皮布的拖梢或沿滚筒的两端滴落下来。另一部分水则顺着胶印机滚筒运转的相反方向，向墨斗流动。严重时，会造成墨辊脱墨的故障。

上述几种水的消耗途径，使平版印刷的水墨平衡更加复杂，也增加了水量控制的难度。

**（二）影响润湿液用量的因素**

印版上润湿液的供给量，可在一定范围内变化，该范围应在印版空白部分开始有脏污（脏版）和印刷品开始有水迹（印品发花）之间，这一范围称为润湿液供给量的实用范围（简称供液量实用范围）。显然，供液量实用范围愈大，润湿液的供给量愈容易控制。

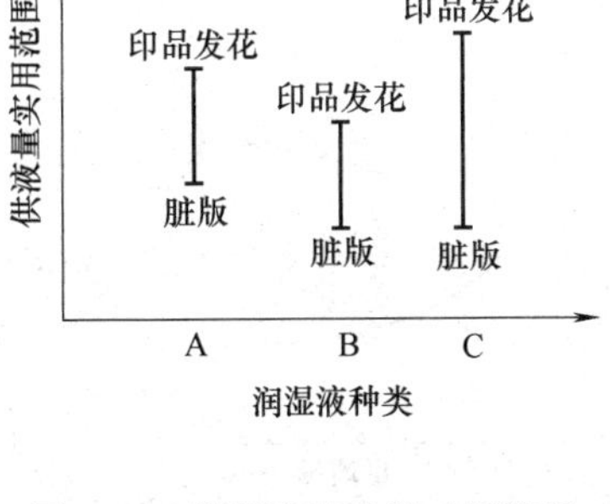

图 4-18　润湿液的种类对供液量实用范围的影响

润湿液的种类、组成，印刷机的温度，油墨的吸水性、墨层厚度，纸张的性能等因素，对供液量的实用范围都有影响。

1. 润湿液的种类对供液量实用范围的影响

图 4-18 是在温度恒定的条件下，使用三种不同的润湿液在用同一种油墨印刷时的供液量实用范围。其中 A 是普通润湿液，B 是水和酒精配制的润湿液，C 是水、酒精及一些化学组分，如稳定 pH 的缓冲剂，亲水的阿拉伯胶等配制的润湿液。

从图 4-18 可以看到，润湿液 A 和润湿液 B 的供液量实用范围基本相同，但是，润湿液 B 整体的供液量实用范围向下移动了，表示用比润湿液 A 少的水量，就能控制脏版的发生。润湿液 C 的供液量实用范围的下限和润湿液 B 相同，但范围的上限向上移动，即总的供液量实用范围明显扩大，这样即使使用比前两种润湿液多一些的水量，印刷品也不会出现水迹，故用润湿液 C 印刷，水量容易控制，水墨平衡也较稳定。

2. 温度对供液量实用范围的影响

胶印机的热源，主要是横向串动的串墨辊，随着时间的推移，串墨辊的热量慢慢地传给其他辊。由于温度升高，不仅印版上润湿液蒸发得多，而且有更多的润湿液通过墨辊分散到油墨中，这样在连续印刷时，印版上的润湿液不断地减少。

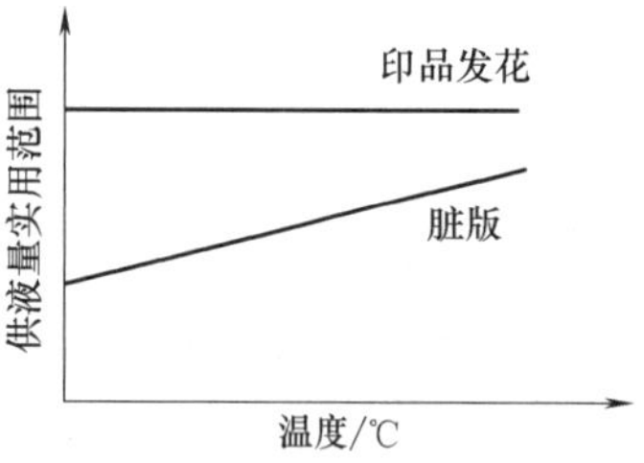


图 4-19　温度对供液量实用范围的影响

温度对供液量实用范围的影响，如图 4-19 所示，随着串墨辊的温度升高，供液量实用范围的上限（印品开始发花）并未改变，而供液量实用范围下限（印品开始脏污）则随着串墨辊温度的升高不断地向上限移，供液量实用范围也就变得愈来愈小。

实际印刷时，如果一开始所用的润湿液量刚能控制脏版时，随着印刷的继续进行，由于印刷机温度逐渐上升，若不调节供水量，就会逐渐出现脏版。

若胶印机采用冷却循环装置的酒精润湿系统时，润湿液的温度可维持在 5～10℃，这对水量的控制是有利的。

3. 油墨亲水性的影响

图 4-20 是 A、B 两种油墨，在墨层厚度相同条件下的润湿液供液量实用范围。A、B 是两种亲水性不同的油墨，A 油墨的亲水性小，B 油墨的亲水性大，从图中可以看出，使用亲水性大的油墨印刷，润湿液的供液量实用范围比吸水性小的油墨大得多，润湿液的供给量容易控制。另外，从图 4-20 还可以看出，B 油墨的供液量实用范围比 A 油墨要低，表明了亲水性小的油墨印刷时润湿液的用量少。

油墨的亲水性不同，随着润湿液用量的变化，在印版供墨量相同的条件下，印刷的墨层厚度也会发生不同的变化。用 A、B 这两种油墨印刷时，润湿液用量对墨层厚度的影响如图 4-21 所示。

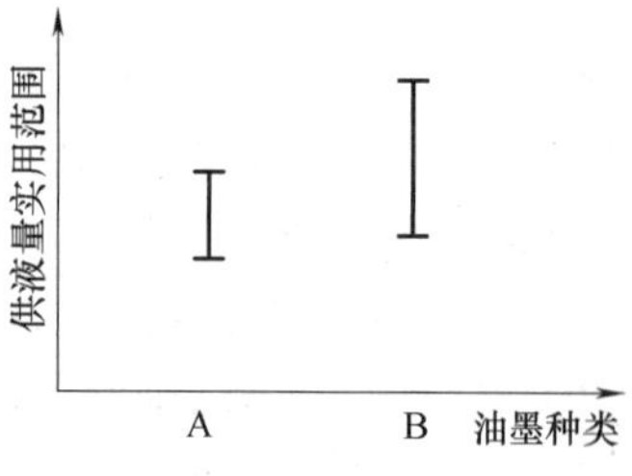


图 4-20　不同亲水性油墨的供液量实用范围

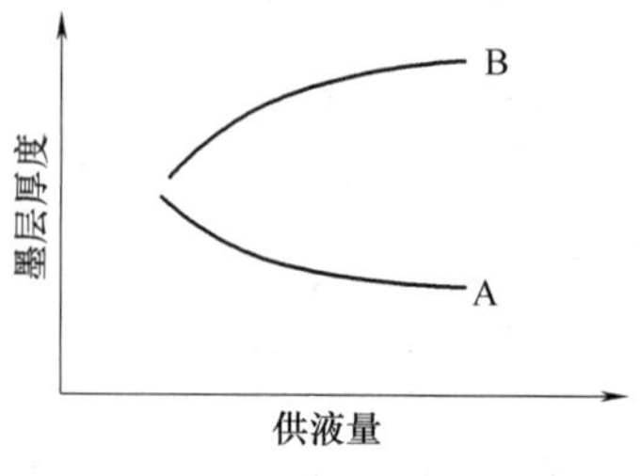


图 4-21　润湿液用量与墨层厚度的关系

从图 4-21 可以看到，对于 A 油墨，增加润湿液的用量，墨层厚度将减少，减少润湿液的用量，墨层厚度将增加；而对于 B 油墨，润湿液用量对墨层厚度的影响与 A 油墨正好相反，即增加润湿液的用量，墨层厚度将减少，减少润湿液的用量，墨层厚度将增加。

造成上述实验结果的差异的原因是，亲水性小的油墨，油墨中所能分散的水分过少，一部分水以小水滴的形式浮在油墨之上，增加润湿液的用量，会使墨膜表面滞留过多的水分，影响油墨的正常传递，造成墨辊传墨不良，印版上的墨层厚度随之减少。亲水性大的油墨，油墨中所能分散的水分较多，能将增加的润湿液分散到油墨中去，不会影响油墨的传递。因此，亲水性不同的油墨，润湿液用量对墨层厚度的影响是不同的。

不同颜色的胶印油墨，因颜料的亲水性不同，乳化能力也有差异。图 4-22 是四色胶印油墨与含有 0.1% 2080 润湿液的油墨乳化曲线。从图中可以看到，在润湿液表面张力固定的情况下，青墨（天蓝）的摄水量最大，乳化能力最高；黑墨的摄水量最小，乳化能力最低。如果在四色胶印机上采用图 4-22 中的四色油墨印刷，应按照油墨乳化能力的大小，供给不同的水量，乳化能力越大，供水量也越大；乳化能力越小，供水量也越小，即黑墨印刷时供水量应小，而青墨印刷时供水量应大，这样才可以防止油墨严重乳化。

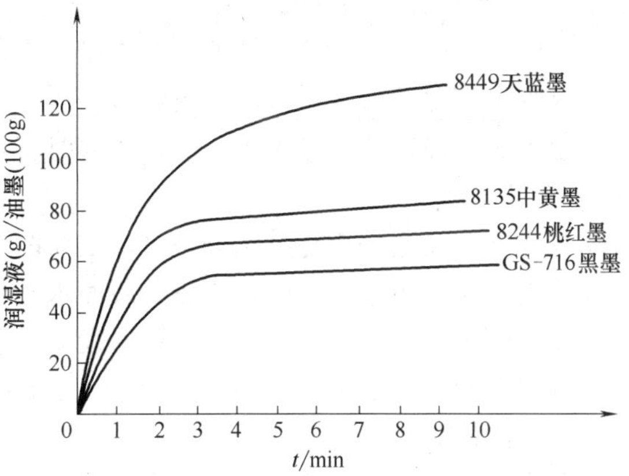


图 4-22 四色胶印油墨的乳化

4. 其他

除了上述影响供液量实用范围的因素之外，还有其他影响润湿液用量的因素。

实际印刷表明，图文面积愈大，墨层愈厚，印刷时需要的润湿液的用量就愈大，因为这时油墨乳化所需要的润湿液量大。

随橡皮布疏水性的提高和纸张施胶度、紧度、平滑度的增大，印刷时由印版空白部分通过橡皮布转移到纸张的水分将减少，润湿液的用量将减少。

当车间的温度较高时，由蒸发消耗的水分就多，润湿液的用量大，反之则小。而当车间湿度较高时，由蒸发消耗的水分就少，润湿液的用量小，反之则大。环境空气流通速度快，水分蒸发快，润湿液的用量大，反之则小。

不同的印版，版面砂眼粗细状况不一。版面砂眼粗，存贮的水分较多，版面水层相对较厚，润湿液用量大。由于 PS 版的版面砂眼细，因此 PS 版印刷时，润湿液用量小。

由于影响润湿液用量的因素有很多，因此，印刷时润湿液的用量要根据具体工艺条件进行适当地调整。

印刷速度快，由于两次印刷间隔时间短，每一次印刷蒸发消耗的水分就少，因此，润湿液用量小。

### 三、水分大小的鉴别

平版印刷，版面水量的大小对油墨的转移、套印精度、油墨的乳化和干燥、印版耐印力、印迹光泽性等都有密切的关系，应根据具体印刷条件，决定印版的供水量，但因可变因素太多，所以应在印刷过程中，密切注意版面水量变化，及时调整印版的供水量。

目前，在日常生产中，最常用的是凭操作者目测估计来控制版面水量的变化。版面水分过小的鉴别比较容易，主要是观察印版空白部分是否上脏。而要鉴别版面水分是否过大则比较复杂，常用的方法是目测版面反射光的强弱，来鉴别版面水分的大小。因为一定厚度的水膜，能将印版的砂目填平，印版的光泽度将提高。但是这种方法有一定的局限性，受到很多因素的影响，如版面图文面积比例、印版版材种类、灯光强弱以及观察角度等，造成同样的水膜厚度，不能具有相同的光泽度。故在实际印刷作业时，还经常从以下几点来判断水分是否过大：

① 印刷品上的墨色浅淡，即使增加墨量，墨色也不能及时加深。

② 墨辊上积存的墨量增多，油墨颗粒变粗。

③ 墨膜表面滞留的水分太多，墨铲刮墨时有水珠，加入墨斗的油墨不易搅拌均匀，传墨辊有打滑现象。

④ 橡皮布滚筒拖梢部分有水分粘流，滚筒两端有水珠滴下。

⑤ 版面经常出现浮脏，或停机较久版面水分仍未干。

⑥ 印品网点空虚，咬口印迹呈波浪形发淡，墨色暗淡无光泽。

⑦ 纸张吸收过量的水，单面印刷时，正、反两面含水量不一致，造成纸张卷曲软绵无力，收纸不齐。

⑧ 印刷中断前后，印品墨色深浅有较大差距。

## 第五节　润湿液的传输

由于平版印刷是利用油水不相溶的原理进行的，因此，平版印刷不仅需要向印版输送油墨，同时还需要向印版输送润湿液，后者的系统称为润湿系统。润湿系统的任务是在印刷过程中，制造一个适量的、均匀的、无断裂的水膜，并将其传送至印版的空白部分表面。

### 一、润湿系统的基本组成

传统的平版印刷机润湿系统主要由供水、匀水、着水三部分组成，但是，目前有些新型的印刷机润湿系统没有匀水部分。

1. 供水部分

供水部分的作用是将水斗内润湿液定量地传输给匀水机构。供水部分有些平版印刷机还有控制水斗润湿液量的自动加水器。

2. 匀水部分

由于供水机构传出的水层较厚，且不均匀，匀水部分是将供水机构传出的润湿液延压成薄而均匀的水膜，然后输送给着水机构。

3. 着水部分

着水部分的作用是向印版空白部分输送润湿液。

## 二、润湿液的传输方式

润湿液的传输方式由润湿系统的类型决定，目前，平版印刷机的润湿系统可分为接触式和非接触式两大类。

**（一）接触式润湿系统**

接触式润湿系统润湿液的传输方式是将水斗中的润湿液直接接触水辊，并经过各种水辊接触传递给印版。目前主要有间歇式、连续式润湿系统等。

1. 间歇（摆动）式润湿系统

图 4-23 是间歇式润湿系统，首先由一般是镀铬的水斗辊在贮放润湿液的水斗中间歇或连续转动将一定量润湿液带出，传输给往复摆动的橡胶传水辊，由传水辊将润湿液输送给金属串水辊，然后由串水辊将润湿液在周向和轴向打匀并输送给橡胶着水辊。由于润湿液在亲水性好的水辊表面十分容易均匀，因此仅有一根串水辊。最后由着水辊将润湿液输送给印版的空白部分表面，着水辊一般有两根。由于采用摆动的传水辊传输润湿液，因此这种方式也称为摆动式。为了加大供液量和储液量，一般传水辊和着水辊采用吸收性材料（如水胶绒、长毛绒）包裹在表面。这种润湿系统的润湿液量控制原理与墨量控制相同，通过转角或转速大小实现整体水量的调节，局部一般不能调节，但可人工做纸条（或用橡皮刮板）置于墨斗辊上进行局部控制。

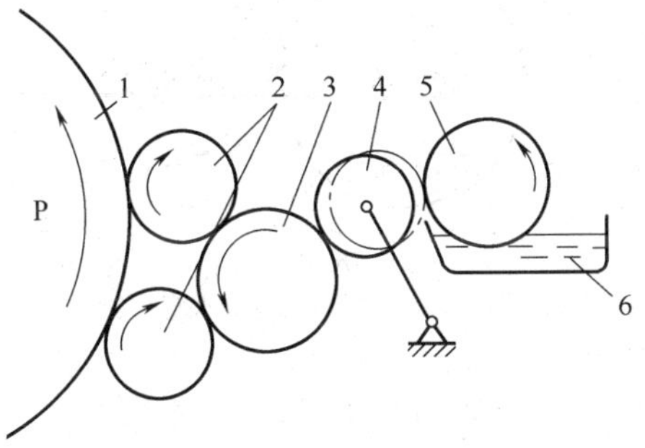

图 4-23　间歇式润湿系统
1—印版　2—着水辊　3—串水辊　4—传水辊
5—水斗辊　6—水斗

采用间歇式润湿系统传输润湿液的方式，操作简单，调节方便，但由于是间歇式供液，传液均匀性较差，且反应迟钝，不能迅速达到水墨平衡，润湿液供给量常常过量，另外，水绒布易脏，需经常清洁更换。因此很难满足现代高速、多色印刷机的要求。

2. 连续式润湿系统

连续式润湿系统是没有往复摆动的传水辊，使润湿液连续不断地供给印版，水辊一般不用绒布套。这种润湿系统主要有直接润湿印版、着墨辊润湿和酒精润湿系统三种类型。

（1）直接润湿系统　图 4-24（a）是直接润湿系统，它是由着水辊向印版直接提供润湿液，水斗辊和着墨辊之间，经互相接触的水辊传递润湿液，润湿液供给量的大小，由改变水斗辊与计量辊的转速以及它们之间的间隙控制。水斗辊与计量辊的转速相同，比较慢，串水辊与着水辊转速与印版滚筒等线速度，转速较快。

采用这种润湿系统传输润湿液，提供的润湿液量稳定，并易于控制。

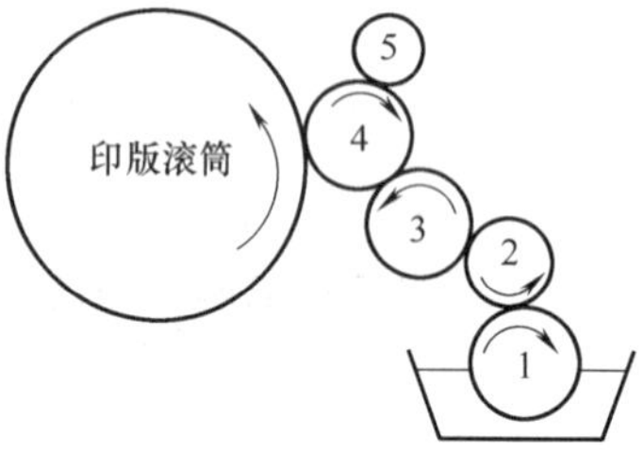


(a)

1—水斗辊　2—计量辊　3—串水辊　4—着水辊　5—压辊

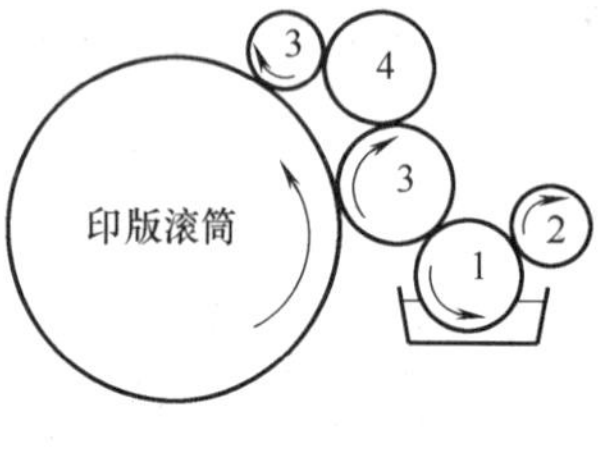


(b)

1—水斗辊　2—计量辊　3—着水辊　4—串墨辊

图 4-24　连续式润湿系统

（2）着墨辊润湿系统　图 4-24（b）是着墨辊润湿系统，它是利用第一根着墨辊向印版输送润湿液，即水墨共辊润湿，该润湿系统是由美国人哈罗德·达格伦（Harold Dahlgren）设计的，俗称达格伦润湿系统。该系统水斗辊直接与第一根着墨辊接触，当停止提供润湿液时，水斗辊与着墨辊脱离，着墨辊从串墨辊获得油墨。印刷前进行预润湿，使水斗辊与着墨辊接触，向着墨辊提供润湿液，达到水墨平衡后，着墨辊靠向印版，润湿系统进入正常工作状态。水斗辊由单独的电机控制，其表面线速度小于着墨辊，利用速度差造成的滑移均匀润湿液膜。计量辊由水斗辊带动旋转，两者之间形成很薄的润湿液膜，可改变水斗辊向着墨辊提供的润湿液量，着墨辊上多余的润湿液，又经水斗辊输回水斗。

采用这种润湿系统传输润湿液，由于是由第一根着墨辊兼向印版供墨和供液，减少了对印版的磨损，开印前，使向印版输送的油墨预先达到了水墨平衡，减少了初印时的废品率，且操作简单，用液量少，印品干燥快。但对于这种润湿液传输方式，需要很好的控制润湿液供给量，否则极易发生油墨严重乳化。

（3）酒精润湿系统　图 4-25 是典型的酒精润湿系统，该系统非常适合传输酒精润湿液。（a）为非工作状态，计量辊与着水辊、水斗辊脱开，中间辊（也称为过桥辊）也与着水辊、着墨辊脱开，水与墨都与印版脱离。（b）为预润湿状态，着墨辊仍与印版脱开，并不向印版供墨，而计量辊与水斗辊、着水辊接触，着水辊与印版接触，中间辊与着水辊、着墨辊接触，因此开始预润湿印版和着墨辊，使润湿液薄膜通过着水辊进入印版，并经中间辊使润湿液在着墨辊上达到水墨平衡。（c）为正式印刷状态，着墨辊与印版接触，这时着水辊和着墨辊都进入工作状态，即同时向印版提供润湿液和油墨。由于经过了预润湿阶段，水、墨在印版上很快地达到了平衡状态。

采用酒精润湿系统传输酒精润湿液，使得达到水墨平衡所需时间少，墨量稳定，可以缩短辅助时间并降低废品率。但由于酒精易挥发，需增加冷却系统。这种润湿液传输方式，非常适合高精度印刷机。

**（二）非接触式润湿系统**

非接触式润湿系统润湿液传输方式是润湿液不经过直接接触传递给印版。目前主要

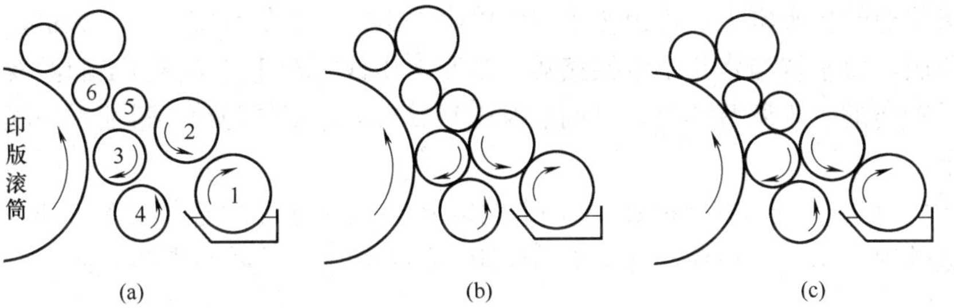


图 4-25　酒精润湿系统

（a）非工作状态　（b）预润湿状态　（c）正式印刷状态

1—水斗辊　2—计量辊　3—着水辊　4 串水辊　5—中间辊　6—着墨辊

有辊刷式润湿系统和喷射式润湿系统。

1. 辊刷式润湿系统

辊刷式润湿系统是利用毛刷反弹，从而将润湿液分散成细小的液滴喷射至串水辊，水辊与毛刷不直接接触。为了保证水滴的快速分散，润湿液需要适当的表面张力。图 4-26 是两种典型的辊刷式润湿系统。

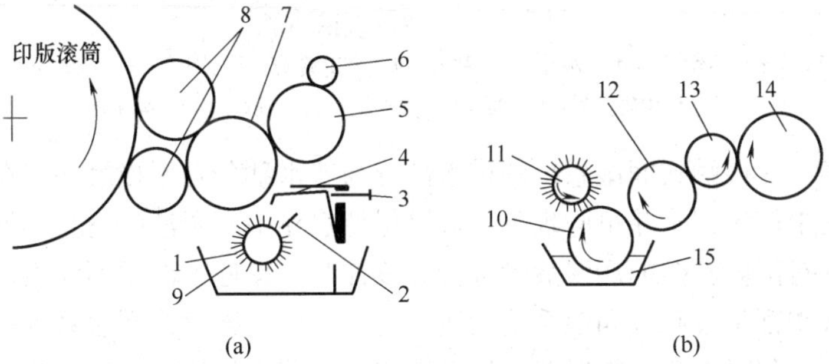


图 4-26　辊刷式润湿系统

1、10—水斗辊　2—刮板　3—调节螺钉　4—挡水板　5—匀水辊　6—压辊

7、12—串水辊　8、13—着水辊　9、15—水斗　11—毛刷　14—印版滚筒

图 4-26（a）所示的润湿系统中，水斗辊做成了毛刷式辊子，直接由电机带动旋转，将水斗中的润湿液带起，由刮板将润湿液弹向串水辊，并经匀水辊再传给着水辊，再由着水辊传给印版。改变毛刷辊的转速可整体调节润湿液量，部分调节是由调整螺钉来调节遮水板的位置。

图 4-26（b）所示的润湿系统中，毛刷辊与水斗辊始终接触并以相同速度旋转，因此水斗辊从水斗中旋转带出的润湿液被毛刷弹到串水辊，并经着水辊传给印版。水斗辊转速决定润湿液量。

2. 喷射式润湿系统

喷射式润湿系统是将水斗中的润湿液通过喷嘴喷到水辊或印版上，图 4-27 是两种典型的喷射式润湿系统。

图 4-27（a）所示的润湿系统中，水斗辊直接由电机带动旋转，细网编织外套的网筒由水斗辊摩擦带动旋转，压缩空气室的一侧沿轴向开有一排喷嘴，可将网筒中的润湿

液喷成雾状射到传水辊上，再由传水辊传给串水辊，并经匀水辊传给着水辊，再由着水辊传给印版，传水辊与水斗不直接接触。改变水斗辊的转速可整体调节润湿液量，调整沿水斗辊轴向的一排调节螺丝，可调节橡皮刮刀与水斗辊的间隙，进而对润湿液量进行分段调节。

图 4-27（b）所示的润湿系统中，带网的水斗辊在水斗中连续旋转将润湿液带出，通过网辊轴内一排空气喷嘴，把水喷向印版。润湿液量大小由调节板控制。

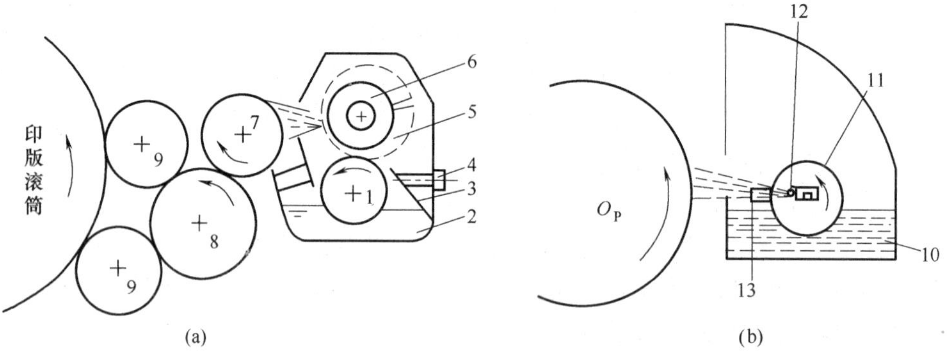


图 4-27　喷射式润湿系统

1,11—水斗辊　2,10—水斗　3—刮刀　4—调节螺钉　5—网筒　6—压缩空气室
7—传水辊　8—串水辊　9—着水辊　12—喷嘴　13—调节板

综上所述，非接触式润湿系统的供水部分与着水部分是不接触的，在水循环中不会出现油墨和灰尘倒流到水斗里的现象，可以保持水斗中润湿液的清洁。另外，此类型润湿系统大都可对滚筒轴向的润湿液量进行分段控制，保证了需要不同墨量的墨区的油墨均匀乳化。这些都是接触式润湿系统无法做到的。但与连续式润湿系统相比，液滴润湿是其致命缺点。相对而言，喷射式润湿系统给印版着水的均匀度比辊刷式的效果好。

## 思　考　题

1. 平版印刷中，油墨和润湿液的乳化为什么是不可避免的？乳化对平版印刷的转移有何利弊？平版印刷中，使用完全拒水的油墨行吗？为什么？

2. 试述马丁・西维尔平印模式。

3. 试述平版印刷中，水墨平衡的基本理论。

4. 使用润湿液的目的及作用是什么？对润湿液的性能有哪些要求？如何提高润湿液的润湿性能？

5. 各类物质对水溶液的表面张力有何影响？什么是表面活性和表面活性物质？简述表面活性剂降低溶剂表面张力的机理。

6. 表面活性剂分为哪几类？适合用于润湿液的有哪些？确定表面活性剂的 HLB 值有何意义？如何确定？

7. 润湿液主要有哪几类？试分析它们各自的特点。并分析普通润湿液化学组分的主要作用是什么？

8. 用于PS版的润湿液的pH，在什么范围内合适？pH过高或过低的润湿液会给印版带来什么不良的影响？

9. 润湿液的浓度过高或过低会给印版带来什么不良的影响？如何控制润湿液的浓度？

10. 控制润湿液的电导率有何意义？导电度过高或过低的润湿液会给印刷带来什么不良的后果？

11. 润湿液的主要性能参数有哪些？

12. 印刷过程中，水量控制不合适会给印刷带来什么不良的影响？影响润湿液用量的主要因素有哪些？如何控制印版的用水量？

13. 试述润湿系统的作用及组成，润湿方式主要有哪些？各有什么特点？

14. 阿拉伯酸是表面活性剂吗？说明理由。

15. 用质量百分数法计算表面活性剂月桂醇聚氧乙烯醚 $C_{12}H_{25}O—(C_2H_4O)_{10}—H$ 的HLB的值。根据计算的HLB值，说明该表面活性剂的用途。

# 第五章　印刷工艺控制

印刷过程中的印刷工艺控制是保证印刷质量的重要环节，但印刷过程中涉及的工艺问题很多，也很复杂。在此过程中，在油墨转移的同时，也会常常产生各种各样的工艺问题，而这些工艺问题都与印刷品质量的优劣有着密切的关系。对于不同的印刷方式，其印刷工艺大体包括：印刷过程中套准精度控制、印刷压力的控制、印刷油墨性能控制、印刷色序的控制、油墨的干燥控制，对于胶印还存在水墨平衡控制等方面。

由于印刷过程中印刷工艺问题的广泛性，本章主要从印刷色序的控制、印刷品套准精度控制、油墨性能控制和油墨干燥控制等方面入手，分析印刷过程中如何采取一定的措施，更加有效地提高印刷品的质量。对于印刷压力的控制、水墨平衡的控制见前面的相关章节。

## 第一节　油墨的叠印

在彩色印刷中，后一色油墨在前一色油墨膜层上的附着，称为油墨的叠印，也叫油墨的乘载转移。彩色印刷品的颜色，一般都是通过网点面积率大小不同的黄、品红、青、黑四色网点的叠合或并列而呈现的。因此，印刷品上颜色效果的再现，不仅与油墨的光学性质有关，而且还与油墨印刷的先后次序和油墨叠印的多少有关。如果印刷过程中没有把握好油墨的叠印，就会导致印刷品上颜色产生变化，影响印刷品的质量，因此，有必要对油墨的叠印进行研究与分析。

### 一、油墨叠印率的测量

油墨叠印效果的好坏，一般采用叠印率这个物理量进行度量，叠印率也称为油墨的受墨力。叠印率越高，油墨叠印的效果越好。油墨叠印率的测量，主要有质量法，即用油墨质量表示的方法和密度法，即用墨层实地密度表示的方法两种。

**（一）油墨叠印率计算——质量法**

在研究油墨叠印现象时，常把第二色油墨在第一色油墨膜层上的叠印作为讨论的重点，用油墨质量表示油墨叠印率的公式如下：

$$f_{G(2/1)}=\frac{y_{2,1}}{y_2}\times 100\% \tag{5-1}$$

式中，$f_{G(2/1)}$——用油墨质量表示的第二色油墨在第一色墨层上的油墨叠印率

$y_2$——第二色油墨印在单位面积承印材料上的质量，g/m$^2$；

$y_{2,1}$——第二色油墨叠印在单位面积第一色油墨上的质量，g/m$^2$。

$y_1$ 和 $y_{2,1}$ 的测量有两种方法。一种方法是直接称量印刷前后印版的质量，再经计

算而得到 $y_1$ 和 $y_{2,1}$。这种方法比较精确，但对于比较大的印版称量存在困难，另一种方法是利用印刷适性仪模拟实际印刷生产条件进行印刷，然后利用精密电子天平称量出印刷前后印刷盘的质量，再经计算得到 $y_1$ 和 $y_{2,1}$，这种方法简单且精确度也高。

**（二）油墨叠印率计算——密度法**

叠印率可以通过测定各色油墨的密度和油墨叠印的密度值来计算，用油墨密度表示的叠印率最典型的有两个公式，一个是贝雷斯油墨叠印率公式，一个是布鲁纳尔油墨叠印率公式，相比之下，目前印刷行业大都采用贝雷斯公式计算油墨的叠印率。

1. 布鲁纳尔油墨叠印率公式

布鲁纳尔认为，叠印率表达式可以雷同类于默端·戴维斯（Murry · Davis）公式。布鲁纳尔认为黄、品红、青原色墨层叠印所获得的颜色效果与相应原色墨密度值代数和的关系如同网点（密度）和实地（密度）的关系那样，可用 $F_D$ 网点面积覆盖率（g%）和 $F_S$ 实地面积覆盖率（100%）表示，这就是布鲁纳尔表达式的来由和物理意义之所在，其油墨叠印率公式表达如下：

$$f_{D(2/1)}=\frac{1-10^{-D_{1+2}}}{1-10^{-(D_1+D_2)}}\times 100\% \tag{5-2}$$

式中，$f_{D(2/1)}$——用油墨密度表示的第二色墨在第一色油墨上的油墨印率

$D_1$——印在纸张上的第一色油墨的密度；

$D_2$——印在纸张上的第二色油墨的密度；

$D_{1+2}$——两色油墨叠印的墨层的总密度。

两原色墨叠印示意图及公式中相关符号表示的密度如图 5-1 所示。

彩色印刷品的颜色，一般由黄、品红、青三色油墨中的两色或两色叠印而成。测定某一单色油墨的密度时，利用减色法在密度计中安装一只相对应的滤色片，滤色片的颜色通常和所测油墨的颜色成补色。如，测黄油墨的密度用蓝滤色片，测品红油墨的密度用绿滤色片，测青油墨的密度用红滤色片。将测量出来的密度值代入式（5-2）即可计算出油墨的叠印率。

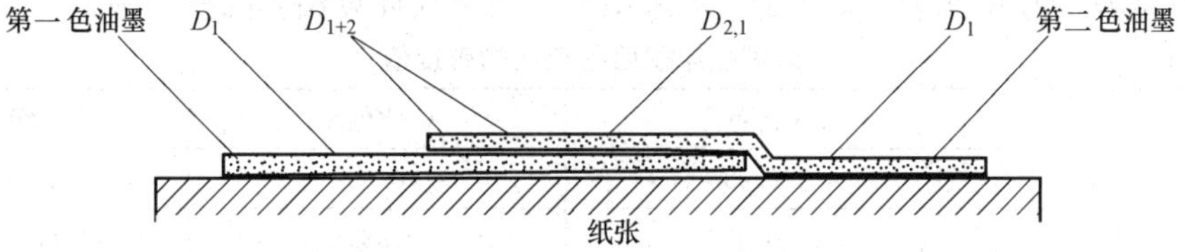


图 5-1　两色原墨叠印示意图

2. 贝雷斯油墨叠印率公式

贝雷斯认为，油墨叠印率的物理意义是指三原色油墨印刷时，待印原色墨层的主密度转移到先印原色墨层上的百分率（%）。贝雷斯油墨叠印率公式表达如下：

$$f_{D(2/1)}=\frac{D_{2,1}}{D_2}\times 100\% \tag{5-3}$$

式中，$f_{D(2/1)}$——用油墨密度表示的第二色油墨在第一色油墨上的油墨印率；

$D_2$——印在纸张上的第二色油墨的密度；

$D_{2,1}$——叠印在第一色油墨上的第二色油墨的密度。

在图 5-1 中，除 $D_2$、$D_{2,1}$外，$D_1$ 表示印在纸张上的第一色油墨的密度，$D_{1+2}$表示两色油墨叠印的墨层的总密度，由于

$$D_{1+2}=D_1+D_{2,1}$$

$$D_{2,1}=D_{1+2}-D_1$$

故式（5-3）可改写为：

$$f_{D(2/1)}=\frac{D_{1+2}-D_1}{D_2}\times 100\% \tag{5-4}$$

为了按式（5-4）计算油墨叠印率，则也要用密度计测定式中的 $D_1$、$D_2$、$D_{1+2}$，但在贝雷斯油墨叠印率公式中 $D_1$、$D_2$、$D_{1+2}$测量与布鲁纳尔公式密度计算不同，所有密度值的测量都要选用和第二色成补色的滤色镜。例如，第一色用黄油墨，第二色用品红油墨，叠印出来的墨层则呈红色。若按式（5-4）计算 $f_{D(M/Y)}$时，测各墨层的密度 $D_Y$、$D_M$、$D_{Y+M}$，就要使用品红色的补色——绿色滤色镜。

这是因为品红油墨反射的品红光是由红光（R）和蓝光（B）混合而成的，全部被绿滤色片所吸收；黄油墨所反射的黄光是由红光（R）和绿光（G）混合而成的，其中的红光亦被绿滤色片所吸收，如图 5-2 所示。所以，密度计测得的 $D_{Y+M}$（即品红、黄两色油墨叠印起来的墨层的密度）也包含了黄油墨中被绿滤色镜吸收的红光的密度，这个密度值的大小就等于用绿滤色镜测得的直接印在纸张上的黄墨层的密度 $D_Y$，$D_{Y+M}-D_Y$ 即是消除了黄油墨的干扰，是附着在黄墨层上的品红墨层的密度，即式（5-3）中的 $D_{2,1}$了。

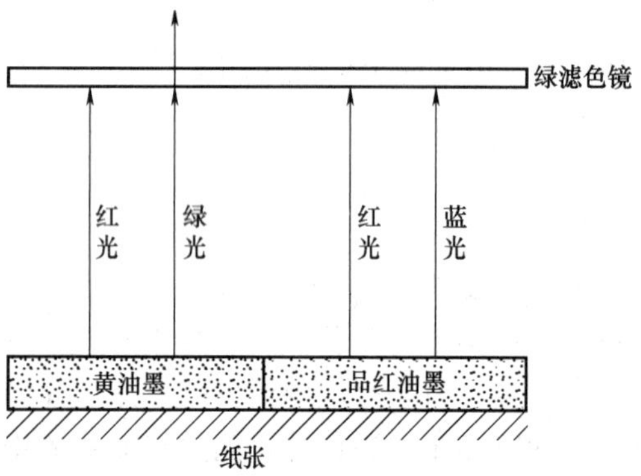

图 5-2　贝雷斯油墨叠印率公式密度测量

例如：现有按 C→M→Y 为色序进行印刷的印刷品，用彩色反射密度计测其叠印率测试段的数据如表 5-1 所示，现采用贝雷斯公式计算油墨的叠印率。

**表 5-1　印刷品印刷后各色块的密度值**

| | R 滤色片 | G 滤色片 | B 滤色片 |
|---|---|---|---|
| Y | 0.03 | 0.08 | 1.07 |
| M | 0.09 | 1.25 | 0.55 |
| C | 1.60 | 0.77 | 0.41 |
| M+Y=R | 0.12 | 1.22 | 1.41 |
| C+Y=G | 1.00 | 0.39 | 1.15 |
| C+M=B | 1.07 | 1.44 | 0.57 |

$$f_{D(Y/C)}=\frac{D_{C+Y}-D_C}{D_Y}\times 100\%=\frac{1.15-0.41}{1.07}\times 100\%=69.16\%$$

$$f_{D(M/C)}=\frac{D_{C+M}-D_C}{D_M}\times 100\%=\frac{1.44-0.41}{1.25}\times 100\%=82.40\%$$

$$f_{D(Y/M)}=\frac{D_{M+Y}-D_M}{D_Y}\times100\%=\frac{1.42-0.55}{1.07}\times100\%=81.30\%$$

在印刷过程中，由于密度随着油墨墨层厚度增加而增加，因此，用密度法计算油墨的叠印率没有重量法测量的精确度高，但是密度测量法方法简单实用，所以在印刷行业常用此方法计算叠印率。

## 二、油墨的干式叠印

### （一）干式叠印的定义

油墨的干式叠印是指先印的油墨固着在承印物上，在接近干燥时，后一色油墨才印刷并附于其上，称为油墨的干式叠印。干式叠印的两色印刷间隔时间较长，如用单色胶印机进行多色印刷以及使用多色凹印机、多色柔性版印刷机的印刷，均为干式印刷。油墨的叠印是以湿压干的方式进行的。

### （二）油墨干式叠印的机理与条件

在干式叠印中，后印的油墨是向已经固着并逐渐干燥的先印的油墨上转移，在油墨的叠印中，承印物上附着上第一色油墨以后，其表面原有的性质因被油墨覆盖而改变，干燥后的墨膜表面性质就成了影响油墨叠印的主要因素。

印刷过程中油墨的转移实际是墨膜分裂并转移到相应物面上的过程。当油墨的内聚力（即油墨分子间的力）小于油墨与物面间的附着力时，墨膜在附着力的作用下，先是分裂而后转移，这是墨膜对附着力的一种动态响应。墨膜本身在此动态过程中表现出来的阻止墨膜破裂的能力，叫做油墨的黏着性。因此，黏着性的实质是油墨内聚力在附着力的作用下的一种表现。如果第一色油墨的黏着性大于第二色油墨的黏着性，第二色油墨则能够很好地附着在第一色墨膜上，叠印效果良好。相反，如果第二色油墨的黏着性大于第一色油墨的黏着性，第二色油墨不仅不能在第一色墨膜上很好地附着，而且还会把第一色油墨带走，叠印便无法实现。可见，油墨的黏着性对于油墨的叠印有着十分重要的意义。

然而，在油墨的干燥过程中，油墨的黏着性（Tack 值）会随着干燥时间的延长而产生变化，其变化规律如图5-3所示。

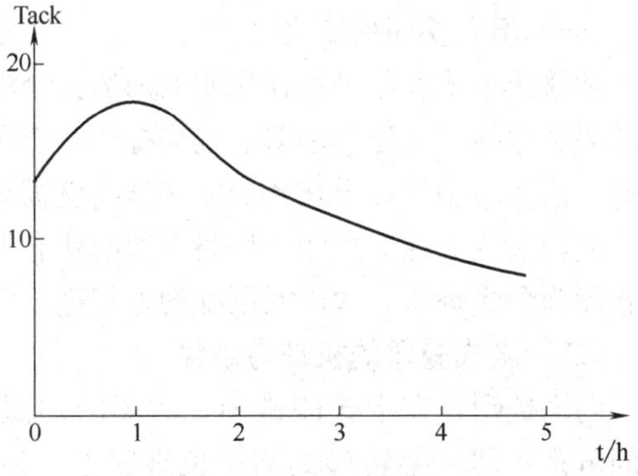

图 5-3　油墨的 Tack 值与油墨干燥时间的关系

从图中可以看出，油墨的 Tack 值起初随油墨干燥时间的增加而增加，很快达到某一最大值，也就是说，油墨的内聚力达到最大值，随后便随着干燥时间的延长而缓慢的减小，待油墨完全干燥便失去了黏着性。

正是由于油墨的黏着性与油墨干燥时间之间的变化关系，在干式叠印中需要注意以下几方面的问题。

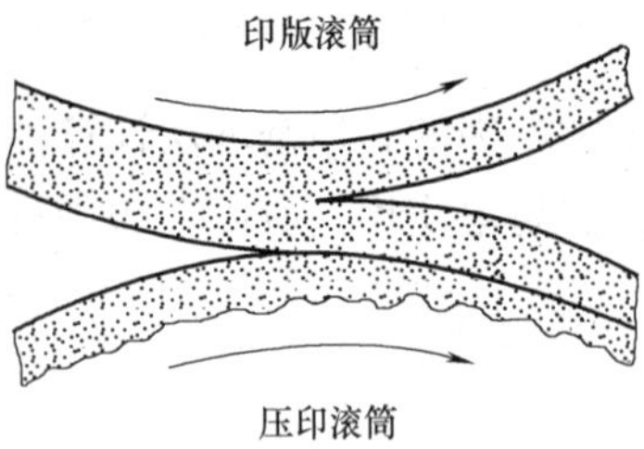

图 5-4　干式叠印中墨膜的分裂

1. 干式叠印墨膜分裂

在干式叠印中，后印的油墨是向已经固着并逐渐干燥的先印的油墨上转移，由于第一色墨膜层基本干燥，所以第一色油墨的内聚力比较大，后印的油墨在墨膜分裂时，一般认为在墨膜的中间分离，即一半转移到前一色墨膜上，另一半仍留在印版表面，如图 5-4 所示。若叠印前，印版表面的墨膜厚度为 $A$，油墨在 $A/2$ 处分裂。

2. 控制好油墨叠印的时间间隔

在干式印刷中，若两色油墨的印刷间隔控制不当，先印的油墨已经干燥才印后一色油墨，则因干燥的墨膜已失去了黏着性，后一色墨层的油墨很难附着上去，这便造成了所谓的“油墨晶化”现象，它是一种印刷故障。为了防止油墨晶化现象的发生，第一色油墨不宜加放燥油，有时为延缓油墨的干燥，还需要在油墨中添加抑制油墨干燥的助剂。

如果发生了油墨的晶化，也还可以找到弥补的措施，如用棉布摩擦干燥的油墨表面，使之变得粗糙；或者把油墨晶化的半成品放置在高湿度地方，使油墨吸湿膨胀而变粗；或者把油墨晶化的半成品用红外线照射，使油墨受热膨胀变粗，油墨表面变粗后，印第二色油墨就容易附着了，从而改善油墨叠印的效果。

综上所述，在实际生产中，为使单色胶印机油墨叠印顺利进行，必须使先印的油墨层具有两个特性：

① 保持一定的黏着性，后印油墨的黏着力要小于先印油墨的内聚力。

② 保持一定的润湿性，能被后印的油墨润湿而相互附着。

## 三、油墨的湿式叠印

### （一）湿式叠印的定义

油墨的湿式叠印是指在先印的油墨完全没有干燥的情况下进行第二色油墨印刷，这种油墨叠印的方式称为油墨的湿式叠印。使用多色胶印机印刷时，每色之间的印刷间隔极短，前面印刷的油墨在几分之一秒内就需要叠印新墨，先印上去的油墨来不及干燥，后一色油墨就要往上叠印，墨膜在湿的状态下相互附着，所以，多色胶印机印刷中油墨的叠印为湿式叠印，即以湿压湿的方式进行的。

### （二）湿式叠印的机理与条件

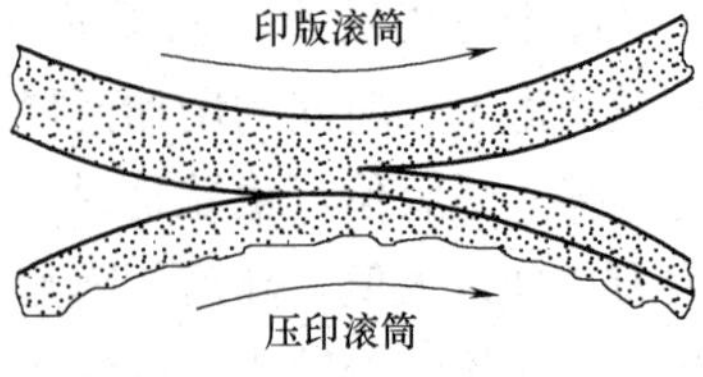

图 5-5　湿式叠印的油墨分裂

前面提到，在干式印刷中，后印的油墨在墨膜中间分离，即一半转移到前一色墨膜上，另一半仍留在印版表面。湿式叠印则不然，后一色油墨一般是在两色油墨叠合的墨膜中间分裂，少部分转移到前一色湿的墨膜上，大部分油墨仍然留在印版表面，如图 5-5 所示，如果先印油墨的墨膜厚度为 $B$，后印油墨的墨膜厚度为 $A$ 的话，则后印油墨在 $(A+B)/$

2 处分裂。这是因为先印的油墨还处于“湿”状态，两色油墨的黏着性相差不大，油墨分裂时基本处于两色总厚度的中心分裂了。

显然，湿式印刷的油墨叠印率比干式印刷的油墨叠印率低，油墨转移情况远不如干式印刷的转移情况好，叠印过程中，出现的现象较复杂，影响油墨叠印率的因素也较多。例如，在某种印刷条件下，有时甚至会发生先印的油墨被后印的油墨“粘走”，即所谓的“逆叠印”现象。研究湿式印刷的油墨叠印问题，对提高多色高速印刷品的质量是非常重要的，因此，在湿式叠印中需要注意以下几个方面的问题。

1. 考虑各色油墨的黏着性

用四色胶印机印刷时，先行印刷的油墨尚未固着时，就要接纳新的油墨。这时叠印能否进行，就要看先印的油墨与后印的油墨的黏着性哪一个大了。如果后者比前者大，则先印的油墨便被后印的油墨“剥走”，产生“逆叠印”，这样湿式印刷就无法正常进行。从叠印效果的角度来看，四色胶印机第一机组印在承印物上油墨的黏着性，必须高于第二机组上油墨的黏着性，否则第一机组印上去的油墨将被第二机组印上去的油墨粘走。因此，在四色胶印机上使用的油墨，往往是按照各机组的顺序，使油墨的黏着性逐渐降低。

2. 考虑各色油墨的黏度

油墨的黏度，对湿式印刷的叠印效果也有很大的影响。一般认为油墨的黏度越大，油墨的黏着性也越大，也就是说，油墨的黏度大，墨层表现出较大的内聚力，如果先印的油墨的黏度比后印的油墨黏度低，后印的油墨会依赖自身的内聚力，把先印的油墨剥走。因此，四色胶印机上使用的油墨，也应该是按照各机组的顺序，使油墨的黏度逐渐降低。

3. 考虑各色油墨的墨膜厚度

油墨的密度和墨膜厚度有一定的关系，一般随着密度值的增大，墨膜厚度也逐渐增加。国际上许多国家都制定了印刷品密度的标准。我国行业标准 CY/T 5—1991 中规定：精细产品（一般用铜版纸印刷）的密度范围黄是 0.85～1.15，品红是 1.25～1.55，青是 1.30～1.60，黑是 1.40～1.80。若都按最高密度值计算，实验结果表明：黄墨密度为 1.15，墨膜厚度约 1.0μm；青墨密度为 1.6，墨膜厚度约 0.85μm；黑墨密度为 1.8，墨膜厚度约 0.75μm。采用上述密度的油墨，按黑→青→品红→黄的顺序印刷，其叠印效果良好。但是，如果印刷顺序改成黑→青→黄→品红时，墨膜厚度的顺序依次变成 0.75μm→0.85μm→1.5μm→1.0μm。显然品红油墨的叠印不良。若增加品红墨膜的用量，叠印情况虽然有所好转，但会产生色偏，印刷品上的灰平衡被破坏，而且墨量的增加，也加剧了网点的扩大。

4. 考虑油墨的明度（遮盖率）

明度是表示油墨性能的一项重要指标。明度高的油墨，颜色鲜艳。把明度高的油墨放在最后一色印刷，能使整个画面色彩鲜艳明亮。而明度最低，作为画面轮廓用色较浓重的油墨，应该最先印刷。黄、品红、青、黑四色油墨，其中黄油墨的明度最大，黑油墨的明度最小。如果在四色胶印机上，第一色印黑油墨，最后一色印黄油墨，便能得到色泽艳丽的印刷品。从目前彩色印刷品的制版、印刷工艺条件和油墨呈色的性质来看，多色印刷采用逐渐增加墨膜厚度的黑→青→品红→黄的印刷色序，对提高多色印刷品的叠印效果是有利的。

综上所述，为了提高湿式印刷的叠印效果，多色胶印机油墨的黏着性和油墨的黏度，应按照印刷滚筒的排列顺序使第一色＞第二色＞第三色＞第四色，先印明度低的黑或青油墨，后印明度高的黄油墨。

## 第二节 印刷色序

从油墨的叠印知道，印刷品上色彩是由不同色相、不同网点面积率（凹印还涉及墨膜的厚度）油墨叠印而形成的，而油墨叠印的先后次序在印刷上称为色序。在印刷过程中，由于印刷机的种类不同、印刷方式不同、油墨性质不同、承印材料不同、印刷品功能和要求不同等方面的影响，对印刷过程中油墨叠印的次序也会有不同的要求，这是因为不同的印刷色序对印刷产品的颜色会产生不同的影响，因此，确定印刷品的印刷色序是一个重要的印刷工艺问题。

### 一、印刷色序确定原则

一般而言，彩色印刷品的颜色是由黄、品红、青、黑四种油墨叠印产生，而四种油墨的印刷次序的安排是多种多样，具有不同的印刷色序产生的颜色效果也不同，因此只有选择符合叠印规律的印刷色序，才能使印刷品的色彩更接近于原稿，才能使图像层次清楚、网点清晰，实现正确的灰平衡。在印刷过程中，印刷色序的安排一般应遵循以下原则。

#### （一）突显原稿主色调原则

印刷过程中采用的原稿色彩，从色性而言，以红、橙、黄为基调的称为暖色调；以绿、蓝为基调的称为冷色调。由于油墨具有遮盖力和墨量大小的原因，一般以暖调为主的原稿，先印黑、青，后印品红、黄；以冷调为主的原稿，先印黑、品红，后印青色、黄色，也就是说，原稿画面主色调，最好放第三色或最后一色进行印刷。

#### （二）油墨透明度强弱优先原则

透明度好的油墨，两色相叠印后，下面墨层的色光能透过上面的墨层，达到较好的减色混合，显示出正确的新色彩。如果所用黄墨是透明黄，四种油墨透明度顺序是：黄＞品红＞青＞黑。一般来说，透明度差的油墨先印，透明度好的油墨后印。

#### （三）有利于套印原则

由于纸张变形伸缩等客观存在的缺陷，可以把套印要求比较高的印品的主要颜色安排在相邻两个色组印刷，避免由于纸张伸缩等引起套印不准。大面积的实地，可以安排后印，避免纸张传送过程中产生蹭脏等问题。另外，按油墨叠印原理，黏度大的油墨先印，黏度小的油墨后印，这是至关重要的，否则会造成逆套印的弊病。

#### （四）版面图文内容优先原则

以文字和黑色实地为主的印刷品，印刷色序一般采用青、品红、黄、黑。但不能在黄色实地上印刷黑色文字及图案，因为黄色油墨黏度小，黑色油墨黏度大，容易产生逆套印现象，造成黑色油墨印不上或印不实。

印刷品有平网和实地时，为获得好的印刷质量，避免纸张交接过程中产生蹭脏问题，使实地平服、墨色鲜艳厚实，一般先印平网图文，后印实地。一般情况下，网点覆盖面积小的先印，网点覆盖面积大的后印。

**（五）纸张性质优劣原则**

纸张的平滑度、白度、紧度和表面强度各有不同，平、紧的纸张先印暗色，后印亮色；粗、松的纸张，先印明亮黄墨，后印暗色，因为黄墨可以遮盖掉纸毛和掉粉等纸张缺陷。

**（六）油墨干燥性原则**

为了防止油墨的“晶化”，一般情况下，干性慢的油墨应先印，干性快的油墨后印。

## 二、平版胶印印刷色序

**（一）单张纸平版印刷色序**

1. 单色胶印机印刷色序

单色胶印机一次输纸和收纸（即一个印刷过程），只能在承印物上印刷一种墨色。因此，若用单色胶印机印彩色印刷品，必须待第一色印完之后才能印第二色、第三色、第四色。两色油墨印刷的时间间隔比较长，短则几小时，长则可达数十小时。只要掌握好两色油墨印刷的时间间隔，在前一色油墨黏着性较大时印后一色油墨，就能取得良好的叠印效果。因此，单色胶印机在印刷色序的选择方面就比较灵活，通常是从套印精确性、操作方便程度等方面来选择印刷时的色序。

根据单色胶印机的色序安排原则，可将其色序安排为：黄→品红→青→黑。这种色序安排解决了以下几个方面的问题。

（1）由于纸张在印刷过程中的变形将逐渐趋于稳定，由于黄油墨对套印精度的要求不高，所以可先印刷黄油墨，另一个方面，人的视觉对黄色网点不敏感，而印浅颜色黄版时，即使略微会有一点套印不准的现象，肉眼也不容易观察出来，可达到降低后印墨色套不准的程度的目的。

（2）这种印刷色序安排油墨的颜色由浅至深，因此在印刷过程中，更换墨色比较容易，操作方便。

（3）在黄、品红、青、黑四色油墨中，品红和青色油墨的饱和度、耐光、耐热、耐酸碱及耐醇性较强，因此，放在后前印刷有利于提高印刷品质量。

单色胶印机的叠印色序并非一成不变，要根据原稿、印刷材料和机型等来正确调整色序，避免千篇一律。

2. 双色胶印机印刷色序

双色胶印机在一次输纸和收纸的一个印刷过程中，可在承印物上印刷两色墨色，因此，双色胶印机在印刷第二色时油墨为湿式叠印，而在印刷第三色、第四色油墨时是干式叠印与湿式叠印并存的油墨叠印方式，印刷色序的安排比单色胶印机要复杂得多，但总体的原则是采取明暗色墨交替色序方式，有以下几种色序可供参考。

（1）黑→黄→青→品红　第一次印黑、黄色；第二次印青、品红色。由于黑版主要起骨架、补充作用，对于图案在印张上的定位比较明显，便于印刷套准。但这种色序印出后的间色不够理想，低调部分往往出现茶色阶调，画面发闷，灰蒙蒙的，墨色不鲜艳，无光泽。

（2）青→品红→黄→黑　第一次印青、品红色；第二次印黄、黑色。操作人员可以根据第一次印刷的效果比较容易掌握黄墨的用量，而且容易发现黄版掉色、缺色等弊病，但这种色序印制的产品墨色显得比较陈旧，颜色不够鲜艳。

（3）黑→青→品红→黄　第一次印刷黑、青色；第二次印品红、黄色。由于黑版第一次印刷，对图案在纸张上起定位作用，用黑色做画面骨架，打好轮廓，有利于以后各种颜色准确套印。印刷中黑、青、品红、黄各色用墨密度比较容易掌握，能避免由于黑墨黏性大，易引起背面粘脏的问题，这种色序适用于以暖调为主的人物图像。

（4）黑→品红→青→黄。第一次印黑、品红色；第二次印青、黄色。这种色序安排与色序（3）安排功能基本相同。利于各色的准确套印，印刷中，黑、品红、青、黄各色用墨量也能很好掌握，但适用于印制以冷色调为主的山水风景画。

3. 四色胶印机印刷色序

在一次输纸和收纸的一个印刷过程中，可在承印物上印刷两色以上的墨色。其油墨转移的特点是，在前一色油墨还没来得及干燥时，后一色油墨就叠印上去了，四色胶印机印刷油墨叠印完全是湿式叠印。前面讨论了影响油墨湿式叠印效果的因素，制约湿式印刷油墨叠印正常进行的因素，远远多于干式印刷，多色胶印机的叠印色序也因此较为固定。目前，推荐采用的色序是黑、青、品红、黄或黑、品红、青、黄，就是根据一般彩色印刷品的印前处理、印刷工艺条件、油墨呈色性质等因素而确定的。生产实践证明，采用这一色序对提高单张纸多色胶印机的油墨叠印效果是有利的。

**（二）卷筒平版印刷色序**

1. 商业轮转印刷色序

商业轮转印刷多以卷筒轻量涂布纸（轻涂纸）和卷筒胶版纸作为主要承印材料。胶版纸是纸张表面经施胶处理，轻涂纸是纸张表面经涂布压光处理。轻涂纸和胶版纸相对于新闻纸、书写纸而言，表面平滑度明显提高，纸张吸墨性降低。油墨经橡皮布转印到纸张上时，不是大量渗透入纤维毛细孔中，而是经过热风烘烤，以氧化结膜的方式在纸张表面固化，墨层更为平服。因此，印刷品显得色彩鲜艳，墨层饱满，层次感较强，有光泽。

商业轮转印刷用的热固型轮转胶印油墨是轮转胶印油墨中的一种，适用于通过加热烘干而使承印物表面油墨氧化结膜，快速干燥，以达到高速印刷的目的。

热固型轮转胶印油墨有多种干燥方式，在高速印刷中能够克服印刷品因油墨干燥慢而带来的粘脏问题。

因此，合理安排色彩的前后套印顺序，可以避免因色序安排不当而产生色偏、混色和逆套印等印刷异常情况，使印刷品图文层次清楚，色彩真实、自然。一般情况下，商业轮转印刷按油墨的透明度（即油墨的遮盖力）来安排色序，一般是透明度差的油墨先印，透明度好的油墨后印；或按油墨的黏性大小来安排色序，一般是黏性大的油墨先印，黏性小的油墨后印；也可按油墨的密度值大小来安排色序，一般是密度值大的油墨先印，密度值小的油墨后印；其色序一般为黑→青→品红→黄。

也有商业轮转印刷机是按照实际生产情况和生产业务需要来安排印刷色组的先后顺序。

2. 彩报印刷色序

彩色报纸的印刷一般采用高速轮转机印刷，印刷速度非常快，油墨的叠印时间短，新闻纸吸墨性强，而且报纸版面一般以文字为主，报头一般为大块的红色，这些特点决定了彩报印刷色序与其他印刷品印刷的色序有所不同。因此，选择合适彩报印刷的印刷色序非常重要。而彩报印刷的色序必须依据印刷机、纸张、油墨的性能进行合理地选择。

目前彩报印刷所采用的印刷机一般都是高速的塔式B-B型双面四色胶印机和两组Y型机组组成的印刷机，由于印刷速度高，使得油墨叠印的时间比单张纸多色胶印机叠印的时间更短。从印刷机的结构形式、油墨叠印的时间间隔来看，彩报的油墨叠印为湿压湿的湿式印刷，印刷的色序应遵循单张纸多色胶印机色序安排原则较为合理。

另一个方面，绝大多数彩报印刷都是使用表面粗糙、多孔、吸墨性和柔韧性良好的新闻纸和以渗透干燥为主、氧化聚合干燥为辅的卷筒纸轮转胶印油墨进行印刷。该油墨在压印力的作用下，其连结料迅速渗透到新闻纸的微孔中，油墨的固着与干燥几乎同时进行，后印的油墨是在先印的、已快干燥的墨层上叠印。从油墨的干燥角度来看，彩报的油墨叠印又有些像油墨的干式叠印，其色序安排类似于单色胶印机印刷色序，灵活性较大。

基于彩色报纸印刷的特点，报社印刷厂大多采用青→品→黄→黑或黄→品→青→黑印刷色序，相对于其他色序，此印刷色序较易控制。这是因为，首先，如果先印黑墨，由于纸张的吸收性强，黑版上的黑墨立即被纸张吸收，印刷品上的黑墨反映出来的密度不够，彩报的印刷反差小，而印刷品的黑度和印刷反差是彩报质量的核心之一；其次，彩报一般是以黑色文字为主，黑墨量较大，加之新闻纸吸收性强也容易导致黑墨的透印，放在最后印可减少这些不良因素影响，并且有利于油墨的干燥；最后，彩报印刷的套准也是质量控制的重点，而彩报印刷黑墨量大，为达水墨平衡，润版液用量也较多，而新闻纸强吸收性会吸收大量的润版液导致纸张变形，影响其他墨色的套准，特别是Y型印刷机，由于两组Y型机组之间的距离相对比较长，黑墨先印刷更不利于彩报印刷品的套准，所以，黑色通常最后印。

另外，由于新闻纸表面强度比较低、印刷速度快，新闻纸在印刷中容易掉粉掉毛导致印刷质量下降，在彩色油墨中，黄油墨的厚墨层厚度最大，在压力的作用下也易铺展，黄油墨放在第一色印刷，有利于防止新闻纸在印刷过程中掉粉掉毛，因此，在彩报印刷中，也有采用黄→品→青→黑印刷色序。

至于彩报印刷中的铜版纸印刷，由于其表面有一层致密的涂料层，渗透性比新闻纸小，以渗透方式干燥的卷筒纸轮转胶印油墨在铜版纸上干燥比新闻纸缓慢得多，因此，用铜版纸印刷彩报时，印刷色序可以应遵循湿式印刷油墨叠印的规律。

### （三）马口铁印刷色序

马口铁印刷也是利用水、墨相斥的物理性质，借助印刷压力，经橡皮布把印版图文转印到马口铁上，属于平版胶印的原理。印刷过程中，印铁油墨除了要根据印铁的特点具有耐热性、墨膜附着力强、耐冲击、坚硬性好、耐蒸煮和耐光等特点之外，其特性与一般胶印油墨的基本性能无二。

与普通的胶印不同的是，马口铁印刷多采用单色或双色机进行印刷，因此，马口铁印刷色序与普通的单色胶印机和双色胶印机的印刷色序相同，但在马口铁印刷中，还是需要遵循以下原则：先印网点覆盖面积小的，后印网点覆盖面积大的；油墨透明度差的、暗的先印，透明度好的、亮的后印；先印平网后印实地色；以暖色调为主的后印品红黄，以冷色调为主的后印青色。

## 三、其他印刷工艺色序

### （一）凹版印刷色序安排

凹版印刷的印版，印刷部分低于空白部分，而凹陷程度又随图像的层次有深浅不同，图像层次越暗，其深度越深，空白部分则在同一平面上，印刷时，全版面涂布油墨后，用刮墨机械刮去平面上（即空白部分）的油墨，使油墨只保留在版面低凹的印刷部上，再在版面上放置吸墨力强的承印物，施以较大的压力，使版面上印刷部分的油墨转移到承印物上，获得印刷品。

在凹版印刷中，使用的设备有单张纸凹印机和多色卷筒料凹版印刷机，使用的油墨为低黏度的溶剂型油墨，以挥发干燥为主；印刷中使用的承印物主要有纸张和塑料薄膜，每一个机组后，都有油墨的色间干燥装置，因此，无论是单凹机还是多色印刷机，油墨的叠印都为干式叠印。凹版印刷产品分为表印和里印两种印刷方式，对于那些不透明的承印材料，比如纸张，则可认为其属于表印，而对于塑料薄膜的印刷则既有表印，也有里印，由于凹版印刷产品工艺的不同，因此，其印刷的色序也不同。在凹版印刷色序安排的考虑时，应该注意以下几个方面的问题：

（1）在凹版印刷中，由于料带总是要受到张力作用，料带在印刷时，存在一定的拉伸变形，特别是塑料薄膜的印刷，为了解决套准的问题，一般在制作凹版滚筒时会将各色版的版滚直径适当地加大一些。另一个方面，也可能会由于制作版滚时存在一定的误差。因此，在考虑凹版印刷的色序安排时，一定要将直径最小的版滚安排在第一色印刷，直径最大的版滚安排在最后印刷，两者之间按照递增的顺序依次排列。

（2）对于凹版印刷中的表印产品，根据墨色的先后顺序排列，先印刷浅色，后印刷深色。一般三原色油墨的色版排列依次为：白→黄→品红→青→黑。

（3）对于凹版印刷里印产品，根据墨色的先后顺序排列，先印刷深色，后印刷浅色。一般三原色油墨色版的排列依次为：黑→青→品红→黄→白。

（4）在凹版印刷中，无论是里印还是表印，当印刷有专色时，一般色序排列都是安排与三原色油墨相似的同一位置上，而印刷金银色专色时，则一般将其安排在第一色之后，因为金银专色油墨印刷在承印物上时，其印刷的马克线与其他颜色油墨印刷的马克线略显得淡一些，不易被光电传感器跟踪扫描，从而影响印品的套印精度，因此不要放在第一色上。

### （二）柔版印刷色序安排

柔性版印刷使用柔性的树脂印版或雕刻橡皮版，通过网纹传墨辊传递油墨的方法进行印刷，是凸版印刷工艺的一种。它用的印版，都是图文部分凸起，空白部分凹下，印刷时网纹辊将一定厚度的油墨层均匀地涂布在印版图文部分，然后在压印滚筒压力的作用下，图文部分的油墨层转移到承印物的表面，形成清晰图文的工艺技术。

柔性版多色印刷中，每一机组之间也有色间干燥装置，承印物主要是纸张和塑料薄膜，也有表印和里印之分，大都是卷筒料印刷，色序也需要考虑光电跟踪扫描以便套准。所以说，柔性版印刷色序的安排与凹版印刷色序的安排原则基本相同。

另一个方面，由于柔性版印刷油墨的传递采用网纹辊精确计量，墨量的大小由网纹辊的线数确定，所以在柔性版的印刷中，不同墨量大小的图文需要采用不同线数的网纹辊供墨，在制版时不同墨量需求的图文，哪怕是相同颜色的不同图文都需要分开制版，这样，柔性版印刷色序就相当灵活了。

在决定印刷色序时 ，不能孤立的考虑某一因素，要对印刷品的具体要求进行分析，以求得最佳的印刷色序。例如可以先印网线版，接下来印实地，再印金，最后上光。有些印刷品的墨色较深，受网纹辊传墨量的限制，达不到墨层厚度要求时，可用另一印刷单元再将此色重印一次。对于四色网版的色序不可随意调换。对于专色版印刷，一般采用先浅后深的次序，浅色墨先印，可以使深色墨叠印后呈色明亮效果。对于采用叠色方法印刷的专色，色序是副色先印，主色后印。

不过目前对于简单地四色网线版的印刷，最常用的色序是黄、品红、青和黑，这是由柔性版常用的油墨特性以及相关的各种因素决定的。有些多色网线版也采用黄、黑、品红和青的色序，同样能得到良好的效果。

### （三）丝网印刷色序安排

丝网印刷的原理就是在刮板的作用下，丝网框中的丝印油墨从丝网的网孔（图文部分）中漏至印刷承印物上，印版非图文部分的油墨由于丝网网孔被堵塞，油墨不能漏至承印物上，从而完成印刷品的印刷。其印刷的特点是墨层厚实，立体感强，由于墨层厚，印刷一色油墨之后也需要先干燥，再叠印后一色油墨，所以多色丝网印刷油墨的叠印也是干式叠印。

丝网印刷色序安排的主要原则是，墨色通常是从浅到深，或者是从最小墨量到大墨量，原因是油墨会粘在网版的背面上，不希望深色弄脏浅色。任何一个专色都要在其相近的一个原色之后印刷，如红色在品红之后印。

彩色丝网印刷的色序排列一般为黄、青、品红和黑。考虑到工艺要求，也有将色序排列为青、品红、黄和黑的，国外有按黑、黄、品红、青为印刷色序的。由于丝网印刷中承印物形状的不同（平面、曲面之分）以及承印物材料性质的不同，色序也有所不同，例如在透明物体上印刷时，印刷色序要反过来，其色序排列应该是黑、黄、青、品红。

## 第三节　印刷过程中的套准与控制

套印准确是印刷品共同的质量要求。但是，一件印刷品的复制，首先要经过印前处理，制作出供晒版或雕刻用的原版，然后用原版晒制或雕刻出印版，最后将印版安装在印刷机上印出成品。由于工序复杂，应用的材料和设备较多，迄今为止，还没有办法生产毫无套印误差的印刷品。平常人们所说的套印准确，只是在不同的印刷条件下，不同类别的印刷产品，套印误差不超过所规定的范围而已。

套印误差的来源是多方面的，包括制作原版、制作印版、印版安装、印刷等各个工艺过程的误差，如图 5-6 所示。在平版、凸版、凹版和丝网印刷中，从油墨转移的复杂性上来看，造成印刷产品套印不准的主要因素有印版的变形，承印物、油墨的性能，环境的温湿度以及印刷设备的精度等。下面将围绕这几个方面分析套印不准的原因，并提出一些提高套印精度的方法。

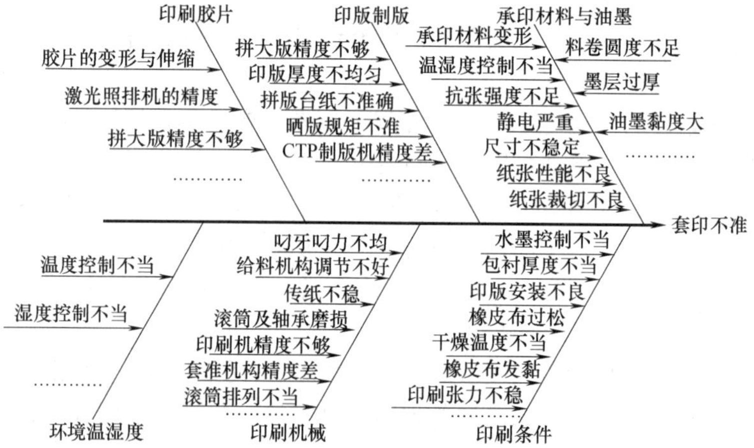


图 5-6 影响套印不准因素

## 一、印刷品的套准误差

印刷品的套准是指彩色印刷或专色印刷的各单色印版按照印刷色序安排依次叠加或并列套合，最终成为和原稿具有基本相同色彩的印刷品的过程。在印刷过程中，印刷品各色套印的实现是通过将多色图文的每一单色印刷时，都以某一墨色规矩线为基准，各色转印在纸张表面规定的相同位置。

因此，将黄、品红、青、黑等单色印版，安装在单色印刷机或多色印刷机上，各块印版必须具有较精确的套准位置，才能得到规矩正确、图像清晰的印刷品。如果印版的位置发生偏移，印刷品的阶调、色彩均要发生变化，图像的清晰度也将下降。

现在，印刷机的设计和制造水平比较高，套印精度可以控制在 0.01mm 之内，因此，只要调试好印刷机，完全可以保证印刷机械对套准的精度要求。但是，印刷品是利用印版、承印材料、油墨、印刷机械相互配合，大批量生产的产品，印刷品的套印误差是印刷过程中各种套印误差累积而成的。因此，了解印刷品的套印精度要求，分析套印误差的变化规律并采用相应的措施，才能将印刷品的套印误差减少到最小。

### （一）印刷品套印精度要求

印刷品的套印精度是指印刷品上各色图文轮廓线几何位置的偏差值。印刷品套印准确是指印刷品的套印误差不超过规定的范围，而套印不准则是指印刷品套印误差超过规定的范围。那么印刷品套印的误差范围是多少呢？这与人眼的分辨率有关。

人眼能区分两个不同发光点的能力称为视觉敏锐度，它是指人眼在正常的明视觉距离内（250mm）能分辨出的两点对人眼所张成的视角的倒数，如图5-7所示。正常视力为1.0时，视角为1′。

因此，在明视觉的距离下，人眼能分辨两点之间的最小的距离 $d$ 为：

$$d/2=250\times\tan^{\theta/2}$$

在 $\theta$ 在很小的情况下，$\tan^{\theta/2}\approx\theta/2$，因此，上式可以变换成：

$$d/2=250\times\theta/2$$

则有：

$$d=250\times\theta$$

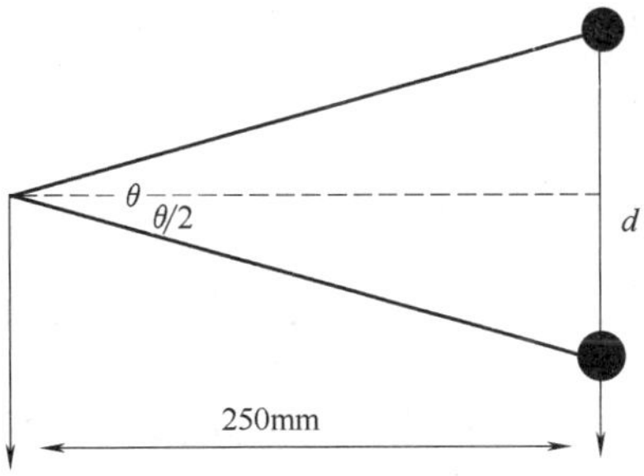


图5-7　人眼的最小分辨率

将数据代入得：$d=250\times1'=250\times(1/60)\times(2\pi/360)=250\times2.9\times10^{-4}\approx0.073$mm

也就是说，当印刷品套印线之间的距离小于0.073mm时，人眼对套准的误差就识别不出来了。印刷上通常把0.1mm作为考虑套印精度的基准。例如，在我国的印刷行业标准《CY/T 5—1999 平版印刷品质量要求及检验方法》中就要求：精细印刷品的套印误差≤0.10mm；一般印刷品的套印允许误差≤0.20mm。但同时也鼓励有条件的企业应努力创造条件，提高套印精度，使产品质量更佳。

但是，人眼对颜色的变化极其敏感，各种颜色在套印中即使小于0.1mm，人眼也是可以识别的。因而在印刷过程中，从颜色的变化来看，对套印精度的要求更为严格。

用单色胶印机印刷时，油墨的叠印是以湿叠干的方式进行，如果由于规线误差和套印误差，印刷品图像也只是出现平行错位，但只要误差不超过0.1mm，尽管在微观上网点的边缘有些模糊，但在整个印刷品上阶调值并没有多大的变化，不易被人眼察觉。

而在用多色胶印机印刷中则不同，油墨的叠印是以湿叠湿的方式进行，在套印时，前一色的油墨总是会反印在下一个印刷机组橡皮布上并形成图案，当下一印张到达时这个部位油墨会转印这个印张上去。

在这种情况下，如果在套印误差允许的范围内，也存在套印不严格，那么，第一个印张上反转印到下一个机组的墨色就不能准确的叠印在下一个印张相同墨色的同一位置，这时印刷品的墨色会产生局部细微的阶调和颜色的变化。因此，在多色的湿式叠印中，套准误差控制在0.1mm左右，远远不够，套印误差还需要进一步缩小。根据实验，如果套印误差超过0.02～0.03mm，人眼就会发现颜色的变化，所以在湿式印刷中，容许的套印误差必须等于或小于0.03mm。

**（二）印刷定位标记**

印刷过程中，引起套印不准的原因错综复杂，因而表现的形式也不相同。为了测定套印的准确程度，通常采用“定位标记法”随时发现套印时出现的变化，使印刷操作人员及时采取措施，提高套印精度。

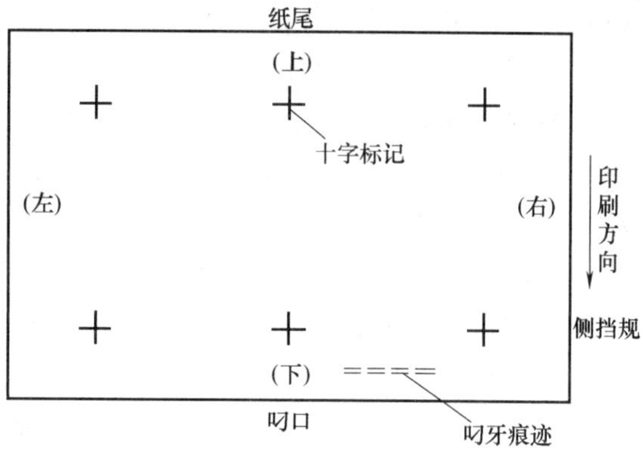


图 5-8 十字标记及印张各部分名称

在单张纸印刷过程中，一般采用“十字线标记法”定位，这种十字标记，在制版时就标定在分色软片或印版的四角和中间部位上，如图 5-8 所示，印刷完以后同纸边一起裁掉。在多色印刷中，可以从各种颜色十字标记的错位或歪斜的程度，检查印刷品上下、左右以及斜线等方向的套印情况。

进行印刷时，纸张是被叼纸牙夹着运行的。叼纸牙夹纸的一头叫做“叼口”，另一头叫做“纸尾”或“拖梢”。叼纸牙是用较大的力夹送纸张的，因此在纸张上，尤其是涂料纸上会留下明显的痕迹，利用这个痕迹，便能辨认印刷的方向。一般来说，套印不准大多数发生在纸尾的两角，如图 5-9（a）所示。换句话说，除特殊情况以外，叼口部位的图像不会发生套印不准的现象，如图 5-9（b）所示。

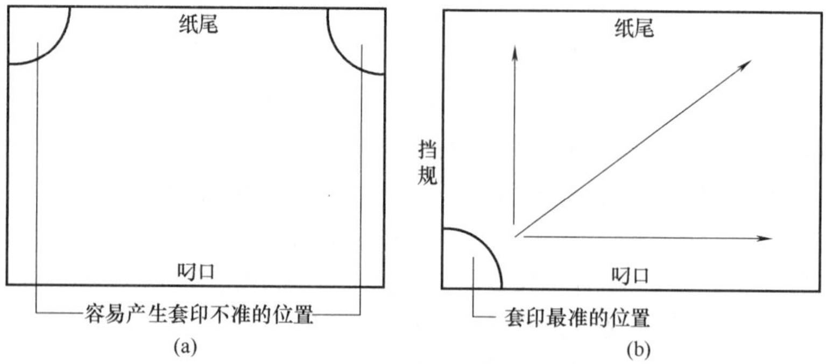


图 5-9 印张套印情况示意图

（a）印刷套印不准的位置 （b）印刷套印准确的位置

纸张在印刷机上的定位，由前挡规决定上下方向位置，由侧挡规决定左右方向的位置。如果左右方向出现套印不准，严重的一边必然是侧挡规对面的部位。

在卷筒料印刷中印刷套准标记如图 5-10 所示，一般包括纵向套准和横向套准，在印刷机上大都采用光电扫描方式，先扫描第一色印刷的套准标记，然后，后印的各色在纠偏机构和纵向套准机构的作用下共同完成套准。

无论是单张纸印刷还是卷筒料印刷，利用套准标记测定套印的精度时，必须了解印刷色序，也就是印刷颜色的先后。如果搞不清楚印刷色序，就不能分析套印不准的原因。

**（三）印刷品套准误差的统计规律**

如果将定位标记非常准确的印版安装在印刷机上，测量套印误差。用横坐标表示套印误差，纵坐标表示误差出现率，得到套印误差出现的规律如图 5-11 所示。这条曲线与高斯正态分布定律的曲线极为相似，表明以套印误差为特征的套印精度是一个具有正态分布的统计数据。

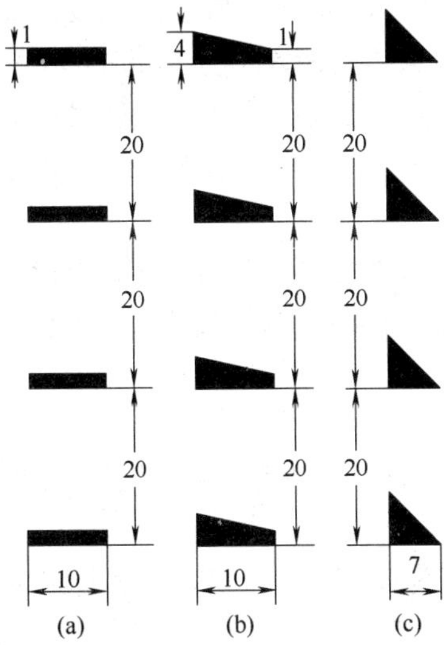


图 5-10　卷筒料的套准标记

（a）线形套准标记　（b）楔形套准标记

（c）三角形套准标记

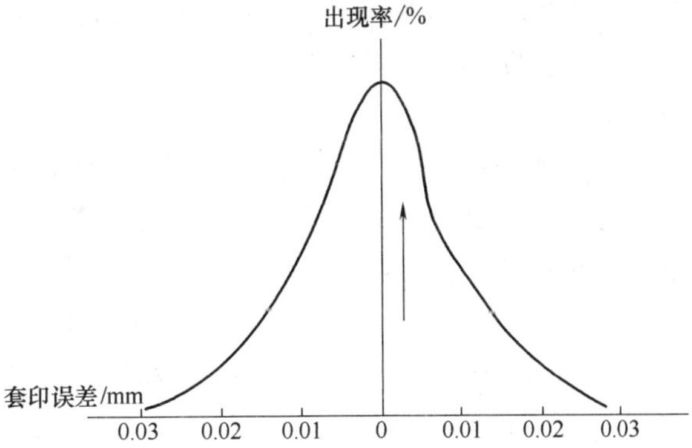


图 5-11　套印误差的正态分布曲线

图 5-11 的套印误差正态分布曲线说明，印刷过程中，出现较大套印误差，例如大于±0.03mm 的印刷品是很少的，没有套印误差，百分之百套准的印刷品实际上并没有，在大多数的印刷品上出现的是中等套印误差。因此，只要套印误差符合正态分布，便可以利用正态分布规律来评价印刷品的套印精度。

正态分布是用标准误差来表示的，其值可以用实际测量的套印误差与理想套印的差值计算出来。因为理想的套印并不存在，所以实际套印误差是通过实测值求出平均值来表示的。

具体的做法是，在印第一色时，就印上一条细线，此细线为测量标记。印第二色时，再印上另一条与第一色标记线有一定距离的细线标记。由于印刷过程中总要出现误差，并不存在理想套印的情况，因而两条细线标记之间的距离总要变化，这样在许多印张上测量出细线标记间的距离，便可以求出平均值，即：

$$\bar{x} = \frac{1}{n}\sum_{i=1}^{n} x_{\mathrm{d}} \tag{5-5}$$

式中的 $n$ 为测量的印张数目，$x_{\mathrm{d}}$ 为每一印张上测得的两条细线标记间的距离。在平均值很接近理想套印值时，正态分布的标准误差（$\sigma$）可以用下式表示：

$$\sigma = \sqrt{\frac{1}{n}\sum_{i=1}^{n}(x_{\mathrm{d}} - x_{\mathrm{i}})^2} \tag{5-6}$$

式中的 $x_{\mathrm{i}}$ 为理想套印值。

有实验证明，实际测量获得的套印误差有 68.26％是在单倍标准误差的范围之内，95.45％在双倍标准误差范围之内，99.73％处在三倍标准误差范围之内，即

$\pm 1\sigma$ 范围内的实际误差为 68.26％；

$\pm 2\sigma$ 范围内的实际误差为 95.45％；

$\pm 3\sigma$ 范围内的实际误差为 99.73％。

在印刷过程中，就套印来说，如果将标准误差定为 0.015mm，则±1s 限度就意味着所有印张的 68.26%的套印误差只有 0.015mm；±2$\sigma$ 限度意味着所有印张的 95.45%的套印误差都小于或等于 0.03mm；而 99.73%到 95.45%之间的印张，也就是所有印张的 4.28% 的套印误差为 0.03～0.045mm。其余 0.27% 的印张的套印误差大于 0.045mm。

如果印刷品有两个以上的套印误差，则将每个套印误差也可以视为具有正态分布性质，而把它们相加到一起，产生一个新的正态分布，这个新的正态分布则有一个新的标准误差，可以用下式计算：

$$\sigma_a^2 = \sigma_1^2 + \sigma_2^2 + \sigma_3^2 + \cdots\cdots \sigma_n^2 \tag{5-7}$$

式中 $\sigma_a$ 为新的正态分布的新标准误差，$\sigma_1$、$\sigma_2$、$\sigma_3 \cdots\cdots \sigma_n$ 为单个的正态分布的标准误差。

如果已知印刷机的续纸误差为 0.05mm，传纸误差为 0.03mm，则套印误差应为

$$\sigma = (0.05^2 + 0.03^2)^{1/2} = 0.0034^{1/2} = 0.058(\text{mm})$$

**（四）印刷机的套印误差**

印刷机的套印误差，主要来自续纸套印误差和传纸套印误差。人们经过长期的生产实践认为，续纸套印误差为 0.03～0.05mm，传纸误差为 0.02～0.03mm。也有人提出，98%的印张，续纸套印误差为 0.02mm，传纸套印误差为 0.01mm 时，才可以印刷出高质量的细网目印刷品。不同类型印刷机其印刷品套印误差也不相同。

用单色印刷机进行四色印刷时，要经过四次续纸和四次印刷，如果续纸误差为 0.05mm，则印刷品上的任何两个印色之间的套印误差也就是 0.05mm。由于同一张纸要四次被续到印刷机上，相同的过程先后也就要出现四次，即在第二色到第四色印刷时，应该与第一色印刷过程中，印张间出现的套准误差是相同的。在这种情况下，套印误差不会大于 0.05mm。这说明，进行单色印刷时，印刷品上的套印误差和单色印刷机的续纸套印误差是相同的，这样，在单色印刷机上印刷时，续纸套印误差为 0.05mm，就可以满足工艺的要求。如果按人眼识别细微能力达 0.1mm 来考虑，因为印刷品的最大误差不会超过 0.05mm，则留给印前处理和制版过程的套印误差将不能超过 0.05mm，否则，印刷品的质量就要下降。

用四色胶印机进行彩色印刷时，只需要经过一次续纸，图像在纸上的位置第一色走好以后，其他几色是一样的。但是纸张在各个印刷机组之间的传递过程中，出现的套印误差之和，则是构成印张上各单色之间的实际套印误差。若将传纸误差值定为 0.03mm，运用正态分布相加规律，就可以求出印张上的第一色和第四色之间的实际套印误差，即

$$\sigma_{1,4} = (0.03^2 + 0.03^2 + 0.03^2)^{1/2} = 0.052(\text{mm})$$

而在其他各色之间的套印误差会更小一些，计算表明，0.03mm 的传纸误差能满足对印刷机所要求的套准精度，剩余的 0.048mm 的套准误差，用于制作底片及制版中可以出现的套印不准问题。

印刷品的套印误差，是印刷复制中各个工序套印误差累积的总和。因为油墨转移是个极其复杂的过程，所以应该尽可能地减少制作软片及制版过程中的套印误差，为印刷

机在印刷时留下较大的套印误差，以提高印刷质量。在实际的生产中，为提高印刷质量，人们常常把印刷速度调低一些，这样可以减少由于纸张或机器造成的误差。此外，对细网目高质量的印刷品，常把传纸误差提高为 0.02mm，续纸误差提高为 0.03mm。

## 二、印刷过程中影响套准的因素

### （一）印版的变形与套印的关系

平面的印版，安装到印版滚筒上，首先发生弯曲变形，紧固时又要发生拉伸变形。为了提高印刷品的套印精度，必须对印版的这两种变形进行控制。

1. 印版的弯曲变形

胶印印版、橡皮凸版、感光树脂版等片状印版，被安装到印刷机的印版滚筒上之后，便由平面变成了圆筒形，如图 5-12 所示。假定印版滚筒的轴向（$Z$ 向）不受外力的作用，印版在 $XOY$ 平面内的变形必然包括弯曲变形。

印版在 $XOY$ 平面内的弯曲变形，可以近似地看作是一个矩形截面的直梁的纯弯曲变形，如图 5-13 所示。按照材料力学理论，印版在纯弯曲过程中，印版的凹边纤维将缩短，印版的凸边纤维将伸长，中间必有一层纤维长度不变，即所谓“中性层”，中性层的长度即等于变形前印版的长度，印版上用于印刷的表面，变形最为严重。

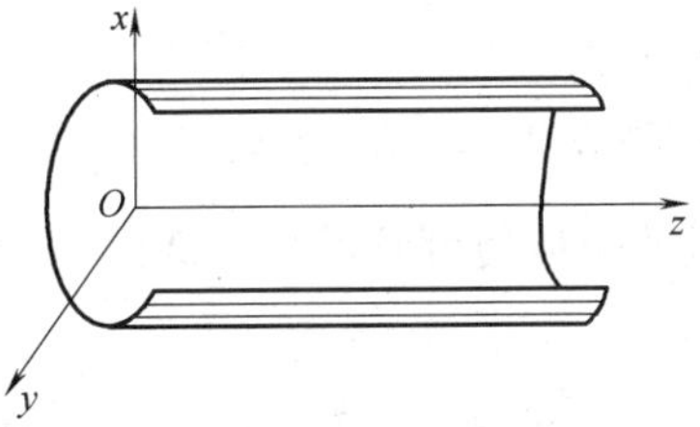


图 5-12　印版在滚筒上的弯曲

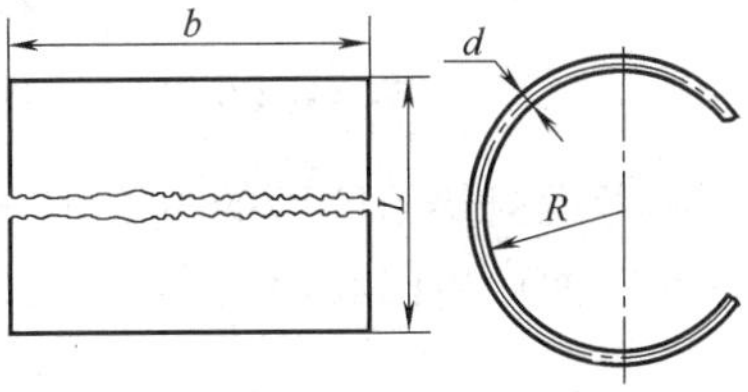


图 5-13　印版弯曲变形简化图

设印版沿滚筒周向的长度为 $L$，印版的厚度为 $d$，印版滚筒的半径为 $R$，可定义

$$K=\frac{L}{2\pi(R+\frac{d}{2})}$$

$K$ 为印版利用系数。据此，可求得印版版面因弯曲而产生的绝对伸长量 $\Delta L_1$ 和相对伸长率 $\Delta L_1/L$，即

$$\Delta L_1=[2\pi(R+d)-2\pi(R+\frac{d}{2})]K=\frac{d}{2R+d}L \tag{5-8}$$

$$\frac{\Delta L_1}{L}=\frac{d}{2R+d} \tag{5-9}$$

从式（5-8）和式（5-9）中看到，当印版厚度一定时，版面弯曲变形随印版滚筒半径的增大而减小；当印版滚筒半径一定时，版面弯曲变形随印版厚度的增大而增加。

对于凸版印刷或柔性版印刷，安装在轮转印刷机上的感光树脂版、橡胶凸版等印版，由于印版较厚，弯曲变形很大，因此，在图像版式设计时，要考虑变形量的问题，也就是说，对于采用厚度较厚的印版，在印前制作时一定要进行缩版处理。

高速轮转印刷机的印刷速度很高，印版滚筒的半径小，利用系数大，因而使印版产生的弯曲变形量大。为了控制印版的弯曲变形，就需要采用薄印版印刷。例如，高速轮转胶印机使用的PS版，厚度一般是0.27mm或0.15mm。柔性版印刷也开始由原来的1.7mm厚向1.14mm厚的印版转变。

此外，多色印刷机应使用厚度相同的印版印刷，使每块印版产生的弯曲变形接近，以保证套印的准确。

2. 印版的拉伸变形

印版安装到胶印机的印版滚筒上，必须利用版夹使其固定，由于张力作用，印版必定产生拉伸变形。固定到滚筒上的印版，受到以下几个力的作用：张紧印版的拉力 $F_T$，衬垫给印版的摩擦力 $F'$ 和正压力 $F_N$。沿印版滚筒周向的拉力，使印版产生拉伸变形，如图5-14所示。

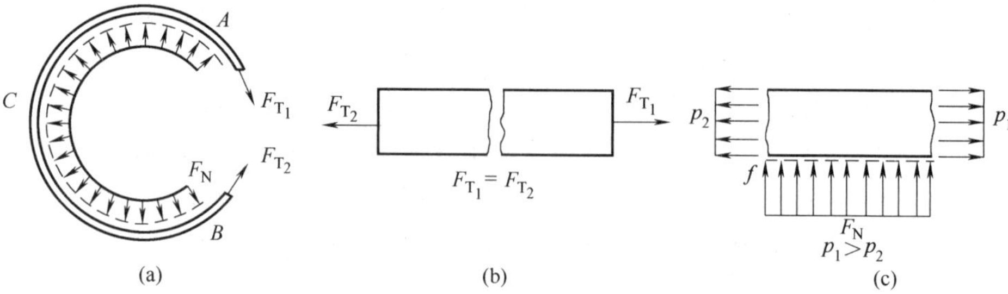


图5-14　印版产生的拉伸变形

(a) 印版安装中受力　(b) 印版受拉力　(c) 印版受摩擦力与正压力后的受力

在不考虑衬垫给印版的力 $F'$ 和 $F_N$，那么，印版的拉伸便可看做是等截面直轴的拉伸，因拉伸而产生的相对变形 $\Delta L_2/L$ 可按下式计算：

$$\frac{\Delta L_2}{L}=\frac{F_T}{EA} \tag{5-10}$$

式中，$E$ 是版材的弹性模量，常用单位是 $N/m^2$；$A$ 是印版的截面积。从式（5-10）中可以看到，当 $E$、$A$ 一定时，印版由拉伸产生的相对变形 $\Delta L_2/L$ 与印版的张力 $F_T$ 成正比；当印版的 $F_T$ 和 $A$ 一定时，$\Delta L_2/L$ 与 $E$ 成反比；当 $F_T$ 和 $E$ 一定时，$\Delta L_2/L$ 与 $A$ 成反比。应当指出，这些推论都是近似和定性的。根据上述推论，用版夹固定PS版时，张紧力不宜过大，以固定住不滑移为宜。弹性模量小的印版，切不可做得太薄，否则会因截面积的大幅下降，使印版产生过量的拉伸变形。

同样，印版拉伸变形的不均匀性，结果可使印版产生局部的过量变形，也可能影响印版各部分的相对位置，因此在安装印版时，版夹的拉伸力应保持一致，否则会产生套印不准。

对于胶印PS版，还存在烘烤变形。烘烤变形是指为了提高晒制完的PS版的耐印力而进行烘烤时，由于烘烤不当造成印版的直线尺寸发生变化。大家知道，金属大多有受热膨胀的特性，印版在烤箱内受热达到250℃时，版基就会被烤软，影响版面尺寸的稳定。烤箱内温度不匀或烘烤过度尤甚，严重时会造成废版。

### （二）纸张的变形与套印的关系

纸张是印刷的主要承印材料，纸张在存放和印刷过程中很容易变形。变形的纸张不仅使纸张的直线尺寸发生变化，而且使纸张出现翘边、卷曲等纸病，严重地影响了印刷品的套印精度。

纸张含水量的变化是造成纸张变形，引起印刷品套印不准的主要原因。此外，与纸张含水量无关的一些因素，如印刷压力、剥离张力等也会引起纸张变形，使印刷品套印不准。

1. 纸张的含水量与纸张的变形

纸张是由天然植物纤维交织成的薄层材料，而纤维素分子含有许多个羟基，因此，纸张具有很强的亲水能力。而且，由纤维交织而成的纸张，有无数粗细不同的毛细孔，对水有毛细吸附作用。

由于纸张的特殊结构，纸张具有从潮湿的空气中吸水（吸湿）的能力和向干燥的空气中排水（脱湿）的能力。纸张在吸水后发生膨胀，纸张各方面的直线尺寸和面积都会增加，机械强度有所降低。纸张在脱水后发生收缩，纸张各方面的直线尺寸和面积都会缩小，变得僵硬发脆。这些变化都是由纸张含水量变化引起塑性变形所造成的。因此，要控制纸张变形，必须控制纸张的含水量，并且使纸张的含水量均匀，才能保证套印的精度。

2. 温度对纸张含水量的影响

纸张含水的质量与该纸张质量之比叫做纸张的含水量，用百分比表示。

纸张通常总含有一定的水分，但所含水分的多少要随周围环境的温度和相对湿度而变化。从一定的温度和相对湿度的空气中吸收水分，或者把水脱逸到一定温度和相对湿度的空气中，直到空气中的水蒸气和纸张中的水蒸气压相平衡，此时纸张中的含水量叫做该温度下的平衡含水量。不同的纸张，组成的植物纤维和抄纸工艺有所不同，平衡含水量也不一样。

在一定的相对湿度下，纸张的平衡含水量与温度成反比，温度升高，纸张含水量线性地下降。大多数纸张，在一定相对湿度下，温度每变化±5℃，纸张的含水量变化±0.15%。在多色套印中，纸张的含水量变化若超过±0.1%，就会影响套印精度。因此，印刷车间的温度要严格控制，一般变化不得超过±3℃。

3. 相对湿度对纸张含水量的影响

在一定温度下，相对湿度低于80%时，相对湿度每变化10%，纸张的平衡含水量的变化为1%。但当相对湿度超过80%时，纸张的平衡含水量变化幅度较大，一般为1.5%～2.0%，即高湿度所引起纸张含水量的变化远比中等湿度引起的含水量变化大，也就是说，纸张在高湿度的条件下，微小的湿度变化将能引起纸张很大的变形。不同的纸张，在同样的相对湿度下含水量并不相同，因而各种纸张在同样的相对湿度下，产生的变形量也不相同。

4. 纸张的含水量变化与纸病

纸张含水量的变化会引起纸张的变形，纸张的变形称为“纸病”。纸张的纸病主要以“荷叶边”、“紧边”、“卷曲”表现。荷叶边是因纸张吸湿导致的，紧边是纸张的脱湿导致的，卷曲是因纸张正反面的含水量不同而导致的。纸张的产生的纸病如图5-15所示。

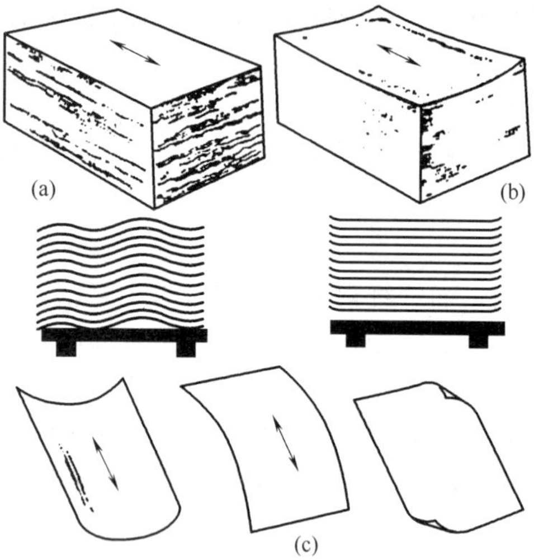

图 5-15 纸张的产生的纸病
(a) 荷叶边 (b) 紧边 (c) 卷曲

正是因为纸张的吸水和脱水引起伸缩变形（包括局部变形），造成印刷过程中纸张套印不准等弊病，从而影响印刷品的印刷质量。

另外，纸张在抄纸过程中，大多数纤维沿铜网的运转方向，即按抄纸方向排列，少数纤维的排列方向与此方向垂直或交错，所以宏观上看，纸张的纤维排列是有方向性的。对于矩形的单张纸来说，如果纸张大多数纤维排列的方向与纸张的长度方向一致，就叫"纵丝缕纸"；如果纸张大多数纤维的排列方向与纸张的宽度方向一致，就叫做"横丝缕纸"。

一根干燥的纤维完全润湿后，直径增加量为 25%～30%，长度方向的增加量为 1%～2%，因此，纸张吸水后，纵丝缕纸和横丝缕纸的伸长量差异很大，纵丝缕纸沿宽度方向的伸长量大，沿长度方向的伸长量小；横丝缕纸沿长度方向的伸长量大，沿宽度方向的伸长量小。

5. 纸张的滞后效应与调湿处理

纸张的含水量变化，是引起纸张变形的主要因素，为保证纸张的平整和尺寸的稳定，对纸张需要进行调湿处理。

(1) 纸张的滞后效应 图 5-16 是一定的温度（$t=20℃$）下，纸张的含水量与相对湿度的关系，图中曲线 $A$ 表示吸湿过程，曲线 $B$ 表示解湿过程。曲线 $B$ 与曲线 $A$ 并不重合，而是构成一个封闭的回路。这就表明，如果有两张同样的纸张，在同样的相对湿度下达到平衡，但纸张甲原来的含水量较高（周围的相对湿度也较高），是经解湿过程达到平衡的；而纸张乙原来的含水量较低（周围的相对湿度也较低），是经吸湿过程达到平衡的，那么，平衡后甲纸张的含水量总要比乙纸张的含水量高。这种现象就叫做纸张含水

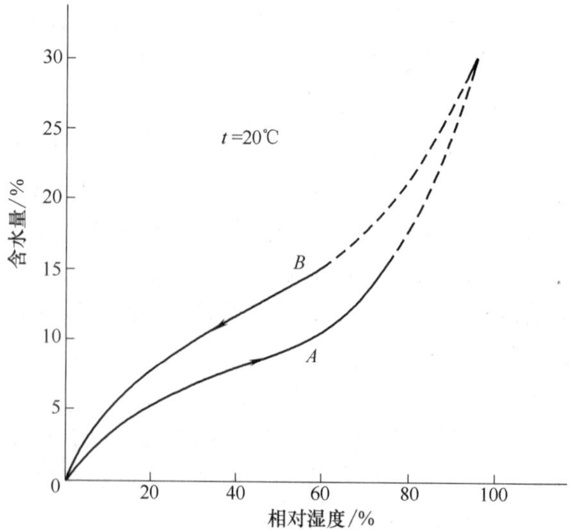

图 5-16 纸张含水量和相对湿度的关系

量的滞后效应。

由于纸张的含水量有滞后效应，所以，在某一相对湿度下调湿的纸张，经吸湿和解湿过程重又回到原来的湿度时，纸张的含水量便比原来的高，经解湿和吸湿过程重又回到原来的湿度时，纸张的含水量便比原来的低。就是说，纸张一旦吸湿，即使再回到原来的相对湿度，含水量亦会提高；纸张一旦解湿，即使再回到原来的相对湿度，含水量亦会降低。

（2）纸张的调湿处理　纸张在抄制和涂料工序之后，再经过干燥、压光出厂，绝大多数出厂纸张的含水量都较低。如果把出厂的纸张不经处理直接用于多色平版印刷，印版上的润湿液通过橡皮布转移到纸张上，纸张便会因吸湿而伸长，第二色将无法与第一色套准。因此，用于单张多色平版印刷机的纸张，必须进行调湿处理，降低纸张对水的敏感程度，提高纸张尺寸的稳定性。

另一个方面，在相对湿度一定的环境中，调湿过的纸张所带的静电很少，这也是对纸张进行调湿处理的一个目的。总之，印刷前对纸张进行调湿处理，是让纸张的滞后效应充分显示出来，使纸张所含的水分与印刷车间的温湿度相适应，可以提高套印精度。

印刷中纸张的调湿处理分为自然调湿法和强迫调湿法两种。自然调湿法，是将纸张吊晾在印刷车间里，使纸张的含水量与印刷车间的相对湿度相平衡。强迫调湿法，是将纸张吊晾在晾纸机或晾纸间的圆形晾纸机架上，再向它吹送调温调湿的空气。吹送的空气一般温度比印刷车间高 10～15℃，相对湿度比印刷车间高 10%～20%，以加快调湿处理的速度。

图 5-17 是未经调湿的纸张和用不同方法调湿的纸张，在多色印刷过程中含水量的变化曲线。图中 A 曲线表示未经调湿的纸张含水量的变化情形。纸张未经调湿时含水量很低，由于车间的相对湿度高于原来的储纸场所的相对湿度，纸张进入车间后便开始了吸湿过程，含水量逐渐升高，尺寸逐渐伸长；印刷开始后纸张又不断地从橡皮布上吸着润湿液，含水量继续增大；且每印一色，含水量增大一次，如此重复致使纸张变形逐次增加，套印自然很难准确。B 曲线表示用自然调湿法调湿过的纸张的含水量变化情形。印刷开始前，纸张含水量经调湿已提高到一定的水平；印刷开始后，纸张含水量（以及因含水量变化引起的纸张变形）的增长率都比未经调湿的纸张为小，这无疑对保证纸张尺寸稳定性是有利的，但仍未从根本上消除印刷过程中纸张因含水量变化导致的尺寸改变。C 曲线表示用强迫调湿法调湿的纸张的含水量变化情况。调湿的相对湿度比印刷车间高，经过这样调湿处理的纸张，含水量较高，再运到印刷车间或与印刷车间温、湿度相等的晾纸间进行平衡，因为滞后效应的作用，一方面脱湿后的纸张仍比原纸的含水量高，另一方面，在印刷过程中纸张始终处于吸湿和解湿的平衡状态，纸张的含水量几乎不变，减少了纸张由于吸湿和解湿作用而引起的伸缩变形。

显而易见，图 5-17 所示的 B、C 两种方法中，效果最好的是强迫吊晾法，但是，由于受到设备、条件的限制，目前生产中，自然调湿法采用的仍然很普遍。

**（三）印刷机械与套印的关系**

单张纸印刷机纸张的传输，一般需要经过给纸机构的给纸、传纸滚筒的传纸、压印滚筒叼牙咬纸、纸张的剥离、收纸机构的收纸等过程，如果是多色印刷机，还需要经过

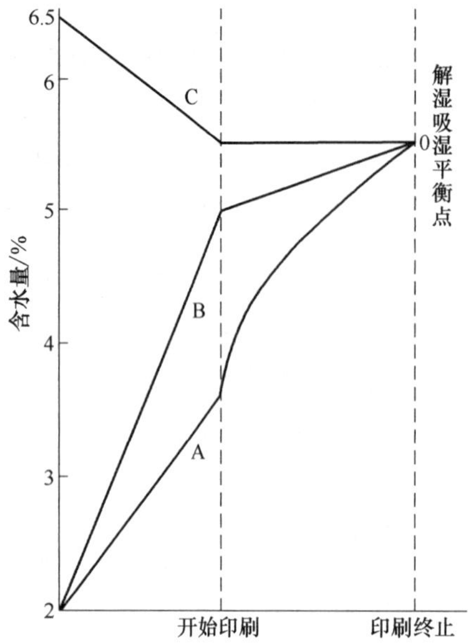


图 5-17　印刷过程中纸张含水量的变化

多次传纸滚筒的传纸、压印滚筒叼牙咬纸、纸张的剥离。如果纸张经过的各个机械构件精度不够，相互动作不协调或机件受磨损，都有可能造成印刷品的套印不准。此外，纸张本身裁切不合格也会产生套印不准。

1. 纸张的定位与套印不准

单张纸印刷机的纸张定位装置又称规矩机构，是将由给纸部分输送过来的纸张，在递送给印刷装置印刷之前，对纸张进行纵向和横向两个方向的定位，使每张纸都能在同一位置上进入印刷单元，这样才能保证张与张之间、色与色之间套印准确，因此其精度的高低直接决定了印品的质量，所以规矩部分的安装和调节是非常重要的。纸张首先到前规，在前规处定位后，被拉向侧规边。前规给纸张在前进方向定位，侧规给纸张进行侧向定位。

纸张在印刷机上，是靠传送带送到前挡规的，当纸张的前端到达这一位置时，前挡规就由下往上升起，阻止纸张前进。由于传送带是用相当高的速度输纸的，因此，纸张碰到前挡规时，往往容易发生歪曲和反翘现象。为了防止纸张因反弹或歪曲引起的套印不准，一般用前挡规缓冲速度，后挡规阻止纸张的反翘。前挡规是决定纸张上下位置的第一道关卡。

纸张碰到前挡规后就停止前进，此时，侧面由侧挡规的小辊子把纸张拉到侧挡规的位置，这样纸张在印刷机上左右的位置也被固定，这就是说，侧挡规是纸张定位的第二道关卡。

当纸张送到侧挡规位置后的一瞬间是静止的，这时摆动牙就把纸张叼起来，侧挡规松开，前挡规往下，纸张就被摆动牙传递给压印滚筒上的叼纸牙了。

以上是纸张从给纸机构传递到压印滚筒的过程，不过，这一复杂的传递过程是在很短的时间内完成的。

前挡规、后挡规、侧挡规、摆动牙、叼纸牙组成的套印调节机构，是使纸张固定在正确位置上，并进行准确印刷的关键机构。套印调节机构的各部件不仅要在准确的位置上，进行精确的动作，而且各部件的动作必须十分协调，没有分毫的差错，才能套印准确。经常和纸张接触的前挡规、侧挡规如果磨损严重，就不能把纸张固定在正确的位置上，因而会引起套印不准。

印刷纸张的裁切精度，对纸张的定位也有影响。纸张的裁切精度包括尺寸精度和垂直度。图 5-18 表示的是一张印刷的纸张。*AB* 与 *CD* 为短边，*AD* 与 *BC* 为长边。假定 *BC* 边到达前挡规而决定上下位置，*CD* 边到达侧挡规决定左右位置（此图中，侧挡规在右侧，但也可以在左侧）。

进入印刷机的纸张，首先是 *BC* 边到达前挡规，然后稍向有移动碰到侧挡规，如果

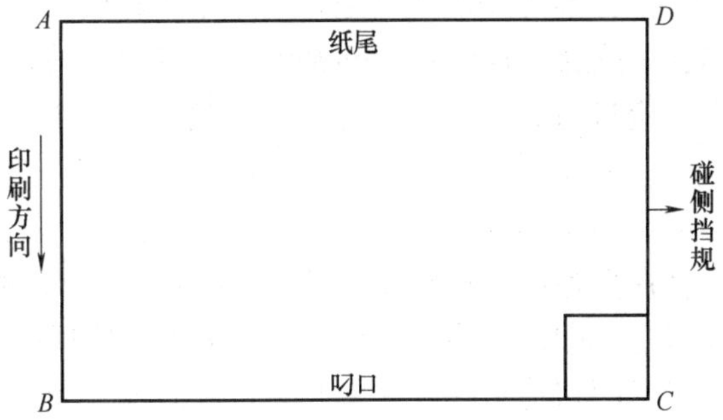


图 5-18　纸张的尺寸规格与套印关系

BC 边与 CD 边不成直角，纸张则会以稍微倾斜的状态被固定下来，处于这种状态下的纸张，若被叼纸牙送到压印滚筒上，就会发生图像倾斜的现象。因此，∠BCD 的垂直度十分重要，必须把它的直角控制在允许的精确度内，纸张的裁切规格必须是 AB＝CD，并且 AD 与 BC 平行，DC 垂直于 BC 才行。

另外，即使印刷纸张的尺寸规格是完全符合要求的，但堆码成垛时，端面不够整齐，对套印的准确性也有很大的影响。

2. 叼纸牙叼力和交接关系对套印的影响

叼纸牙在印刷过程中，不仅传递纸张，而且使纸张固定在某一确定的位置上，使印版或橡皮布上的图文转移在所指定的部位。但是在压印时，如果叼纸牙叼力不足或不均匀，纸张位置改变，便会造成套印不准。

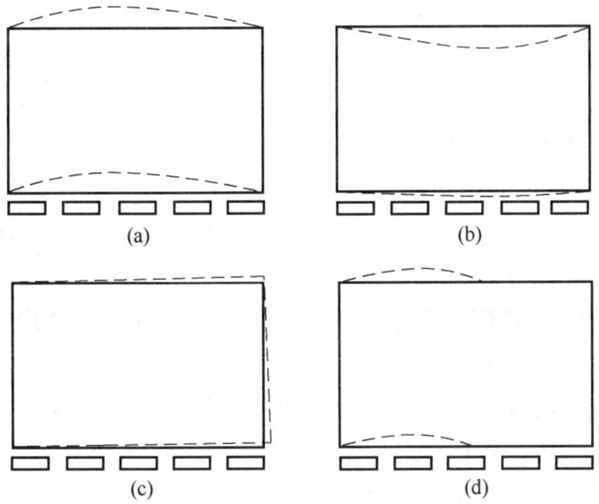


图 5-19　叼纸牙叼力不均匀导致的纸张变形
（a）叼牙中松边紧　（b）叼牙中紧边松
（c）叼牙单边松紧　（d）叼牙个别不平

（1）叼纸牙叼力与套印　这里所说的叼纸牙主要是指递纸和滚筒叼纸牙。压印滚筒叼纸牙叼力不均匀，可使纸张出现四种形变，印刷品必然产生局部的套印不准，如图 5-19 所示。

为了防止叼纸牙因叼力不均匀发生的套印不准，应做到以下几点。

① 叼纸牙叼力的调节，应该在试印中进行，不得在各色套印的过程中改变叼力，多色机的各色机组，压印滚筒上叼纸牙的叼力需保持一致，叼纸牙牙垫一定要平整，以保证叼力的均匀。

② 正反面套印的产品，压印滚筒的叼纸牙叼力必须均匀一致。

③ 叼纸牙轴的撑簧要有良好的弹性，防止叼力不足，纸张定位不准。

④ 拧紧叼纸牙的紧圈，防止叼纸牙轴向串动，使用制造精度高的叼纸牙轴或轴套，使叼纸牙在叼纸过程中处于稳定状态，叼纸距离始终保持一恒定值。

（2）交接关系与套印　纸张在输纸、规矩部件、递纸叼牙、传纸滚筒的整个传递过程中，都存在着交接关系问题，如前所述，交接关系是指交接位置和交接时间，其实质是保证纸张准确无误地输送，绝不允许有纸张失控的现象发生。交接位置是指在某一点处纸张的交接，而交接时间则是交接机件共同完成交接纸张的时间，这个时间要求严格按照规定进行调节，既不能短又不能长。例如，递纸牙与压印滚筒叼牙的交接时间，倘若交接时间短，套印必然不准，倘若交接时间长，则会撕破叼口边，所以交接关系的调节是非常慎重的技术性工作。

使用单色印刷机印刷，纸张从叼纸牙叼纸开始到印完一色，要经过两次交接，如果使用多色机印刷，多组叼纸牙交接的次数增加。纸张在交接过程中，往往因为某种原因，造成叼口边直线尺寸的改变，从而发生套印不准。严重时会使纸张中间拱皱，甚至撕裂变成废品。

无论是上摆动式递纸牙机构或下摆动式递纸牙机构，递纸牙牙垫、给纸铁台与压印滚筒三者之间应保持一定的距离，而且所有叼牙的高度要一致。

采用上摆动式递纸牙的印刷机，递纸牙垫和给纸铁台最佳间距的最大值以纸张被叼纸牙叼住，纸张叼口边不出现波浪形变形为限度；其最小值以不触动已经定好位的纸张为极限。如果递纸牙垫与给纸铁台的间隙过大，则各递纸牙垫所对应的部位，因叼牙的作用使纸张抬高，但前挡规的档纸舌却阻止纸张上抬，这样纸张就出现波浪形，甚至撕裂。同样道理，采用下摆动式传纸机构的印刷机，也应该使传纸牙托和给纸铁台处于同一直线上。

如果纸张的叼口边在印刷时存在波浪形，纸张离开压印区后，叼牙撤除了对纸张的控制，塑性变形大的纸张就不能恢复原来的尺寸，使印张上的图文长度相对于印版或橡皮布，有一定的增量，造成各色版之间的套印不准。

3. 印刷压力、纸张剥离张力与套印不准的关系

纸张在印刷过程中，受到印刷压力和剥离张力的作用产生一定的变形。塑性变形大的纸张，离开压印区以后，变形量不能恢复，造成了较大的套印误差。

（1）印刷压力与纸张的变形　纸张是具有塑性变形的材料，不同纸张塑性变形特性也不相同。塑性变形大的纸张，在较大的印刷压力作用下，其宽度和拖梢两角的长度会有微量扩展，出现所谓的扇形变形，造成套印不准，尤其是纸张的拖梢部分更为严重。

目前，有的胶印机附设有可以使纸张预弯曲的叼牙装置。例如德国MANROLAND胶印机就使用了这种叼牙机构。当叼纸牙叼住纸张以后，整个牙杆可以移动，也就是可以弯曲，迫使纸张预先弯曲，其弯曲的程度能够按照纸张的变形情况进行调节。由于纸张在印刷之前就发生了变形，从而使套印误差均匀地分布在整个印刷过程之中，因此，图文印在经预先弯曲的纸张上后，再套印下一色，基本上可以套准。

印刷压力愈大，纸张的变形愈明显，所以在印刷同一批产品时，每色印版的压力应尽可能的一致。

纸张的变形和纸张的丝缕有密切的关系，这一问题在前面已经有所阐述。对于一般印刷机，纸张在印刷压力作用下产生变形引起的套印误差，沿轴向方向比沿径向方向难以调整，所以印刷时，单张纸应尽可能地使纸张纵向丝缕和滚筒的轴向平行，而且同一批产品，印刷用纸其丝缕的方向一定要相同，才能保证套印精度。

纸张在印刷压力的作用下，由于存在着扇形变形的情况，所以对套印精度要求高的

图像或对表现主题有重要作用的部分，在印前处理及制版时，就要着意安排在叼口附近，因为印刷时，叼口附近纸张变形小，容易套印准确。

（2）剥离张力与纸张的变形　经过压印区印刷以后的印张，被滚筒叼纸牙叼住，迫使它与印版（或橡皮布）脱离，而印版上的油墨作为介质，以很强的黏着力把印张黏着在印版（或橡皮布）表面。此时，纸张上的纤维组织受到两个方向上的力的作用，一个是叼纸牙对纸张向下的叼力，另一个是油墨对纸张的向上黏着力，这两个力的方向相反，出现了剥离张力。

当印张从印版上（或橡皮布上）剥离时，纸张的后缘容易打卷，与压印滚筒不贴合，形成一个折弯角度，被人们称为剥离角。假如油墨的黏着性（Tack 值）大，印张被叼纸牙往下剥拉的时间愈长，剥离角愈大，剥离张力也愈大，纸张的剥伸变形也增加，纸张在滚筒径向被拉长，套印精度下降。

印刷过程中，如果滚筒的叼纸牙有足够的叼力，能保证纸张不发生位移，则剥离张力的大小就成为影响纸张剥伸变形的主要因素，其变形量取决于以下几个方面。

① 纸张的性质。塑性变形大的纸张，剥伸变形也大，反之则小。

② 印刷压力和滚筒相互压印的时间。印刷压力愈大，压印时间愈长，纸张与印版或橡皮布上的油墨接触的时间愈长，剥伸形变愈大。

③ 纸张表面受墨面积。着墨面积愈大，墨层愈厚，剥伸变形愈大。

④ 油墨的黏度、黏着性。油墨的黏度、黏着性愈大，剥伸变形也愈大，反之则小。

4. 橡皮布变形与套印不准的关系

橡皮布是胶印机用于油墨转移的主要材料，而胶印质量在很大程度上取决于橡皮布的印刷性能，印刷过程中橡皮布的拉伸、扭转、压缩等变形都会引起套印不准。

（1）拉伸变形　拉伸力主要是指将橡皮布绷紧在橡皮滚筒上的张紧力，这个力必然引起橡皮布的伸长，同时橡皮布两端和中间的张紧力大小不同，两端大，中间小，导致印刷压力不均匀而引起套印不准。为了减少套印误差，应注意选用伸长率较小的橡皮布，并保持橡皮布的绷紧度，不能过松也不能过紧，尽量使其恒定不变。

（2）扭曲变形　相邻两滚筒的轴线不平行，橡皮布既受到径向摩擦力又受到轴向摩擦力，就会使橡皮布产生扭曲变形。除了滚筒轴线不平行外，产生扭曲变形还可能由于橡皮布为非标准矩形，厚度不均匀，平整度差，滚筒壳体之间的间隙不等，或是橡皮布叼口一角与拖梢一角有较明显的塑性变形等。

（3）压缩变形　橡皮布受到印版滚筒和压印滚筒的滚压作用，在橡皮布的局部形成交变压力而产生压缩变形，由于橡皮布的泊松比接近 0.5，因此接受压力的橡皮布的微小单元体，沿滚筒周向和轴向的应变大致是相等的。受压时，轴向的变形明显地受到限制，周向的变形则可能向邻近的区域发展。这种周向的发展受到阻碍，便形成了隆起的凸包，造成了胶印机滚筒转移图文时，橡皮滚筒的实际半径增大，致使图文转移失真。

此外，胶印机的印版滚筒、橡皮滚筒和压印滚筒的轴线应相互平行，否则将引起橡皮布扭曲变形，导致套印不准。

**（四）滚筒衬垫厚度与图文尺寸的关系**

在印刷过程中，印刷机滚筒衬垫厚度的增减，使图文尺寸在承印物上，沿滚筒径向有所变化，从而影响了套印的准确性。因此，多色印刷机的各色机组之间，或者同类型的印刷机相互套印时，滚筒衬垫的厚度必须保持严格一致。但是，有时为了解决因各种因素产生的径向套印不准，却可以利用这种变化，通过增减滚筒衬垫的厚度，在允许的厚度增减范围内，纠正图文在滚筒径向部位的套印误差。

1. 滚筒半径与图文尺寸的关系

下面以单张纸胶印机为例，来说明滚筒半径与图文尺寸之间的关系，并假定三个滚筒的直径大小相同，对于倍径压印滚筒的胶印机来说，情况基本相同。

单张纸胶印机的印刷部分是由印版滚筒、压印滚筒、橡皮滚筒组成的，三个滚筒通过齿轮啮合而运转进行印刷。对于传动比为 1∶1∶1 的印版滚筒（P）、橡皮滚筒（B）、压印滚筒（I）三滚筒来说，强制性的齿轮传动保证了三滚筒的角速度相等。假定三滚筒的实际转动半径都相同，均为 $R$，且按 L 型配置，如图 5-20 所示，这里所谓“实际转动半径”，可以理解为把三个滚筒都看成刚体，相互滚压时的半径。

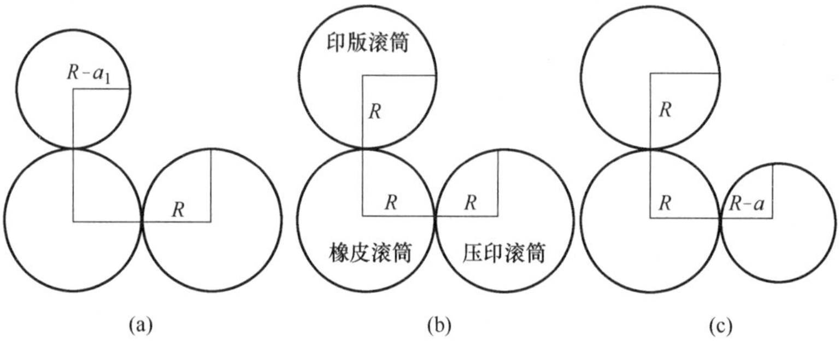


图 5-20　滚筒半径与图文尺寸的关系

假定印版滚筒图文部分分布在 1/4 的圆周长度上，因为三滚筒的转速均相等，所以三滚筒同时转过 $\pi/2$ 角，印版上的图文便如实的转印到压印滚筒表面的承印物上了，如图 5-20（b）所示，其长度均为

$$\frac{1}{4}\times 2\pi R=\frac{1}{2}\pi R$$

如果印版滚筒和橡皮滚筒的半径同为 $R$，但压印滚筒的半径较小，为 $R-a_1$，如图 5-20（c）所示，在三滚筒转速相同的情况下，同时转过 $\pi/2$ 角，则压印滚筒表面承印物上（即印改上）的图文长度比印版上的图文长度缩短了 $1/2\pi a_1$，其长度为

$$\frac{1}{4}\times 2\pi(R-a_1)=\frac{1}{2}\pi R-\frac{1}{2}\pi a_1$$

如果橡皮滚筒和压印滚筒的半径同为 $R$，而印版滚筒的半径较小，为 $R-a_2$，如图 5-20（a）所示，在三滚筒转速相同情况下，同时转过 $\pi/2$ 角，则印版上的图文长度为

$$\frac{1}{4}\times 2\pi(R-a_2)=\frac{1}{2}\pi R-\frac{1}{2}\pi a_2$$

承印物上的图文长度为

$$\frac{1}{4}\times 2\pi R=\frac{1}{2}\pi R$$

即印刷品上的图文长度比印版上的图文长度伸长了 $1/2\pi a_2$。

由上述的讨论可知，改变三滚筒实际转动半径，能够改变印刷品上的图文长度。

2. 印版衬垫增减与图文尺寸的关系

假定胶印机印版滚筒、橡皮滚筒、压印滚筒实际印刷时的半径分别为 $R_{版}$、$R_{橡}$、$R_{压}$，三滚筒印刷表面相互转印的图文宽度为 $L_{版}$、$L_{橡}$、$L_{压}$。若滚筒系统的传动比为 1∶1∶1，则三滚筒以等角速度转动，在相同的转角下各滚筒表面划过的弧长（图文印刷宽度）与其实际半径的比例称为印刷包角，用 $\alpha$ 表示，转印过程中的印刷包角如图 5-21 所示，则三滚筒在相互转印过程中各印刷包角必定相等，并有如下的关系式：

$$\alpha=\frac{L_{版}}{R_{版}}=\frac{L_{橡}}{R_{橡}}=\frac{L_{压}}{R_{压}} \tag{5-11}$$

由式（5-11）可以很容易的推导出印版转移到承印物上图文的宽度。由于压印滚筒上的图文宽度与承印物上的宽度相同，即 $L_{印}=L_{压}$，其公式为：

$$L_{印}=\frac{L_{版}\cdot R_{压}}{R_{版}} \tag{5-12}$$

由式（5-12）可知，承印物上的图文宽度与印版和压印两滚筒的半径、印版上的图文宽度有关，而与橡皮滚筒转印的图文宽度和橡皮滚筒的半径无关，即橡皮滚筒仅起转印图文的作用（在此没有考虑橡皮布变形所引起滚筒实际运转半径增加的问题）。

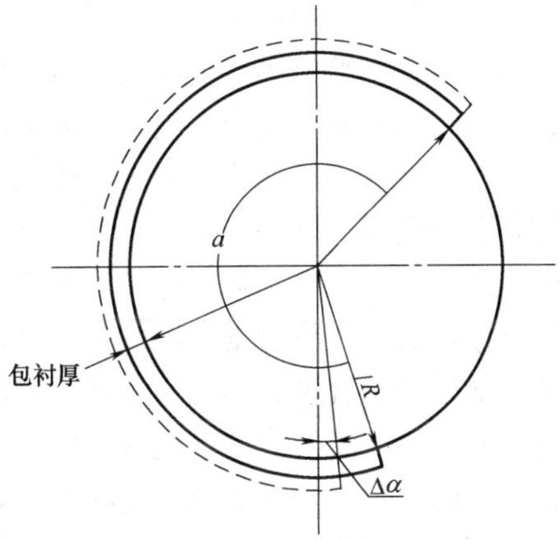


图 5-21　转印过程中的印刷包角

当印版衬垫厚度增加 $\Delta R_{版}$ 后，其印刷包角为 $\alpha'$，则有：

$$\alpha'=\alpha+\Delta\alpha=\frac{L_{版}}{R_{版}+\Delta R_{版}} \tag{5-13}$$

则有：

$$\Delta\alpha=\frac{L_{版}}{R_{版}+\Delta R_{版}}-\alpha=\frac{L_{版}}{R_{版}+\Delta R_{版}}-\frac{L_{版}}{R_{版}}=\frac{L_{版}\cdot\Delta R_{版}}{(R_{版}+\Delta R_{版})R_{版}}$$

$\Delta R_{版}$ 和 $R_{版}$ 相比较，$\Delta R_{版}$ 可以视为极小值，取极限为：

$$\Delta\alpha=\lim_{\Delta R\to 0}\Delta\alpha=\frac{L_{版}\cdot\Delta R_{版}}{R_{版}^2}$$

因为 $L_{版}=\alpha\cdot R_{版}$，则

$$\Delta\alpha=-\alpha\cdot R_{版}\cdot\frac{\Delta R_{版}}{R_{版}^2}=-\alpha\cdot\frac{\Delta R_{版}}{R_{版}} \tag{5-14}$$

当印版滚筒的印刷包角改变 $\Delta\alpha$ 后，相应地在压印滚筒的印刷包角也改变 $\Delta\alpha$，但因压印滚筒的半径并未改变，同时也必然引起转印在承印物上的图文宽度改变 $\Delta L_{印}$，因此有：

$$\Delta\alpha=\frac{\Delta L_{印}}{R_{压}}=\frac{\Delta L_{印}}{R_{版}} \tag{5-15}$$

在印刷过程中，三滚筒半径通常是近似相等的，将式（5-14）代入式（5-15）

则有：

$$\Delta L_{印}=-\alpha\cdot\Delta R_{版} \tag{5-16a}$$

也即有：

$$\frac{\Delta L_{印}}{\Delta R_{版}}=-\frac{L_{印}}{R_{版}} \tag{5-16b}$$

式（5-16b）表明，在尽可能保持三滚筒半径相等的条件下，当印版滚筒衬垫增加$\Delta R_{版}$后，承印物上印得的图文宽度比印版上原有的图文宽度减小$\Delta L_{印}$，其中，当$\Delta L_{印}$为负值时图文长度减少，$\Delta L_{印}$为正值时图文长度增长，也就是说当增加印版滚筒包衬或减少压印滚筒半径时，印品图文长度将减少或增加。

对于单色胶印机而言，如果纸张无尺寸变化，纸张的定位及传纸准确，根据以上讨论可知，只要单色机不改变滚筒参数（主要指印版包衬），每次印刷后图文长度始终一样，故套印会完全重合，从这个角度上讲，单色机比多色机套准性要好。

对于多色胶印机而言，如果纸张无尺寸变化，纸张的定位及传纸准确，同理，分析可知，后一色要与前一色完全套准重合，就必然要求后一色的印版滚筒及其包衬、压印滚筒应与前一色完全一样，但实际上机器制造中不可能做到各色组完全一致的，总会有少许误差，故多色机套准性不如单色机，但只要制造精度达到给定要求，套准是不成问题的。如果滚筒腐蚀、磨损、压坏或滚筒本身加工精度低，各滚筒差别较大，要想各色套准就不再可能了，故多色机各印版滚筒，压印滚筒及其包衬的一致性特别重要，并且对压印滚筒的保护与保养也就应特别注意。

利用增减印版滚筒包衬的厚度，适当地控制印刷图文长度的变化，对于提高多色印刷的套印精度是很有益的。但是，滚筒包衬厚度的增减，实质上改变了滚筒系统直径的关系，而滚筒系统直径的关系是受滚筒配置理论制约的，所以滚筒包衬厚度的可调范围一般都很小。如果超出了胶印机的调整范围，则将破坏已经调节好的“理想”的工作压力，造成着水辊、着墨辊与印版的接触不良，滚筒之间的表面摩擦加大，从而使印版的耐印力下降，网点变形严重。

**（五）印刷过程中的重影与套印关系**

重影又叫双影，是指印迹出现双重轮廓（图 5-22）。重影的出现，会使文字出现笔画变粗，严重时文字出现双笔画，若是图片则出现网点变形，印品颜色不稳定，图片变得模糊不清，其色调和层次都会出现变化，造成产品质量下降，引起重影的原因有很多，工艺操作、印刷材料、印刷设备都可能引起重影故障的发生，但是不论引起重影的原因有多少，情况有多复杂，归根结底，它还是一种套印的问题。

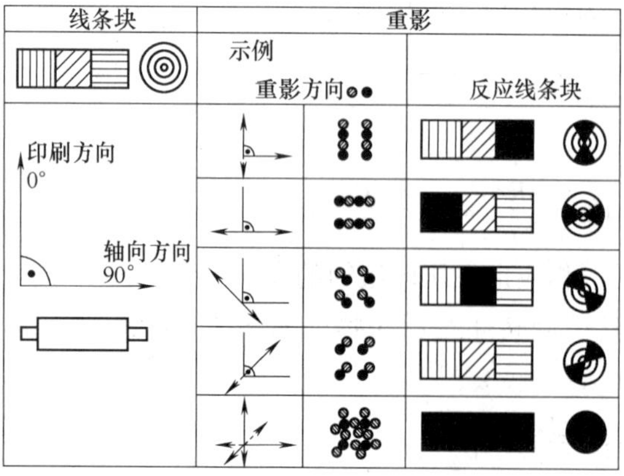


图 5-22 印刷中重影现象

1. 重影的类型

在印刷过程中，重影一般有横向重影、纵向重影和A、B重影等三种形式。

横向重影，也叫来去重影。网点的虚影在原网点的左右侧，与滚筒的轴线方向平行或成一定的角度，虚影有轻有重，其位置固定。

纵向重影，也叫上下重影。网点的虚影在原网点的上、下端，与滚筒轴向垂直的方向上，其位置固定，重影有轻有重，分局部和整个版面两种。

A、B重影，即网点的虚影，有的在原网点的上下侧，有的在原网点的左右侧，其位置不固定。A、B重影有时是每一印张上均有，有时是隔一张或几张才有。

2. 重影产生的原因与排除方法

（1）横向重影　印刷过程中，产生横向重影的原因主要有以下几个方面：

① 两滚筒在运转中发生轴向位移造成的重影。胶印机滚筒的止推轴承是防止滚筒轴向窜动的部件，如果止推轴承磨损或松动有间隙，在斜齿轮轴向推力的作用下，滚筒发生串动而产生横向重影，多色机轴向微调机构松动，轴承磨损，会使印刷机在正常工作状态下印版滚筒与橡皮滚筒产生轴向相对位移，从而造成横向重影。平时注意保养机器，发现有磨损严重的轴承及时更换即可避免。

② 轴向传纸误差造成的重影。一般是由于叼纸牙轴的轴向窜动造成的传纸不准，产生重影。解决办法是调整滚筒叼纸牙轴两头紧圈和轴套端面的间隙。

③ 由荷叶边的纸张造成的重影。荷叶边的纸张由于纸边较长，在第一色印刷压力作用下向拖梢边挤压并逐渐向里靠拢，经第一色压印后进入第二色时，原先被第一色挤压合拢的纸张又释放开来，这种合拢和释放量都带有随机性，导致前一张残留在下一机组橡皮布的印迹和当前的印迹不能完全重叠，从而造成重影。这种重影大部分发生在第一色拖梢边的两角，中间没有，解决办法是对纸张进行晾纸处理，使纸张变得较平整再进行印刷。

④ 输纸台不平整引起的重影。对于单张纸胶印机而言，输纸台板的磨损，会导致输纸台输纸不平稳。当递纸牙把纸张叼住往压印滚筒叼牙输送时，由于输纸台板不平整，纸张也不平整，经第一色印刷后再转交传纸滚筒时，纸张恢复了平整度，这样会导致第一色和第二色印迹不能准确重合而引起重影。解决方法是更换输纸台板。

⑤ 串水或串墨辊轴向串动引起重影。生产这种重影现象的原因主要是着水辊或着墨辊与印刷之间的压力不正常引起的，因此，如果在多色胶印机上由于其中一根着墨辊与印版压力较轻，而其余的压力正常，由于串墨辊的作用，会导致着墨辊供给印版的墨迹不同，从而引起了重影。解决方法是重新正确地调整串水、串墨辊与水辊、墨辊之间的压力，调整水、墨辊与印版之间的压力。

（2）纵向重影　印刷过程中，生产纵向重影的原因主要有以下几个方面：

① 滚筒包衬不当，压力过大引起的重影。滚筒包衬不当，压力过大，表面线速度不一致，使滚筒之间产生过量挤压力，改变了橡皮布的挤压值。由于橡皮市挤伸变形位移量大，不能完全回复到压缩前的状态，造成油墨转移时出现重影。解决办法是合理调整印版滚筒和橡皮滚筒的包衬数据，使它们符合同步滚压的要求；在保证油墨转移的前提下，减轻印刷压力。

② 橡皮布绷得不紧而造成的重影。橡皮布绷得不紧，滚压过程中位移量大，并且不能依靠绷紧力复位，橡皮布绷得不紧有两种情况：一是整体绷得不紧，引起面积较大的重影；二是橡皮布裁切歪斜或装铁夹板时装得不好，致使局部绷得不紧而造成局部重影。这种重影多产生于拖梢部分，一般重影只产生于刚开始的几十张。解决办法是：如果橡皮布整体绷不紧，重新绷紧即可；如果局部绷得不紧，要检查是否橡皮布裁切歪斜或装得不好，找出原因并加以改正。

③ 印版没绷紧或印版裂开导致印版在运转过程中错位造成的重影，解决办法是绷紧印版，而如果印版已开裂，则需要换版。

④ 各色组之间定位交接的不准引起的重影。在多色机组，其套印的形式是湿叠湿，先印色往往在后印色的橡皮上留下淡淡的印迹，如果各色组在定位交接中稍有误差，就使先印色印迹位移，套印出现错位，形成重影。解决方法是检查各色组之间定位交接的准确度，如有误差要及时调整，发现部件磨损或松动现象，要及时调节修整。

⑤ 剥离张力过大引起的重影。在双色或多色机印刷过程中，因剥离张力大于叼牙的叼力，使纸张在压印滚筒叼牙中滑动，被微量拉出，由于每次拉出量不相同，在印下一色墨时，留在橡皮布上的淡淡的印迹不能与所印色墨相重合而产生重影。解决方法是检查压印滚筒叼牙是否磨损，以增加摩擦力防止纸张滑脱；另一个方面，调整降低前一色油墨的黏度。

⑥ 印版和橡皮滚筒齿轮间隙过大引起的重影。一般印刷机在正常的中心距内，滚筒的齿轮侧隙应控制在 0.15mm 以内，否则就会引起滚筒振动，尤其在印刷速度不稳定时，特别容易引起图文重影现象，且这种重影多是周向的。解决办法一是要检查滚筒中心距及印刷压力，二是要检查齿轮的磨损情况，必要时进行更换，以免影响产品质量。

⑦ 筒轴颈与轴套，偏心套与墙板孔的配合间隙过大，尤其是印版滚筒的配合间隙大，使滚筒在运转过程中产生振动，滚筒转动角速度不均匀，印版滚筒与橡皮滚筒每次不能在相同的位置上接触，印版上的油墨连续两次转移到橡皮滚筒不同的位置，出现重影。这类重影大多发生在印刷品的叼口部位。解决办法是使滚筒轴套的配合间隙最好在 0.01～0.02mm，超过 0.07～0.08mm 时需进行维修，以保证印刷机的印刷精度。

⑧ 滚筒合压不当引起的重影。滚筒离合机构的磨损或调节不当，合压时不能一次合足，经几次才能到位，由于每次的压力轻重不等，引起的压缩变形位移量也不相同，得到的印迹位置不一而引起重影。解决方法一是检查滚筒部件是否磨损或异常；二是调整滚筒离压机件，动作协调正确；三是减少二次合压中，第二次的转动角度，使过压量减少；四是滚筒压力太大时，需及时调整包衬厚度。

（3）A、B 重影　在多色胶印机上，油墨以湿压湿的方式叠印，理想的油墨转移应该是纸张在前一机组印刷的油墨留在后一机组橡皮布上的印痕，在纸张的同一部位完全重合。但在实际印刷中，因为各种原因，前一纸张留在后一色橡皮布上的墨迹，不能完全重合，便在后印纸张的网点旁边出现虚影。若第三张纸上的网点和第一张纸上的网点重合，便在第三张纸上留下同第二张纸上方向相反的重影，形成所谓的 A、B 重影。A、B 重影产生的原因是由印刷机引起的。现在的多色机多采用双倍径压印滚筒和传纸滚筒（图 5-23），如日本小森、德国高宝、曼罗兰等，发生上述情况多因一个滚筒上的两副叼牙的叼力不一致或磨损程度不同所致。海德堡的 CP2000 及 CD102，其传纸滚筒为三倍径的三角形气垫传纸滚筒（图 5-24），如果这类印刷机出现隔张套印不准或重影，可能是压印滚筒叼牙所致；如果出现隔两张有一张重影或三张三种重影状况，就需要检查传纸滚筒。解决办法：要按说明书要求，把两副叼纸牙垫和叼纸牙的咬力校正好。经常检查叼牙的工作状况，做到叼纸牙动作灵活，及时更换被磨损的牙垫，保证传纸精度。

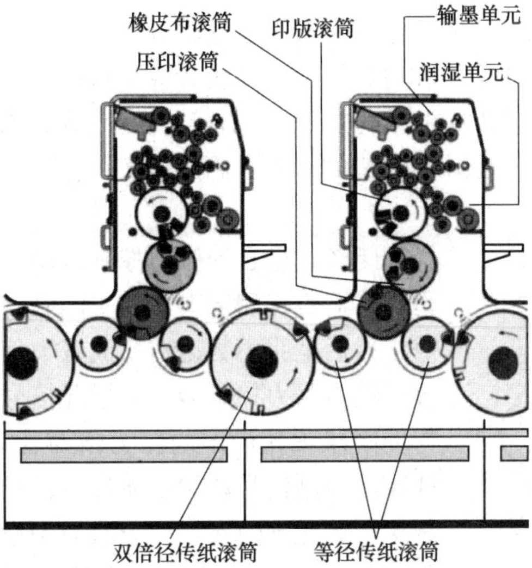

图 5-23　两倍径传纸滚筒的叼牙

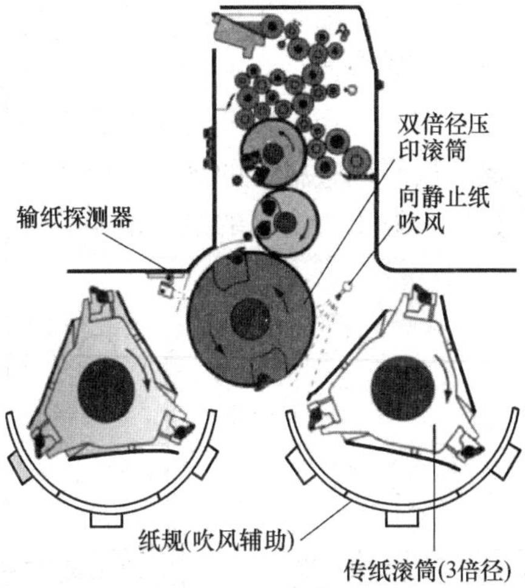

图 5-24　三角形气垫传纸滚筒的叼牙

## 三、卷筒料印刷的张力控制与套准

卷筒料印刷一般采用轮转印刷，如商业轮转印刷、彩色报纸印刷、凹版印刷和柔性版印刷等，由于给料方式不同，因此卷筒料印刷的套准与单张纸印刷机的套准有一定的区别，也就是说，卷筒料印刷的套准主要是印刷过程中的传送误差，不存在续纸误差。而料带在传送的过程中，除了印刷机因素之外，最重要的导致印刷套印不准的是料带的变形，料带的变形主要是与印刷过程中料带的牵引力大小控制有关。印刷机对料带的牵引力就是使带料的张紧力，即料带的张力，因此，料带张力控制与卷筒料印刷的套准控制的密切的关系。

### （一）卷筒料印刷的张力控制

为了实现卷筒料印刷工作的顺利进行，料带在进入印刷单元之前必须保持平整，料带表面的绷紧程度要求适中，即需要保持一定的张力。如果在印刷过程中，料带处于无约束的自由展开状态，则印刷工作无法进行，料带的印刷张力直接与印刷过程中图文印迹转移有关。

1. 料带张力控制原理

印刷过程中必须保持料带张力恒定不变，并且大小适当，料带张力太小或太大，都会造成料带张力不稳，出现套印不准，特别是在印刷速度变化较大时，如启动、刹车、换料等阶段，易造成张力不稳，影响套印精度。

卷筒料印刷机上的张力控制一般都采用张力自动控制系统来完成。张力控制是指能够持久地控制料带在印刷机上输送时张力的能力。这种控制对印刷机的任何运行速度都必须保持有效，包括印刷机的加速、减速和匀速。即使在紧急停车情况下，它也应有能力保证料带不产生丝毫破损。一般来说，印刷机张力控制基本上分手动张力控制、开环式半自动张力控制和闭环式全自动张力控制三大类，而手动张力控制系统已基本被淘汰。

开环式半自动张力控制又称卷径检测式张力控制，它是用安装在卷轴处的接近开关检测出料卷的转速，并通过所设定的料卷直径初始值和材料厚度，累积计算求得收卷或放卷筒当前的直径，以及相应料卷直径的变化输出控制信号，以控制收卷转矩或放卷制动转矩，从而调整料带的张力。此种张力控制不受外界环境的影响，因此能实行稳定的张力控制，但张力控制的绝对精度较差。

闭环式全自动张力控制是由张力传感器直接测定料带的实际张力值，然后把张力数据转换成张力信号反馈给张力控制器，通过此信号与控制器预先设定的张力值对比，计算出控制信号，然后通过自动控制执行单元则使实际张力值与预设张力值相等，以达到张力稳定目的。它是目前较为先进的张力控制方法，如图 5-25 所示。

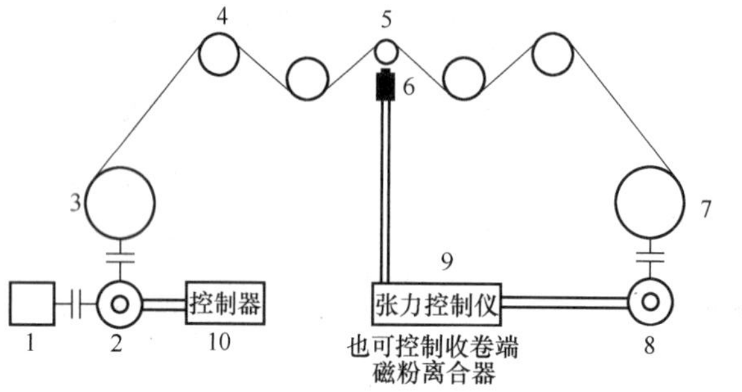


图 5-25　闭环式全自动张力控制系统工作原理

1—电机　2—传动机构　3—收卷芯　4—传动轮　5—张力检测辊　6—荷重传感器　7—放卷芯　8—磁粉制动器　9—自动张力控制仪　10—控制器

2. 料带张力控制的组成

目前，使用的卷筒印刷机需要进行张力控制的单元主要有四个部分：第一部分是从放料到放料牵引辊之间的张力控制；第二部分是从放料牵引辊到印刷单元之间的张力控制；第三部分是印刷单元之间的张力控制；第四部分是从收料牵引辊到收料之后各部，应注意对收料卷松紧、齐整、可靠等因素进行张力控制，这部分与第一部分的张力控制类似，在后面不再单独说明，如图 5-26 所示。

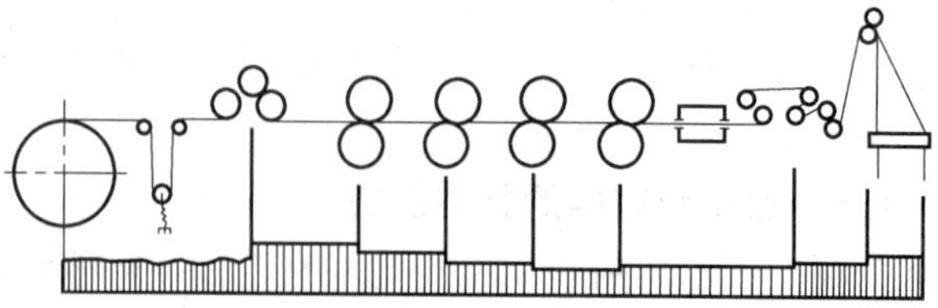

图 5-26　典型卷筒印刷机印刷张力控制点

（1）从放料到放料牵引辊之间的张力控制　从放料到放料牵引辊之间的张力控制主要是利用放料牵引辊的动作把料带以一定的速度和张力从放料单元拉出并送入印刷单元，这部分的张力要小于印刷单元的张力。印刷过程中，随着印刷的进行，料卷直径越来越小，如果是同样的驱动力，料带的张力会产生变化，所以要进行张力控制，这种张力控制由放料单元上的制动器完成张力控制，它是卷筒料印刷张力控制的起点。目前许多印刷机上料卷的制动都采用磁粉制动器生产的制动力矩来达到制动目的的，如图 5-27 所示。

(2) 从放料牵引辊到印刷单元之间的张力控制　从放料牵引辊到印刷单元之间的张力控制主要是通过一组牵引副组成的机构来完成的。这组牵引副采用了包括一根钢滚和一根（两根）橡胶压辊组成，其中钢滚是主动滚，由独立马达驱动，并可进行无级变速，而橡胶压辊的离合压调节是由气动系统控制。牵引副与卷筒印刷机上的浮动辊构成了高度灵敏的张力闭环控制系统。在这个单元中，短行程和高灵敏度的浮动辊将信号反馈给传动控制系统，由中央计算机分析料带的张力，并相应地调节钢滚马达的转速，从而实现对张力的自动控制。

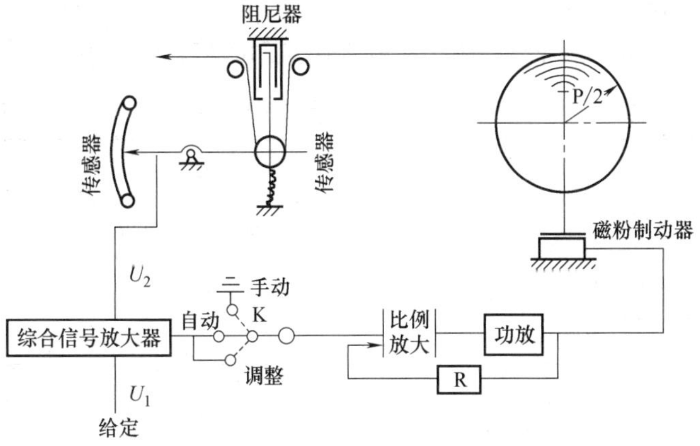


图 5-27　磁粉制动器工作原理

收料牵引辊与放料牵引辊的组成一样，对从收料牵引辊到收料之后各部之间的张力控制原理也相同。

在凹版印刷中印版滚筒的直径会随着产品的尺寸而产生变化，而牵引辊的直径是固定不变的，因此进料单元与出料单元的牵引都采用传动，从而达到自动调节速度的目的。

(3) 印刷单元之间的张力控制　正常情况下，料带从第一单元进去到印刷机最后一个单元出来表面应平整无波动，但实际工作中并非如此，而是有不同程度的跳动，除与放料牵引单元与收料牵引单元两者设定张力控制有关外，如果印刷机机构位置关系正确，误差也会因料带在印刷过程中印刷压力和干燥下伸长或缩短引起，所以要进行印刷单元之间张力控制。一般可以通过调节放料牵引副和收料牵引副两辊之间的夹紧力的调节来控制印刷单元之间的张力。

对于卷筒纸胶印，这部分张力控制稍有不同，由于印刷单元之间张力控制一般是通过调节印刷滚筒包衬和印刷用水量来控制张力的，对商业轮转印刷机，除此之外，还要调节烘干部分、冷却装置和折页装置三部分的张力控制。

3. 印刷张力的设定

印刷张力是卷筒料印刷工艺的重要参数，印刷张力是根据承印的宽度、厚度及材料本身的特性（如拉伸性、蠕变性、干燥温度下的稳定性等）来设定。印刷张力过大，材料易延伸，难以控制印刷套准；印刷张力太小，材料表面松弛，料带会不规则的走动，亦无法进行印刷套准。

对于商业轮转印刷机（如 M600），从放料到放料牵引辊之间的印刷张力设定为：200＋纸张定量，如定量为 $60g/m^2$ 的轻涂纸浮动张力应设定为 260N，而从放料牵引辊到印刷单元之间的张力根据经验可设定为：50＋[纸张定量（$g/m^2$）×纸张幅面（mm）]/120，如使用定量为 $60g/m^2$、幅面为 880mm 的轻涂纸，其张力可设为 490N 左右。

表 5-2 所示是凹版印刷常用承印刷材料的牵引张力的设定数据，数据仅供参考。

表 5-2　凹版印刷常用承印刷材料的牵引张力　单位：N

| 材料宽度 / 张力值 / 材料种类 | 600mm | 700mm | 800mm | 900mm | 1000mm |
|---|---|---|---|---|---|
| BOPP19 | 60 | 70 | 75 | 80 | 85 |
| BOPP28 | 65 | 75 | 80 | 85 | 90 |
| BOPP38 | 70 | 80 | 85 | 90 | 95 |
| ONY15 | 75 | 85 | 90 | 95 | 120 |
| PET12 | 80 | 90 | 100 | 110 | 120 |
| $80g/m^2$ 铜版纸 | 100 | 105 | 110 | 120 | 130 |

对于凹版印刷机放料张力比进料张力低 30N，进料张力与牵引张力小 10～15N，收料张力是牵引张力的 30%～40%。

每部分张力设置都不是绝对的，应根据料带的印刷适性及时做出相应调整，在保证走料顺畅、套印准确、后加工各工序稳定的前提下，料带张力越小越好，因为料带变形越小，越利于印刷套准。

**（二）影响卷筒料印刷张力的因素**

在卷筒料印刷过程中，使料带的张力产生波动和变化的因素往往比较复杂，但其主要影响因素大致有如下几个方面：

（1）卷筒料印刷机料卷在收、放卷过程中，收卷和放卷直径是不断变化的，直径的变化必须会引起料带张力的变化。放卷在制动力矩不变的情况下，直径减少，张力将随之增大。而收卷则相反，如果收卷力矩不变时，随着收卷直径增大，张力将减少。这是凹印机的固有特性所决定的，也是引起料带张力变化的主要因素之一。注意收卷只有凹版印刷机和柔性版印刷存在，对卷筒胶印来就，一般只存在放卷情况，印刷完成之后大都是折页。

（2）卷筒印刷机各主要构件如底座、墙板、导辊等的制造精度和装配精度存在偏差。例如底座组装的平面度和直线度，墙板与底座组装的垂直度以及各版辊、导辊组装的水平度和它们相互之间的平行度，它们各自的跳动量偏差，质量动静平衡偏差等，都要求十分严格。否则料带在版辊和众多导辊上运行时，料带上的张力就会随之发生微小变化。最终就会反映到整台机上，导致张力产生无规律变化。另外，印刷机主传动系统中的各齿轮、减速箱应做到无间隙精密传动，确保各印刷单元的版辊同步运转，如果印刷过程中引起传动同步误差，也势必使各印刷单元的张力产生变化。

（3）料带内在材质的不均匀性。如材料弹性模量的波动，材料厚度沿宽度、长度方向变化等，料卷的质量偏心，以及生产环境温度、湿度变化，都会对整机的张力波动带来微妙的影响。

（4）卷筒料印刷机在不停机自动接换料过程中，接料和断料都会使整机原已稳定的张力突然产生干扰变化。设备运行速度愈高，干扰就愈大。此时，张力控制系统应当能迅速地根据料带张力干扰情况自动地随机进行调整，使张力及时地恢复原来的稳定状态。

（5）走纸速度与印版滚筒表面的线速度一致。如果走纸速度与印版滚筒表面的线速度不一致，就会导致印版与纸张之间产生相对滑移。但印刷机的速度不能过低，否则会出现爬行现象。一般印刷速度是机器允许最高速度的85%左右，且工作时要求速度平稳。在印刷过程中印刷压力一定要合适，如果印刷压力过大，齿轮在运转过程中会产生较大的冲击震动，机速越高，震动越大，则会引起套印不准。

**（三）卷筒料印刷的套准**

1. 自动套准控制系统

料带在进行多色印刷过程中，尽管在印刷机上为了保证套印精度，都具有不同的料带印刷张力控制系统，但印刷过程中的可变因素复杂，往往易产生套印偏差。印刷机由于线速度快，张力难以恒定，加上导辊、压辊接触产生的滑动，基材的质量、干燥通道温度，工作环境的温、湿度等诸多因素的影响，各种印刷机各单元的张力变化等，都会使承印物产生细微的变化，变化导致套印偏差，并且具有连续性，所以必须不断地监视，修正偏差。于是，在高速卷筒料印刷机全部采用于自动套印控制系统，如图5-28所示，它具有自动修正的功能，在过去的印刷机上也有采用手动控制套准的方法，目前很少使用。

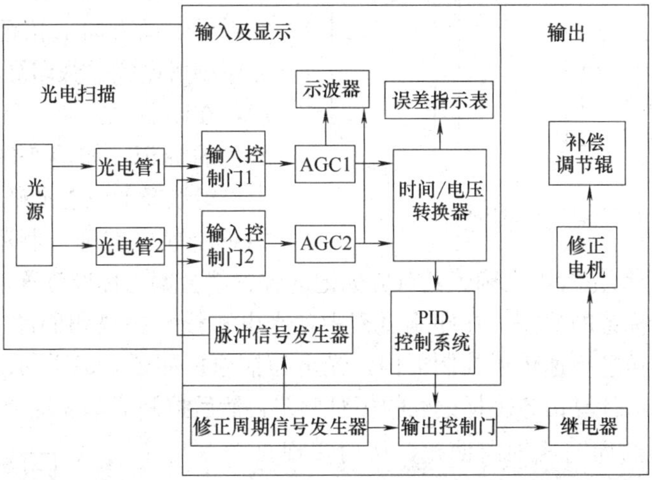


图5-28　卷筒料印刷机自动套印控制系统原理

自动套准控制系统主要由检测系统、计算机控制系统和执行机构组成，如图5-29所示。检测系统通过检测套印标记、整理信号，得到套印标记信号，再由计算机控制系统将标记信号变成驱动伺服电机的脉冲信号，最后通过伺服电机调节印刷机版滚筒的转速和运转方向，实现图文的周向和轴向调整，从而形成一套完整的自动监控和修正误差的工作系统。

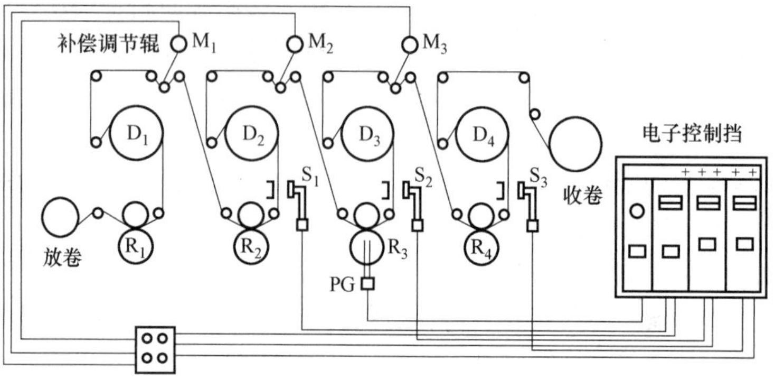


图 5-29　卷筒料印刷机自动套印控制系统原理

R—版滚筒　S—光电扫描头　M—控制马达　D—干燥装置　PG—脉冲发生信号装置

要实现卷筒料印刷机的自动套准控制，一般需要完成以下几方面的工作：

首先，需要制作自动套准控制的标记。套准标记的制作就是在印前制版时在单色印版上分别制作出包含不同的套准标记，这些标记设计成一定宽度和高度的水平或竖直，按照一定的距离排列，比如选定印刷机某机组的滚筒为基准滚筒，在这根滚筒的印版边缘上，印上两个标点作为参考标记，在其他轴的印版边缘上，印上一个标记，不同颜色印版上的标记位置也是不同的，印刷色序相邻的两个印版上的标记在料带走动方向上相距一个固定距离。在印刷机印完一张印品的最后一个颜色后，在印品的边缘上会出现一系列不同颜色的标记，如图 5-30 所示。如果各个机组滚筒的位置准确的话，各标记的相对位置也准确（制版时设定的固定值）。如果某个滚筒位置不准确，其对应标记的位置就会偏离标准位置。

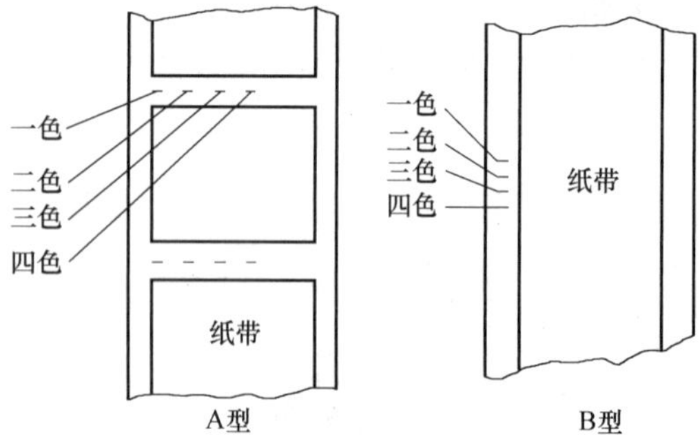


图 5-30　印刷套印标记

其次，套准标记的检测。在印刷过程中，光电扫描头扫描印刷品上的套印检测标记，将标记图像信息高速传于控制器内，光电扫描原理如图 5-31 所示。然后利用图像识别和处理技术，计算出各个标记点的相对偏差，然后控制器基于这个偏差来调节驱动电机，调整相应的周向或轴向偏差，从而实现自动套准功能。例如第 2 色套印检查标记如向前或向后于第一色套印检查标记，就会发生脉冲的相对时间参差不齐，于是立即通过电子控制装置启动调节电机，同时报警提醒，使第一色和第二色之间的套印调节辊稍微移动，校正套印的误差。

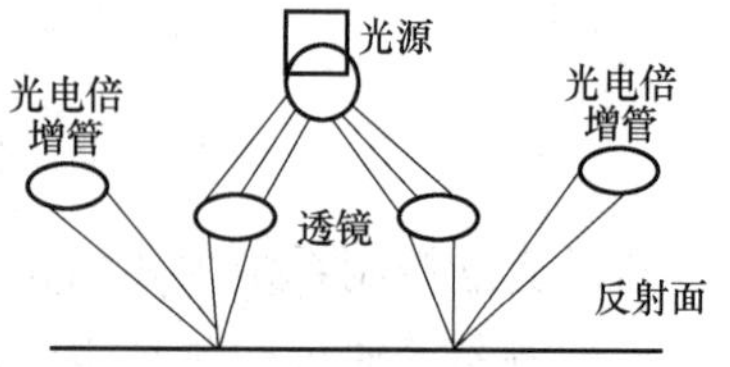


图 5-31　光电扫描原理

当然要实现套印标记的检测，还需要印刷人员根据工作活件的特性等信息来进行程序设定（操作控制台上完成），信息包括套准标记在纸带上的位置、印刷的标记规格、色组单元的分配、套准标记和电机的分配等信息，印刷时开始追踪纸带上的每一个自动套准标记，系统利用扫描获得的数据显示印刷套准标记的位置和质量，然后系统就可以决定哪一个印刷色组需要调整（超出套准误差范围）。印刷作业人员可以在自动或手动调节模式下，在印刷操作控制台进行套准校正调节。

最后，套准过程的维持。当所有的套准标记都整齐排列在适当的位置上就达到了理论上的完全套准，如图 5-32 所示。标记从左至右的全部排列整齐被称为横向的完全套准，同理，标记从上至下的全部排列整齐被称为周向的完全套准。

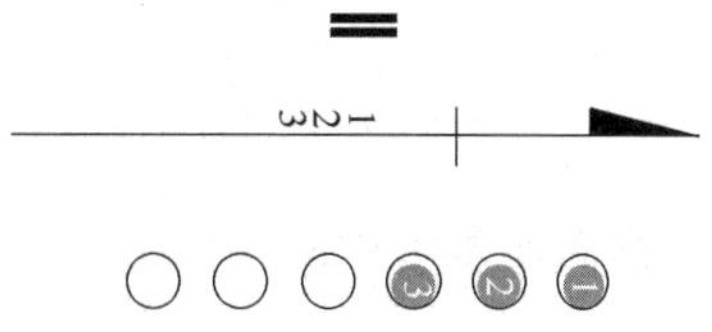

图 5-32　印刷完全套准标记

2. 卷筒料印刷套准调节

在卷筒料印刷中，印刷套准调节实际上就是对卷筒料料带长度的调节。料带长度的调节包括了料带的纵向调节和横向调节。

（1）料带的纵向调节　所谓料带的纵向调节是指沿料带运动方向进行调节，而料带纵向套准误差的调整有两种方式：一种是改变各色机组之间纸带通路的长度以调整纵向印刷位置，另一种是通过对各印版滚筒周向调节来实现纵向套准误差的调整。

① 改变料带在两印刷机组之间路径长度的方法就是在印刷机组之间设置调节辊，调节辊位于两印刷机组之间，如图 5-33 所示为胶印轮转印刷机上的，调节其位置，就可以改变料带在两印刷机组之间行进的路程。当料带在印刷过程中拉伸时，调整调节辊的位置，使调节辊发生位移，使料带运动路程的变化与料带拉伸量相同，这样就可保证各印刷机组之间的套印准确。

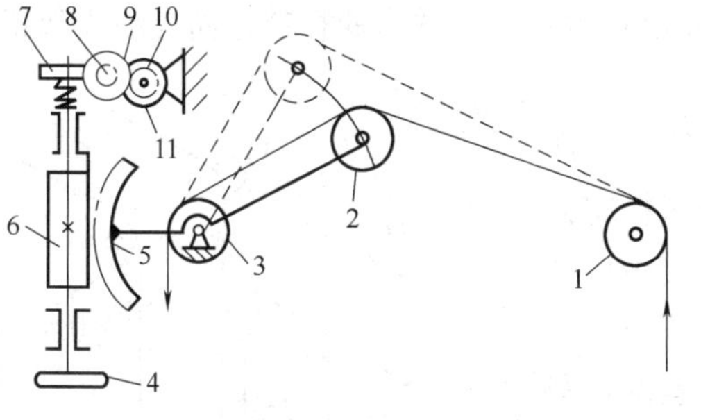


图 5-33　料带路径纵向调节原理

1、3—导纸轮　2—调节辊　4—手轮　5—扇形蜗轮　6、8—蜗杆　7—蜗轮　9、10—齿轮　11—电机

② 对各印版滚筒周向调节来实现纵向套准误差的调整，也有两种方法。

一种是通过改变印刷版滚筒的直径大小的方法，即下一个印刷机组的印版滚筒的直径比上一个印刷机组的印版滚筒直径稍稍增大一些，经验值为 0.05～0.1mm，这种调节方法一般用于卷筒料凹版印刷中。而在多色胶印中则是采用累进包衬法，即使第一色橡皮滚筒包衬稍稍小于理论包衬的设定值，而印版滚筒包衬稍稍大于理论值，后面的色组则逐级增大橡皮滚筒的包衬厚度，而逐级减小印刷滚筒的包衬厚度，这种方法是利用印刷滚筒直径的变化以增加印刷图文印迹的长度从而达到套准，同时在不失去印刷压力条件下保持了料带的印刷张力。

另一种方法是印版滚筒周向回转角度调节实现套印误差的调整。这种调机构是利用印版滚筒的圆周方向进行调整，即使印版滚筒圆周方向转动的弧长与料带的伸长量相等，从而达到印刷版滚筒上的套准标记与印张上的套准标记重合，实现印刷的套准，即通过锥齿差动纵向自动调节机构来完成，锥齿差动纵向自动调节机构如图 3-34 所示。

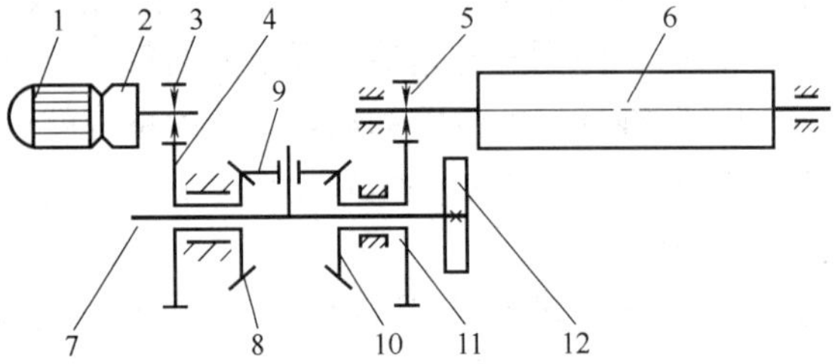


图 5-34 锥齿差动纵向自动调节机构

1、3—导电机 2—减速器 3、5、12—齿轮 6—印版滚筒

7—系杆轴 4、8、10、11—双联齿轮 9—锥齿轮

（2）料带的横向调节 料带的横向调节是指垂直于料带运动方向进行的调节，一般地，正常运动的料带在横向要比纵向稳定很多，但也会由于料带内部的应力、张力的波动和安装的精度等原因，常常也会导致料带发生横向偏斜现象，也称跑偏现象，从而影响了横向套准的准确性。在卷筒料印刷中，料带的横向调节大都采用纠偏装置来实现，横向纠偏工作原理如图 5-35 所示。

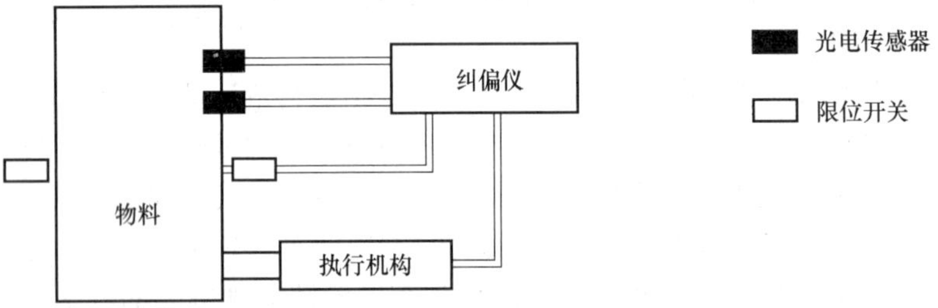


图 5-35 横向调偏工作原理

印刷机上的纠偏装置一般都由传感器、控制单元和纠偏机构组成。传感器通常采用气动式、光电式和超声波式三种传感器，光电式常用于不透明的料带，而气动式和超声波式的传感器可用于各种材料的检测。

纠偏装置一般都安装在卷筒料印刷机第一个印刷机组之前，对于带有联线加工设备的卷筒料印刷机，都需要有印后导向装置，这是因为联线印后加工通常需要与印刷为基准。印后纠偏装置一般安装在收料单元之后，以印刷的色标作为参考基准，料带横向调节装置如图 5-36 所示。

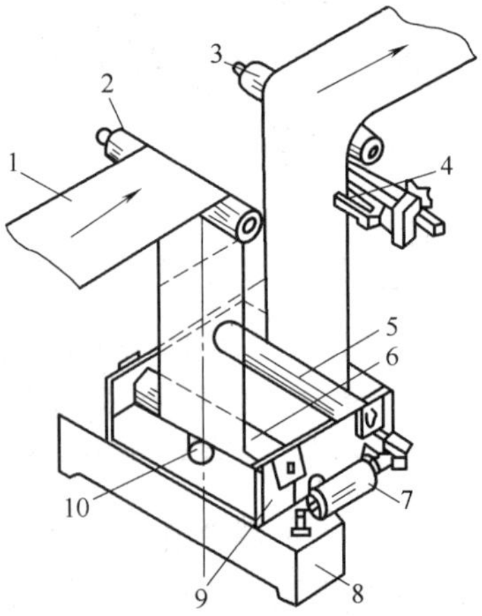


图 5-36 料带横向调节装置

1—纸带 2、3—导纸辊 4—传感器

5、6—调整辊 7—气缸 8—机架

9—纠偏架 10—支承架

一般说，卷筒料印刷机上的导向装置一般有三种不同的作用，第一种作用是料带与印版滚筒之间保持确定的相对位置；第二种作用是使料带与印后加工单元保持相对位置；第三种作用是两个料带之间的相对位置。

（3）纸带松弛的处理 在纸张的印刷中，由于纸带吸水变形不匀和纸带两边印刷部分没吸水，常引起纸带中间松弛。纸幅越宽，松弛越严重，从而影响套纸精度，特别是在印刷机组距离较远和纸幅较宽时，影响更大。为了解决套印问题，常常在机组之间增加调整轮，如图 5-37 所示。由于纸带表面的油墨没有干燥，很容易导致图文上脏，目前大都采用向纸面吹气方法来解决纸张的松弛问题，如图 5-38 所示。吹气的位置和压力的大小，根据纸带情况和需要进行调整。

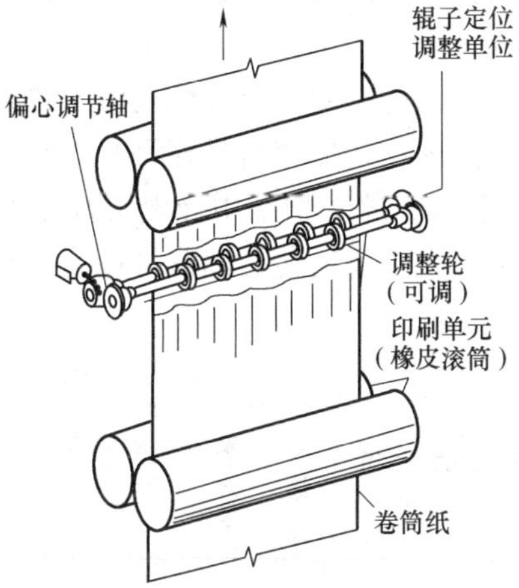


图 5-37　纸带松弛调整轮

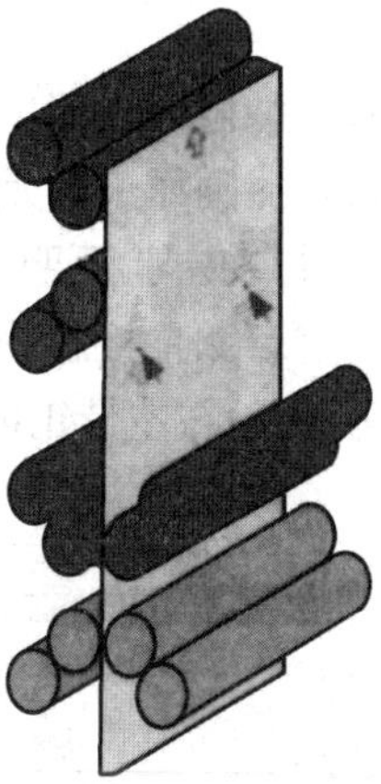

图 5-38　纸带松弛调节吹气机构

## 第四节　印刷过程中的静电

一般而言，由于固体面与固体面间或固体与液体面间的接触、摩擦、撞击，或者由于固体的断裂、液体的破碎，都能导致固体表面或液体表面静电的发生。这样的机械作用是始终贯穿于全部印刷过程之中的。因此，在承印物、油墨、橡皮布、滚筒、墨辊乃至整个印刷机上，表面都可能带有相当数量的静电，这些静电的出现给印刷过程带来许多危害。

在印刷过程中由于机械作用而使液体带有静电的现象，主要表现在油墨的分裂和雾散的过程之中。本节讨论印刷过程中由于机械作用而使固体（包括承印物、橡皮布、滚筒、墨辊等）带电的问题，包括带电的机理、对印刷的危害以及消除的措施。

### 一、带电的机理

#### （一）静电概述

静电是指分布在电介质表面或体积内，以及在绝缘导体表面处于静止状态的电荷。静电现象是一种常见的带电现象，在工业生产中也较为普遍。一方面人们利用静电进行某些生产活动，例如应用静电进行除尘、喷漆、植绒、选矿和复印等。另一方面又要防止静电给生产带来危害，例如化工、石油、纺织、造纸、印刷、电子等行业生产中，传送或分离中的固体绝缘物料、输送或搅拌中的粉体物料、流动或冲刷中的绝缘液体、高速喷射的蒸汽或气体都会产生和积累危险的静电。静电电量虽然不大，但电压很高，容易产生火花放电，从而引起火灾、爆炸或电击。为了防止静电危害，印刷企业必须做好静电安全工作，开展安全教育和培训，使职工懂得静电产生的原理和静电的危害，掌握防止静电危害的措施。

**（二）静电产生的机理**

静电的形成是十分复杂的过程，与许多因素有关。目前还没有统一解释静电的理论，只有一些假说，这些假说的共同之处是双电层的形成。物质接触起电是最流行的假说。

按照这种假说，静电是由于原子力和分子力在两种不同物质接触表面上的不平衡性而发生的，伴随而来的是物质电子或离子的重新分配，并形成符号相反的双电层（每个表面上一层）。实验证明，正电荷聚集在两种接触（摩擦）物质中介电常数较大的那一种的表面上。如果接触物质介电常数相同，则不产生正负电荷，部分材料的静电序列如图 5-39 所示，靠左带正电，靠右带负电。

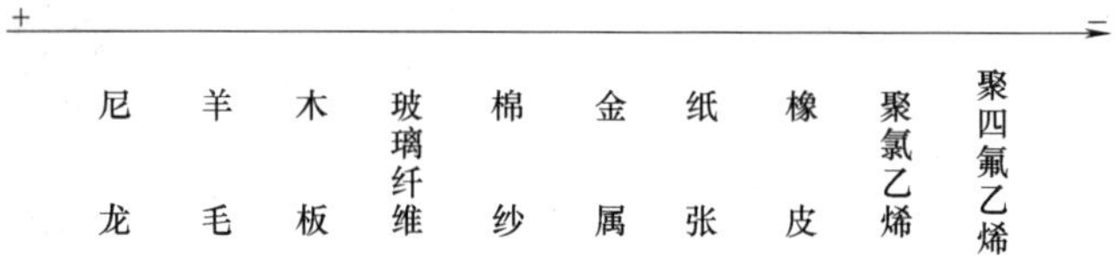


图 5-39　部分材料的静电序列

物质接触起电是在不同金属，金属与半导体、电介质以及非金属物体（例如两个半导体或电介质、电介质与半导体）接触的情况下产生的。接触电位差的值差异很大，这个值取决于接触表面的电气性能、表面状态、它们之间的压力，也取决于环境湿度和温度。表面分离时，每个表面保留自身的电荷。因此，在物质变形、分裂（喷射）时，在两层处在接触中的物体、液体层或粉体物料相对位移时，以及在物质剧烈搅拌、结晶、蒸发时，均会产生静电荷。

另外，冲击和断裂现象、含有电偶极子的中性分子表面取向、摩擦时的压电现象、接触面上电解液的形成以及其他过程也会产生静电。

静电对地电压可达上千伏，有时甚至达几十万伏，静电的电流强度通常是微安级的，约为 $1\times10^{-7}\sim1\times10^{-6}$ A。

积累危险静电的可能性取决于起电强度，同样也取决于电荷消散的条件。工艺设备中电荷发生的强度，是由被加工的物料和制造设备所用的材料的物理化学性质以及工艺过程的参数决定的。电荷的消散主要取决于被加工的物料、周围的介质和制造设备所用材料的电气性能。实验证明，静电能否积聚，与物质的电阻率有很大关系。电阻率大，导电性差，静电荷易积聚；电阻率小，导电性好，则静电荷容易消散。

如果表面任何一点测得的面电荷密度、电场强度或电位的最大值不超过该种带电物质和该种介质允许的极限值，则物质表面带电程度算是安全的。

在物质表面电荷的最大能量不超过周围介质最小引燃能量四分之一的条件下，相应的面电荷密度、电场强度或电位的数值看做是允许的极限。

**（三）印刷过程中材料的带电**

众所周知，印刷包装行业所用的材料，如纸张、塑料、油墨、黏合剂、导辊（部分经阳极处理生成氧化铝）都是绝缘体；印刷、复合、复卷、分切等工艺又是高速进行摩擦、接触、分离的“表面”工程。而不同种类的绝缘材料在快速摩擦、接触、分离过程中，具有较强吸附电子能力的材料由于获得电子而出现负电荷，而另一种材料由于失去电子而带正电荷。静电的产生主要与绝缘材料的化学组成、分子结构、力学特性、光洁程度、电性能以及环境温湿度、外界机械作用情况如接触压力、摩擦分离的速度等因素有关。薄膜的种类、接触类型、接触时间、接触面积、分离速度不同，产生的静电放电时间以及电压不同。如电性能越好的材料静电强度越大；相同材料间也易产生静电，例如当把两块密切接触的塑料材料如聚乙烯薄膜迅速分开时，瞬间产生的静电可达10000V以上。此外，不含水分的液体和气体也容易带上静电。

印刷材料中的纸张、塑料、油墨、印版等对电子的亲疏特性各不相同，且印刷过程中很大的印刷压力使它们紧密接触，又有很高的印刷速度使它们迅速分离，完全具备静电产生的条件。因此印刷过程中，极易产生成千上万伏的静电积累并放电。特别是纸张、塑料材料在制造过程中，由于粒料之间、熔体与螺杆、料筒、模口（模唇）之间的摩擦、收卷时和导辊摩擦都会产生静电积累，静电来不及逸散就被销售到包装印刷厂，在印刷、复合等加工前就带有静电，为静电持续积累并放电提供了条件。

塑料材料带电的规律是：功函数大，则易带负电；功函数小，则带正电。常见的材料中，功函数由大到小的顺序依此为：PP、PE、PS、PVDC、PET、纸、Al（铝箔）、PA，即PP、PE极易带负电，PET、纸、Al（铝箔）、PA极易带正电。

## 二、印刷过程中静电的危害

印刷是着眼于物体表面状态的技术，静电现象也主要表现在物体表面，两者间的关系自然是十分密切的。静电现象对于印刷的影响也具有双重性质，有可以利用的一面，也有危害印刷正常进行的一面。这里只介绍静电现象对于印刷的危害。从上面印刷过程中材料的带电中可以看到，参与印刷过程的几乎所有物体都带有静电。

首先是承印物表面带电，例如纸张或用于特种印刷的聚乙烯或玻璃纸。纸张带电危害是多方面的，可能因相互吸引造成纸张间的粘连，可能相互排斥造成收纸不齐，这都使印刷操作变得困难；可能吸附纸屑或其他杂质，影响印刷品的质量；严重时甚至可能由超高电位导致空气放电，造成电击或起火。与纸张相比，聚乙烯、玻璃纸等承印物的静电现象更为严重，由于聚集的电荷量很大，电击和起火更容易发生。此外，如果带有电荷的油墨，在移动中放电，便可能在印刷品上出现“静电墨斑”，如图5-40（a）所示。如果带有电荷的油墨，在印刷品上线条的边缘放电，便可能于此处出现“墨须”，如图5-40（b）所示。如果印刷品的图文部分吸附了杂质尘埃，便可能造成印刷品“发花”。所有这些无疑都损害了

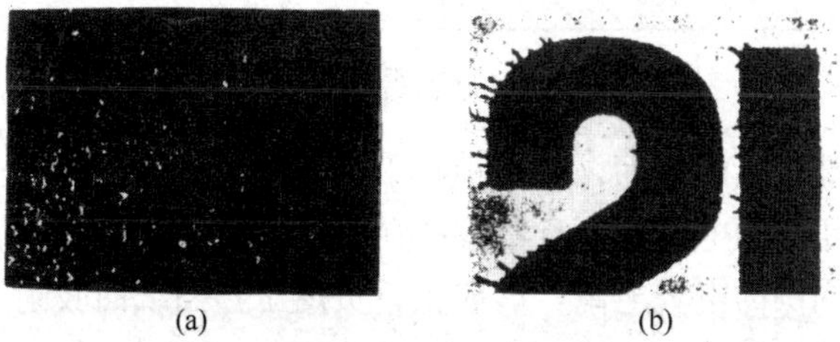

图5-40　印刷静电墨斑

（a）静电墨斑　（b）墨须

印刷品的质量。静电在特种印刷中引起的危害更是值得重视的。

由于静电的影响，纸张在输纸线带上位置歪斜，到达收纸台时不易下落，在收纸台上纸张互相吸引而贴合在一起，齐纸装置无法将其理齐，这将给下工序折页工作带来一定影响。由于纸张相互粘贴，经常产生双张故障。纸张在输纸板上不易行走，还会引起前规故障，造成套印不准，产生重影、图文发花等现象。另外，带有静电的纸张吸附了很多杂质和粉尘，使得印品墨迹不清。

油墨的带电和纸张的带电在许多场合是分不开的，上述现象即是这样的例子。除此而外，油墨会因带电而雾散，造成对印刷品和印刷环境的严重污染，也可能引起油墨溶剂着火或通过油墨电击操作人员。

印刷机，特别是高速印刷机，许多部件都会因高速运转中的强摩擦作用而产生大量的静电，消电装置不甚完善的老式卷筒纸轮转印刷机，在高速运行时，印刷机上某些位置的电压有时高达15000V，电流也有100$\mu$A左右。如此强大的电压和电流对于印刷过程的影响是错综复杂的，危害也是相当严重的，特别是直接威胁操作人员的安全。

## 三、消除印刷过程中静电的方法

消除静电的方法和装置很多，应用于印刷的有下述几种。

最简单的消除静电的办法是“接地”，即把金属导体与大地作电气连接，使它与大地等电位，电荷便经大地而泄漏。这种方法对于绝缘体几乎没有效果。如果有两部印刷机邻近，虽然它们各自都有导线接地，但因电荷泄漏的程度有所不同，它们之间仍然有可能有电位差，为避免彼此放电，也要用导线把它们连接起来。

消除静电的装置叫做静电消电器，常用的有：电晕放电式消电器、放射线式消电器和自激式消电器。以电晕放电式消电器为例，它是将空气电离，产生出正、负离子，通过把极性相反的离子驱向纸面，中和掉所带的电荷，达到消除静电的目的。图5-41是自感式消除静电的原理图。图中的金属针，排列成行，组成排针，并与地导通。把排针的针尖对准带电的纸面，放在距离纸面约0.5cm的位置。这样，排针上瞬即感应出和纸面静电相反的电荷，而且都集中在针尖上，此处电荷密度极大，电场很高，因而产生电晕，使周围的空气电离，形成正、负离子，当纸面吸附了和自身所带电荷相反的离子后，静电就被消除。

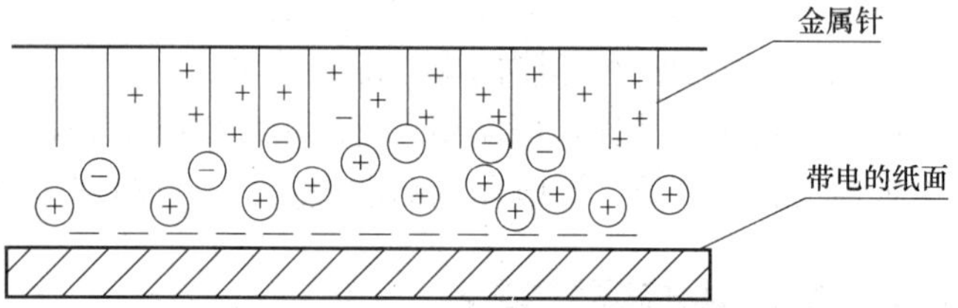

图5-41　自感式消除静电的原理图

用同位素放射器消除印刷静电，同位素放射器与静电消除器消除静电的原理基本相同，都是把部分空气分子电离成为离子。因离子带有不同的电荷，承印材料通过离子空间时，所带静电电荷的一部分会被中和，这样就达到了消除静电的目的。

消除静电的另一个简便易行的办法是控制印刷环境的相对湿度。纸张的表面电阻和空气相对湿度的关系如图 5-42 所示，表面电阻随着空气相对湿度的增大而减小。因此，增加空气的相对湿度，可以提高纸张表面的电导率，加速电荷的泄漏。在印刷车间，温度若为 20℃左右，相对湿度在 65%上下是合适的。如果纸张在印刷前带有静电，就应该在其充分调湿后再行印刷。

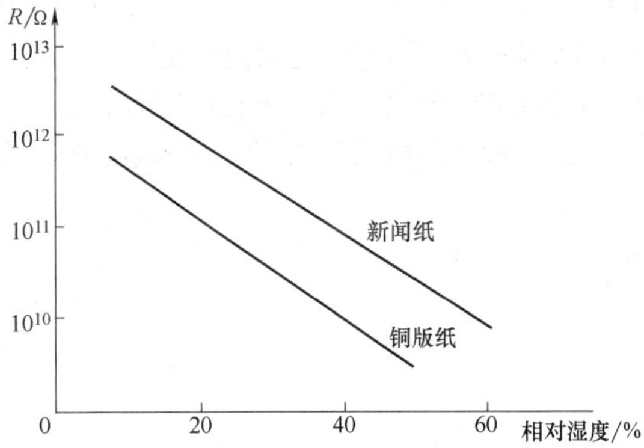


图 5-42　纸张的表面电阻和空气相对湿度的关系

化学消除法一般是在承印材料表面涂上一层抗静电剂，使承印材料导电成为稍微导电的绝缘材料。化学消除法的应用受到很大局限，例如印刷纸张在造纸时加入化学成分时，很可能会对纸张的品质产生不良影响，如降低纸的强度、附着力、紧密度、拉力等，因此化学消除法一般不大使用。

综上所述，静电给印刷效率和质量造成不良的影响，也增加纸张的损耗。所以，正确了解和认识印刷静电，并采取相应的措施加以克服和消除，才能确保印刷的顺利进行，达到提高生产效率和质量的目的。

## 思　考　题

1. 油墨叠印率如何表示？三原色油墨选用何种滤色片进行油墨的主密度测量？

2. 要提高四色胶印油墨的印率，应该注意哪些问题？

3. 印刷色序的安排应该按照什么样的原则进行？其目的是为什么？

4. 在油墨的叠印中，油墨的干式印与湿式叠印有何不同？

5. 用 A、B 两种胶版纸在双色印刷机上进行印刷，色序为先印青后印品红油墨，用绿滤色片测的密度值如下表所示，请判断哪一种叠印效果好？

| 密度值 / 纸张 | $D_C$ | $D_M$ | $D_{C+M}$ |
|---|---|---|---|
| A 种胶版纸 | 0.04 | 1.02 | 0.65 |
| B 种胶版纸 | 0.07 | 1.12 | 0.85 |

6. 你认为单张纸胶印机与卷筒纸胶印机在印刷品的套准方面有哪些不同？

7. 印版安装到滚筒上会产生哪些变形？印版的弯曲变形与哪些因素有关？在印刷中需要注意什么问题？

8. 简述由印刷同印刷机械引起套印不准的原因。

9. 什么是重影？重影有哪几种，试分析产生重影的原因？

10. 某印刷机的印版滚筒直径为 300mm，若印刷图文的包角为 270°，在印版包衬标准的条件下减少 0.08mm，试计算图文印迹的变化量是多少，如果要使图文印迹减少 0.35mm，问印版滚筒的包衬应如何变化？

11. 引起卷筒料印刷机张力不稳的因素有哪些？

12. 印刷过程中的纸为什么要进行调湿处理，有哪些调湿处理的方法？哪一种方法最好？

13. 静电对印刷有哪些危害？如何消除静电？

# 第六章　数字印刷

20世纪70年代，尤其是进入21世纪以来，计算机技术、网络技术、数字技术、新媒体技术以及材料科学技术等都在不断发展进步，这些新技术在印刷领域的广泛应用，产生了以数字技术为基础的印刷。传统的平、凸、凹、孔印刷方式，都需要将印刷图文信息制作成相应的印刷版，在印刷压力作用下，将图文信息转移到承印材料上，这类印刷方式通常被称为模拟印刷。将经计算机印前处理得到的数字页面，在系统软件控制下，通过数字印刷机直接输出到承印材料上的印刷技术则被称为数字印刷。从技术层面看，数字印刷是将数字文件直接输出成印刷品的技术。数字印刷技术由三个要素构成，即需要印刷的数字图文信息（通常意义上的原稿）、能够运用数字技术进行控制的控制系统及实施印刷的工艺技术与方法、可以接受数字图文信息并进行印刷作业的印刷设备。由于数字印刷工艺流程中印刷图文信息的传递均以数字信息的形式进行，因此，数字印刷可以实现可变数据印刷和按需印刷。

根据成像技术的特点，数字印刷可以分为静电照相成像、喷墨成像、电凝聚成像、磁记录成像、热成像等印刷方式。目前，静电照相成像和喷墨成像数字印刷技术成熟度较高，应用也较为广泛。

## 第一节　静电照相数字印刷

1938年，卡尔逊（C. Carlson，美国）发明了干式复制技术（即现在的静电照相技术），并申请了第一份关于静电照相技术的发明专利，于1940年提出了静电复印机的原型。1948年，Haloid公司（美国，现Xerox的前身）利用卡尔逊的专利技术，推出了第一台以硒（Se）为光导体的静电复印机。1959年，施乐（Xerox）公司的Xerox914型自动静电复印机投放市场。20世纪60年代，开始用有机光导材料替代无机材料Se（目前复印机、打印机及静电照相数字印刷机使用的绝大多数为有机光导材料，但人们仍习惯性地称为“硒鼓”）。

### 一、静电照相成像基本原理

静电照相成像方式数字印刷是利用静电照相成像基本原理进行的，主要利用光导体在黑暗中为绝缘体，在光照条件下电阻值下降的特性，如硒半导体，曝光前后电阻值可相差1000倍以上。把这类材料涂敷到圆筒形鼓上，称为感光鼓。感光鼓是静电照相复制技术的关键部件。

静电照相成像的基本原理是用激光扫描的方法在光导体上形成静电潜影，再利用带电呈色剂实现潜影的可视化（显影），最后将呈色剂转移到承印物上形成图文即可完成印刷。

静电照相成像过程一般分为充电、曝光、显影、图文转印、清洁等步骤，如图 6-1 所示。

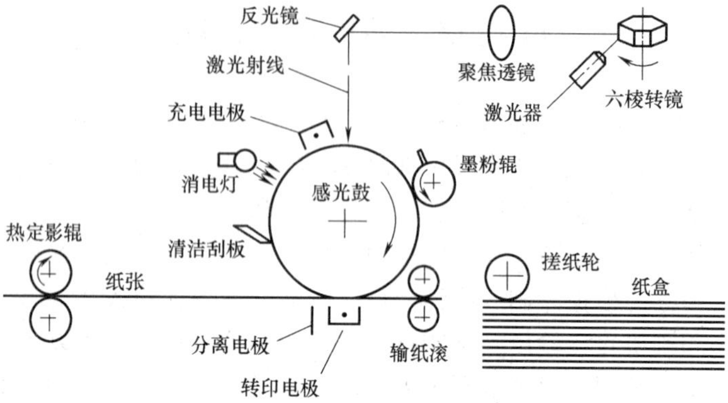


图 6-1　静电照相印刷工作原理

1. 充电

充电是指利用高压将电荷沉积在感光鼓表面的过程，沉积在感光鼓表面的可以是正电荷，也可以是负电荷。充电电压一般在 6000V 以上，使得感光鼓的表面能够形成不低于 800V 的电位。当前数字印刷机使用的感光鼓表面涂敷的光电材料大多为有机光导材料，通过充电，使其表面沉积负电荷并使电位达到－800V 左右，以保障感光鼓表面带有足够数量的电荷，为曝光做好准备。

2. 曝光

这一过程通过激光扫描方式完成。激光扫描的主要作用是使激光器产生的激光经调制后，变成载有图文信息的激光束，再经扫描装置在感光鼓表面扫描曝光。曝光部位的光导材料电阻急剧下降变成导体，电荷几乎全部消失，未被曝光部位的电荷仍然保留，从而形成静电潜像。

实际上，图文曝光过程有两种不同的类型，分别对应于两种不同的系统。一种是对页面的图文部分曝光，非图文部分不曝光，其图文区域是由曝光光源来记录的，这种系统通常称为写黑系统。另一种是对页面的非图文部分曝光，图文部分不曝光，其非图文区域是由曝光光源来记录的，这种系统称为写白系统。

3. 显影

显影是将经曝光形成的静电潜影实现可视化的过程，写黑系统和写白系统所对应的显影过程有所区别。

对于写白系统，显影使用的呈色剂带有与光导材料表面相反的电荷（正电荷），利用正负电相吸，使得呈色剂被感光鼓表面未曝光区域，即图文部分所带的负电荷吸附，呈现可视影像。

对于写黑系统，显影使用的呈色剂带有与光导材料表面相同的电荷（负电荷），因曝光区域的图文部分带有更少的负电荷而具有高电位，能够吸附带有负电荷的呈色剂，从而实现影像的可视化。数字印刷机大都采用写黑系统。

呈色剂有固体色粉和液体油墨两类，固体色粉是以粉末状态被吸附在感光鼓的图文区域，液体油墨是呈色剂悬浮在一种绝缘液中，成像的感光鼓表面被这种液体中的呈色剂所覆盖，带电的呈色剂吸附在感光鼓表面的图文区域，HP Indigo 数字印刷机就是采用这种液体油墨。

4. 图文转印

图文转印有两种方式，一种方式是将图文直接从感光鼓表面转印到承印物上，这种转印方式也称为直接转印法，静电复印机、激光打印机等多采用直接转印法。直接转印辊一般带有与呈色剂相反的电荷，并带有加热装置，它吸附带电色粉（或油墨）并进行加热，可将呈色剂直接转印全承印物表面，加热可使固体色粉中的树脂熔化，从而使色粉（或油墨）牢牢地黏附在承印物表面，而对于液体油墨，加热也可使油墨成熔融状态，从而能更好地固定在承印物表面上。另一种方式是将图文先转印到转印带，再通过转印带将图文转印到承印物上，这种转印方式称为间接转印法，类似于平版印刷通过橡皮滚筒转印图文。间接转印法可以避免硬质承印物直接与感光鼓表面接触造成感光鼓表面擦伤，提高感光鼓的使用寿命。

5. 清洁

图文转印完成后，感光鼓表面上会残余一些电荷、色粉（或油墨）及其他残余物，清洁是指去除感光鼓表面残余的电荷、色粉（或油墨）及其他杂物的过程，使感光鼓重新形成干净的表面，以供下一周期图文的印刷。

清洁时，一般采用对感光鼓表面进行全面曝光的方法消除感光鼓表面的残余电荷，还可采用预充电方法，即对光导体表面充正电荷，使感光鼓表面的负电荷发生中和而消失。感光鼓表面的残余油墨的清洁一般采用擦洗方式进行，静电成像数字印刷机都装有擦洗装置。

6. 定影

经过上述 1～5 个步骤后，感光鼓即可进行下一周期的印刷。但图文转印到承印物后，一般还需要进行定影，方可使图文固着在承印物上。定影一般有两种方式，一种方式是通过加热将色粉表面的高分子树脂熔化，利用熔化后的树脂与承印物表面的相互作用使图文固着；另一种方式是通过冷却的方式，将转印过程中处于熔融态的油墨（或色粉）快速冷却而固着。

## 二、静电照相成像数字印刷机工作原理

利用静电照相成像原理的数字印刷有多种，其基本原理都是相同的。各厂商生产的数字印刷机的具体工作原理（工作模式）尽管有所差异，但也都基于上述静电照相成像基本原理。下面以 Indigo 数字印刷机为例，说明静电照相成像数字印刷机的工作原理。

Indigo 数字印刷机的结构如图 6-2 所示。

图中，PIP（Photographic Image Plate）为感光辊，感光辊表面装有涂布有机光导材料（OPC）的感光版，DEV 为显影辊，着色剂由输送系统送达 DEV 辊，并对 PIP 辊进行显影。Indigo 数字印刷机使用的着色剂是液体电子油墨，由含有导电粒子的油墨和图像油组成。图像油是一种绝缘性液体，用于稀释显影油墨，并使油墨聚合体微粒悬浮

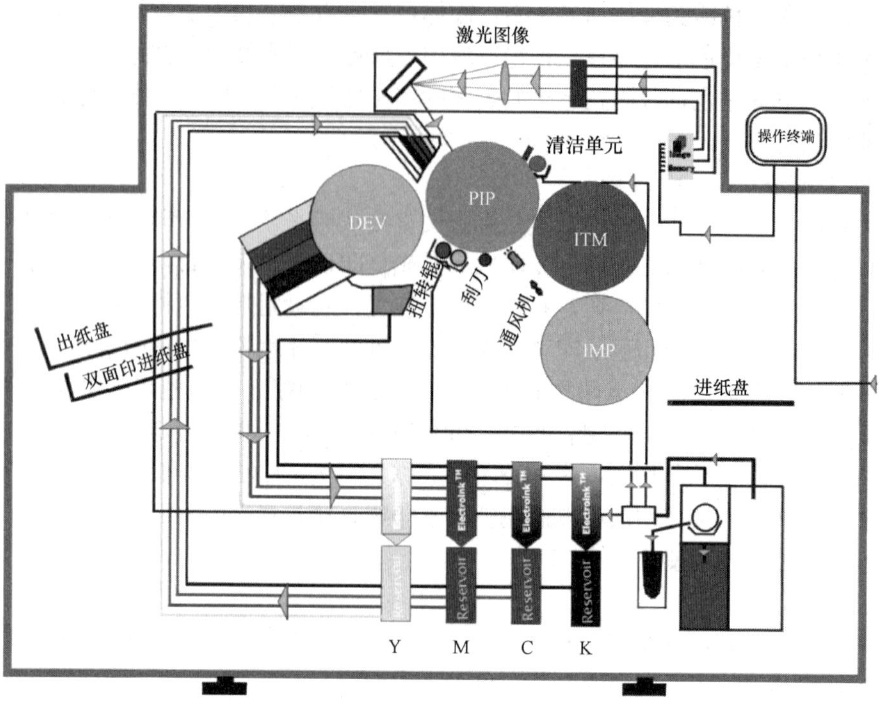


图 6-2 Indigo 数字印刷机的结构示意图

在图像油中，印刷机的传感器可测量油墨的各项参数。Indigo 数字印刷的工作过程包括充电、曝光、显影、转印、清洁、定影等。

1. PIP 充电

Indigo 数字印刷机的充电器结构如图 6-3 所示，其充电机理如图 6-4 所示。金属线在−7000V 高电压下将空气中的气体分子电离，产生正电荷和负电荷，负电荷通过栅网沉积到 PIP 表面，形成−800V 的电位，PIP 表面通过充电能够达到的最大电位，通常称为饱和充电电位。

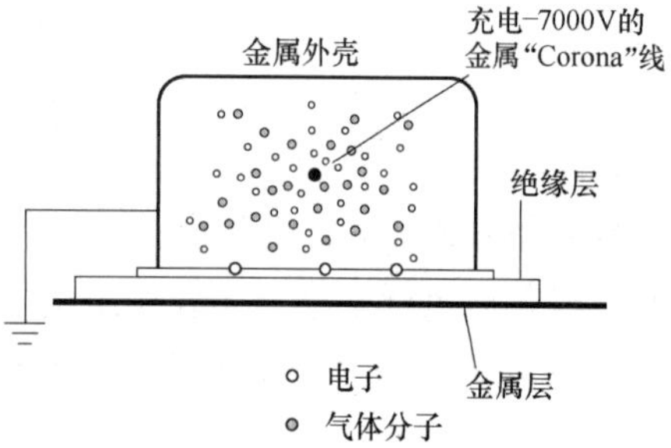


图 6-3 充电器结构示意图

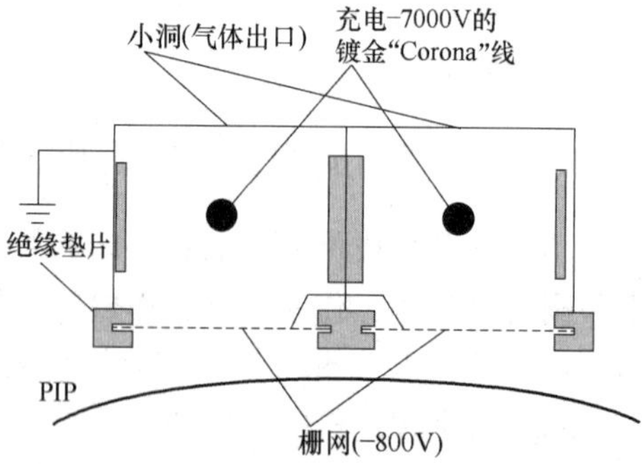


图 6-4 充电机理图

2. 曝光

曝光是通过激光装置，将经过调制的激光束（含有图文信息）照射到 PIP 表面，

Indigo数字印刷机的曝光采用写黑系统，即对有图文信息的部位进行曝光，利用PIP表面有机光导材料能够在激光作用下产生载流子（带正电荷的空穴和带负电荷的电子），并发生迁移的特性，PIP表面形成图文的部分，其电荷被迁移到表面的空穴（带有正电荷）中和，这些部位的电位由－800V变成－100V（理论上为0V），未受激光照射的部位（无图文信息的空白部分）仍然维持－800V的电位。载流子迁移如图6-5所示。这样，PIP表面就形成了肉眼看不见的图文信息，通常称为静电潜影。

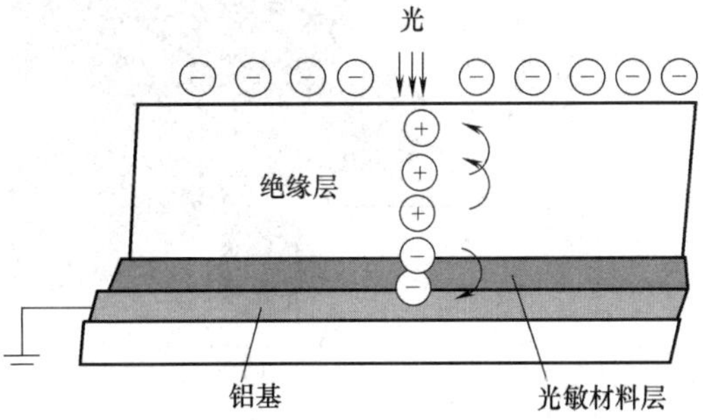


图6-5　激光曝光部位载流子迁移示意图

3. 显影

显影时，将呈色剂（电子油墨）通过输墨系统注入显影辊（DEV）和感光辊（PIP）之间，如图6-6所示。DEV的电位为－400V，介于－800V和－100V之间。当电子油墨喷流到PIP表面，由于电子油墨带有负电荷，在电场的作用下，电子油墨向高电位方向运动，PIP表面的图文部分吸附电子油墨形成可视图文，非图文部分由于电位低而不会吸附电子油墨，如图6-7所示。剩余的电子油墨在刮刀作用下流入油墨回收装置。

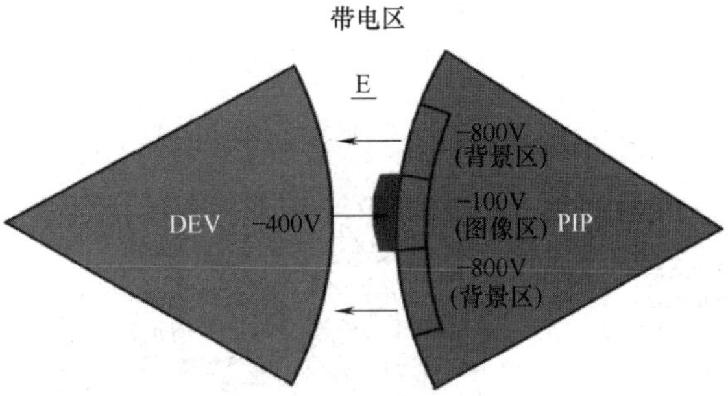


图6-6　图像的形成（箭头为油墨运动方向）

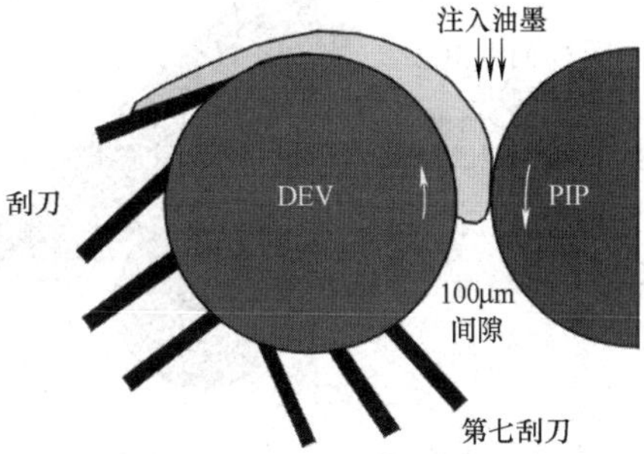


图6-7　油墨注入部位

为了提高显影的图文质量，吸附到感光辊的油墨还需要经过加湿辊（Wetting Roller）、反转辊（Reverse Roller）和压印辊（Squeegee）等的作用。

加湿辊的作用是向PIP表面提供足够的图像油（imaging oil），如图6-8所示。

反转辊的一个作用是清洁背景区（非图文部分）。反转辊带有－250V的电位，低于DEV的表面电位，且反转辊与PIP的间隙更小，因此在背景区（非图文部分，电位为－800V）与反转辊之间产生更大的电场，使显影时吸附在背景区的墨滴被反转辊带走，如图6-9所示。

反转辊的另一个作用是去除图文部分油墨顶部密度较低的墨层。

压印辊的作用表现在两个方面。一方面，压印辊（Squeegee）的电位（－1450V）

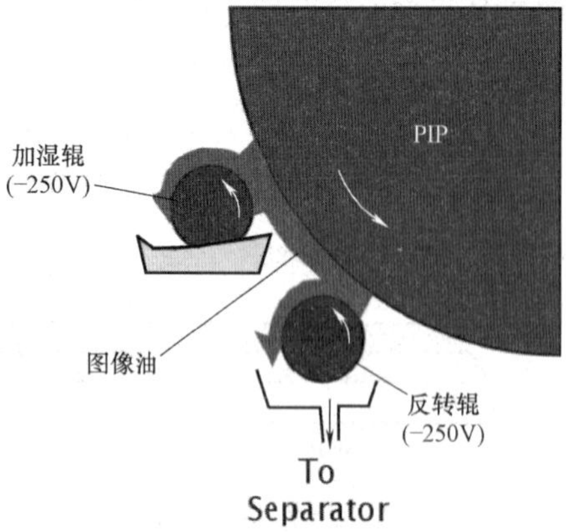


图 6-8 加湿辊的作用

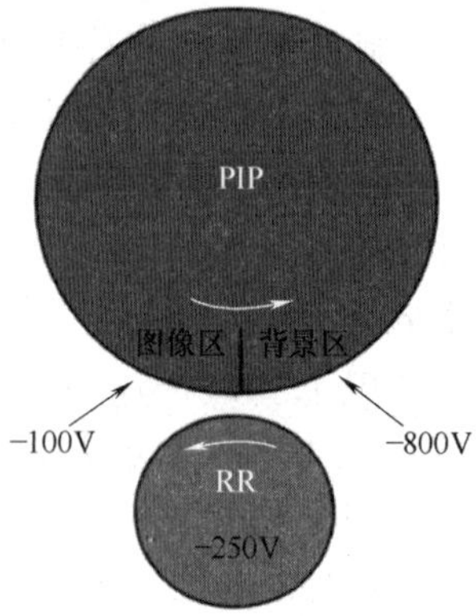


图 6-9 反转辊的作用

低于图文区域，且与 PIP 的间隙很小，吸附在 PIP 表面的电子油墨在压印辊与 PIP 之间的电场力作用及压印辊的挤压作用下，能更好地附着在 PIP 表面，达到更高密度。另一方面，多余的图像油经压印辊挤压后流入回收系统，油墨中图像油含量减少，进一步增加了图文密度，如图 6-10 所示。

电子油墨的颗粒呈触手的形状，如图 6-11 所示。这种触手状的颗粒在反转辊及压印辊的挤压作用下，将成“平躺”状附着在 PIP 表面，有利于提高油墨的密实度。

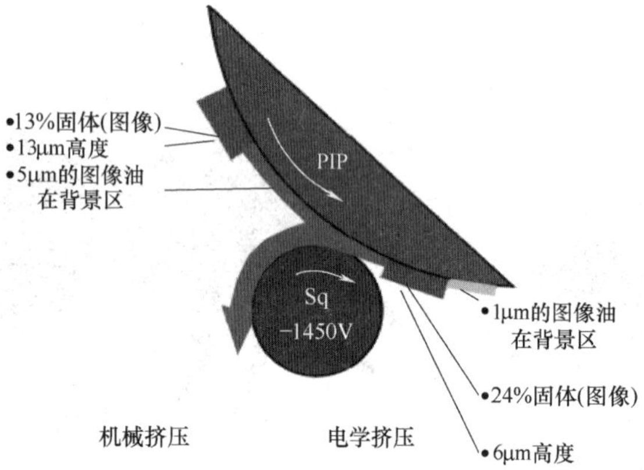


图 6-10 压印辊的作用

图 6-11 电子油墨颗粒形状示意图

4. 转印

转印是指将感光辊上的油墨图像转印至承印物上的过程，Indigo 数字印刷机的图文转印采用间接转印法（也称为胶印），分第一次转印和第二次转印。

（1）第一次转印 转印前，先进行放电，即用消电灯（PTE）照射 PIP，如图 6-12 所示。PIP 背景区表面经放电后电压趋于－100V，在向 ITM 转印时较稳定。如果不经放电处理，PIP 背景区上－800V 附近的油墨将会由于 PIP 与 ITM 之间的电场力过大，而使油墨转印后破碎，在印刷品上表现出类似“水洗”后的效果。

第一次转印是将感光辊（PIP）上的油墨图像转印至橡皮辊（ITM），如图 6-13 所示。第一次转印会有部分图像油与油墨一起转移到 ITM，且一些很小的墨点转移较困难，将残留在 PIP 上（在清洁过程将被清洗去除）。橡皮辊加热到 130℃，使油墨更容易吸附并附着在 ITM 表面，同时可蒸发多余的图像油（过剩的图像油将使油墨向纸张转移困难，且转移后容易从纸张上脱落）。加热橡皮辊的另一个作用是使转移到 ITM 表面的油墨形成熔融态。

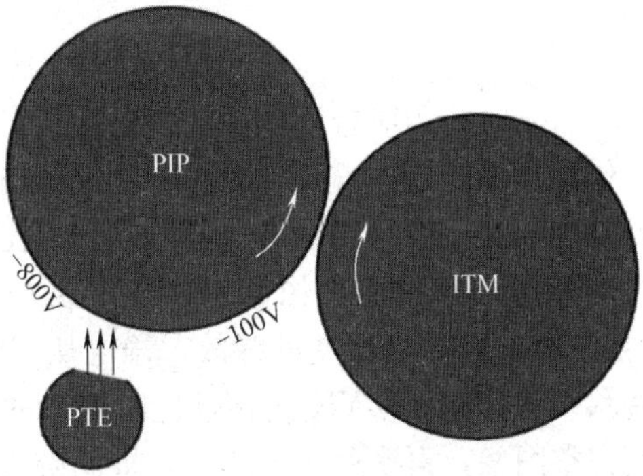


图 6-12　转印前放电

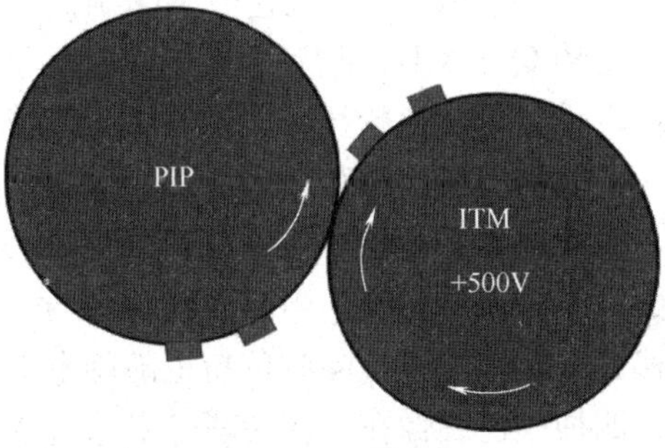


图 6-13　第一次转印

（2）第二次转印　第二次转印完成油墨由橡皮辊向承印物上的转移，如图 6-14 所示。油墨在 130℃下呈熔融状态，能够 100%转移到承印物上。转移完成以后，用风扇向 ITM 吹风，使残留在 ITM 上的图像油完全蒸发。

5. 清洁

Indigo 数字印刷机采用清洁站（Cleaning Station）进行清洁工作，其作用是将第一次转印中残留在 PIP 表面的电子油墨清洗干净，为下一周期的印刷做好准备。清洁站工作时，首先将图像油喷到泡沫辊上，泡沫辊旋转，将 PIP 表面擦洗干净。然后将刮板紧贴在 PIP 表面，将 PIP 上残留的液体刮除干净，如图 6-15 所示。刮板上若有污垢或破损，会在图像上留下纵向竖道，使浅的地方更浅，深的地方更深，因此应保证刮板表面干净光滑。

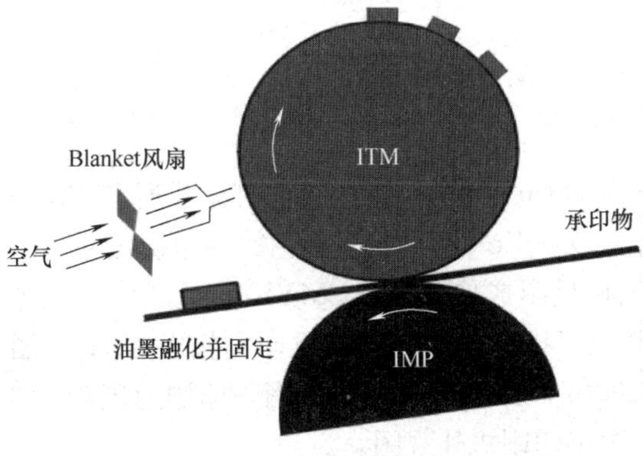


图 6-14　第二次转印

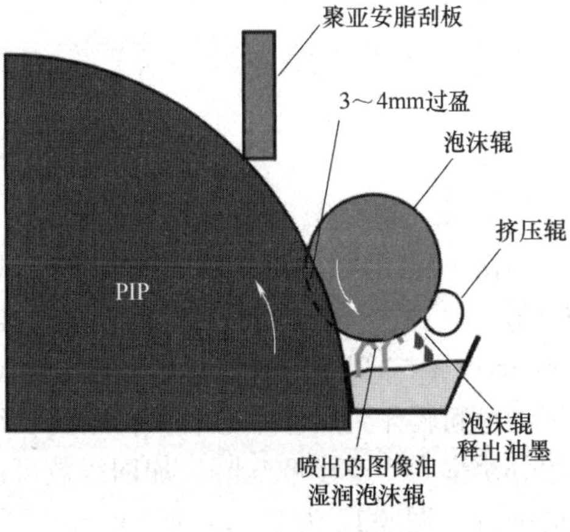


图 6-15　清洁站的工作

6. 定影

定影是指转移到承印物上的油墨干燥、固着的过程。由于 ITM 始终处于 130℃，电子油墨在 ITM 表面呈熔融态，而承印物一般为室温，油墨转移到承印物后，温度迅速下降变成固态，并固着在承印物表面。Indigo 数字印刷机不需要定影装置及专门的定影处理。

## 三、几种典型静电照相成像数字印刷机

1. 奇豹 QpressB2 五色数字印刷机

奇豹 QpressB2 是特新科技有限公司（中国）推出的印刷幅面为 B2 的五色数字印刷机，采用干式色粉显影成像方式。其成像工作原理为：通过充电，使 OPC（感光鼓）感光带表面沉积负电荷，当 LED（发光二极管）将图文信息用激光照射于 OPC 表面时，感光部分变为导体失去电荷。由于显像器带负电，色粉从显像器表面转移到 OPC 表面没有电荷的位置，当一次转写膜与 OPC 接触时，因为电压差的缘故，静电从 OPC 转移到一次转写膜，同时色粉也随静电一起转移。通过对 CMYK 四种颜色时间差的控制，四种颜色图像在一次转写带上重合为一幅完整图像，再次通过电压差，将色粉从一次转写带转移到纸张表面，完成成像过程。其外观结构如图 6-16 所示。

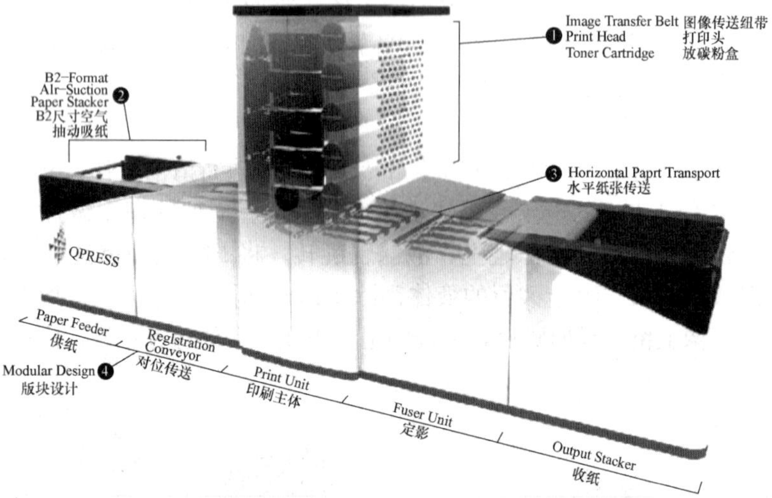


图 6-16　奇豹 QpressB2 外观结构示意图

2. 富士施乐数字印刷机

富士施乐（FujiXerox）数字印刷机分为 DocuTech 黑白数字印刷机系列和 DocuColor 彩色数字印刷机系列。富士施乐推出的 DocuColor iGen 型彩色数字印刷机采用了 SmartPress“智印”成像技术，属于干式色粉显影成像方式。CMYK 四色成像系统分别将色粉转印到转印带上后再转印到承印物上。该型号数字印刷机印刷幅面为 A3，图像分辨率为 600×4800dpi，加网线数可达 200lpi，并可实现调频加网，印刷速度为 110 页/min。图 6-17 为 DocuColor iGen 型彩色数字印刷机外观图。

3. 奥西数字印刷机

奥西（Oce）公司一直以来在数字印刷设备市场保持着强劲的竞争力，生产的数字印刷机包括单、彩色数字印刷机，有平张纸用及卷筒纸用。奥西数字印刷机采用干式色

图 6-17　DocuColor iGen 型彩色数字印刷机外观图

粉显影成像方式，转印方式为间接转印法（被称为柯式印刷）。图 6-18 为奥西 CPS900 型数字印刷机外观图。

4. Xeikon（赛康）数字印刷机

赛康于 1989 年开始研发彩色数字印刷机，1993 年在 Ipex 上展示出了第一台彩色数字印刷机。在 1997 年的 Imprinta 展览会上又推出了世界第一台也是迄今为止世界市场唯一的 82 幅面的彩色数字印刷机。赛康彩色数字印刷机采用电子成像技术和干式色粉显影方式，黑白数字印刷机则采用磁性成像技术，是当今使用干式色粉显影的黑白数字印刷机中印刷速度最快的。赛康（Xeikon）公司推出的 Xeikon5000plus（图 6-19）数码印刷机，沿用了 Xeikon5000 数码印刷机的“一次走纸双面印刷”技术，使用 XeikonFA 墨粉，可以获得更加鲜明的色彩。

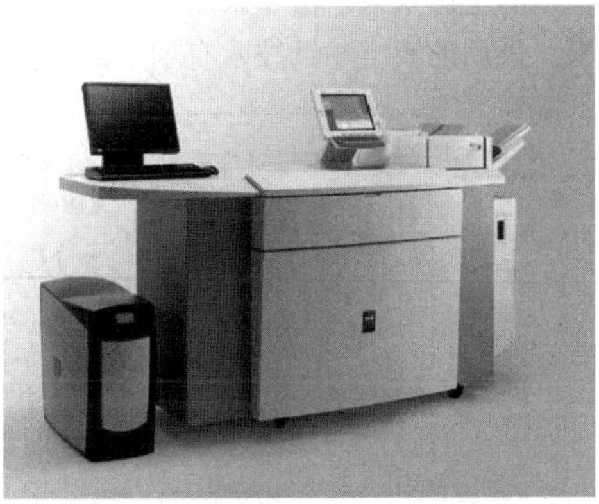

图 6-18　CPS900 数字印刷机外观图

5. 佳能数字印刷机

佳能 imagePRESS C7000VP 数字印刷机（图 6-20）采用静电照相成像技术和弹性转印带，可在不同的承印物表面印刷并能保证成像的稳定性和高质量。使用 V 色粉（鲜艳彩色色粉）显影，色粉颗粒平均为 5.5μm。细微分散的 V 色粉可拓宽色彩空间，能在普通纸上取得 106% 的色容量（日本色彩标准），在铜版纸上可达 132%。宽色域能使色彩更为鲜艳、色彩复制能力更强。

图 6-19　赛康 Xeikon 5000plus 数码印刷机

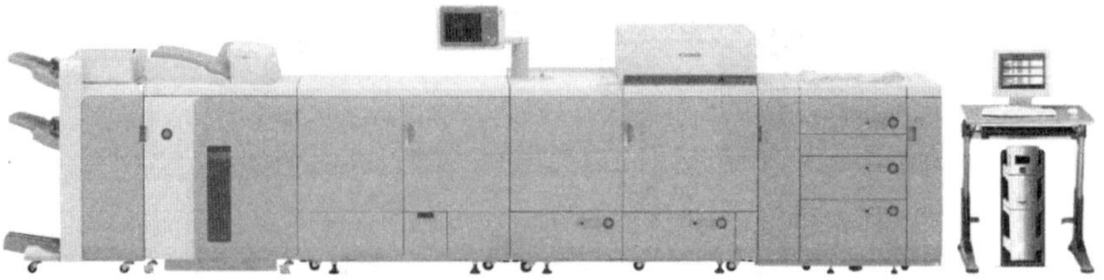

图 6-20　佳能 imagePRESS C7000VP 数字印刷机外观图

imagePRESSC7000VP 采用双定影系统（图 6-21），定影系统装有两个传送通道，一个是双定影路径，另一个是单定影路径。双定影系统采用低温定影，可保障铜版纸和特种纸的定影效果。由于采用无硅油定影技术，无论采用何种介质均可实现理想的胶印效果。采用的真空输纸技术有利于高速输纸。

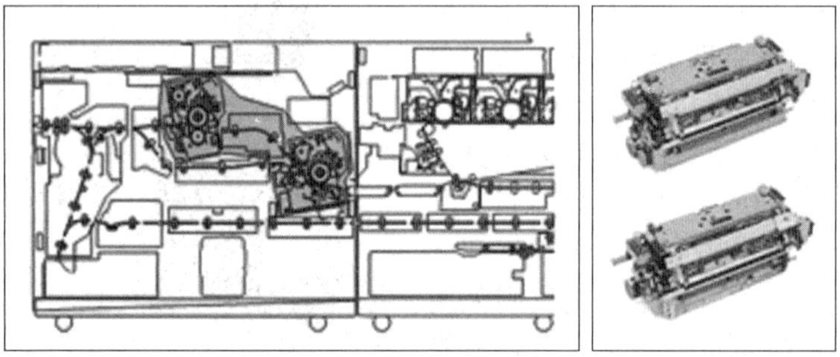

图 6-21　imagePRESSC7000VP 数字印刷机定影机构

6. 柯达数字印刷机

柯达 NexPress2100 数字印刷机运用静电照相成像原理，采用干式色粉显影、转印胶辊转印图文信息，避免了承印材料与成像鼓的直接接触。该数字印刷机使用 NexStation（TM）控制系统，提供完整的工作流程解决方案，可进行双面印刷。印刷品质由 NexQ 系统实施闭环控制。图 6-22 为 NexPress2100 数字印刷机外观图。

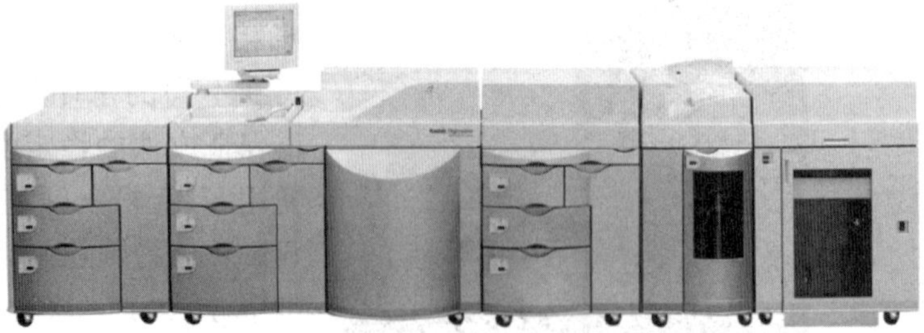

图 6-22　NexPress2100 数字印刷机外观图

7. 柯尼卡美能达数字印刷机

柯尼卡美能达 LD6501 数字印刷机采用静电照相成像原理和干式色粉显影及转印带转印技术，在连续印刷或重复印刷时通过稳定调整系统控制色彩的变化，通过光学传感器读取转印带上的密度图案，并依据读取的反馈结果调节成像系统。曝光方式为双束激光成像装置（图6-23），可提高激光记录速度和图像分辨率。使用含蜡无油的色粉进行显影，色粉颗粒直径小，形状均匀，可确保图像层次丰富，并真实再现图像。图 6-24 为色粉显微图像，图 6-25 为 LD6501 数字印刷机外观图。

图 6-23　双束激光成像装置

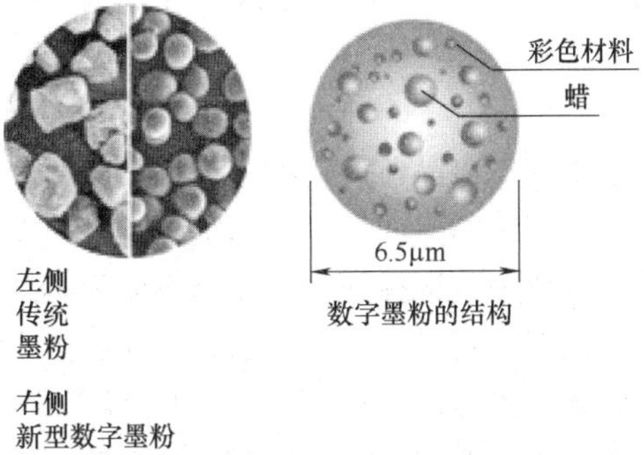


图 6-24　传统色粉与新型色粉比较图

图 6-25　LD6501 数字印刷机外观图

## 第二节　喷墨成像数字印刷

喷墨成像是数字印刷的一大主要方式，喷墨印刷复制结果十分稳定，可表现的色域范围宽，应用领域广泛，且喷嘴及喷头加工越来越精细，使得喷墨成像成为今后数字印刷技术发展的重要方向。喷墨成像数字印刷是将呈色剂（通常为低黏度油墨）以一定的速度从微细的喷嘴喷射到承印物上，从而在承印物上实现图文信息的再现，如图 6-26 所示。喷墨成像数字印刷分为两类：连续式喷墨印刷和按需喷墨印刷（又称即时喷墨印刷），如图 6-27 所示。

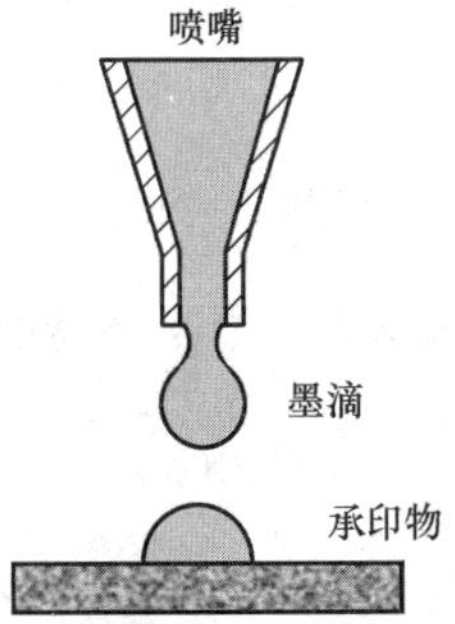


图 6-26　喷墨印刷示意图

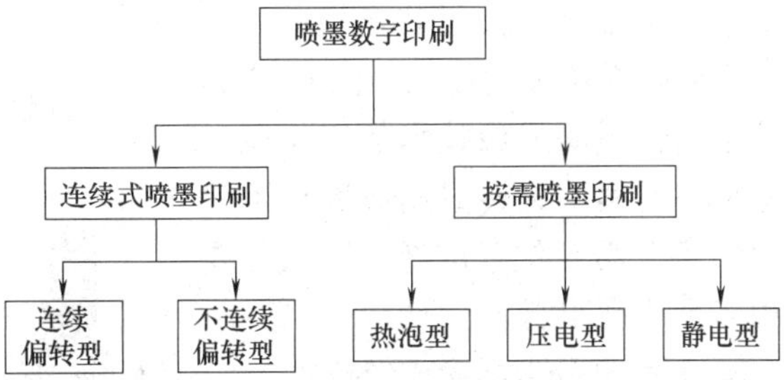


图 6-27　喷墨数字印刷类型

### 一、连续式喷墨成像数字印刷

连续式喷墨成像数字印刷（亦称为连续喷墨印刷）是指通过内含油墨的受压腔体获

得连续喷射墨滴的印刷方式。高压泵将存储单元中的油墨直接通过喷嘴喷出，形成连续的墨滴流，在压电晶体产生的振动的作用下，墨流分离成具有一定规律的细小墨滴（一般可达 65000～165000 滴/s）。墨滴流经过由电极产生的静电场，根据图文信息使部分墨滴带电，再经偏转板使墨滴发生偏离。具有图文信息的墨滴喷射到承印物上，无图文信息的墨滴回流到回收系统，再循环使用。墨滴形成的速度快，适用于高速喷墨印刷。由于无图文信息的墨滴需要回收，使印刷机结构变得复杂。

连续式喷墨技术主要有：偏转墨滴（亦称为多值偏转）、不偏转墨滴（亦称为二值偏转）、无静电分裂墨滴与间歇静电拉引四种。

1. 连续偏转墨滴成像技术

在连续偏转墨滴成像技术（多值偏转）中，墨水在压电晶体产生的超声驱动信号作用下，受到高频振荡作用而分解，从喷嘴中喷出均匀连续的墨滴流。在喷嘴处设有一个图文输出信号控制的充电电场，喷出的液滴在充电电场中有选择地带电，当墨滴流继续通过偏转磁场时，带电的液滴在电场的作用下发生偏转，越过拦截器喷射到承印物上形成墨迹，在承印物上产生对应的图文。不带电的液滴不受偏转磁场的影响，继续保持直线飞行状态，直到被拦截器拦住，进入墨水回收系统，可重复使用。控制墨滴的偏转值，可改变墨滴的飞行轨迹，从而使墨滴喷射到指定的位置成像。图 6-28 为连续偏转墨滴成像的工作原理示意图。

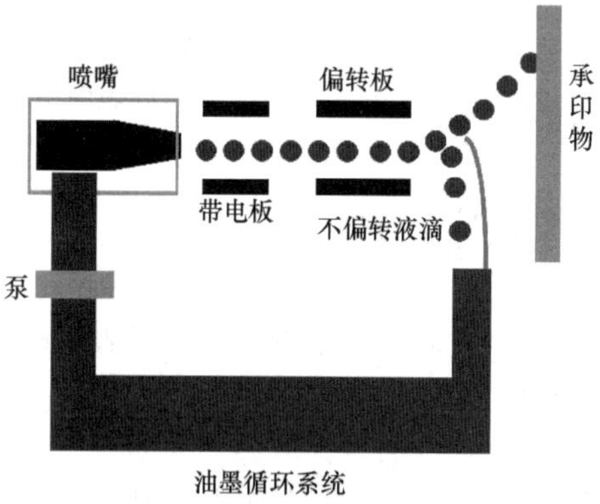

图 6-28　连续偏转墨滴成像示意图

2. 连续不偏转墨滴成像技术

连续不偏转墨滴成像技术（二值偏转）在本质上与连续偏转墨滴复制技术的工作原理基本相同，区别仅在于参与记录的墨滴不受偏转磁场的影响，继续保持直线飞行状态，喷射到待印的承印物表面上形成图文。而不参与记录的墨滴则在偏转磁场的作用下发生偏转，被拦截器拦截，进入油墨回收系统重复使用。图 6-29 为连续不偏转墨滴成像技术的工作原理示意图。连续不偏转墨滴成像技术只能使墨滴在固定位置成像，所以需要采用多个喷嘴印刷。

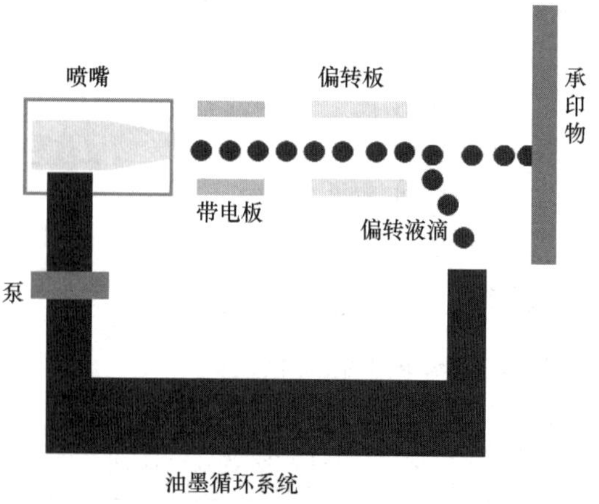

图 6-29　连续不偏转墨滴成像示意图

3. 无静电分裂墨滴成像技术

无静电分裂墨滴喷墨成像技术的工作原理如图 6-30 所示。油墨从喷嘴连续喷出，由于这种设备的喷嘴孔径极小，为 10～15$\mu$m，无须振荡器即能使从喷嘴喷出的油墨自行分裂成颗粒状墨滴流。参与记录的墨滴通过遮挡板，喷射到待印的承印物表面形成图文，而不参与记录的墨滴则在通过电极环时被感应大量电荷，从而再次分裂成墨雾，并失去飞行惯性，被遮挡板挡住，进入墨水回收系统重复使用。

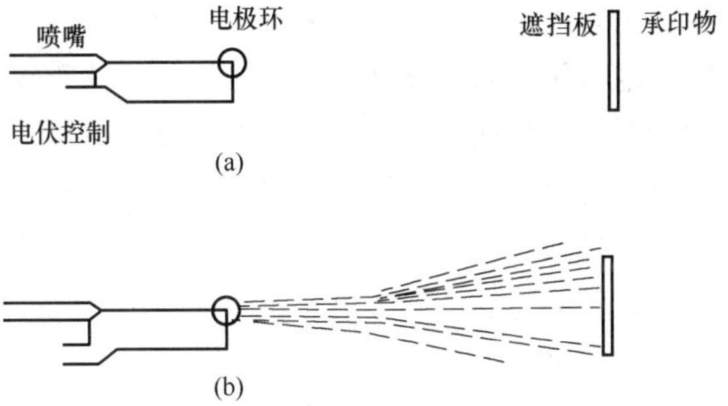


图 6-30　无静电分裂墨滴成像示意图

（a）参与记录　（b）不参与记录

4. 间歇静电拉引喷墨成像技术

间歇静电拉引喷墨成像技术的工作原理如图 6-31 所示。喷嘴中的油墨由供墨装置加上微小的压力，在喷嘴的出口处形成凸出的半月形，但还不至于喷出。在喷嘴前安放了一块电极板，向外凸出的油墨在电极的作用下因表面张力不能维持而被破坏，以墨滴的形式被静电力拉引出喷嘴。参与记录的墨滴不发生偏转，通过遮挡板喷射到待印的承印物表面形成图文。而不参与记录的墨滴则在水平与垂直偏转机构的控制下发生偏转，被遮挡板挡住，进入油墨回收系统重复使用。

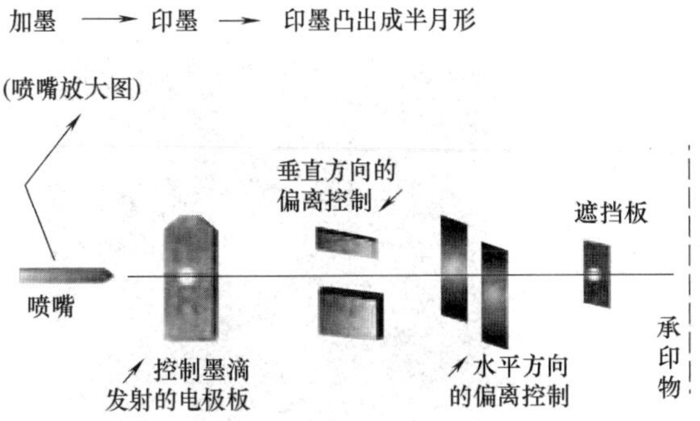


图 6-31　间歇静电拉引喷墨成像示意图

## 二、按需喷墨成像数字印刷

按需喷墨成像（亦称为随即式喷墨成像、即时喷墨成像等）数字印刷是指墨滴只有在需要印刷时才从喷嘴喷出，无图文信息时墨滴不喷出的印刷方式。由于从喷嘴喷射出的墨滴均具有图文信息，因此印刷机无须油墨回收、循环利用系统，省却了连续喷墨印刷设备所必须的加压泵、油墨过滤器和油墨回收装置等。因此，与连续式喷墨印刷相比，按需喷墨印刷设备结构简单、紧凑，工作可靠性高。但按需喷墨成像的墨滴喷射速度要低于连续喷墨成像方式，因此印刷速度较慢。为了提高印刷速度，可采用增加喷嘴数量的方法。目前，按需喷墨成像技术主要有热泡喷墨、压电喷墨和相变型喷墨三种，另外还有静电喷墨和超声波喷墨等。

1. 热泡喷墨成像技术

热泡喷墨成像技术因喷射墨滴时需要对装有油墨的墨腔加热，也被称为热喷墨技术。热泡喷墨成像技术的工作原理如图 6-32 所示。墨腔内装有相应的加热元件，并充满了油墨。这种加热元件能够使部分油墨汽化，所产生的气泡会迫使油墨从喷嘴射出而形成墨滴。印刷时，加热元件（加热板）迅速对油墨加热，油墨迅速升温并高于其沸点而被气化，产生的蒸汽形成很小的气泡。当气泡充满墨腔时，因受热膨胀而形成较大的压力，这股压力挤压油墨，使微量油墨从喷嘴喷出，并形成墨滴喷射到待印的承印物表面形成图文。随后加热板冷却，墨腔依靠毛细管作用，将油墨从墨盒中吸入并填满喷嘴。由于墨腔在下一滴墨滴喷射出去之前，必须重新注满油墨，因此喷射速度受到了很大限制。热泡喷墨成像技术分为喷嘴设置在加热元件上方的“顶喷嘴”技术和喷嘴设置在加热元件侧边的“侧喷嘴”技术。

2. 压电喷墨成像技术

压电喷墨成像技术与气泡喷墨成像技术相似，区别在于墨滴的形成方法不同，其工作原理如图 6-33 所示。在墨腔的一侧装有压电板，当电流通过压电板时，压电板产生微小的变形，这种变形的结果使墨腔的容积减少，挤压油墨使微量油墨从喷嘴喷出，并形成墨滴喷射到待印的承印物表面形成图文。墨腔则依靠毛细管作用，将油墨从墨盒中吸入并填满喷嘴。

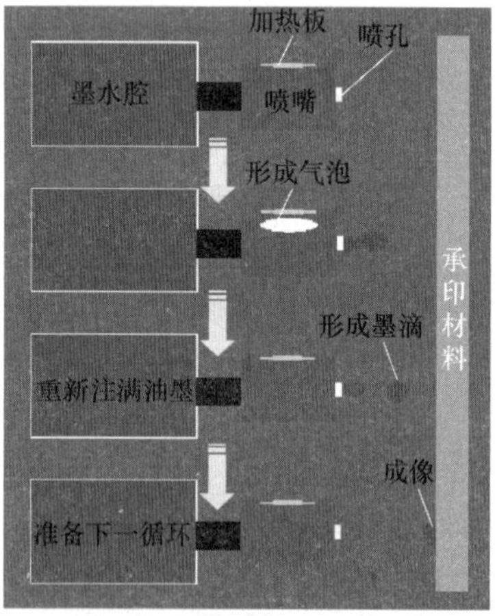


图 6-32　热泡喷墨成像示意图

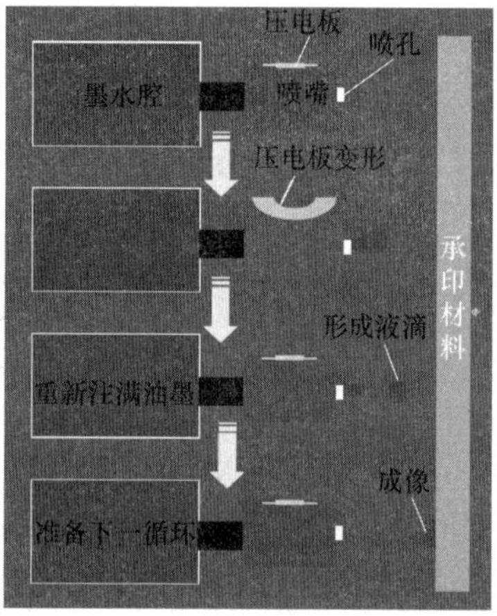


图 6-33　压电式喷墨复制示意图

根据压电陶瓷的变形特性，压电喷墨成像技术又分为压缩模式、弯曲模式、推动模式和切变模式。

3. 相变型喷墨成像技术

相变型喷墨成像技术的工作原理与压电喷墨成像技术相同，只是弃用液态油墨而采用可熔性好的固态蜡基油墨，将其加热至熔融状态，在压电板变形后同样使墨水腔的容积减少，挤压熔融状态的蜡液，使微量蜡液从喷嘴喷出，并形成墨滴喷射到待印的承印物表面上，蜡液随后凝固，恢复到固态以形成图文。印刷时，油墨先从固态变为液态，印到承印物表面后又由液态变为固态，这是“相变”一词的由来。

由于蜡基油墨形成的图像层相对较厚，因此图像表面容易被磨损。另外承印材料吸收的油墨很少，其固着性相对较差。但蜡基油墨的色域范围大，颜色鲜艳，且使用颜料型呈色剂，图文不易褪色，其印刷品适合在较强烈的光照条件下使用，例如用于户外展示等。

# 第三节　其他成像方式数字印刷

## 一、磁记录成像技术

Nipson（尼普森）数字印刷机是使用磁记录成像技术的典型代表。图 6-34 为 Nipson 数字印刷机结构示意图，其工作原理与静电照相成像数字印刷机类似，分为成像、显影、转印、清洁等步骤。

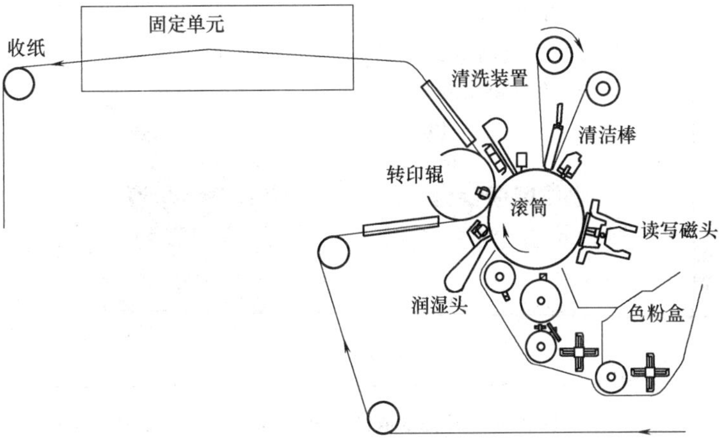


图 6-34　Nipson 数字印刷机结构示意图

### 1. 成像

磁记录成像与激光静电成像类似，只是把激光头换成了磁记录头（write heads），相应地把感光版换成了磁性成像鼓。图文信息经过 RIP 后传输到磁记录头，磁记录头把电信号转换成磁场，将成像鼓（Drum）对应部位磁化，形成磁性潜影。图 6-35 为成像部件结构示意图。

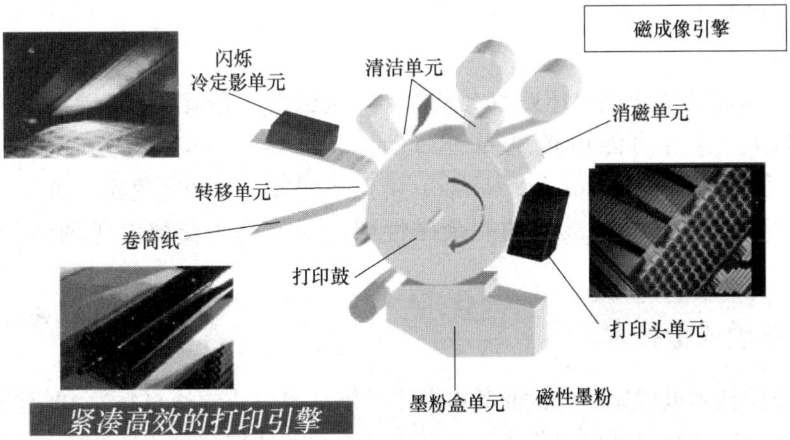


图 6-35　Nipson 数字印刷机成像部件结构示意图

2. 显影

带有磁潜影的成像鼓经过色粉盒（Toner Box，色粉盒中装有磁性墨粉）时，在磁场的作用下色粉被吸附到成像鼓的潜影位置，如图 6-36 所示，左侧为静电成像显影示意图，右侧为磁记录成像显影示意图。

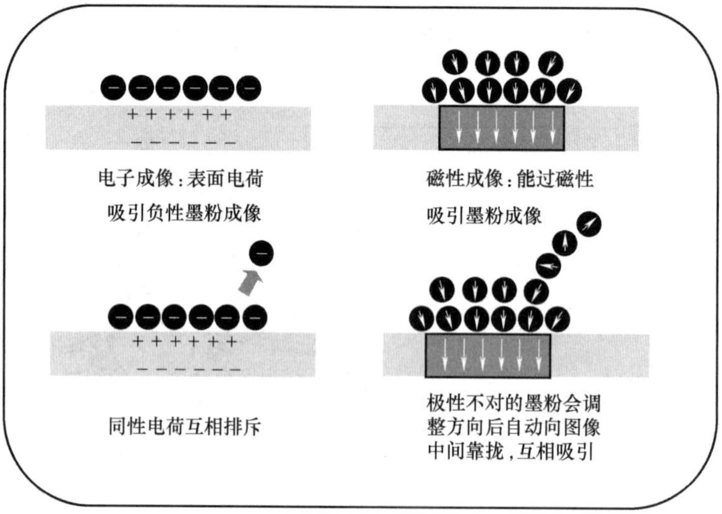


图 6-36　磁记录成像与静电成像显影示意图

3. 转移

吸附有色粉的成像鼓首先经过修正吸嘴（Retouch Nozzle），将网点周围残余的色粉吸走，使网点更加清晰，图像的深浅可以通过调节修正吸嘴的吸风量进行调整。接下来，充有 5500V 直流电压的预充电电极丝（Precharge Corona）使色粉带上正电。然后磁鼓与纸张同速度接触，在纸张的另一面，转移电极丝（Transfer Corona）被加上－7000V的电压，在电场力的作用下，带正电的色粉吸附到纸张上。完成转移后，除静电电极丝（Post-transfer Corona）通过加在其上的 6000V 的交流电将空气电离，消除纸张和色粉的静电。

4. 清洁

完成转移后的成像鼓上还残留有色粉和剩余磁性，必须将其清除以保证下一周期的成像转印。清洁功能由清洁单元（Cleaning Assembly）来实现。先经过刮刀（Scraper）和清洁吸嘴（Cleaning Nozzle）清洁成像鼓上的残余色粉，再用清洁带将成像鼓表面清洁干净。成像鼓上的剩余磁性则由通有高频交流电源的消磁棒（Erase bar）消除。

## 二、热敏成像技术

热敏成像技术成像原理为：油墨提供给供体（单张或卷筒材料），再通过热能转移到承印物上（或先转移到中间载体上，再通过中间载体转移到承印物上）。热敏成像技术可分为直接热敏成像和热转移热敏成像，热转移热敏成像又分为热转移成像和热升华成像。

1. 直接热敏成像

在直接热敏成像中，承印材料须作特殊涂层处理，当给承印材料提供热能时，承印材料的颜色会发生变化，即通常所说的热敏纸。

2. 热转移成像

如图 6-37 所示，热转移成像是通过加热将油墨熔化到载体薄膜上，液态油墨在低压下再转移到承印材料上的过程。如图 6-37 所示的油墨转移过程是热转移成像的基本方式，由记录头加热元件开/闭控制油墨的熔化与否，有图文信息时，记录头加热元件开启，油墨熔化并转移，形成图文；无图文信息时，记录头加热元件关闭，不提供热能，油墨不被熔化，不能转移到承印材料上。

3. 热升华成像

图 6-38 表述了热升华成像的基本原理。在热升华中，油墨在热能作用下迅速升温、汽化引起升华。从物理意义看，升华是指固体不经过液态而直接变成气态的过程。当给油墨供体色带提供不同的热能时，油墨供体色带相应部位将有不同数量的油墨被汽化，并转移到承印材料上。

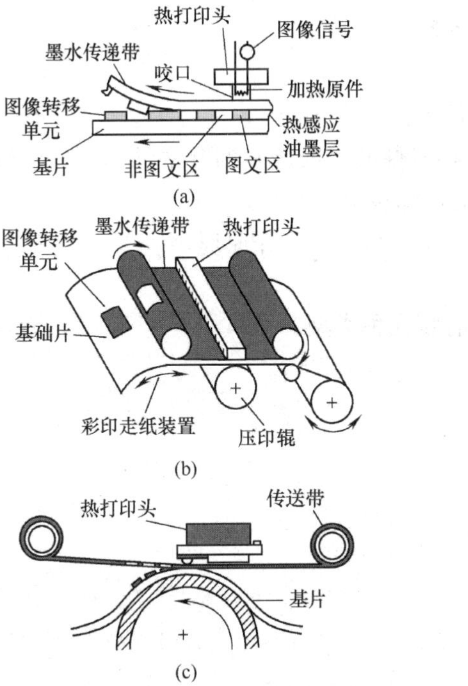


图 6-37　热转移成像原理图

（a）油墨转移原理　（b）热敏转移印刷　（c）转移系统配置

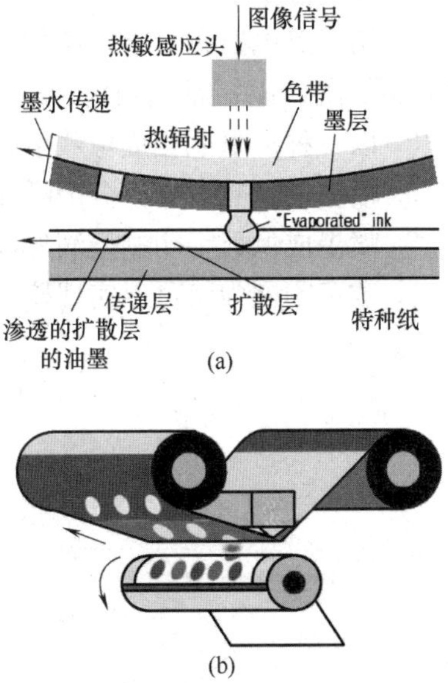


图 6-38　热升华成像原理图

（a）网点形成原理　（b）多色叠印原理

## 三、电凝聚成像

电凝聚成像是采用电场将图文信息转移到承印材料的成像技术，如图 6-39 所示。

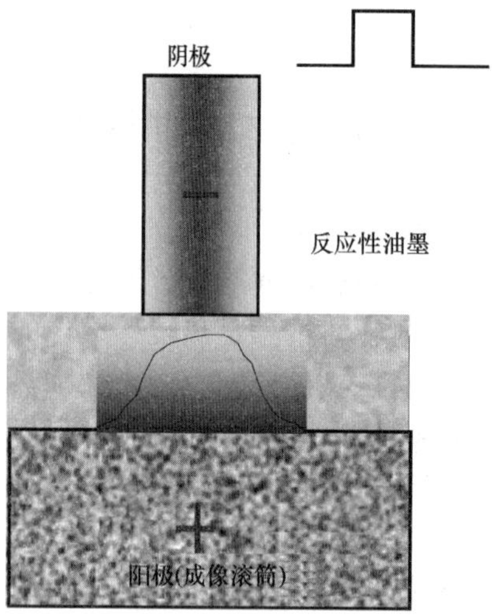

图 6-39　电凝聚成像原理图

其成像原理为：通过电极之间的电化学反应导致油墨发生凝聚（金属离子凝聚），从而使油墨固着在成像滚筒表面形成图像区域，没有发生电化学反应（即非图文区域）的油墨依然是液体状态。然后，通过一个刮板的机械作用可以将非图文区域的液体油墨去掉，使滚筒表面只剩下图文区域的固着油墨。最后，通过压力的作用可以将固着在成像滚筒上的油墨转移到承印物上，完成印刷过程。这种成像方式可以按照 15ns（$10^{-9}$s）的步长改变脉冲宽度（最高到 4$\mu$m），从而在成像滚筒上得到不同面积和厚度的固着油墨，实现像素的多阶调调制。

## 思　考　题

1. 什么是数字印刷？数字印刷有什么特点？
2. 从成像原理看，数字印刷有哪几类？
3. 说明静电照相成像数字印刷成像原理。
4. 用于静电照相数字印刷的有机光导成像鼓（或版）的基本结构如何？画出光电特性曲线示意图并说明各特征参数及其对成像性能的影响。
5. 以一种静电照相成像数字印刷机为例，说明其工作原理。
6. 喷墨成像数字印刷分为哪几类？
7. 喷墨成像数字印刷墨滴形成方式有哪几种类型？
8. 数字印刷为何可以实现按需印刷？

# 参考文献


[1] 王淑华，许鑫．印刷机结构与设计［M］．北京：印刷工业出版社，1994.

[2] 朱步瑶，赵振国．界面化学基础［M］．北京：化学工业出版社，1996.

[3] 蔡吉飞．胶印领机必读［M］．北京：印刷工业出版社，1997.

[4] 冯瑞乾．印刷原理及工艺［M］．北京：印刷工业出版社，1999.

[5] 韩德刚，高执棣，高盘良．物理化学［M］．北京：高等教育出版社，2001.

[6] 方振亚．印刷工艺与原理（第二版）［M］．上海：上海交通大学出版社，2003.

[7] 武军．丝网印刷原理及工艺［M］．北京：中国轻工业出版社，2003.

[8] 赵立伟．关于叠印率计算公式的讨论［J］．出版与印刷，2003 年增刊：19～22.

[9] 谢普南，王强．印刷媒体技术手册［M］．北京：世界图书出版公司，2004.

[10] 颜肖慈，罗明道．界面化学［M］．北京：化学工业出版社，2005.

[11] 刘昕．印刷工艺学［M］．北京：印刷工业出版社，2005.

[12] 张海燕．卷筒纸胶印机［M］．北京：化学工业出版社，2006.

[13] 唐耀存．印刷机结构、调节与操作［M］．北京：印刷工业出版社，2006.

[14] 王子美，刘瑞芳，唐正宁等译．柔性版印刷原理与实践第 1 卷［M］．北京：化学工业出版社，2006.

[15] 金日光，华幼卿．高分子物理（第三版）［M］．北京：化学工业出版社，2006.

[16] 孙中华．现代胶印原理与工艺控制［M］．北京：中国轻工业出版社，2007.

[17] 修香成．印刷基础理论与操作实务——印刷篇［M］．北京：印刷工业出版社，2007.

[18] 齐晓堃．印刷工艺学［M］．北京：中国轻工业出版社，2007.

[19] 陈虹．现代印刷机械原理与设计［M］．北京：中国轻工业出版社，2007.

[20] 余勇．凹版印刷［M］．北京：化学工业出版社，2007.

[21] 伍秋涛．实用塑料凹版印刷技术［M］．北京：印刷工业出版社，2007.

[22] 邓普君．凹版印刷基础知识［M］．北京：印刷工业出版社，2008.

[23] 姜兆华，孙德智，邵光杰．应用表面化学［M］．哈尔滨：哈尔滨工业大学出版社，2009.

[24] 潘光华，刘渝．印刷设备［M］．北京：中国轻工业出版社，2009.

[25] 王军，杨许召．表面活性剂新应用［M］．北京：化学工业出版社，2009.

[26] 董国君，苏玉，王桂香．表面活性剂化学［M］．北京：北京理工大学出版社，2009.

[27] 滕新荣．表面物理化学［M］．北京：化学工业出版社，2009.

[28] 姚海根，孔玲．数字印刷［M］．北京：中国轻工出版社，2010.

[29] 王强译．印刷生产精品图书译丛——喷墨印刷（上）［M］．北京：化学工业出版社，2010.

[30] 王强译．印刷生产精品图书译丛——喷墨印刷（下）［M］．北京：化学工业出版社，2010.

[31] 梁丽娟等．胶版纸性能对油墨转移影响的探讨［J］．包装工程，2010，31（17）：125-127.

# 印刷包装专业　新书/重点书

## 本科教材

**1. 印后加工技术（第二版）**——“十三五”普通高等教育印刷专业规划教材　唐万有　主编　16开　48.00元　ISBN 978－7－5184－0890－0

**2. 印刷原理与工艺**——普通高等教育“十一五”国家级规划教材　魏先福　主编　16开　36.00元　ISBN 978－7－5019－8164－9

**3. 印刷材料学**——普通高等教育“十一五”国家级规划教材　陈蕴智　主编　16开　47.00元　ISBN 978－7－5019－8253－0

**4. 印刷质量检测与控制**——普通高等教育“十一五”国家级规划教材　何晓辉　主编　16开　26.00元　ISBN 978－7－5019－8187－8

**5. 包装印刷技术（第二版）**——“十二五”普通高等教育本科国家级规划教材　许文才　编著　16开　59.00元　ISBN 978－7－5184－0054－6

**6. 包装机械概论**——普通高等教育“十一五”国家级规划教材　卢立新　主编　16开　43.00元　ISBN 978－7－5019－8133－5

**7. 数字印前原理与技术（带课件）**——普通高等教育“十一五”国家级规划教材　刘真　等著　16开　32.00元　ISBN 978－7－5019－7612－6

**8. 包装机械（第二版）**——“十二五”普通高等教育本科国家级规划教材　孙智慧　高德　主编　16开　59.00元　ISBN 978－7－5184－1163－4

**9. 数字印刷**——普通高等教育“十一五”国家级规划教材　姚海根　主编　16开　28.00元　ISBN 978－7－5019－7093－3

**10. 包装工艺技术与设备**——普通高等教育“十一五”国家级规划教材　金国斌　主编　16开　44.00元　ISBN 978－7－5019－6638－7

**11. 包装材料学（第二版）（带课件）**——“十二五”普通高等教育本科国家级规划教材　国家精品课程主讲教材　王建清　主编　16开　58.00元　ISBN 978－7－5019－9752－7

**12. 印刷色彩学（带课件）**——普通高等教育“十一五”国家级规划教材　刘浩学　主编　16开　40.00元　ISBN 978－7－5019－6434－7

**13. 包装结构设计（第四版）（带课件）**——“十二五”普通高等教育本科国家级规划教材国家精品课程主讲教材　孙诚　主编　16开　69.00元　ISBN 978－7－5019－9031－3

**14. 包装应用力学**——普通高等教育包装工程专业规划教材　高德　主编　16开　30.00元　ISBN 978－7－5019－9223－2

**15. 包装装潢与造型设计**——普通高等教育包装工程专业规划教材　王家民　主编　16开　56.00元　ISBN 978－7－5019－9378－9

**16. 特种印刷技术**——普通高等教育“十一五”国家级规划教材　智文广　主编　16开　45.00元　ISBN 978－7－5019－6270－9

**17. 包装英语教程（第三版）（带课件）**——普通高等教育包装工程专业“十二五”规划材料　金国斌　李蓓蓓　编著　16开　48.00元　ISBN 978－7－5019－8863－1

**18. 数字出版**——普通高等教育“十二五”规划教材　司占军　顾翀　主编　16开　38.00元　ISBN 978－7－5019－9067－2

**19. 柔性版印刷技术（第二版）**——“十二五”普通高等教育印刷工程专业规划教材　赵秀萍　主编　16开　36.00元　ISBN 978－7－5019－9638－0

**20. 印刷色彩管理（带课件）**——普通高等教育印刷工程专业“十二五”规划材料　张霞　编著　16开　35.00元　ISBN 978－7－5019－8062－8

**21. 印后加工技术**——“十二五”普通高等教育印刷工程专业规划教材　高波　编著　16开　34.00元　ISBN 978－7－5019－9220－1

**22. 包装CAD**——普通高等教育包装工程专业“十二五”规划教材　王冬梅　主编　16开　28.00元　ISBN 978－7－5019－7860－1

**23. 包装概论**——普通高等教育“十一五”国家级规划教材　蔡惠平　主编　16开　22.00元　ISBN 978－7－5019－6277－8

**24. 印刷工艺学**——普通高等教育印刷工程专业“十一五”规划教材　齐晓堃　主编　16开　38.00元　ISBN 978－7－5019－5799－6

**25. 印刷设备概论**——北京市高等教育精品教材立项项目　陈虹　主编　16开　52.00元　ISBN 978－7－5019－7376－7

**26. 包装动力学（带课件）**——普通高等教育包装工程专业“十一五”规划教材 高德 计宏伟 主编 16开 28.00元 ISBN 978－7－5019－7447－4

**27. 包装工程专业实验指导书**——普通高等教育包装工程专业“十一五”规划教材 鲁建东 主编 16开22.00元 ISBN 978－7－5019－7419－1

**28. 包装自动控制技术及应用**——普通高等教育包装工程专业“十一五”规划教材 杨仲林 主编 16开34.00元 ISBN 978－7－5019－6125－2

**29. 现代印刷机械原理与设计**——普通高等教育印刷工程专业“十一五”规划教材 陈虹 主编 16开 50.00元 ISBN 978－7－5019－5800－9

**30. 方正书版/飞腾排版教程**——普通高等教育印刷工程专业“十一五”规划教材 王金玲 等编著 16开 40.00元 ISBN 978－7－5019－5901－3

**31. 印刷设计**——普通高等教育“十二五”规划教材 李慧媛 主编 大16开 38.00元 ISBN 978－7－5019－8065－9

**32. 包装印刷与印后加工**——“十二五”普通高等教育本科国家级规划教材 许文才 主编 16开 45.00元 ISBN 7－5019－3260－3

**33. 药品包装学**——高等学校专业教材 孙智慧 主编 16开 40.00元 ISBN 7－5019－5262－0

**34. 新编包装科技英语**——高等学校专业教材 金国斌 主编 大32开 28.00元 ISBN 978－7－5019－4641－8

**35. 物流与包装技术**——高等学校专业教材 彭彦平 主编 大32开 23.00元 ISBN 7－5019－4292－7

**36. 绿色包装（第二版）**——高等学校专业教材 武军等 编著 16开 26.00元 ISBN 978－7－5019－5816－0

**37. 丝网印刷原理与工艺**——高等学校专业教材 武军 主编 32开 20.00元 ISBN 7－5019－4023－1

**38. 柔性版印刷技术**——普通高等教育专业教材 赵秀萍 等编 大32开 20.00元 ISBN 7－5019－3892－X

## 高等职业教育教材

**39. 印刷材料（第二版）（带课件）**——教育部高职高专印刷与包装专业教学指导委员会双元制示范教材 艾海荣 主编 16开 48.00元 ISBN 978－7－5184－0974－7

**40. 印前图文信息处理（带课件）**——教育部高职高专印刷与包装专业教学指导委员会双元制示范教材 诸应照 主编 16开 42.00元 ISBN 978－7－5019－7440－5

**41. 包装印刷设备（带课件）**——教育部高职高专印刷与包装专业教学指导委员会双元制示范教材 国家精品课程主讲教材 余成发 主编 16开 42.00元 ISBN 978－7－5019－7461－0

**42. 包装工艺（带课件）**——教育部高职高专印刷与包装专业教学指导委员会双元制示范教材 吴艳芬 等编著 16开 39.00元 ISBN 978－7－5019－7048－3

**43. 包装材料质量检测与评价**——教育部高职高专印刷与包装专业教学指导委员会双元制示范教材 郑美琴 主编 16开 28.00元 ISBN 978－7－5019－9338－3

**44. 现代胶印机的使用与调节（带课件）**——教育部高职高专印刷与包装专业教学指导委员会双元制示范教材 周玉松 主编 16开 39.00元 ISBN 978－7－5019－6840－4

**45. 印刷包装专业实训指导书**——教育部高职高专印刷与包装专业教学指导委员会双元制示范教材 周玉松 主编 16开 29.00元 ISBN 978－7－5019－6335－5

**46. 印刷概论**——“十二五”职业教育国家规划教材 国家精品课程“印刷概论”主讲教材 顾萍 编著 16开 34.00 ISBN 978－7－5019－9379－6

**47. 印刷工艺**——“十二五”职业教育国家规划教材 国家级精品课程、国家精品资源共享课程建设教材 王利婕 主编 16开 79.00 ISBN 978－7－5184－0598－5

**48. 印刷设备（第二版）**——“十二五”职业教育国家级规划教材 潘光华 主编 16开 39.00元 ISBN 978－5019－9995－8

**49. 印刷色彩控制技术（印刷色彩管理）**——全国高职高专印刷与包装专业教学指导委员会规划统编教材 国家精品课程主讲教材 魏庆葆 主编 16开 35.00元 ISBN 978－7－5019－8874－7

**50. 运输包装设计**——全国高职高专印刷与包装专业教学指导委员会规划统编教材 曹国荣 编著 16开 28.00元 ISBN 978－7－5019－8514－2

**51. 印刷质量检测与控制**——全国高职高专印刷与包装专业教学指导委员会规划统编教材 李荣 编著 16开 42.00元 ISBN 978－7－5019－9374－1

**52. 食品包装技术**——高等教育高职高专“十三五”规划教材 文周 主编 16开 38.00 ISBN 978－7－5184－1488－8

**53. 3D打印技术**——全国高等院校“十三五”规划教材 李博 编著 16开 38.00元 ISBN 978－

7－5184－1519－9

**54. 包装工艺与设备**——“十三五”职业教育规划教材　刘安静　主编　16 开　43.00 元　ISBN 978－7－5184－1375－1

**55. 印刷色彩**——全国高职高专印刷与包装类专业“十二五”规划教材　朱元泓　等编著　16 开　49.00 元　ISBN 978－7－5019－9104－4

**56. 现代印刷企业管理**——全国高职高专印刷与包装类专业“十二五”规划教材　熊伟斌　等主编　16 开 40.00 元　ISBN 978－7－5019－8841－9

**57. 包装材料性能检测及选用（带课件）**——全国高职高专印刷与包装专业教学指导委员会规划统编教材　国家精品课程主讲教材　郝晓秀　主编　16 开　22.00 元　ISBN 978－7－5019－7449－8

**58. 包装结构与模切版设计（第二版）（带课件）**——“十二五”职业教育国家级规划教材　国家精品课程主讲教材　孙诚　主编　16 开　58.00 元　ISBN 978－7－5019－9698－8

**59. 印刷色彩与色彩管理·色彩管理**——全国职业教育印刷包装专业教改示范教材　吴欣　主编　16 开　38.00　ISBN 978－7－5019－9771－9

**60. 印刷色彩与色彩管理·色彩基础**——全国职业教育印刷包装专业教改示范教材　吴欣　主编　16 开　59.00　ISBN 978－7－5019－9770－1

**61. 纸包装设计与制作实训教程**——全国高职高专印刷与包装类专业教学指导委员会规划统编教材　曹国荣　编著　16 开　22.00 元　ISBN 978－75019－7838－0

**62. 数字化印前技术**——全国高职高专印刷与包装专业教学指导委员会规划统编教材　赵海生　等编　16 开　26.00 元　ISBN 978－7－5019－6248－6

**63. 设计应用软件系列教程 IllustratorCS**——全国高职高专印刷与包装专业教学指导委员会规划统编教材　向锦朋　编著　16 开　45.00 元　ISBN 978－7－5019－6780－3

**64. 包装材料测试技术**——全国高职高专印刷与包装专业教学指导委员会规划统编教材　林润惠　主编　16 开　30.00 元　ISBN 978－7－5019－6313－3

**65. 书籍设计**——全国高职高专印刷与包装专业教学指导委员会规划统编教材　曹武亦　编著　16 开　30.00 元　ISBN 7－5019－5563－8

**66. 包装概论**——全国高职高专印刷与包装专业教学指导委员会规划统编教材　郝晓秀　主编　16 开　18.00 元　ISBN 978－7－5019－5989－1

**67. 印刷色彩**——高等职业教育教材　武兵　编著　大 32 开　15.00 元　ISBN 7－5019－3611－0

**68. 印后加工技术**——高等职业教育教材　唐万有　蔡圣燕　主编　16 开　25.00 元　ISBN 7－5019－3353－7

**69. 印前图文处理**——高等职业教育教材　王强　主编　16 开　30.00 元　ISBN 7－5019－3259－7

**70. 网版印刷技术**——高等职业教育教材　郑德海　编著　大 32 开　25.00 元　ISBN 7－5019－3243－3

**71. 印刷工艺**——高等职业教育教材　金银河编　16 开　27.00 元　ISBN 978－7－5019－3309－X

**72. 包装印刷材料**——高等职业教育教材　武军　主编　16 开　24.00 元　ISBN 7－5019－3260－3

**73. 印刷机电气自动控制**——高等职业教育教材　孙玉秋　主编　大 32 开　15.00 元　ISBN 7－5019－3617－X

**74. 印刷设计概论**——高等职业教育教材/职业教育与成人教育教材　徐建军　主编　大 32 开　15.00 元　ISBN 7－5019－4457－1

### 中等职业教育教材

**75. 印前制版工艺**——全国中等职业教育印刷包装专业教改示范教材　王连军　主编　16 开　54.00 元　ISBN 978－7－5019－8880－8

**76. 平版印刷机使用与调节**——全国中等职业教育印刷包装专业教改示范教材　孙星　主编　16 开　39.00 元　ISBN 978－7－5019－9063－4

**77. 印刷概论（带课件）**——全国中等职业教育印刷包装专业教改示范教材　唐宇平　主编　16 开　25.00 元　ISBN 978－7－5019－7951－6

**78. 印后加工（带课件）**——全国中等职业教育印刷包装专业教改示范教材　刘舜雄　主编　16 开　24.00 元　ISBN 978－7－5019－7444－3

**79. 印刷电工基础（带课件）**——全国中等职业教育印刷包装专业教改示范教材　林俊欢等　编著　16 开　28.00 元　ISBN 978－7－5019－7429－0

**80. 印刷英语（带课件）**——全国中等职业教育印刷包装专业教改示范教材　许向宏　编著　16 开　18.00 元　ISBN 978－7－5019－7441－2

**81. 印前图像处理实训教程**——职业教育“十三五”规划教材　张民　张秀娟　主编　16 开　39.00 元　ISBN 978－7－5184－1381－2

**82. 方正飞腾排版实训教程**——职业教育“十三五”规划教材　张民　于卉　主编　16 开　38.00 元

ISBN 978-7-5184-0838-2

**83. 最新实用印刷色彩（附光盘）**——印刷专业中等职业教育教材　吴欣　编著　16开　38.00元　ISBN 7-5019-5415-5

**84. 包装印刷工艺·特种装潢印刷**——中等职业教育教材　管德福　主编　大32开　23.00元　ISBN 7-5019-4406-7

**85. 包装印刷工艺·平版胶印**——中等职业教育教材　蔡文平　主编　大32开　23.00元　ISBN 7-5019-2896-7

**86. 印版制作工艺**——中等职业教育教材　李荣　主编　大32开　15.00元　ISBN 7-5019-2932-7

**87. 文字图像处理技术·文字处理**——中等职业教育教材　吴欣　主编　16开　38.00元　ISBN 7-5019-4425-3

**88. 印刷概论**——中等职业教育教材　王野光　主编　大32开　20.00元　ISBN 7-5019-3199-2

**89. 包装印刷色彩**——中等职业教育教材　李炳芳　主编　大32开　12.00元　ISBN 7-5019-3201-8

**90. 包装印刷材料**——中等职业教育教材　孟刚　主编　大32开　15.00元　ISBN 7-5019-3347-2

**91. 印刷机械电路**——中等职业教育教材　徐宏飞　主编　16开　23.00元　ISBN 7-5019-3200-X

研究生

**92. 印刷包装功能材料**——普通高等教育“十二五”精品规划研究生系列教材　李路海　编著　16开　46.00元　ISBN 978-7-5019-8971-3

**93. 塑料软包装材料结构与性能**——普通高等教育“十二五”精品规划研究生系列教材　李东立　编著　16开　34.00元　ISBN 978-7-5019-9929-3

科技书

**94. 纸包装结构设计（第三版）**　孙诚　主编　16开　58.00元　ISBN 978-7-5184-0449-0

**95. 科技查新工作与创新体系**　江南大学　编著　异16开　29.00元　ISBN 978-7-5019-6837-4

**96. 数字图书馆**　江南大学著　异16开　36.00元　ISBN 978-7-5019-6286-0

**97. 现代实用胶印技术**——印刷技术精品丛书　张逸新　主编　16开　40.00元　ISBN 978-7-5019-7100-8

**98. 计算机互联网在印刷出版的应用与数字化原理**——印刷技术精品丛书　俞向东　编著　16开　38.00元　ISBN 978-7-5019-6285-3

**99. 印前图像复制技术**——印刷技术精品丛书　孙中华等　编著　16开　24.00元　ISBN 7-5019-5438-0

**100. 复合软包装材料的制作与印刷**——印刷技术精品丛书　陈永常编　16开　45.00元　ISBN 7-5019-5582-4

**101. 现代胶印原理与工艺控制**——印刷技术精品丛书　孙中华　编著　16开　28.00元　ISBN 7-5019-5616-2

**102. 现代印刷防伪技术**——印刷技术精品丛书　张逸新　编著　16开　30.00元　ISBN 7-5019-5657-X

**103. 胶印设备与工艺**——印刷技术精品丛书　唐万有　等编　16开　34.00元　ISBN 7-5019-5710-X

**104. 数字印刷原理与工艺**——印刷技术精品丛书　张逸新　编著　16开　30.00元　ISBN 978-7-5019-5921-1

**105. 图文处理与印刷设计**——印刷技术精品丛书　陈永常　主编　16开　39.00元　ISBN 978-7-5019-6068-2

**106. 印后加工技术与设备**——印刷工程专业职业技能培训教材　李文育　等编　16开　32.00元　ISBN 978-7-5019-6948-7

**107. 平版胶印机使用与调节**——印刷工程专业职业技能培训教材　冷彩凤　等编　16开　40.00元　ISBN 978-7-5019-5990-7

**108. 印前制作工艺及设备**——印刷工程专业职业技能培训教材　李文育　主编　16开　40.00元　ISBN 978-7-5019-6137-5

**109. 包装印刷设备**——印刷工程专业职业技能培训教材　郭凌华　主编　16开　49.00元　ISBN 978-7-5019-6466-6

**110. 特种印刷新技术**　钱军浩　编著　16开　36.00元　ISBN 7-5019-3222-054

**111. 现代印刷机与质量控制技术（上）**　钱军浩　编著　16开　34.00元　ISBN 7-5019-3053-8